KB263811

대한민국 섬 여행 가이드

이준휘 지음

중앙books

섬, 여행의 시작과 끝

이제껏 다녀온 섬을 죽 헤아려본 적이 있다. 96개 쯤 되었던 것 같다. 어디 가서 '난 섬을 100여 곳이나 다녀온 사람이야!' 자랑을 할 수도 있겠으나, 우리 영해에 유인도가 400곳이 넘는다 하니 이제 겨우 반의 반만큼 돌아본 셈이다. 이 책에는 42개 꼭지에 걸쳐서 모두 53개 섬을 소개하고 있다. 2~3개의 섬이 다리로 연결된 곳도 몇 있었으니, 책을 쓰기 위해 42곳의 답사를 다녀온 셈이다. 원고를 마무리하고 그간의 여정을 돌아보니 42개국을 거치는 세계 일주를 다녀온 느낌이다. 언뜻 보면 비슷비슷해 보이는 섬이라도 두 발로 걸어 보고, 그곳에서 나는 것을 먹어 보고, 밤을 지새우다 보면 어느새 섬이 들려주는 비밀스러운 이야기에 귀 기울이며 그 속살을 엿볼 수 있었다.

섬에서 할 수 있는 일이란 무궁무진하다. 걷기 좋은 섬, 해수욕하기 좋은 섬, 식도락 하기 좋은 섬, 꽃놀이하기 좋은 섬, 등산하거나 자전거 타기 좋은 섬, 해루질하기 좋은 섬, 낚시하기 좋은 섬, 반려견과 여행하기 좋은 섬, 캠핑하기 좋은 섬, 그리고 막걸리가 맛있는 섬까지 천차만별이다. 자연히 섬을 관조하며 즐기는 방법에도 여러 가지가 있다. 배를 타고 나가서 밖에서 봐야 예쁜 섬도 있고, 산에 올라 정상에서 내려다봐야 멋진 섬도 있다. 어떤 섬은 그 자신보다 주변을 에워싼 섬들이 더 멋지기도 하고, 더러는 맞은편 육지에서 바라봐야 그 모습이 제대로 보이기도 한다.

섬을 이루는 자연 경관은 때때로 상상을 초월한다. 수평으로 쌓여 있어야 할 지층이 수직으로 치솟아 있거나, 100만㎡에 이르는 모래사장이 하루에 두 번씩 신기루처럼 나타났다가 사라지기를 반복한다. 어떤 섬에서는 한 자리에서 해가 뜨고 지는 모습을 1m도 움직이지 않고 볼 수 있는가 하면, 바람에 따라서 이리저리 모양을 바꾸며 '살아 있는' 사막의 존재감을 확인할 수도 있다. 그뿐인가? 바다가 갈라지는 '모세의 기적'은 서해 도처에서 날마다 일어나는 일상적인 현상이다.

때문에 섬은 신화와 전설의 무대로 줄곧 차용된다. 그리스·로마 신화, 혹은 북유럽의 토르 신화 저리 가라. 우리의 신화 속에서는 섬이 마구 날아다닌다. 제주도에는 중국에서 날아온 섬도 있고(비양도), 거제도에는 일본 영해의 남자 섬이 우리 영해의 여자 섬을 사랑한 이유로 떠내려와 국적을 바꾸기도 한다(내도, 외도). 진도에는 옥황상제가 갖고 놀다 해변에 떨군 공깃돌도 있다(관매도). 인어가 살았다는 섬도 한두 곳이 아닌데(거문도), 심지어는 선녀가 방아를 찧고 올라갔다는 곳(관매도)도 부지기수다.

우리나라 섬에는 수많은 역사 속 인물이 다녀갔다. 진시황의 시종 서불은 불로초를 찾으러 남해의 섬을 돌아다니며 이곳저곳에 표식을 남겨 놓았고(소매물도), 원나라의 황제 중 한 명은 잠시 몸을 피해서 섬에 궁궐을 짓고 살다가 되돌아가기도 했다(대청도). 제나라의 한 장군은 나라가 망한 뒤 우리 서해의 섬(외연도)들을 떠돌았고 그 후손들이 일부가 남아 우리와 같이 살고 있다. 근대에 들어와서는 유럽인들이 등장하는데 네덜란드의 하멜은 제주도 인근에서 표류하였고(가파도), 해밀턴이라는 영국의 제독은 여수의 한 섬을 차지하고 한 일년 눌러 앉기도 했었다(거문도). 섬에 자신의 이름을 붙여 '포트 해밀턴'이라 부르기도 했다나. 왜구들이 들락거린 것은 말할 필요도 없다. 고려시대에는 경기도까지 올라와서 한 섬을 근거지로 노략질을 일삼아서 섬 이름이 아예 해적섬이었던 곳도 있다(대이작도). 현대에는 최고 권력자인 대통령이 휴가 시즌이면 '청해대'라 불리는 섬을 은밀히 즐겨 찾았는데(저도), 지금은 모두에게 열린 공간이 됐다.

이렇게 다양한 이야기와 매력을 지닌 우리 섬을 어떻게 여행하면 좋을까? 이 책은 독자들이 섬에서 최고의 시간을 누릴 수 있도록 다음의 3가지 원칙에 따라 구성됐다.

첫째, 객관화된 수치를 제공한다. 섬의 지리 정보, 선박 정보, 항로 정보 그리고 섬 답사코스의 난이도 정보를 구체적으로 제공해 섬 여행을 계획하고 있는 독자들의 이해와 의사결정을 돕고자 한다. 이 정보는 섬의 공간감(규모, 고도, 항해에 걸리는 시간 등)을 미리 체험할 수 있고, 답사의 난이도를 가늠할 수 있을 것이다. 상세한 내용은 바로 뒤에 이어지는 일러두기를 통해 확인하면 좋겠다.

둘째, 다양한 액티비티를 소개한다. 섬은 아웃도어 여행자의 천국이다. 가장 만만한 여행법은 걷는 것이지만, 앞서 이야기한 것과 같이 각 섬마다 자연환경과 도로 사정이 다르기 때문에 최적의 액티비티를 매칭하고자 노력했다. 걷기를 기본으로 등산, 캠핑, 자전거 타기, 해양스포츠를 즐기는 법을 수록했고, 해루질을 하기 좋은 코스와 장소들을 채집했다. '집사 천만 시대'에 걸맞게 가족과 다름 없는 반려동물과 함께 여행하기 좋은 섬도 필자의 경험을 토대로 소개했다.

셋째, 섬이 들려준 이야기를 풍부하게 전한다. 섬은 다양한 전설과 역사, 역사적 사건이 겹겹이 쌓인 이야기 보고다. 이 책은 여행서지만, 여행의 즐거움과 흥미를 돋울 수 있도록 다양한 이야기를 모아 '섬에 대한 짧고 얕은 지식'이라는 코너를 꾸렸다. 역사적인 사실과 구전된 야사, 진위가 확인되지 않는 내용이나 주장들도 일부 포함됐는데, 이들은 그저 영화관에서 팝콘 먹는 재미 정도로 가볍게 여겨주면 좋겠다.

누군가 말했다. 섬 여행은 '여행의 시작이자 끝'이라고. 전적으로 동감한다. 아직 관광지로 잘 알려지지 않은 섬도 다수였던 까닭에 미지의 세계로 들어가는 탐험가의 기분을 만끽했다. 순박한 섬사람들의 인심도 느낄 수 있는 여정이었다. 답사 기간 내내 더 많이 걷고, 더 많이 들으며 실용적이면서도 현실적인 여행 방법을 담아내고자 노력했다. 섬 여행의 참맛을 독자들과 나누고 싶다.

2025년 가을 **이준휘**

Thanks for

즐거운 섬 여행의 동행, 어머니와 집사람에게 감사하다. 영상 편집을 도와준 동생에게도 고맙다. 개정판 출간을 위해 노력해준 문주미 에디터에게도 감사의 인사를 드린다. 출간을 지원해주신 한국해운조합과 김정림 차장님께도 진심어린 감사를 전한다. 기획과 취재 과정에 아낌없이 조언과 도움을 준 조용식 국장님, 우중에 땅벌에 쏘일 정도로 험난했던 대청도 답사를 동행해준 박정웅 부장께도 감사하다. 위도 취재를 지원해주신 전북도 관광마케팅 종합지원센터의 선윤숙 센터장님과 윤진역 팀장님, 그리고 마을 축제에 초대해주신 위도 대리마을 이장님, 어업계장님, 띠뱃놀이 보존회 회장님과 마을 관계자분들께도 감사 인사를 드린다. 어청도 탐조관광 취재에 도움을 주신 한국야생조류보호협회 윤순영 이사장님, 그리고 Henrik Thorlund에게도 감사하다. 신안의 섬 취재를 도와주신 신안군청 이민호 주임님과 임자도 정창일 대표님께도 감사 인사를 드린다. 고마운 이들을 떠올리려니, 취재 과정에서 호의를 베풀어주셨던 섬 주민들의 모습이 떠오른다. 금오도에서 만났던 시공간 야영장 사장님 내외분, 가거도 다희네 민박집 내외분, 3구 마을 고승호 이장님, 관매마을 이장님과 부녀회장님, 어청도 신흥상회 사장님 내외분, 삽시도 민석이네 안주인분에게도 다시 한 번 감사의 인사를 드린다.

〈대한민국 섬 여행 가이드〉사용법

이 책에서는 국내 53개의 섬을 둘러보는 42개 여행 코스와 3곳의 출발지에 대한 정보를 담고 있다(2025년 10월 기준).
개별 섬마다 수록한 '섬 여행 인포그래픽'에서 지리 정보, 운항 선박, 항로 등 3가지를 기본으로 안내한다.

1 지리 정보

작은 섬			
작은 섬 여의도의 0.73배	2.12km² 면적	198m 최고봉(당산)	348명 인구(마을 1곳)

섬의 면적과 최고봉, 그리고 거주 인구에 대한 정보를 제공한다. 섬 면적은 ㎢를 단위로 표시하였다. 독자들의 이해를 돕기 위해 면적을 비교할 수 있는 기준으로는 여의도를 선택하였다. 여의도의 면적은 2.9㎢다. 여의도와 비슷한 크기의 섬을 '작은 섬'으로, 절반 이하 크기의 섬을 '아주 작은 섬'으로, 2배가 넘는 크기의 섬을 '중간 크기의 섬'으로 표시하였다. 최고봉은 말 그대로 섬에서 가장 높은 기점의 고도를 알려준다. 최고봉의 명칭이 존재할 경우에는 명칭을 표시하였고, 명칭이 없거나 최고봉의 정보가 부정확할 경우에는 등고선을 보고 추정 값을 표기하였다. 인구는 주민등록상의 거주지가 섬으로 되어 있는 주민의 수를 말한다. 실제 거주 인구와 등록 인구에는 얼마간의 차이가 있다. 개인 사정으로 뭍에 나가서 생활하는 주민이 많기 때문이다. 대략 등록 인구의 50%를 실제 거주 인구로 보면 될 것이다.

*우리나라의 섬 주무부처는 유인도의 경우 행정안전부, 무인도의 경우 국토부로 이원화된다. 각 지표는 행정안전부의 2019년도 통계를 바탕으로 작성됐다.

2 운항 선박

고속선				
고속선 저속 ···› 15노트	뉴어청훼리호	121톤	정원 140명	탑재차량 0대

선박 정보는 들어가는 배편에 대한 정보를 담고 있다. 배의 종류와 속도, 톤수, 정원 그리고 탑재 가능한 차량에 대한 수치가 포함되어 있다. 여객선은 차량 탑재 여부와 속력에 의해 구분된다. 차량을 실을 수 있는 배에는 차도선과 카페리가 있고, 나머지는 여객 전용이다. 1노트는 시속 1.87km다. 15노트면 약 시속 27km의 속력으로 항해한다.

*각 지표는 한국해운조합에서 발간한 2019년도 연안여객선 업체 현황 자료를 기초로 작성하였다. 복수의 선사가 취항하는 항로의 경우, 실제 답사 시 탑승했던 선박에 대한 정보를 수록했다. 조합에 소속되어 있지 않은 유람선 사업자의 경우에는 취재 과정을 통해서 개별 정보를 수집했다.

선종구분	항해 속력
일반선	15노트 미만
고속선	15노트 이상 20노트 미만
쾌속선	20노트 이상 35노트 미만
초쾌속선	35노트 이상

선종구분	비고
차도선	개방된 공간에 차량 탑재
카페리	밀폐 공간에 차량 탑재
쾌속 카페리	25노트 이상
일반 카페리	25노트 미만

3 항로

항로 정보에는 목적지까지의 거리, 소요시간, 경유지, 해당 수역과 운항률의 정보를 포함하고 있다. 항로는 일반항로와 보조항로로 구분된다. 선사가 운영해서 수익을 가져가는 일반항로와 달리 보조항로는 이용객이 적어 적자가 발생하는 구간을 말한다. 적자 구간은 항로 유지를 위해서 정부의 보조금이 지급된다. 관광객 입장에서 보조항로는 이용객이 적기 때문에 성수기에도 선표 구입이 보다 용이한 노선이다. 운항률은 운항 계획 대비 결항된 수치를 제한 지표다. 운항률이 높다는 것은 배가 제시간에 출발할 가능성이 높다는 의미다. 운항률이 70% 이하라면, 배가 3번 중에 1번은 안 뜬다는 의미다. 반대로 운항률이 90%가 넘으면 거의 결항 없이 운항되는 항로라고 말할 수 있다. 수역은 배가 지나가는 바다의 구역을 말한다. 섬의 날씨를 확인할 때는 섬이 위치한 해당 수역의 날씨를 봐야 한다. 가까운 섬들은 '○○ 앞바다'라는 1개의 수역을 운항한다. 먼 곳의 섬으로 운항하는 항로는 '○○ 앞바다'와 '○○ 먼바다' 2곳의 수역을 지나간다. 풍랑주의보가 발효되면 배가 결항되는데, 이때는 2곳의 날씨를 모두 확인해야 한다. 앞바다의 날씨가 좋더라도 먼바다의 날씨가 좋지 않으면 배는 결항된다.

4 탐방 코스

걷거나 등산을 하거나 자전거를 탔을 때 해당 탐방 코스에 대한 난이도 정보를 제공한다. 코스의 난이도는 3가지 지표로 계산했다. 첫째는 거리다. 이동 거리에 따라서 상중하로 분류하고 난이도에 반영하였다. 둘째는 상승 고도다. 코스를 따라 답사하는 동안 어느 정도 해발 고도가 올라갔었는지를 기록했으며, 이는 수직적 높이의 상승을 의미한다. 상승 고도가 높을수록 오르막이 많은 구간이다. 등산의 경우에는 최고봉의 높이를 표시했으며 최고봉을 경유하지 않을 경우에는 코스 중 최고 지점의 고도를 기입했다. 셋째는 소요시간이다. 코스의 길이에 비례한다. 중간에 식사를 했을 경우에는 난이도와 상관없이 시간이 늘어나는 경우가 있다. 이때에는 고도표에 식사 여부를 별도로 표시했다. 소요시간은 취재 시 이동 속도를 기준으로 측정됐으니, 개인별로 오차가 발생할 수 있다. 난이도 50점 이하는 초보자도 무리 없이 주파할 수 있는 코스를 의미하며, 점수가 높아질수록 체력적으로 부담이 증가한다.

*각 지표는 무선 GPS 속도계의 로그데이터를 기반으로 추출했으며 측정 시 오차를 포함할 수 있다.

CONTENTS

들어가며 002

일러두기 006

1 섬 여행 준비

나만의 섬을 찾자

캠핑하기 좋은 섬 014

반려동물과 함께 여행하기 좋은 섬 016

한나절 가볍게 걷기 좋은 섬 018

등산하기 좋은 섬 020

자전거 타기 좋은 섬 022

배를 타자

KSA 여객선예매 웹사이트 이용법 024

여객선의 종류 026

뱃멀미를 피하는 방법 027

레저 장비와 반려동물 이동 028

바다로 티켓과 여객 운임 지원 029

유동적인 운항시간에 대응하기 030

기상예보

변화무쌍한 섬 날씨 031

밀물과 썰물 이야기 032

에티켓

지속가능한 섬 여행을 위한 규칙 033

2 인천의 섬 여행

1	대이작도	풀등의 낭만	036
2	자월도	해루질의 섬	046
3	굴업도	백패킹의 섬	054
4	무의도·소무의도	트레킹하기 좋은 섬	062
5	사승봉도	유쾌한 무인도 고립기	068
6	승봉도	소나무와 바위의 섬	074
7	백령도	까나리의 섬	080
8	대청도	섬 지형의 박물관	089
9	신도·시도·모도	인천의 섬 삼형제	096

3 충남의 섬 여행

1	장고도	해당화와 해삼의 섬	106
2	삽시도	충청도에서 가장 큰 섬	114
3	외연도	외연군도의 대장 섬	120
4	가의도	'꾼'들의 섬	128

4 전북의 섬 여행

1	관리도	이색 캠핑장이 있는 섬	138
2	위도	고슴도치를 닮은 섬	144
CLOSE UP		띠뱃놀이, 마을의 안녕과 만선을 기원하는 풍어제	154
3	어청도	아름다운 등대섬	158
CLOSE UP		탐조, 섬을 관조하는 또 다른 방법	166

5 전남의 섬 여행

1	금오도·안도	아웃도어의 천국	172
2	개도	막걸리의 섬	182
3	거문도·백도	영국군이 다녀간 섬	188
4	하화도	아래 꽃섬	198
5	사도·추도	공룡들의 마지막 놀이터	204
SPECIAL		당신이 여수에 하루 먼저 도착했다면	212
6	쑥섬(애도)	향긋한 쑥 내음 따라	216
7	연홍도	지붕 없는 미술관	223
8	임자도	모래의 섬	230
9	홍도	한국의 붉은 산토리니	238
10	가거도	최서남단의 섬	246
11	소악도·기점도	순례자의 섬	256
12	하의도·신의도	대통령의 고향	264
13	반월도·박지도	퍼플섬	274
SPECIAL		당신이 목포에 하루 먼저 도착했다면	284
14	관매도	조도군도 제일의 아름다움	288
SPECIAL		당신이 진도를 그냥 지나치기 아쉽다면	298

6 경남의 섬 여행

1	연화도	수국 만발한 불심의 섬	304
2	사량도	산꾼들이 사랑한 섬	312
3	욕지도	근대 어촌의 발상지	322
4	소매물도	통영에서 가장 아름다운 섬	330
5	대매물도	캠핑하기 좋은 섬	338
6	만지도·연대도	마음을 어루만지다	346
SPECIAL		당신이 통영에 하루 먼저 도착했다면	352
7	저도	대통령의 섬	356
8	내도	외도가 반한 섬	362
9	지심도	진짜 동백섬	368

7 제주의 섬 여행

1	우도·비양도(東)	제주에서 처음 해 뜨는 곳	378
2	비양도(西)	한반도에서 가장 젊은 섬	388
3	가파도	가오리를 닮은 초록 섬	396

| 대한민국 섬 여행 가이드 색인 | 404 |
| 한국해운조합 여객선 항로 지도 | 406 |

1 섬 여행 준비

어디로, 어떻게, 언제 떠날까?

나만의 섬을 찾자
캠핑하기 좋은 섬 best6

1 꽃사슴과 노닐다, 굴업도 낭개머리 언덕에서의 하룻밤

인천시 옹진군 p.054 | #여행 스타일 백패킹

강원도 선자령, 울주군 간월재와 함께 우리나라 3대 백패킹 성지로 알려진 곳이다. 특히 캠핑 포인트인 낭개머리 언덕은 서해 최고의 낙조 명소 중 하나로 꼽히기도 한다. 정서향으로 드넓게 펼쳐진 개활지에는 수크령(볏과의 여러해살이풀)이 가득 자라나며, 100여 마리 야생 꽃사슴이 살고 있다. 야생에서의 하룻밤을 지내고 싶은 사람들에게 추천한다.

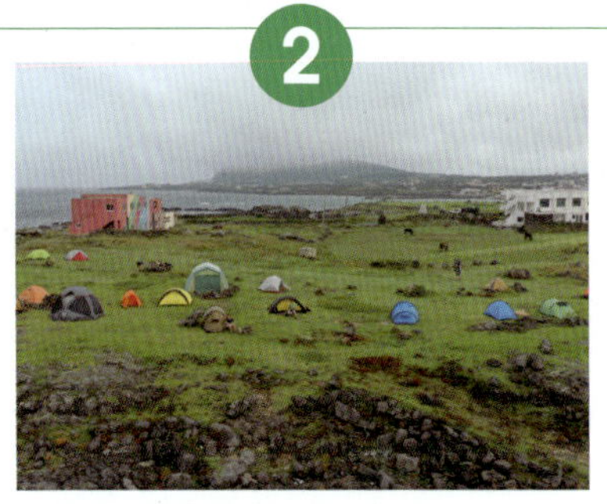

2 제주 백패킹의 성지, 섬 속의 섬 비양도에서의 하룻밤

제주도 제주시 p.378 | #여행 스타일 백패킹/오토캠핑

제주에서 가장 낭만적인 야영장 중 하나다. 녹색 카펫처럼 아름다운 초지 위에서 하룻밤을 묵어 갈수 있다. 조랑말은 한가로이 풀을 뜯고, 하늘은 빛과 어둠에 따라 시시각각 빛깔을 바꾼다. 어둠이 내리면 불을 밝히는 어선들이 몽환적인 분위기를 자아낸다.

무인도에서 자유를 찾다, 사승봉도 모래사장에서의 하룻밤

인천시 옹진군 p.068 | #여행 스타일 백패킹

우리나라에 있는 수천 곳의 무인도 중에서 일반인이 진입 가능한 몇 안 되는 섬이다. 이곳에는 관리인도 있고 작은 우물도 있으니 극단적인 고립감을 걱정할 필요는 없다. 간조 시에는 본섬보다 더 광활한 모래사장이 펼쳐진다. 주변에 광원이 없기 때문에 저녁에 쏟아지는 별무리를 감상할 수 있다. 이런 것이 야말로 무인도 캠핑의 묘미다.

3

섬은 캠퍼들의 낙원이다. 북적거리는 육지의 야영장과 달리 아무도 살지 않는 무인도를 전세 내서 하룻밤을 보낼 수 있으니까. 때론 꽃사슴 뛰노는 해안 절벽 위에 자리해 야생의 시간을 보낼 수도 있다. 섬에 가장 잘 어울리는 캠핑 스타일은 배낭을 지고 이동하는 백패킹이다. 고된 이동과 불편함만을 떠올릴 필요는 없다. 날것의 자연 속에서도 오토캠핑의 편리함을 누릴 수 있는 절묘한 숙영지도 있다. 차량으로 이동해 즐기는 오토캠핑이 가능한 곳도 부지기수. 이제 취향껏 골라보자.

4

해돋이와 해넘이를 한자리에서, 대매물도 학교 캠핑장에서의 하룻밤

경남 통영시 p.338 | #여행 스타일 백패킹

섬 마을 언덕 위, 초등학교 건물을 개조한 야영장이 위치한다. 잔디밭으로 바뀐 운동장에 텐트를 치면 서쪽 하늘이 붉게 물들기 시작하는 모습을 볼 수 있다. 다음 날 아침에는 반대쪽에서 해가 떠오르는 모습이 같은 자리에서 보인다. 해돋이와 해넘이를 한자리에서 볼 수 있는 곳은 흔치 않다. 야영장에서 바로 연결되는 둘레길을 걷는 것도 빼놓을 수 없는 즐거움이다.

날카로운 백패킹의 추억, 관리도 해안 절벽에서의 하룻밤

전남 군산시 p.138 | #여행 스타일 백패킹

이곳 역시 언덕 위 폐교 자리에 들어선 야영장이다. 캠핑장과 맞닿은 마을 반대쪽은 해안 절벽이고, 여기엔 야영을 하기에 적당한 데크가 자리한다. 사진을 보는 것만으로 한 번쯤 가보고 싶다는 욕구가 생긴다. 오토캠핑장의 시설을 그대로 이용하면서도 오지의 느낌을 살릴 수 있는 곳이다.

5

드넓은 뻘밭을 마주하며, 자월도 송림에서의 하룻밤

인천시 옹진군 p.046 | #여행 스타일 백패킹/오토캠핑

6

자월도는 인천에서 배로 불과 한 시간 거리에 위치해 접근성이 좋은 섬이다. 해변과 맞닿은 울창한 소나무 숲은 사시사철 캠핑족들에게 사랑 받는 장소다. 특히 썰물 때 광활하게 펼쳐지는 뻘밭에서는 모시조개와 골뱅이, 소라에 이르는 풍성한 수확물을 얻을 수 있다. 식재료를 자급자족하는 들살이의 보람이란.

2 반려동물과 함께 여행하기 좋은 섬 best6

우리 집 앙리 PROFILE

몰티즈, 만 16개월, 男(중성화 X), 2.3kg, 예방
접종 완료, 사회성 좋음, 영역 표시를 즐김

① 앙리가 가장 크게 웃던 섬, 사승봉도

인천시 옹진군 p.068 | #여행 스타일 백패킹

개도 웃는다. 정말이다. 기분이 좋으면 입꼬
리가 쭈욱 올라가는데, 우리 앙리는 사승봉도
에 도착했을 때 가장 크게 웃고 돌아다녔다.
섬에 들어가도 목줄과 배변 봉투는 필수지만,
사람이 없는 무인도에서는 머무는 내내 목줄
을 풀어놓고 놀았다. 주인도 강아지도 행복했
던 섬이다.

앙리가 처음으로 수영을 배웠던 섬, 대이작도 풀등

인천시 옹진군 p.036 | #여행 스타일 백패킹

대이작도의 작은풀안해변은 너무 복잡하지
도 너무 한적하지도 않은 아담한 크기의 해변
이다. 서해의 해수욕장치곤 제법 깊고 파도가
쳐서 반려견이 물놀이를 하기에는 적당하지
않다. 대신 물 빠진 풀등으로 들어가면 고운
모래사장이 드러나며 바닷물이 고이는데, 아
이나 반려견이 물놀이하기 좋은 천연 수영장
이다.

②

③ 앙리가 처음으로 비행기 타고 도착했던 섬, 비양도

제주시 한림읍 p.388 | #여행 스타일 당일치기

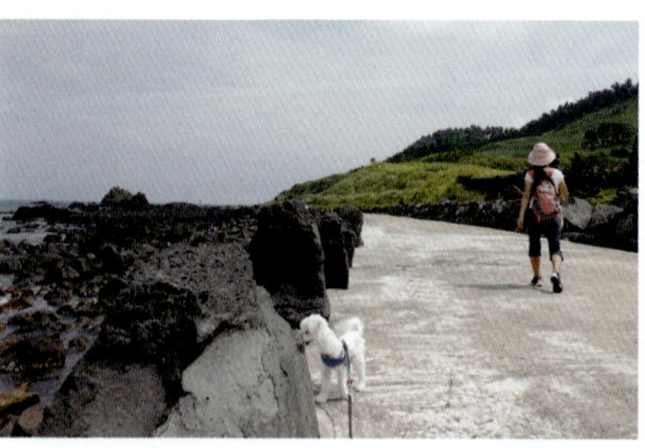

반려견과 처음으로 비행기를 타고
도착한 제주도에서 첫날 방문했던 섬이다.
배를 타고 들어가는 시간도 짧고 섬을 둘
러보는 둘레길도 완만해서 반나절 여행지
로 부담 없는 곳이다. 섬 최고봉인 비양봉
으로 오르는 등산로도 완만하다. 야외에
테이블이 있는 식당이 있어 동반 식사도
가능했던 여행지다.

섬은 반려동물들에게도 천국이다. 자동차와 사람들로 북적거리는 도시와 달리 섬은 한가롭고 인적이 드물기 때문에 '댕댕이'들이라면 댕댕거리며 뛰어놀기에 좋다. 여름에는 눈치 보지 않고 물놀이를 즐길 곳도 많다. 반려동물과 함께 여행을 할 때는 잠잘 곳과 먹을 곳이 걱정이다. 가장 좋은 방법은 섬에서 캠핑을 하면서 함께 하룻밤을 보내는 것이다. 캠핑이 여의치 않다면 반려견을 받아주는 숙소가 있는 섬으로 들어가거나 당일치기로 산책하기 좋은 섬을 돌아보는 것도 방법이다. 다음은 여행에 동반했던 우리 집 반려견 앙리가 좋아했던 섬들의 목록이다.

❹ 앙리가 친구를 만났던 섬, 대매물도

경남 통영시 p.338	#여행 스타일 백패킹

사회성이 좋은 앙리가 섬에서 친구를 만났던 곳이다. 대매물도 당금마을에 살고 있는 아름이는 앙리와 같은 흰색 몰티즈다. 일 년 만에 다른 곳에서 온 강아지를 만난 것이란다. 외로웠던 탓일까? 둘은 절친인 양 종일 붙어다니며 캠핑장 잔디밭을 종횡무진했다. 아름이는 대매물도 선착장 인근을 자주 배회한다.

❺ 앙리가 처음으로 민박집에서 잤던 섬, 삽시도

충남 보령시 p.114	#여행 스타일 민박

제주도와 같이 큰 섬이 아닌 곳에서는 반려동물과 동반 투숙할 수 있는 곳을 찾는 게 쉬운 일이 아니다. 이곳에는 반려견을 좋아하는 주인장이 있어 숙박을 할 수 있었다. 둘레길이 10km에 달해서 좀 길 긴하다. 험한 산속으로 들어가는 코스는 없어서 강아지와 함께 걸을 만하다.

영특한 견공들이 살고 있는 섬, 외연도&대기점도

충남 보령시, 전남 신안군 p.120, 256	#여행 스타일 당일치기

섬을 여행하다 보면 종종 그곳에 살고 있는 영특한 녀석들을 만나게 된다. 대기점도 안드레아의 집 근처에 살고 있는 복실이는 웰시코기다. 맘에 드는 사람이 있으면 졸졸 따라왔다가 앞서가며 선착장까지 길 안내를 해준다. 눈웃음이 매력적인 녀석이다. 외연도 선착장에는 믹스견인 공자와 대박이가 살고 있다. 오고 가는 사람들을 반겨주고 때론 길 안내를 해주기도 한다.

3 한나절 가볍게 걷기 좋은 섬 best6

1 한국의 산티아고 순례길을 걷다, 기점도·소악도

전남 신안군 p.256 | #난이도 60점

예수의 12제자를 상징하는 12곳의 예배당을 따라 걷는 순례길이다. 모두 4개의 작은 섬을 걷게 되는데 밀물이면 잠겼다가 썰물 때 나타나는 노두길로 서로 연결되어 있다. 기독교나 천주교 신자가 아니라도 괜찮다. 순례길을 걷는다는 것은 내면으로부터 성찰을 찾아가는 과정이기 때문이다.

2 바다 위에 핀 해당화 같은 섬을 걷다, 장고도

충남 보령시 p.106 | #난이도 40점

부담 없이 걷기에 좋은 섬은 따로 있다. 여의도 면적의 절반, 가장 높은 곳이 50m에도 못 미치는 장고도가 바로 그런 곳이다. 나지막한 숲길과 인적 드문 해변 길의 조합이 과하지도 모자라지도 않다. 바다풍경의 백미는 멀리 어른거리는 섬인데, 장고도에서는 명장섬이 그 역할을 해준다.

내 마음을 만져주는 작은 섬, 만지도·연대도

경남 통영시 p.346 | #난이도 50점

출렁다리로 연결되어 있는 섬, 만지도와 연대도에는 몽당길과 지게길이라는 둘레길이 있다. 따뜻한 계절이 오면 산책로 주변에는 괭이밥, 병꽃나무, 쥐오줌풀, 양귀비꽃 등이 만개해 야생화의 천국이 된다. 작은 섬에 피는 작은 꽃들을 보려면 시선을 낮추고 천천히 걸어야 한다.

겨울에도 걷기 좋은 동백의 섬, 지심도

경남 거제시 p.368	#난이도 40점

겨울에 꽃을 피우는 동백으로 가득한 섬이다. 11월부터 개화하는 동백은 육지의 꽃 소식이 시작되는 3월까지 피고 지기를 반복한다. 흔히 동백은 두 번 핀다고들 한다. 나뭇가지에 한 번, 꽃이 지고 낙화해서 길 위에 한 번. 동백이 떨어지는 시기에 찾아가면 그야말로 붉은빛으로 가득한 꽃길을 걸을 수 있다.

일년 내내 꽃이 피는 아래 꽃섬, 하화도

전남 여수시 p.198	#난이도 40점

일년 내내 꽃이 피고 진다고 해서 '꽃섬'으로 불리는 곳이다. 상화도와 하화도 두 곳이 있는데 사람들이 주로 찾는 곳은 하화도다. 야생화들은 흐드러지게 한 번에 꽃망울을 터트리는 것이 아니라 있는 듯 없는 듯 수줍게 숨어 있다. 봄에는 유채꽃, 여름에는 원추리, 가을에는 구절초가 만개하여 섬을 화려하게 수놓는다.

예술의 섬을 걷다, 연홍도

전남 고흥군 p.223	#난이도 30점

지붕 없는 미술관으로 불리는 예술의 섬이다. 섬 안에는 사람을 주제로 소형 작품들과 폐교를 리모델링한 미술관이 운영되고 있다. 바다 건너 마주 보이는 금당도가 작품의 근사한 배경이 되어준다. 여의도의 1/10 크기에 최고봉이 80m에 불과한 작고 아담한 섬이다.

나만의 섬을 찾자
등산하기 좋은 섬 best6

1 섬 산행의 백미로 꼽히는 섬, 사량도 지리망산

경남 통영시 p.312 | #난이도 80점, 해발 400m

산림청 100대 명산, 옥녀봉에서 시작해서 사량도 지리산으로 이어지는 능선 코스는 섬 산행의 백미로 꼽힌다. 칼끝처럼 날카로운 능선을 따라가게 되는데 발아래로 통영의 다도해가 보석처럼 흩뿌려져 있다. 산봉우리 사이를 연결한 아찔한 구름다리를 건너가는 순간은 이 산행의 압권이다.

2 서해에서 가장 높은 산이 있는 섬, 가거도 독실산

전남 신안군 p.246 | #난이도 90점, 해발 639m

산림청 100대 명산, 서해의 섬 중에서 가장 높은 산. 가거도 독실산은 서해에서 가장 먼 곳에 자리잡고 있다. 독실산은 이름에서 풍기는 뉘앙스만큼 올라가기 힘든 '악산岳山'이다. 야생의 기운이 철철 흐르는 섬에 위치한 산은 육지에서는 볼 수 없는 독특한 식생을 품고 있다. 원시적인 난대림은 정상으로 올라갈수록 습하고 울창해지니, 육지에서 볼 수 없는 새와 벌레들을 만날 수 있다.

붉은 섬에 있는 높은 산, 홍도 깃대봉

전남 신안군 p.238 | #난이도 60점, 해발 365m

산림청 100대 명산, 홍도는 밖에서 봐야 예쁜 섬이기 때문에 유람선 관광이 유명한 곳이지만 섬 중심에는 깃대봉이라는 명산이 자리잡고 있다. 높이가 만만치 않지만 등산로가 워낙 잘 정비되어 있어 수월하게 정상을 다녀올 수 있다. 깃대봉에서는 가거도를 비롯해서 서해 먼바다의 섬들이 내려다보인다.

섬에도 등산하기 좋은 명산이 존재한다. 제주도의 한라산을 제외하면 대부분 해발 1,000m 이하의 높이다. 등산로의 들머리가 해발 0m에서 시작되기 때문에 단순하게 높이만 보고서 산세의 험준함을 평가할 수는 없다. 둘레길이 해안을 따라 걸으며 섬의 근경을 둘러본다면 정상으로 오르는 등산에서는 바다 위에 우뚝 솟은 산봉우리에서 망망대해에 펼쳐진 주변의 장쾌한 풍경과 섬의 원경을 내려다보는 묘미가 있다. 산림청 100대 명산으로 선정된 산을 품고 있는 섬은 물론이고 기타 등산하기 좋은 섬들은 다음과 같다.

④

서해 5도에서 가장 높은 산, 대청도 삼각산

인천시 옹진군 p.089 | #난이도 70점, 해발 343m

북한과 가까운 서해 5도 중 가장 높은 봉우리다. 정상에 오르면 인근 백령도는 물론이고 북한 용연반도가 내려다보인다. 등산로가 끝나는 지점에서는 대청도 최고의 명승지로 꼽히는 서풍받이 절벽으로 바로 연결된다.

자기부상열차 타고 떠나는 섬 산행, 무의도 호룡곡산

인천시 중구 p.062 | #난이도 60점, 해발 244m

2019년에 다리가 놓여 대중교통으로 등산로 들머리까지 이동이 가능하다. 공항철도, 자기부상열차를 타고 섬 속의 섬 그리고 다시 그 안에 섬으로 들어가는 여정이다. 능선을 따라가면 옹진군의 섬은 물론이고 인천 송도의 모습도 조망할 수 있다. 등산로가 끝나는 지점에서는 걷기 좋은 소무의도 바다누리길과 연결된다.

⑤

⑥

거문도 등대섬을 찾아가는 산행, 거문도 서도 불탄봉

전남 여수 p.188 | #난이도 60점, 해발 189m

거문도 서도의 불탄봉에서 시작해서 능선을 따라가며 수월산 자락의 거문도 등대까지 이어지는 종주 코스다. 서도의 능선을 따라 걸으면 우측으로는 해안 절벽이 발 밑에 놓이고 거대한 등대가 시시각각 다가오기 시작한다. 아기자기한 섬 산행의 진수를 맛볼 수 있는 코스다.

나만의 섬을 찾자
자전거 타기 좋은 섬 best6

① 자전거 타기 좋은 인천의 섬 삼형제, 신도·시도·모도

인천시 옹진군 p.096 | #난이도 40점, 자전거 대여 가능

수도권에서 자전거 타기 좋은 곳으로 손꼽히는 섬이다. 공항철도와 버스를 이용해서 대중교통으로 선착장까지 닿는다. 약 20km 거리에 오르막이 거의 없는 코스라 초보자들도 부담 없이 자전거 여행을 즐길 수 있다. 선착장에 인근에 자전거 대여소가 있어 자전거를 빌려 타기에도 좋다.

② 고슴도치를 닮은 섬에서의 근사한 라이딩, 위도

전북 부안군 p.144 | #난이도 50점

위도에는 섬을 일주하는 근사한 해안도로가 만들어져 있다. 이곳에서 자전거를 타면 내내 바다 옆에 찰싹 붙어 달릴 수 있다. 물개바위, 거북바위 같은 해안의 절경을 구경하는 것은 물론이고 8월이면 섬에서 자생하는 흰색 상사화를 구경할 수도 있다. 무료로 개방되는 위도해수욕장에 텐트를 쳐놓고 하룻밤을 묵어가기에도 좋다.

③ 다도해해상국립공원에서 자전거 타기, 금오도

전남 여수시 p.172 | #난이도 60점

비렁길로 유명한 금오도는 자전거 타기에도 좋다. 섬을 한 바퀴 도는 일주도로가 없는 대신 이웃 안도까지 연결되는 종주도로가 있기 때문이다. 라이딩 내내 시야에 들어오는 금오열도의 섬들이 동행이 되어준다. 여수에서 출발하는 배 시간을 잘 맞추면 출발지로 돌아올 필요 없이 당일치기로 종주 여행을 할 수 있다.

'아주 작은 섬'이나 '작은 섬'은 걸어서 한 바퀴를 돌아보는 데 문제가 없다. 중간 크기의 섬이나 백령도같이 큰 섬의 경우에는 걸어서 이동하기에는 시간이 너무 걸린다. 이럴 때에는 자전거가 아주 유용한 이동 수단이 된다. 섬에 해안선을 따라 달리는 멋진 일주 혹은 종주 도로가 만들어져 있다면 자전거 타기는 여행이 수단이 아닌 섬 여행의 목적이 되기도 한다. 여기에서 자전거를 타기 위해서 일부러 찾아 볼 만한 섬은 물론이고 이동 수단으로 자전거를 이용하는 방법 두 가지를 모두 안내한다.

④

한려해상국립공원에서 자전거 타기 좋은 섬, 욕지도

경남, 통영시 p.322 | #난이도 70점

여의도 4배쯤 되는 규모의 섬을 일주하는 도로가 깔끔하게 만들어져 있다. 자전거로 둘러보기에 너무 길지도 짧지도 않은 적당한 섬이다. 제법 오르막과 내리막이 반복되는 코스라 중급자들에게는 라이딩의 묘미를 느낄 수 있는 코스다. 자전거 위에서 보이는 감청색 다도해의 풍광도 시원스럽다.

바퀴 달린 것을 타기 좋아한다면 꼭 한 번 가봐야 할 섬, 백령도

인천시 옹진군 p.080 | #난이도 60점

이 책에 나온 섬 중에서 가장 큰 섬이다. 섬에 흩어져 있는 명승지들을 돌아보는 데 자전거는 아주 요긴한 여행의 이동 수단이 된다. 특히 천연 비행장으로 널리 알려진 사곶해변은 자동차를 비롯, 바퀴 달린 것을 타는 취미가 있는 사람이라면 생애 한 번쯤 달려볼 만한 명소다.

⑤

⑥

자전거 타고 국립공원 명품마을 둘러보기, 관매도

전남 진도군 p.288 | #난이도 40점

진도 앞바다 조도군도에 위치한 작은 섬, 관매도는 국립공원 명품마을 1호로 지정된 아름다운 섬이다. 섬을 완주한다는 목표를 세우고 자전거를 탈 수도 있지만 마실 다니듯 천천히 마음 내키는 대로 섬을 둘러보는 것도 좋은 방법이다. 국립공원 관리공단에서 운영하는 대여소에서 자전거를 빌려탈 수 있다.

1 KSA 여객선예매 웹사이트 이용법

'KSA 여객선예매'는 한국해운조합에서 운영하는 여객선 예약 사이트다. 섬을 운항하는 정기 항로 대부분은 이곳을 통해서 예매할 수 있다. 앱 스토어에서 전용 애플리케이션을 다운받아 이용할 수도 있다. '가보고 싶은 섬' 웹사이트는 더 이상 운영하지 않는다.

한국해운조합 여객선 예매 사이트 island.theksa.co.kr

여객선 예매 방법

① 목적지, 여행 기간 입력

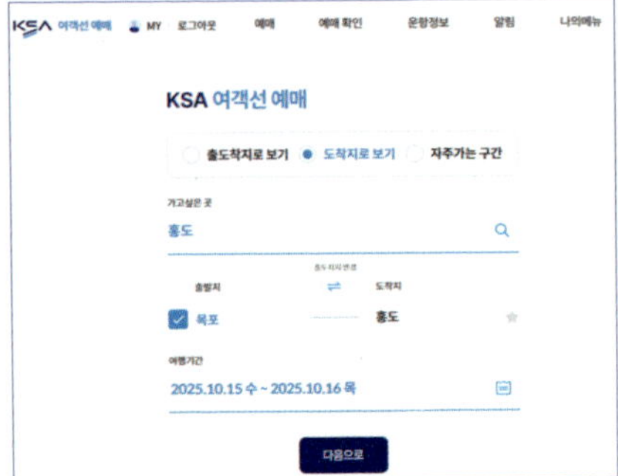

② 가는 배편 선택

③ 오는 배편 선택

④ 탑승자 정보 입력

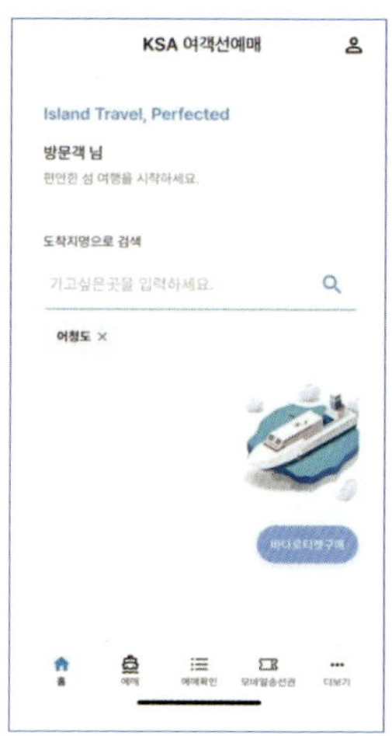

대부분의 좌석은 한국해운조합 여객선 예약 사이트에서 미리 예매가 가능하지만 일부 예외도 있다. 아래를 참고하자.

① 온라인 예약과 별도로 현장 판매 분이 따로 있는 경우

목포–홍도 구간과 같이 일부 항로에는 종종 좌석을 현장판매 분으로 따로 배정하는 경우가 있다. 이는 온라인 예약이 익숙하지 않은 현지 도서 민들의 편의를 위한 배려다. 여행객의 경우 온라인 예약이 마감되었더라도 선사 측에 전화로 문의해보면 현장 판매 분을 구입할 수도 있다. 현장판매 분은 당일 현장에서 선착순으로 판매된다.

② 온라인 예약이 불가한 경우

격포–위도 항로의 경우와 같이 여객선예약 사이트에서 검색은 되지만 예약이 불가능한 곳들이 있다. 이 경우 배편은 검색만 가능하고 인터넷예약은 받지 않는다. 선표는 당일 현장에서 선착순으로 발권해야 한다.

> **예매에 실패했다면, 취소표를 기다리자**   `TIP`
>
> 출발 3일 전부터 하루 전까지 홈페이지를 들락날락하며 취소표가 나오는지 확인하는 것이 좋다. 단체는 3일 전, 개인은 1일 전까지 취소해야 위약금이 부과되지 않기 때문에 이 기간에 취소표가 나올 가능성이 높다.

여객선 탑승 시 주의 사항

인터넷으로 예약을 했을 경우에는 '예약'과 '결제'가 완료된 것이다. 당일 현장 매표소에서는 표를 '발권'해야 한다. 발권은 아무리 늦어도 배가 출항하기 30분 전에는 해두어야 한다. 배 시간이 가까워졌는데 발권을 하지 않으면 선사에서 예약을 취소해 버린다. 여행 당일에는 여유롭게 선착장에 도착하는 것이 좋다. 발권을 위해서는 탑승자 전원이 신분증을 반드시 지참해야 한다. 성인의 경우 주민등록증, 운전면허증, 여권이 신분증으로 인정받는다. 신분증이 없으면 배에 탑승할 수 없다. 대형 여객터미널의 경우에는 무인 민원 발급기를 설치해 놓은 곳도 있다. 이 경우에는 임시 신분증을 발급기에서 출력해 제시해야 한다.

결제 후 취소 시 위약금

인터넷에서 예약을 진행할 경우에는 예약과 동시에 결제를 진행해야 한다. 변경 취소 시 위약금 부과 기준은 다음과 같다.

구분	출발 3일 전	출발 1일 전	당일 (출항 전)	출항 후
단체	전액 환불	10% 공제	20% 공제	50% 공제 출항 후 2일까지
개인	전액 환불			

개인의 경우 출발 하루 전에만 취소하면 위약금이 부과되지 않는다. 따라서 섬 여행의 계획이 잡혔다면 제일 먼저 배편을 예약해 놓는 것이 좋다. 예약의 오픈 시기는 항로, 선사마다 다르다. 한 달 치 예약을 미리 받는 곳도 있고 몇 달 후까지 예약을 미리 받는 경우도 있다.

2 | 여객선의 종류

앞서 이야기한대로 여객선은 크게 승객과 차량을 함께 실을 수 있는 배와 승객만 운송할 수 있는 배로 구분된다. 대표적으로 차도선과 쾌속선이 있다. 이 배들은 다시 속도에 따라서 구분된다.

차도선, 연안의 마당쇠

섬 여행을 할 때 가장 많이 이용하게 되는 배다. 주로 가까운 바다에 있는 섬으로 사람과 차량을 실어 나르는 배다. 정면 쪽이 개폐되면서 차량을 싣고 내릴 수 있다. 운항 속도는 10~15노트 사이다. 선실은 좌석이 지정되어 있지 않는 좌식형이 대부분이다. 이용객이 많지 않을 때는 누워서 휴식을 취할 수 있다는 장점이 있다. 선실 외부로 출입이 자유롭기 때문에 운항 중 주변 경관을 감상하거나 갈매기에게 먹이를 던져주는 소소한 재미도 느낄 수 있다.

쾌속선, 바다의 날쌘돌이

주로 멀리 떨어져 있는 섬으로 운항하는 배다. 승객만 수송할 수 있다. 운항 속도는 15~35노트 사이다. 가는 두 개의 선체 위에 갑판을 올려서 쌍동선으로 불리기도 한다. 선체가 밀폐되어 있는 구조라 운항 시에는 외부 갑판으로 출입이 불가하다. 입식 좌석이 설치되어 있어 대부분 지정된 좌석을 배정받게 된다. 좌석 선택은 예약 시 웹사이트에서 가능하다.

일반선 vs. 쾌속선

선체가 둘인 쌍동선이라도 속도에 따라서 다시 일반선과 쾌속선으로 구분된다. 인천-덕적도 항로를 운항하는 코리아나호는 시속 25노트로 항해하는 쾌속선이고 대천-외연도를 운항하는 에버그린호는 15노트로 항해하는 일반선이다. 항로의 거리는 45km, 47km로 비슷하지만 소요시간은 1시간 10분, 2시간 10분으로 거의 2배 가까이 차이가 난다. 소요시간은 거리보다는 배의 속도와 중간 기항 횟수에 따라 달라진다.

코리아나호

45km / 1시간 10분 소요

인천여객터미널 　　　　 덕적도

에버그린호

47km / 2시간 10분 소요

대천여객터미널 　 호도 　 녹도 　 외연도

3 뱃멀미를 피하는 방법

개인마다 차이가 있겠지만 배를 타고 떠나는 섬 여행에서 뱃멀미가 두려운 사람들이 있을 것이다. 미리 멀미약을 먹는 것도 방법이 될 수 있겠지만 여행지나 배 그리고 좌석을 선택하는 데 있어 뱃멀미를 피해갈 수 있는 방법들을 소개한다.

내해 vs. 외해

선박의 항해 수역 중에 평수구역平水區域이라는 것이 있다. 바다를 구역으로 나눈 것인데 호수나 하천 같이 배가 다니기에 평온한 수역을 의미한다. 일제 강점기에 만들어진 체계인데 아직도 사용되고 있다. 뱃멀미를 피하는 가장 확실한 방법은 평수구역 안에 있는 섬으로 여행을 가는 것이다. 어떤 섬이 평수구역 안쪽에 위치하고 있는지는 기상청에서 바다 날씨를 발표하는 수역을 확인하면 된다. 우리나라의 바다를 앞바다와 먼바다로 구분하는데 앞바다가 평수구역과 대략 일치한다. 이 책에서는 매 섬마다 첫 페이지 '수역 정보'에 표시해 놓았다. 아래의 경우 호도와 녹도는 평수구역 안쪽 섬이고 외연도는 평수구역 바깥 섬이다.

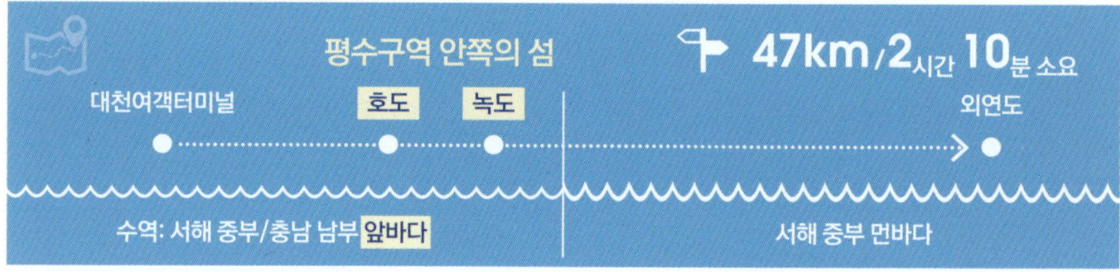

선박 흔들림의 영향을 덜 받는 좌석의 위치

뱃멀미를 유발하는 선박의 흔들림에는 크게 두 가지가 있다. 선박이 앞뒤로 출렁거리는 피칭pitching과 좌우로 흔들리는 롤링rolling이다. 피칭은 파도를 정면으로 타고 넘을 때, 롤링은 파도를 옆으로 맞았을 때 발생한다.

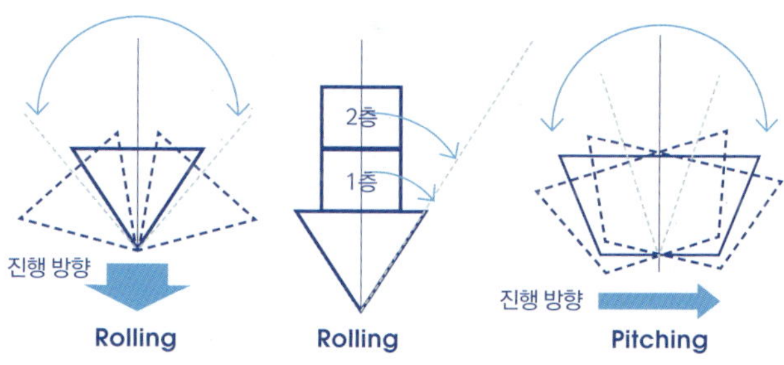

멀미를 유발하는 것은 주로 롤링 때문이다. 롤링의 영향을 적게 받으려면 좌우 창가 좌석보다는 중간 좌석을 잡는 것이 좋다. 아래 그림에서 A, C보다는 B구역의 좌석이 좋다. 1층과 2층에 좌석이 있을 경우에 2층이 롤링의 영향을 더 크게 받는다. 따라서 아래 층의 좌석을 선택하는 것이 뱃멀미를 조금이라도 피할 수 있는 방법이다.

4 레저 장비와 반려동물 이동

레저 활동을 위해 장비를 가져가야 할 때가 있다. 이와 관련된 연안여객선 운송 약관은 일반적으로 다음과 같다. \
휴대품 여객이 휴대하고 승선할 수 있는 물품을 말한다. 무게 15kg 이하, 가로+세로+높이의 합 150cm 이하의 물품이다.
수하물 여객이 승선 구간에 대하여 운송을 위탁한 물품을 말한다. 무게 30kg 이하, 가로+세로+높이의 합 200cm 이내의
물품이다.

오토캠핑 vs. 백패킹

백패킹의 경우 배낭을 멘 채로 선실로 반입한다. 필자의 경우 70ℓ 배낭을 사용한다. 음식물까지 채우게 되면 20kg을 훌쩍 넘기게 된다. 반입 규정상 15kg를 초과하는 무게지만 단 한 번도 승선 전에 무게를 달거나 반입이 거부된 적은 없다. 비행기와 달리 현장에서 휴대품 반입이 까다롭지 않다. 선내의 보관 장소는 승무원들이 안내해준다. 오토캠핑의 경우 차량에 캠핑 장비를 싣고 배에 적재하게 된다. 장비를 실었다고 추가 요금을 지불하지는 않는다. 단, 차량은 인터넷으로 미리 예매가 불가한 노선이 대부분이다. 선착장에 도착한 순서대로 승선을 하기 때문에 미리 와서 대기해야 한다.

자전거

자전거의 경우 특수 수하물로 취급된다. 차도선의 경우 100% 반입된다. 단, 선사별로 수하물 취급 요금이 다르다. 요금을 받지 않는 선사도 있고 적게는 1,000원에서 많게는 10,000원까지 취급 요금을 부과한다. 수화물 취급 비용은 대부분 탑승 시 승무원에게 직접 지급한다. 인천–백령도 노선을 운항하는 쾌속선 코리아 프라이드호의 경우 자전거 휴대 시 편도 10,000원의 요금이 부과된다. 같은 노선을 운항하는 코리아킹 호의 경우 아예 자전거 반입이 불가하다. 이와 같이 여객을 운송하는 쾌속선의 경우 노선에 따라서 자전거 반입 대수를 제한하거나 아예 불허하는 선사들도 있다. 자전거를 휴대할 계획이고 배가 차도선이 아닌 경우라면 해당 선사에 반입 가능 여부를 확인해봐야 한다.

반려동물

반려동물의 경우 케이지에 넣어서 선내에 반입하는 것이 원칙이다. 이때, 신체 일부도 나오지 않는 케이지를 사용해야 한다. 비행기 탑승의 경우에도 케이지 포함, 반려동물의 무게가 5kg 이내일 때 기내 반입이 허용된다. 단 외부 갑판으로 출입이 가능한 차도선의 경우에는 분위기가 자유로운 편이다. 소형 견의 경우 그냥 안고 탑승하는 경우도 허다하지만 케이지를 준비하는 것이 여러모로 안정적이다. 대형 견의 경우 선사로 별도 문의가 필요하다.

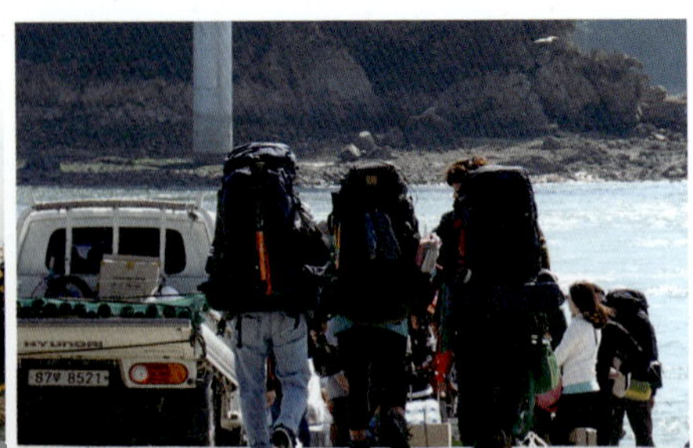

5 배를 타자: 할인 정보

바다로 티켓과 여객 운임 지원

뱃삯은 섬 여행을 준비하면서 예산에서 가장 큰 비중을 차지하게 된다. 알뜰 여행을 위한 할인패스와 항로별 할인정보들은 다음과 같다.

당신이 34세 미만이거나 18세 미만의 자녀와 함께 여행한다면

바다로 이용권을 구매하는 것을 추천한다. 이용권을 구입하면 주중 50%, 주말 20%의 할인 혜택을 탑승 횟수에 상관없이 무제한으로 받을 수 있다. 2016년부터 시행됐고, 2018년에 28세에서 34세 이하로 적용 연령이 상향되었다. 매년 6월 1일부터 이듬해 5월 31일까지 1년 단위로 판매한다. 또한 미성년자 자녀와 함께하는 가족 여행객이라면 바다로 가족권을 이용할 수 있다. 18세 미만 1인이 포함된 가족이라면 최대 4인까지, 연령 제한 없이 바다로 이용권과 동일한 할인 혜택을 받을 수 있다. 상세 내용 확인 및 구매는 한국해운조합 여객선 예매 사이트(island.theksa.co.kr)에서 가능하다.

2025년 티켓 구분	사용기간	가격
바다로-연간이용권	2025.6.1~2026.5.31	7,900원
바다로-가족권	2025.6.1~2026.5.31	7,900원

*티켓 사용제외기간: 특별수송 기간(2025.7.25~8.10), 명절연휴

당신이 34세 이상이고 미성년자와 동행하지 않는다면

안타깝게도 바다로 티켓은 사용할 수 없지만, 지역별·노선별로 실시되는 할인 혜택은 받을 수 있다. 인천의 섬으로 여행하는 관광객을 휘한 여객운임지원 사업으로는 '인천i바다패스'가 있다. 인천시민은 편도 1,500원으로 강화도와 옹진군의 21개 섬을 이용할 수 있으며 타 시도민의 경우 정규운임의 70%를 1인당 연 3회 지원한다. 단. 1박 이상 체류해야 하고 편도정규운임이 1만원 이상인 경우 지원받을 수 있다. 단 여름 성수기 기간과 토요일(입·출도), 일요일(출도)의 경우에는 제외된다. 2025년도 사업 기간은 1월 1일부터 12월 31일까지다.

여객운임지원 사업	인천i바다패스
해당 도서	(강화) 볼음도, 아차도, 주문도, 미법도, 서검도 (옹진)백령도, 대청도, 소청도, 대연평도, 소연평도, 덕적도, 문갑도, 굴업도, 소야도, 백아도, 지도, 울도, 자월도, 대이작도, 소이작도, 승봉도, 신도, 장봉도

기타 여객 운임 지원 사업은 다음과 같다.

여객운임지원사업	전남도 섬 여객선 반값 운임 지원	추자도방문객 운임 지원
해당 도서	여수-거문도, 고흥-거문도, 목포-가거도, 완도-청산도, 완도-여서도, 해남땅끝-보길산양, 해남땅끝-넙도, 완도화흥포-노화도-소안도	재주-추자도
조건	50% 운임 할인	60% 운임 할인

6 유동적인 운항시간에 대응하기

섬 여행 일정은 선사의 운항 시간표에 의해서 결정된다고 해도 과언이 아니다. 이 책에서는 '배편'에서 운항 선사의 일정표를 안내하고 '일정'에서 배편에 따른 여행 스케줄을 안내하고 있다. 대부분 시간표는 2019년 자료를 근거로 작성됐다. 이것은 어디까지나 참고 자료일 뿐, 이 책을 읽고 있는 독자가 섬을 방문하는 시기에는 내용이 변동될 수 있다. 따라서 이 책에서 안내하고 있는 시간표는 대략의 일정을 가늠하는 자료로 이용하고, 실제 예약 시에는 한국해운조합 여객선 예매 사이트 혹은 선사의 홈페이지에서 출발 당일 시간표를 확인해야 한다.

하절기 vs. 동절기

계절에 따라 운항 시간이 바뀌거나 운항 횟수가 바뀐다. 대략 하절기는 3월~10월, 동절기는 11~2월까지다. 해가 짧아지면 육지에서는 일찍 출발하고 섬에서도 해지기 전에 일찍 돌아 나온다. 동절기는 섬 여행의 비수기이기 때문에 운항 편수가 줄어드는 경우가 대부분이다.

항로	격포항 출항시간	
	하절기	동절기
	07:55	08:05
	09:45	10:55
격포 → 위도	11:35	13:45
	13:25	16:05
	15:15	–
	17:05	–

주중 vs. 주말

관광객들이 많이 찾는 섬의 경우 주말, 혹은 축제나 휴가 시즌 같은 성수기에 배가 증편 운항한다. 특히 육지와 20분 이내 거리에 있는 가까운 섬의 경우에는 정규 시간표 이외에도 수요에 따라서 수시로 증편된다.

항로	팽목항 출항시간	
	하절기 주중	하절기 주말
	09:50	07:00
팽목 → 관매	12:10	10:00
	–	12:10
	–	13:30

사선을 이용하는 방법에 관하여 

경우에 따라서 택시같이 이용할 수 있는 사선들도 있다. 섬에 있는 어선을 빌려서 이용하는 경우를 말한다. 주로 10분에서 20분 이내 거리에 있는 가까운 섬을 방문할 때 이용하게 된다. 배편 섭외는 섬 내 숙소 사장님이나 마을 이장님을 통하는 경우가 대부분이다. 배를 놓쳤거나 여객선이 운항하지 않는 섬으로 들어갈 때와 같이 부득이한 경우에 이용하게 된다. 요금은 거리에 따라 달라지지만 10분 이내의 경우 왕복 100,000원, 20분 이내 150,000원 정도의 요금을 받는다. 배를 전세 내기 때문에 탑승 인원과 뱃삯은 상관이 없다.

1 변화무쌍한 섬 날씨

섬 날씨와 육지 날씨는 다르다? 같을 수도, 다를 수도 있다. 그간의 경험에 비추어 볼 때 특히 먼바다에 위치한 섬일수록 육지 날씨와의 괴리감이 큰 경우가 많았다. 맑은 날로 예보되어 있었어도 해무가 끼거나 소나기가 내리는 경우도 부지기수였다. 섬의 날씨는 변화무쌍하다.

기상예보를 확인하는 법

홍도로 여행을 간다고 하면 전라남도나 출발지인 목포의 날씨를 확인하는 경우가 많다. 기상예보를 확인할 때는 섬이 속해 있는 행정구역상 면 단위까지 정확하게 검색해봐야 한다. 추가로 섬이 속해 있는 수역의 바다 날씨도 확인해봐야 한다. '기상청 날씨누리>바다날씨>오늘의 날씨' 순으로 들어가면 섬이 속해 있는 해당 수역의 날씨를 확인할 수 있다. 섬의 행정구역과 해당 수역은 각 챕터에서 확인할 수 있다.

배의 출항을 결정짓는 바람

홍도가 위치한 서해 남부 북쪽 먼바다의 날씨다. 배의 출항 여부는 풍속과 바람이 일으키는 파고에 영향을 받게 된다. 목·금·토요일은 모두 비 소식 없이 맑은 날로 표시되어 있지만 3일 내내 시속 20km 이상의 강풍이 분다. 파고가 4m까지 치는 19일은 풍랑주의보가 발효되어 100% 배가 결항되고 20, 21일도 배가 뜨지 못할 가능성이 높다.

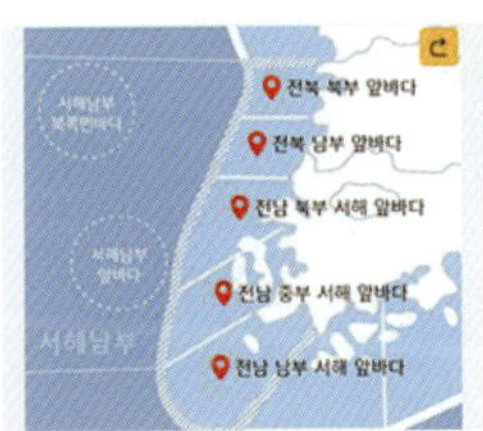

[서해남부북쪽먼바다] 날씨 전망

지도에서 지역을 선택하시면 날씨를 확인할 수 있습니다.

날짜		풍향	풍속	파고
19일(목) ☀	오후	서-북서	36~65	2~4
20일(금) ☀ / ☀	오전	서-북서	32~47	1~2.5
	오후	남서-서	22~32	1~2

내항 여객선 출항 통제 기준

풍랑, 폭풍, 해일주의보가 발효되면 평수구역(앞바다) 밖을 운항하는 내항 여객선은 결항된다. 풍랑, 폭풍, 해일경보 혹은 태풍주의보나 경보가 발효되면 모든 여객선의 운항이 중지된다. 출항을 결정짓는 또 하나의 요인은 안개다. 특히 인천항을 비롯해서 서해 근해의 항구는 일교차가 벌어지는 봄, 가을에 안개가 자주 낀다. 안개로 시정 거리가 1km 이내인 경우에는 모든 여객선의 출항이 통제된다. 가장 많이 접하게 되는 것은 바람으로 인한 풍랑주의보다. 풍랑주의보는 시속 14km 이상의 바람이 3시간 이상 지속되거나 유의 파고가 3m 이상일 경우에 발효된다. 출항 통제는 관할 해양경찰서장이 결정한다. 미리 기상특보나 예보가 발령된 것이 아니라면 선사에서는 당일 아침에 확인할 수 있다. 결항 시 예약자에게는 결항에 대한 안내 문자가 입력된 휴대전화 번호로 발송된다.

2 밀물과 썰물 이야기

섬으로 들고 나는 데는 바람의 영향이 절대적이지만, 섬 안으로 입도한 다음부터는 물때의 영향을 받는다. 밀물과 썰물은 하루에 두 번씩 차 올랐다가 빠지기를 반복한다. 섬 안에 살고 있는 사람들은 이 물때의 절대적인 영향을 받는다. 물고기를 잡는 낚시꾼들은 말할 것도 없고 뻘밭에서 해루질을 하기 위해서도 물때를 알아야 한다. 섬 안에 들어가면 태양의 시간에서 벗어나 달의 시간에서 생활하게 된다.

물때가 섬 탐방에 미치는 영향

낚시나 해루질을 하지 않더라도 섬 여행에서 밀물, 썰물의 시간을 알고 있는 것은 중요하다. 신안군 증도면의 기점도와 소악도를 연결해서 만든 12사도 순례길은 밀물이 들어오면 잠겼다가 썰물 때 다시 드러나는 노두길로 서로 연결되어 있다. 정확한 시간을 알고 있어야 답사 일정을 세울 수 있다. 섬의 관광 명소 중에는 유독 기암괴석들이 많다. 가의도의 독립문바위나 관매도의 방아바위 같은 곳들이다. 대부분 섬 끝자락에 위치하고 있는 경우가 많아서 바닷물이 빠져야 들어가 볼 수 있다. 이처럼 썰물 때만 찾아갈 수 있는 섬이 여럿인데 가의도와 연결된 명장섬, 소매물도와 연결되는 등대섬이 그런 곳들이다.

노두길의 모습

가의도의 남대문 바위

기상 관련 유용한 앱과 웹사이트

1 신 날씨누리

기상청(www.weather.go.kr)의 예보 공식 홈페이지다. 날씨>오늘의 날씨, 혹은 바다날씨>오늘의 날씨에서 각각 해당 지역과 수역의 날씨를 확인해 볼 수 있다. 날씨 알리미 앱을 다운받아서 사용할 수도 있다.

날씨 알리미

신 날씨누리

2 물때와 날씨

지역이 아닌 섬 명칭으로 검색 가능하다. 섬의 물때 정보와 날씨, 그리고 해당 수역의 기상 정보를 모아서 보여준다. 특히 만조와 간조 시기를 시간, 분 단위로 알려주기 때문에 여기저기서 해당 정보를 확인할 필요가 없어서 편리하게 사용할 수 있다.

물때와 날씨

3 Windy

시간대별로 풍속과 풍향을 알려주는 앱이다. 아이폰과 안드로이드에서 다운로드 가능하다. 바람뿐만 아니라 파도와 조수도 예보해준다. 특히 섬이나 해안 지역의 태풍, 강풍 상황을 확인하기에 유용한 앱이다.

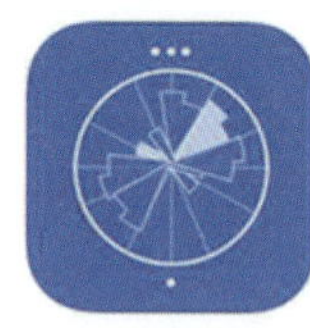

Windy

지속가능한 섬 여행을 위한 규칙

이 책에서 소개하고 있는 섬 중에서 사람이 가장 많이 사는 곳은 인천시 옹진군의 백령도다. 약 5,000명 정도가 섬에 거주하고 있다. 대략 1,000명 정도가 사는 섬은 면 소재지가 위치하고 있으며 대청도, 위도, 금오도 등 8곳이 여기 해당한다. 나머지 섬은 인구가 많아야 수백, 작게는 1명(여수, 추도)에 이르며 이런 곳이 대부분이다. 따라서 섬 여행은 관광객들로 북적거리는 육지의 명승지와는 분위기가 다르다. 우리는 섬에 들어가는 순간, 작은 마을의 한 귀퉁이를 점유하게 된다. 지속 가능한 여행을 위해 관광객들이 지켜야 할 에티켓은 다음과 같다.

국립공원에 포함되어 있는 섬을 여행할 때

여수의 금오도, 통영의 소매물도, 신안의 홍도 같은 섬들은 다도해해상국립공원 혹은 한려해상국립공원에 속해 있는 곳들이다. 국립공원 내 섬을 탐방할 때 '아무것도 버리지 말고, 아무것도 가져가지 말 것'을 반드시 되새기자. 또한 국립공원 지역에서는 지정된 야영장 장소 외의 취사 및 비박이 불가하다.

 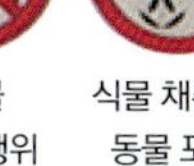  

해산물 채취에 관하여

조개를 캐는 것과 같은 해산물 채취도 섬 여행에서 빼놓을 수 없는 재미다. 이때는 해루질이 가능한 구역을 미리 확인하는 것이 좋다. 해변에는 마을에서 종패를 뿌려서 관리하는 보이지 않는 양식장들이 존재한다. 일반적으로 해수욕장 주변의 해변에서는 해루질이 가능한 곳들이 대부분이지만 마을 주민에게 먼저 확인해보는 것이 좋다. 농촌에서의 서리는 이제 절도라는 인식이 자리 잡았지만 경계가 명확하게 보이지 않는 양식장의 경우 이런 인식이 희미해지는 것도 사실이다.

자나 깨나 불조심

산불 조심 기간은 가을(11월 1일~12월 15일)과 봄(2월 1일~5월 15일)에 걸쳐 두 번 실시되는데, 이때는 강수량이 적고 대기가 건조한 시즌이다. 섬은 바다 한가운데 있기 때문에 불조심을 망각하는 경우가 많은데 실상은 그렇지 않다. 바람이 거세게 불기 때문에 실화로 인한 산불이 종종 발생한다. 섬은 고립되어 있기 때문에 육로로 119가 출동할 수 없다. 마을의 의용소방대가 방재를 담당하며 큰 불의 경우 소방 헬기가 출동해야 하기 때문에 산불 진화에 어려움이 있다. 흡연자의 경우 탐방로에서의 흡연은 각별히 자제해야겠다. 흡연은 방파제나 마을 인근에 이르러 해야 한다.

마을 사람을 보면 먼저 인사하자

작은 섬으로 갈수록 섬에 살고 있는 사람도 뻔하고 들고 나는 사람들도 뻔하다. 섬에서 하룻밤을 묵고 나오면 의도하지 않더라도 이장님, 파출소장님을 한 번쯤 마주치게 된다. 같은 배를 타고 들어온 관광객들도 돌아 나오는 시간에 다시 헤쳐 모이게 된다. 그러니 길을 걷다 마을 사람들을 마주치게 되면 반갑게 인사를 나누자. 아마 외면하는 사람은 없을 것이다. 십중팔구 '어서 오셨소!'라며 살가운 질문을 받게 될 것이다. 잠시 대화를 나누다 보면 인터넷에는 올라와 있지 않은 섬의 숨은 이야기를 듣게 될 지도 모른다. 대부분의 섬사람들은 순박하다. 닳고 닳은 육지의 관광지에서 찾기 힘든 인심도 느낄 수 있을 것이다. 어떤 곳에서나 좋은 매너를 갖고 행동하는 것은 거주민을 배려하는 일이기도 하지만, 결국 자신의 여행을 보다 풍성하게 만드는 방법이기도 하다. 작고 작은 섬에서는 더욱 그렇다.

2 인천의 섬 여행

갯내 어린 바람 따라, 서해를 거닐다

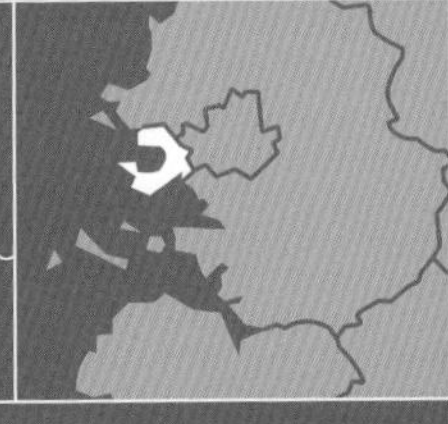

작은 섬
여의도의
1.08배

2.57 km²
면적

188 m
최고봉(송이봉)

187 명
인구(마을 3곳)

차도선
저속 ⋯ 15노트

대부고속카페리 7호

489 톤

정원 520 명

탑재차량 53 대

대이작도

 뭐 하고 놀까 | 풀등 탐방 · 작은풀안해변 캠핑 · 부아산 등산

일반항로
운항률 90%

34km / **1**시간 **40**분 소요

방아머리 선착장 ······· 승봉도 ······· 대이작도 선착장 작은풀안해변

2km

수역: 서해 중부/인천 남부 앞바다

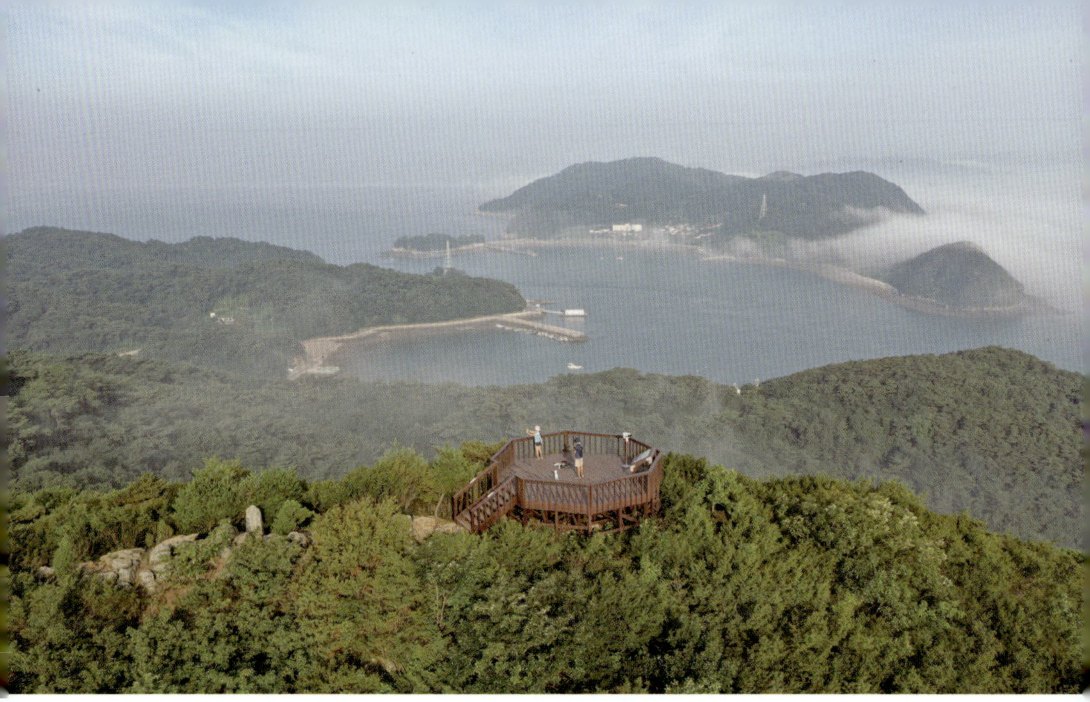

하루 두 번, 대이작도 앞바다에는 작은 기적이 일어난다. 밀물 때 바다에 잠겼다가 썰물 때에야 모습을 드러내는, 신비로운 모래섬이 그 주인공이다. 이런 모래 섬은 학술적으로 '하벌천퇴下伐川堆'라는 명칭으로 불려왔지만, 최근에는 일본식 한자어라는 이유로 '풀등' '풀치'라는 예쁜 우리말 이름을 더 많이 사용한다.

풀등 탐방을 위해서는 작은풀안해변으로 가야 한다. 이곳에서는 물때에 맞춰 임시매표소가 만들어진다. 풀등이 수면 위로 모습을 나타내면 탐방객을 실은 작은 배가 운항을 시작한다. 5분 남짓 파도를 헤치고 달리면 풀등에 도착한다. 풀등에 첫발을 내려놓는 순간부터 모든 것이 경이롭다. 발바닥에 느껴지는 모래의 감촉은 고와도 이리 고울 수가 없다. 가늘고 치밀한 입자 때문에 바닥은 제법 단단하다.

연흔漣痕, 그러니까 모래사장에 새겨진 물결 모양의 무늬가 이곳이 불과 몇 시간 전까지 바다에 잠겨 있었음을 상기시켜준다. 물 빠진 풀등은 광활하다. 걸어도 걸어도 끝이 보이지 않을 지경이다. 폭 1km, 너비는 4km에 달할 정도다. 다시 사라지기 전까지 주어진 시간은 2시간 남짓. 물놀이를 즐기는 사람, 걷는 사람, 앉아서 풍경을 즐기는 사람까지 각자의 방식으로 풀등의 추억을 담아 간다.

섬에는 마을이 3곳 있다. 선착장 인근의 큰 마을, 작은풀안해변의 장골마을 그리고 가장 남쪽의 계남마을이다. 1박을 한다면 대부분의 여행객들은 중간에 있는 장골마을에 자리를 잡는다. 도보 이동 시 해변, 풀등, 부아산으로의 접근성이 좋기 때문이다. 작은풀안해변에는 아담한 솔밭이 있다. 키가 작은 소나무들이 울창한 그늘을 만들어준

다. 편의시설도 잘 갖춰져 있어 하절기에는 캠핑족들로 붐빈다. 서해의 섬치고는 제법 파도도 치고 수심도 있기 때문에 물놀이를 즐기기에도 좋다.

이작도의 최고봉은 해발 188m의 송이봉이지만 관광객들이 즐겨 찾는 곳은 구름다리와 봉수대가 있는 해발 163m의 부아산이다. 작은풀안해변에서 부아산 정상까지는 편도 1.7km의 거리다. 등산로가 시작되는 '부아산 천국의 문'이 8부 능선 지점에 위치하고 있다. 이곳까지는 도로와 포장 임도로 연결되어 있어 차량으로 접근이 가능하다. 실제 등산로는 300m 남짓이다. 능선을 따라 올라가다 보면 협곡을 가로지르는 70m 길이의 출렁다리를 건너고 이어서 5개의 봉수대 터와 만난다. 조선시대 도서지역에 설치했던 연변봉수대로 평상시에는 1개, 적이 섬에 상륙했을 시에는 5개를 모두 올렸다고 한다. 이 신호는 주변으로 전달되면서 최종적으로 한양의 남산봉수대까지 도달했다. 이곳을 지나면 정상 데크에 도착한다. 수직으로 불과 100여 m를 올라왔지만 주변의 풍광은 막힘이 없다. 이른 아침, 일교차 탓에 주변 섬은 운무로 덮여 있다. 작은풀안해변 맞은편에서는 풀등이 흰파도를 일으키며 거대한 잠수함이 떠오르듯 다시 그 모습을 드러내고 있다.

배편

대이작도로 운항하는 배가 인천연안여객터미널과 방아머리 선착장 2곳에서
출발한다. 인천에서 이작도까지는 47km, 방아머리에서는 35km 거리다. 인천
에서 출발하는 것이 더 멀지만 빠른 쾌속선이 운항돼서 시간은 비슷하게 걸린
다. 대신 운임적인 측면에서는 방아머리에서 출발하는 것이 더 유리하다. 자가
용 이용 시 인천터미널의 주차료는 10,000원/1일, 방아머리는 무료다.

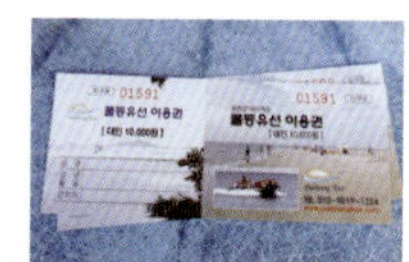

출발지	선사	항로	소요시간	선종	요금 편도
인천연안여객터미널	고려고속페리	47km	1시간 35분	쾌속선	21,600원
	대부해운	45km	2시간 10분	차도선	13,200원
방아머리 선착장	대부해운	35km	1시간 30분	차도선	9,800원

출발 방아머리 선착장
　　경기도 안산시 단원구 대부황금로 1567-3(주차 무료)
　　☎ 032-886-8772
선사 (유)대부해운 | ☎ 032-886-8772 | www.daebuhw.com
할인 인천i바다패스 인천시민 편도 1,500원, 타 시·도민 평일 70% 요금 감면
　　혜택
예매 한국해운조합 여객선예매(홈페이지, 앱)

일정

선사가 두 곳이라 인천에서 출발하는 배편이 더 많다. 방아머리에서는 하절기 주
말(토,일) 1일 2회 운항, 평일과 동절기에는 1일 1회 운항한다.

1일 차	09:00	10:30	11:30	12:30	15:00~17:30	20:00~
	출항	이작도 도착	해변 도착	사이트 구축/식사	풀등 탐방	식사 마침
2일 차	07:00~08:00		09:00~12:00	14:30	15:10	16:40
	부아산 등산		물놀이 식사	선착장 도착	출항	방아머리 도착

풀등 탐방하는 법, 그리고 주의사항

탐방은 대이작도 풀등탐방(풀등유선)을 이용해야
한다. 풀등은 하루 두 번 모습을 드러낸다. 따라서
물때에 맞춰서 배가 뜨는 시간을 확인하는 것이 우
선이다. 풀등으로 들어가는 탐방선은 12인승으로
최소 8명이 모여야 배가 출항한다. 대이작도 선착장
바로 인근에 풀등탐방 탑승장이 위치하고 있다. 섬
안에서 탑승장까지 이동이 어려울 경우에는 셔틀버
스도 요청할 수 있다. 체험 시간은 총 60분이며 풀
등에서 머무를 수 있는 시간은 30분이다. 단, 물놀
이를 할 때 주의가 필요하다. 풀등의 북쪽은 물살이 있고 수심이 깊다. 이를 모른 채 수영을 즐기던 여행객이 인명 사
고를 당한 적도 있다. 사승봉도가 마주 보이는 남측이 수심이 낮고 경사가 완만하다. 체험 요금은 성인 30,000원이
고 예약은 010-2480-1155 풀등탐방 홈페이지(https://www.puldeung.com)를 참고한다.

걷기

해변–부아산–해변

작은풀안해변에서 출발해 도로를 따라서 선착방향으로 올라간다. 600m 지점에서 오른쪽으로 삼신할매 약수터를 지나간다. 200m 더 올라가면 부아산 정상으로 가는 갈림길이 나온다. 표지판을 따라서 우측 길로 진입한다. 포장 임도를 따라가면 출발지로부터 1.4km 지점에 계단으로 된 등산로 입구가 나온다. 이곳에서 정상까지는 약 300m 거리다.

걷기길 난이도 **30**점	상승고도 150m(하)
이동거리 **3.3**km(하)	최고봉 (부아산) 156m(하)
	소요시간 1시간 30분

선착장에서 해변까지 이동하는 법

선착장에서 작은풀안해변까지는 약 2km 거리다. 중간에 해발 70m 정도의 고개를 넘어가야 한다. 여름철 백패킹 배낭을 지고 이동한다면 꽤나 힘들게 느껴진다. 민박집 차량을 제외하고 섬을 운행하는 버스는 없다. 운이 좋으면 지나가는 차량이 태워주기도 한다.

섬에서 렌터카 이용하기

2021년부터 대이작도에서도 렌터카를 이용할 수 있게 되었다. 5인승 전기 차 7대가 준비되어있다. 짧게는 2시간부터 길게는 3일까지 이용할 수 있다. 두 시간 이용 요금은 22,000원이고 1일에 66,000원 이다(자차 보험은 별도). 선착장과 작은풀안해변 입구에서 대여 반납할 수 있다. 문의 전화는 010-2501-5133.

섬에 대한 짧고 얕은 지식

섬의 맛

작은풀안해수욕장 입구, 장골마을에 펜션들이 모여있다. 대부분 식당과 매점을 같이 운영한다. **풀등펜션**(옹진군 자월면 대이작로 158, ☎ 032-834-6161, 백반 10,000원/1인) 매점에서는 음료, 맥주, 라면 등 간단한 간식거리를 판매한다. 치킨 집에서는 해변으로 통닭과 생맥주도 배달해준다.

어디서 잘까

작은풀안해수욕장에는 마을 청년회에서 관리하는 야영장(2인 텐트 10,000원/1박, 2인 이상 텐트 15,000원/1박)이 있다. 화장실, 샤워장, 개수대, 쓰레기 분리 수거장이 준비되어있다. 전기 사용은 불가하고 화롯대 이용은 가능하다. 샤워장에는 온수가 나오지 않는다. 해수욕장 개장기간인 7월 21일~8월 19일까지 운영되고, 그 외 기간에는 주말만 운영한다. 샤워장 이용은 무료이고, 반려동물 입장 가능하다.

사라져가는 풀등

풀등은 여행객에게 이국적인 풍광을 선사하는 관광 명소일 뿐만 아니라 해양생태계에서 중요한 역할을 한다. 해일이나 태풍 시에는 파도의 운동에너지를 감소시키는 천연의 방파제다. 해양생물의 서식처이자 새들의 휴식처가 되기도 한다. 대이작도 인근 해역은 모래가 흐르는 바다로 불릴 만큼 모래가 많은 지역이다. 수도권 신도시 아파트 건설 시 쓰였던 상당량의 모래가 이 지역으로부터 채취됐고, 그 여파로 매년 풀등의 면적이 줄어들고 있다. 결국 2003년 이 주변 해역은 해양생태계 보존지역으로 지정됐다. 따라서 자연히 풀등에서의 해루질이나 어패류 채취는 금지된다. 마을 청년회에서도 풀등지킴이 활동에 열심이다.

대한민국 최고령 암석

풀등을 가기 위해서 해안을 따라 설치된 데크 길을 걷다 보면 검은색 바위 주변에 '대한민국 최고령 암석'이라 쓰인 안내표지판을 지나게 된다. 언뜻 평범해 보이는 암석이지만 한반도 지질학사에서 중요한 의미를 갖는다. 우리나라 기반암 대부분의 나이는 19억 년으로 알려져 있으나, 이작도에서 발견된 이 바위는 지하에서 고온과 압력에 의해서 생성된 혼성암으로 나이는 최소 25억 년 이상으로 추정된다. 이런 이유로 이작도를 우리나라에서 가장 오래된 땅이라 부른다.

해적의 섬, 이작도

풀등의 섬, 이작도는 해적의 섬으로도 불린다. 이작도의 옛 지명은 이적夷賊도로 알려졌다. '오랑캐 이夷'에 '도둑 적賊'자를 사용했던 것이 유래가 되어 이작으로 바뀌었다는 전설이다. 고려 말 왜구들이 섬을 점거하고 삼남지방에서 올라오는 세곡선을 약탈했다는 기록이 고려사 《변광수전》에 기록으로 남아 있다. 조선시대 대마도를 근거지로 한 왜구들이 남해에서 노략질을 일삼았다는 것은 널리 알려진 사실이다. 다만 홍건적의 침입으로 전쟁이 벌어지던 고려 말에 왜구들이 수도인 개경 입구까지 올라와서 해적질을 했다는 것은 우리가 잘 몰랐던 이야기다. 1364년에는 왜구를 토벌하려던 고려의 수군이 역으로 이작도에 숨어 있던 왜적들에게 대패했다고 한다. 고려 말기는 조선 말기처럼 나라의 국운이 기울면서 행정력이 땅끝까지 미처 닿지 못한 때다. 따라서 가장 먼저 유린당하는 것은 우리의 섬이었다. 이 지역은 육지와 가까우면서도 유난히 해무가 자주 낀다. 일교차가 크지 않은 여름철에도 마찬가지다. 이곳을 운항하는 여객선의 주요 결항요인 중 하나가 바로 해무다. 이런 지형적인 요인도 이곳을 해적의 섬으로 만드는 데 일조했을 것이다. 조선시대의 연변봉수대가 이곳에 자리한 까닭 또한 그 트라우마 때문일 것이다.

반려동물과 함께하는 여행

반려동물을 배에 태우려면 원칙적으로 케이지에 넣어서 운송해야 된다. 특히 입식 좌석이 지정되어 있는 쾌속선의 경우에는 이 원칙이 까다롭게 적용된다. 반면 객

실 외부로 출입이 가능하고 좌식 좌석인 차도선의 경우에는 선사의 규제가 느슨한 편이다. 이작도 항로의 경우에도 그렇다. 해변이나 등산로의 경우에도 출입에 별다른 제재가 없다. 식당에서도 반려동물의 실내 출입은 불가하지만 야외테이블을 이용할 경우에는 동반 식사가 가능하다. 하절기 1박으로 섬에서 캠핑을 한다면 반려동물을 동반해도 무리가 없다.

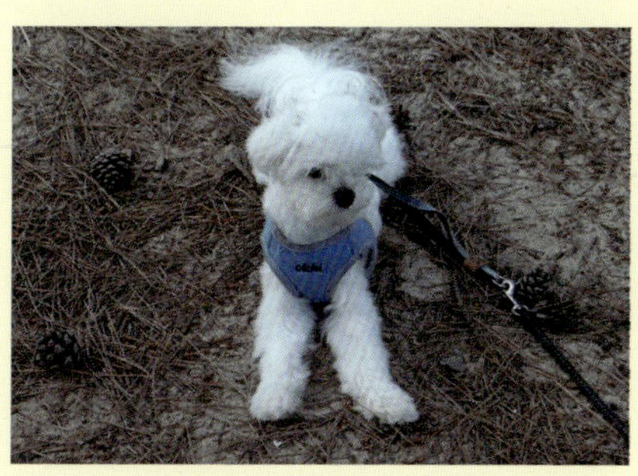

영화와 방송에 등장한 섬

대이작도 선착장에 도착하면 가장 먼저 눈에 들어오는 것은 '영화의 고향, 섬마을 선생님'이라는 조형물과 기념 석이다. 〈섬마을 선생님〉(1967)은 김기덕 감독의 작품으로 당대 인기 배우였던 오영일, 문희, 김희갑이 출연했다. 당시 영화의 인기 못지 않게 이미자가 부른 박춘석 작곡의 주제곡도 공전의 히트를 쳤다. '해당화 피고 지는 섬마을에 철새 따라온 총각 선생님 / 19살 섬 색시가 순정을 바쳐 사랑한 그 이름은 총각 선생님'으로 시작하는 노래는 이후 나훈아, 장윤정에 의해서 리메이크 되었다. 영화의 주무대는 남쪽 계남마을의 계남분교다. 현재는 폐교됐고, 터만 남아 있다. 재미있는 것은 당시 마을 사람 다수가 엑스트라로 등장했다는 사실이다. 오늘날 풀등을 오가는 배를 모는 50대의 청년회장도 영화에서 갓난아이로 출연했다.

해루질의 섬

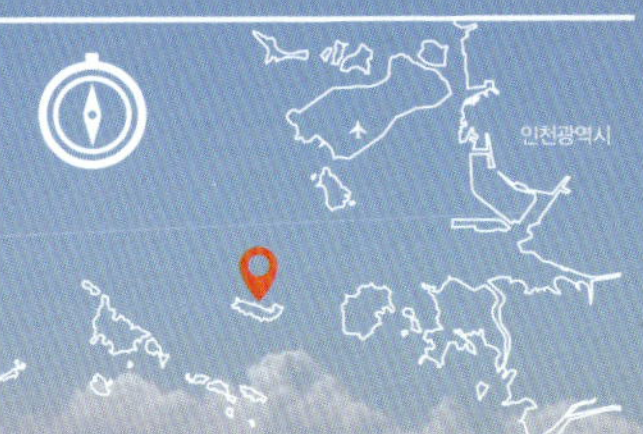

인천광역시 옹진군 자월면 자월리

중간 크기 섬
여의도의
2.45배

7.12 km²
면적

166 m
최고봉(국사봉)

690 명
인구(마을 3곳)

차도선
저속 ⋯ 15노트

대부고속카페리 3호

613톤

정원 565명

탑재차량 62대

자월도

2

 뭐 하고 놀까 | 장골해변 캠핑 · 해루질 · 자전거 타기

25km/55분 소요

방아머리 선착장

자월도 선착장　장골해변

도보 1.2km

일반항로
운항률 88%

수역: 서해 중부/인천 남부 앞바다

　해루질. 주로 밤에 물 빠진 갯벌에서 어패류를 채취하는 행위로, 바닷가에 놀러갈 때 빼놓을 수 없는 즐거움 중 하나다. 지역마다 잡히는 종류도 다르고 해루질을 허용해주는 동네 분위기도 다르다. 갯바위가 많은 지역이라면 바위에 붙은 고둥을 따거나 방게라 불리는 작은 게를 주로 잡는다. 이때 준비물은 밝은 조명과 목장갑이다. 물에 반쯤 잠긴 바위를 들어내면 숨어 있던 방게들이 슬금슬금 도망간다. 집게발에 물리지 않게 등딱지를 잡아 올리는 것이 기술이라면 기술이다. 바위에 붙은 자연산 굴을 따기도 하는데 면도날같이 날카로운 굴 껍데기에 베이지 않도록 주의해야 한다. 모래사장이 있는 곳에서는 바지락을 잡는다. 동해안처럼 조수간만의 차가 없는 바다라면 난도 높은 기술이 필요하다. 발바닥을 비벼서 모래사장을 파헤치다가 딱딱한 조개의 감촉이 느껴지면 바로 잠수해서 조개를 낚아채 올린다. 물질과 해루질이 결합된 형태다. 뻘밭이라면 호미 한 자루면 족하다. 밭을 일구듯이 호미질을 하다 보면 채집 통에는 어느새 수확물로 가득하다.

누군가 필자에게 이 책에 나온 섬 중에서 해루질 하기 가장 좋은 곳을 묻는다면 한 치의 망설임도 없이 자월도를 추천할 것이다. 자줏빛 달 모양의 섬이라는 한자 이름과 비슷하게 섬은 길쭉한 초승달 모

양을 하고 있다. 섬 곳곳에 해변이 있지만 가장 유명한 곳은 선착장에서 가까운 장골해변이다. 울창한 소나무 숲을 배경으로 1km에 걸쳐서 백사장이 펼쳐져 있다. 선착장에서 이동거리가 가깝기 때문에 무거운 짐을 지고 이동하는 백패커들이 초보 시절에 한 번쯤 거쳐가는 야영지로도 유명하다. 낮은 수심 탓에 썰물 때 물이 빠지면 해변은 광활한 뻘밭으로 바뀐다. 인근의 대이작도가 모래의 바다라면 이곳은 뻘의 바다다. 해변에 마을에서 종패를 뿌려서 관리하는 양식장이 있을 경우 해루질은 금지된다. 구역을 지정해서 유료 갯벌 체험장을 만들어 놓는 경우도 있다. 장골해변에서는 누구나 자유롭게 조개를 캘 수 있다. 무더위가 기승을 부리는 한여름에도 뻘밭에는 사람들

로 가득하다. 날쌘 동물을 잡을 무기도, 농작물을 키울 기술도 없던 신석기 시대부터 인류는 해변에서 패류를 채취해서 먹어왔다. 먹이를 구하는 가장 원초적인 행위다. 사람들은 그 본능에 충실하듯 해루질의 무아지경에 빠진다. 조과는 제법 풍성하다. 가장 흔하게 나오는 것은 모시조개다. 일반 바지락과 달리 끓는 물에 데쳐 숙회로 먹으면 입안으로 전해지는 쫄깃한 식감이 일품이다. 술안주로 이만한 놈이 없다.

해루질의 하이라이트는 밤에 찾아온다. 썰물이 빠지기 시작하면 도망가는 바닷물을 따라 전진한다. 물이 빠지면서 미처 몸을 숨기지 못한 조개들이 여기저기에 드러나 있으니, 호미질도 필요 없이 그냥 주워담으면 된다. 종종 소라와 골뱅이도 발견하는 횡재를 누린다. 장골해변의 여름밤은 해루질과 함께 깊어간다.

배편

이웃 대이작도와 마찬가지로 인천연안여객터미널과 방아머리 선착장 2곳에서 배가 출발한다. 인천에서 타는 배는 이작도로 들어가는 배와 동일하다. 인천-자월-승봉-이작 순으로 하선한다. 방아머리 선착장에서는 이작도행이 아닌 덕적도행 배를 타야 한다. 방아머리-자월-덕적 순으로 하선한다. 인천에서 자월도까지는 35km, 방아머리에서는 25km 거리다. 인천에서 출발하는 것이 더 멀지만 빠른 쾌속선이 운항돼서 시간은 비슷하게 걸린다. 운임 면에서는 방아머리에서 출발하는 것이 더 유리하다. 자가용 이용 시 인천터미널의 주차료는 10,000원/1일, 방아머리는 무료다.

출발지	선사	항로	소요시간	선종	요금 편도
인천연안여객터미널	고려고속페리	35km	50분	쾌속선	20,800원
	대부해운	35km	1시간 20분	차도선	14,300/17,500원
방아머리 선착장	대부해운	25km	55분	차도선	10,900원

출발 방아머리 선착장
　　경기도 안산시 단원구 대부황금로 1567-3(주차 무료) | ☎ 032-886-8772
선사 (유)대부해운 | ☎ 032-886-8772 | www.daebuhw.com
할인 인천i바다패스 인천시민 편도 1,500원, 타 시·도민 평일 70% 요금 감면 혜택
예매 한국해운조합 여객선예매(홈페이지, 앱)

일정

선사가 2곳이라 인천에서 출발하는 배편이 더 많다. 방아머리에서는 하절기 주말(토·일) 1일 2회 운항. 평일과 동절기에는 1일 1회 운항한다.

1일 차	08:40	09:30	10:00	12:00	12:00~14:30	15:00~19:00
	출항	자월도 도착	해변 도착	사이트 구축	식사/마실 라이딩	물놀이/해루질

2일 차	08:00~10:00		10:30	10:45	11:40
	아침식사/사이트 정리		선착장 도착	출항	방아머리 도착

MEMO

장골해수욕장 야영장 이용법

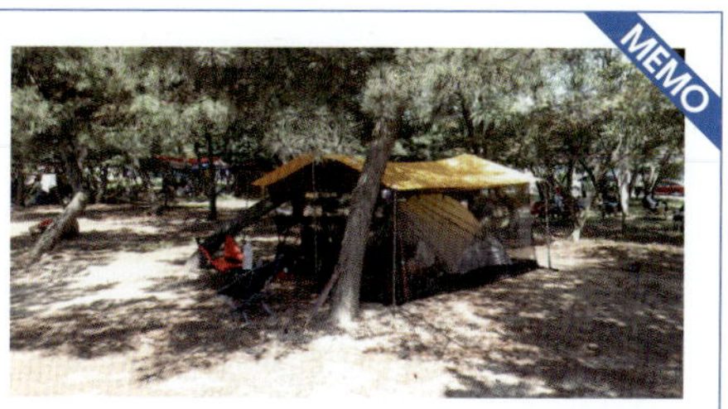

자월번영회에서 관리하는 야영장(☎ 032-833-6033, 2인 텐트 15,000원/1박)이 있다. 화장실, 샤워장, 개수대, 분리수거장이 있다. 전기 사용은 불가, 화롯대는 이용 가능하다. 샤워장(2,000원/1인)은 19:00까지 운영하며 온수는 나오지 않는다. 운영 기간은 해수욕장 개장과 같다.

자전거

자월도는 인근 대이작도에 비해서 큰 섬이다. 섬의 크기도 인구도 3배쯤 된다. 면사무소가 위치한 면 소재지이기도 하다. 걸어서 둘러보기에는 부담스럽다. 섬에는 배 시간에 맞춰 운행되는 공영버스(요금 1,000원/1인)가 있긴 하나 대략 1시간 간격으로 운행하며, 배가 도착하면 선착장에 대기하고 있다. 자전거는 섬에서 이동하는 좋은 수단이 된다. 섬은 구릉지대가 많다. 높은 산은 없지만 제법 업, 다운이 반복된다. 포장도로, 비포장 임도, 단일 임도로 연결되는데 총 거리는 30km 정도 되며 산악자전거를 이용해야 한다. 인천에서 출발하는 쾌속선인 스마트호, 코리아스타호에는 자전거를 비롯해서 퀵보드 등의 전동 모빌리티 반입이 불가하다. 자전거를 가져가려면 대부해운의 차도선을 이용해야 한다. 자전거 반입비는 편도 5,000원이다.

반입이 번거롭다면 해변에서 대여하면 된다. **해밀슈퍼**(옹진군 자월면 자월서로107, ☎ 010-2984-8744, 5,000원/1일) 대여 자전거의 상태는 열악하다. 섬을 일주할 수준은 아니고 식당, 하나로마트, 선착장의 해산물직판장 정도를 둘러보는 마실 라이딩용으로 적당하다.

자전거 난이도 **20**점	상승고도	27m(하)
이동거리 **5.3**km(하)	최고지점	11m(하)
	소요시간	1시간 42분

식당과 편의시설 이용법

미란네 식당(옹진군 자월면 자월서로 124, ☎ 010-8955-9415) 현지인들이 주로 이용하는 장골해변 인근의 식당이다. 김치찌개(10,000원) 같은 백반류에서부터 제육복음(15,000원)까지 메뉴가 다양하다. 밑반찬이 깔끔하다. 선착장 인근에는 현지 부녀회에서 운영하는 해산물 직판장이 있다. 계절에 따라 어종이 바뀌는데 주로 낚지, 소라 등을 판매한다. 소라는 1kg에 10,000원이고 데쳐서 포장해준다. 마지막 배가 들어오는 16:30경 영업을 종료한다. 면사무소가 있는 큰말해변 인근 농협 하나로마트가 20:00까지 영업한다.

별난금해변
하나로마트
큰말해변
자월면사무소
식당
편의점
START·FINISH
장골해변
선착장
해산물 직판장
목섬
하늬께해수욕장
어릿골해수욕장
갑진모래해변
할멈섬

자전거

200m
150m
100m
50m
0m
①
②식사
③
④⑤
0.0km 0.5km 1.0km 1.5km 2.0km 2.5km 3.0km 3.5km 4.0km 4.5km 5.0km
START
장골해변
① 하나로마트
② 식당
③ 편의점
④ 자월도 선착장
⑤ 해산물 직판장
FINISH
장골해변
0:08
0:29
1:14
1:19
1:22
1:42

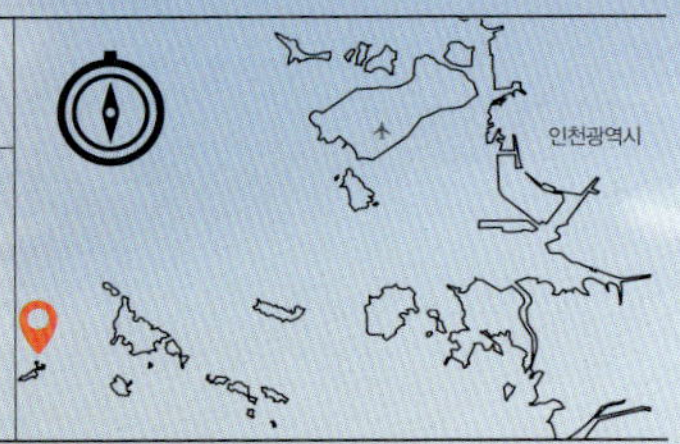

백패킹의 섬

인천광역시 옹진군 덕적면 굴업리

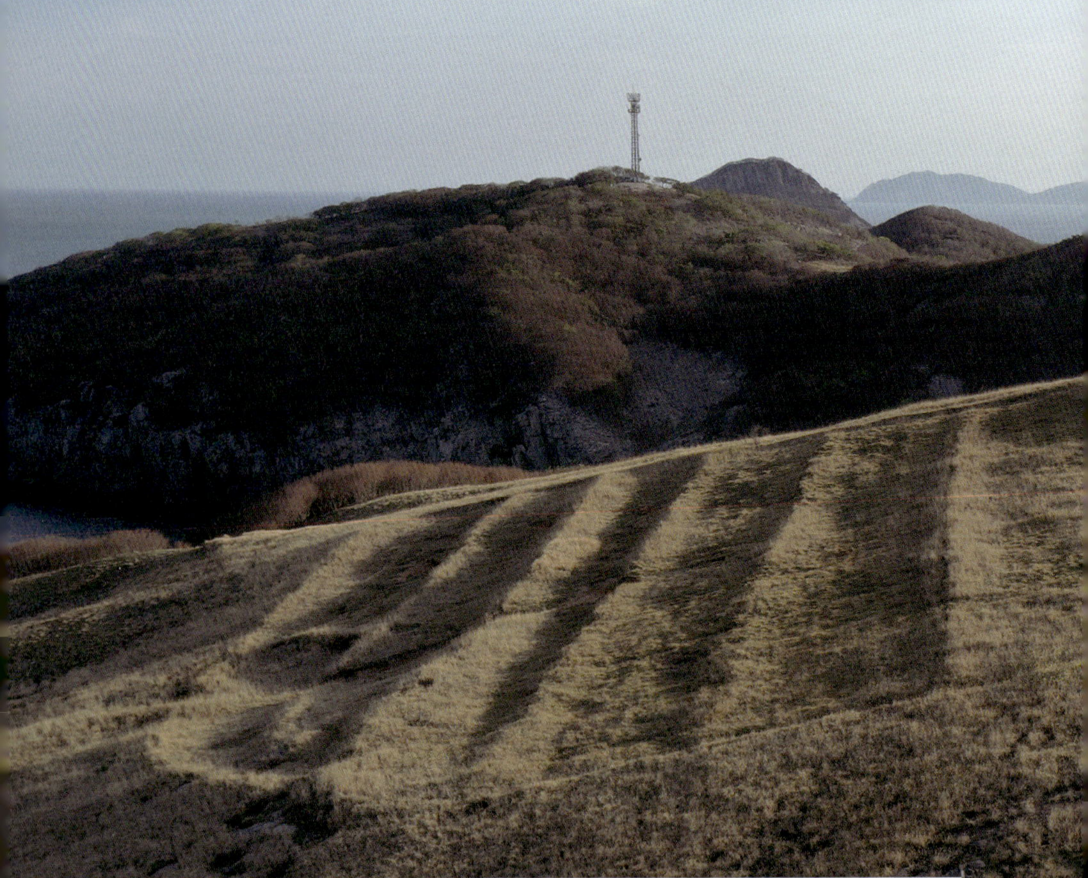

작은 섬
여의도의
0.6배

1.75km²
면적

125m
최고봉(덕물산)

26명
인구(마을 1곳)

쾌속선 1st
고속 ⋯ 25노트

코리아나호

226톤

정원**288**명

탑재차량**0**대

굴업도

3

 **뭐 하고 놀까** | 낭개머리 트레킹 · 캠핑 · 노을 보기

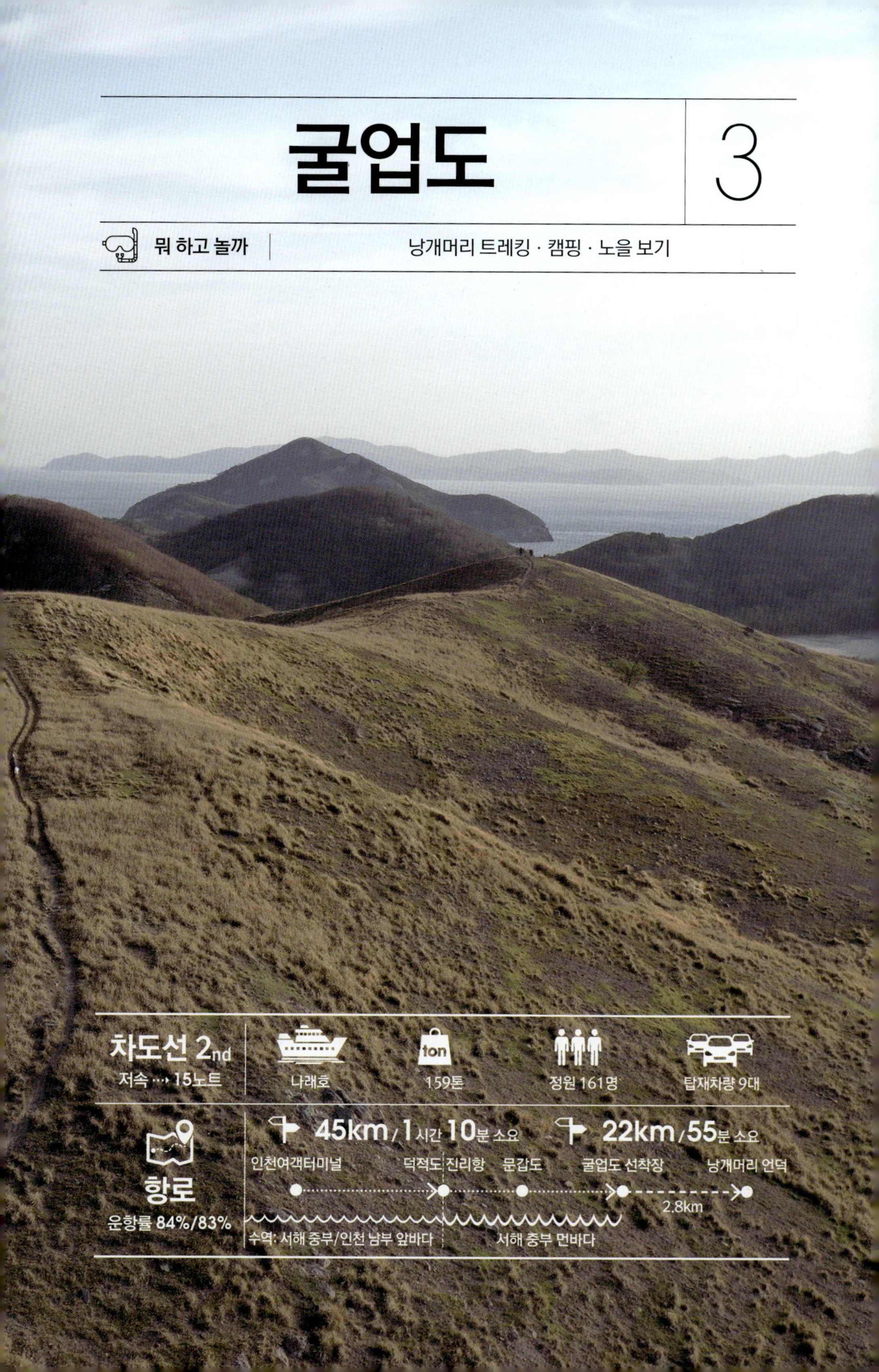

차도선 2nd
저속 ⋯ **15노트**
나래호
ton 159톤
정원 161명
탑재차량 9대

항로
운항률 84%/83%

45km / 1시간 **10**분 소요　　22km / **55**분 소요

인천여객터미널　　　덕적도　진리항　문갑도　　굴업도 선착장　　낭개머리 언덕
2.8km

수역: 서해 중부/인천 남부 앞바다　　서해 중부 먼바다

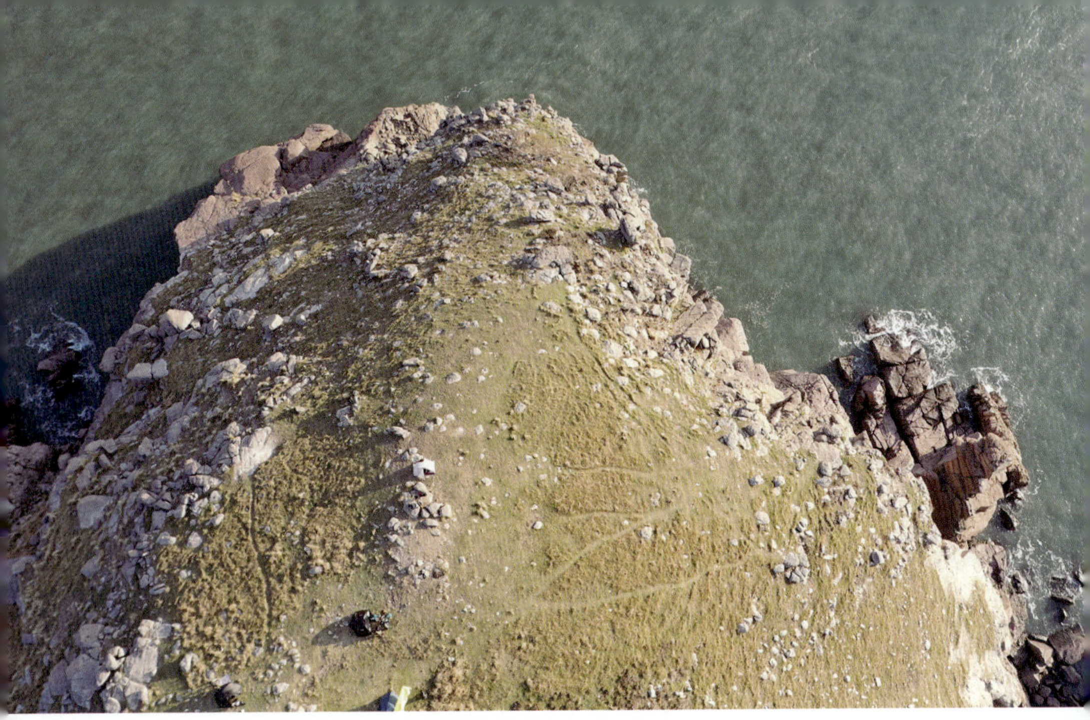

백패킹이란, 야영에 필요한 장비를 등에 지고 떠나는 여행을 말한다. 텐트를 거처 삼아 자연에서 하룻밤을 보낸다고 하면 언뜻 오토캠핑과 비슷해 보일지 모르겠으나, 오롯이 자신의 힘으로 짐을 옮긴다는 점이 본질적으로 다르다. 백패킹은 차량 접근이 불가한 지점까지 이동할 수 있기에 섬의 속살까지 구석구석 살펴볼 수 있는 여행법이다.

우리나라에는 백패킹의 3대 성지가 있다. 강원도의 선자령, 울주군의 간월재 그리고 굴업도의 낭개머리 언덕이다. 선자령이 야영객의 실화로 화재가 발생한 후 야영이 금지되었으니, 이제 남은 곳은 둘뿐이다. 여기서 이야기할 섬, 굴업도는 여의도 절반 크기에 20여 명 남짓이 거주하는 작은 섬이다. 이 아름다운 섬은 최근 30여 년간 몇 차

례의 곡절을 겪어야 했다. 첫 폭풍은 1994년 핵 폐기물 처분장 후보지로 선정되면서 찾아왔다. 인천 시민의 격렬한 반대와 섬 부근에 활성단층이 발견되면서 백지화되었다. 그다음 시련은 2007년 국내 굴지의 대기업에서 이곳에 골프장 건설을 추진하며 촉발됐다. 환경단체와 시민단체가 강하게 반대한 끝에 결국 2014년 백지화가 발표되며 마무리됐다.

굴업도로 가는 길은 쉽지 않다. 인천시 옹진군의 섬이지만 어떻게 가더라도 두 시간 이상 배를 타야 하기 때문이다. 굴업도로 들어가는 배 안은 백패킹족으로 가득하다. 모두 커다란 배낭을 짊어진 채로, 들살이에의 맹목적인 신도임을 알린다. 성지순례를 앞두고 들떠 있는 모습이다. 섬이 가까워지면 우뚝 솟은 바위 기둥이 보이기 시작한다. 처음에는 하나로 보였다가 가까워질수록 3개의 바위섬이 모여 있는 모습으로 선명해진다. 굴업도의 2경인 '선단여'다. 선착장에 도착하면 민박집의 트럭들이 마중 나와 있다. 조금이라도 걷는 거리를 줄이고자 사람들은 트럭에 올라타거나 배낭을 올려 놓는다. 마을이 있는 굴업도 해변부터는 다시 배낭을 메고 걸어가야 한다. 화장실도 여기가 마지막이다.

낭개머리 입구에는 '사유재산이라 출입을 금지'한다는 표지판이 서 있다. 굴업도의 땅 99%는 아직도 대기업의 소유다. "들어가도 괜찮습니까?" "예전부터 세워 놓은 표지판인걸. 관습적으로 다니는 통로

라 상관없어." 마을 주민의 답변에 기대 반 걱정 반 아무것도 없는 야생의 입구로 들어선다. 경사진 등산로를 따라서 올라가면 얼마 지나지 않아 공룡 등판같이 넓적한 능선에 올라선다. 능선에는 수크령(볏과의 여러해살이풀로, 커다란 강아지풀처럼 생겼다)이 물결치고 있다. 간월재, 선자령의 억새밭과 흡사한 풍경이다. 개머리 언덕 끝자락에 도착하면 길은 드라마틱하게 바뀐다. 급격하게 고도를 낮추며 바닷물로 빠져들 듯이 돌진하다가 언덕 자락에서 간신히 멈춰 선다. 얼마 전까지 마주하고 온 옹진군의 바다이건만, 언덕 위에서 바라보는 서해는 장엄하기 이를 데 없다. 언덕은 정서향으로 뻗어 있다. 해가 기울어가며 하늘과 바다색이 시시각각 바뀌어 간다.

노을이 지고 주변이 고요해지면 숨어 있던 꽃사슴들이 한두 마리씩 모습을 드러낸다. 마을에서 기르던 사슴들이 탈출해서 이제 그 수가 200여 마리에 이른다. 낭개머리 언덕의 터줏대감들이다. 텐트들이 신기한 듯 경계심 반 호기심 반으로 주변을 돌아다니기 시작한다. 이제 막 야생의 밤이 시작되었다.

배편

굴업도로 가는 방법은 인천-덕적도-굴업도 순으로 덕적도에서 1회 환승해서 가는 방법과 인천-굴업도로 한 번에 직행하는 2가지 방법이 있다. 언뜻 보면 직행이 편리해 보이지만 배 타는 시간을 감안한다면 출발 일자가 홀수 날인지 짝수 날인지에 따라서 선택은 달라진다. 굴업도 배편은 날짜에 따라 시계 방향(문갑-굴업-백아-울도-지도-문갑) 혹은 반시계 방향(문갑-지도-울도-백아-굴업-문갑)으로 돌기 때문이다. 시계 방향으로 운행할 때 시간을 줄일 수 있다. 인천발 직행은 짝수날, 덕적도에서 출발하는 배편은 홀수날 시계방향으로 운행한다.

출발지	선사	항로	소요시간	선종	요금(편도)
인천-굴업도	고려고속페리(짝수날)	60km	2시간 50분	차도선	30,500원
	고려고속페리(홀수날)	90km	3시간 55분	차도선	동일
인천-덕적도	고려고속페리	45km	1시간 10분	쾌속선	24,800원
덕적도-굴업도	대부해운(홀수날)	25km	55분	차도선	7,500원
	대부해운(짝수날)	56km	2시간 5분	동일	동일

출발 인천연안여객터미널
　　　중구 연안부두로70(주차 10,000원/1일) | ☎ 1599-5985
선사 (주)고려고속훼리 | ☎ 1577-2891 | www.kefship.com
선박 코리아나호, 쾌속선, 속도 25노트, 226톤, 288명, 차량 0대 탑재
할인 인천i바다패스 인천 시민 편도 1,500원, 타 시·도민 평일 70% 요금 감면 혜택
예매 한국해운조합 여객선예매(홈페이지, 앱)

일정

해누리호와 나래호가 1일 1회 운항한다. 덕적도에서 출항하는 나래호의 시간에 맞춰서 덕적도로 들어오는 배편을 예약해야 한다. 계절별로 출항 시간이 조금씩 달라진다.

1일 차	08:00	09:10	11:20	12:15	13:40	16:40	
	인천 출항	덕적 도착	덕적 출항	굴업 도착	개머리 도착	사이트 구축/식사	
2일 차	07:30	08:30	09:30	13:20	14:20	15:30	17:20
	사이트 정리	마을 도착	식사 마침	굴업 출발	덕적 도착	덕적 출발	인천 도착

하루 묵어 간다면, 먹고 잘 곳

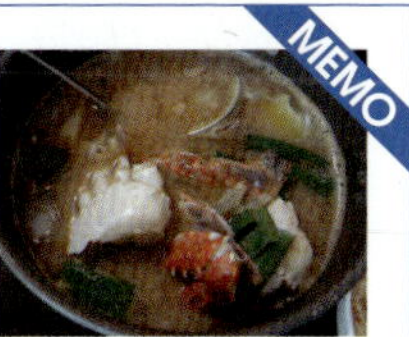

마을 주민들은 대부분 민박을 한다. 따로 식당이 없기 때문에 민박을 하지 않더라도 미리 예약하면 식사를 준비해준다. 선착장에서 트럭을 몰고 마중 나왔던 분들이 민박집 사장님들이다. 그중 꽁지머리를 한 채 검은색 보더콜리를 데리고 있는 사람을 보면 이장님이라고 생각해도 좋은데, **굴업도 민박**(☎ 032-832-7100, 2인 60,000원/1박)에서 내는 **백반**(12,000원)이 훌륭한 편이다. 튼실한 꽃게를 넣어 끓인 된장국에서 싱싱한 단맛이 난다. 말린 생선과 고둥무침까지 모두 맛깔스럽다. 선착장에서 낭개머리 언덕에서 뛰노는 사슴들도 알고 보면 이장님 댁 출신이다.

걷기

선착장–개머리 언덕

굴업도는 최고봉이 125m에 불과한 야트막한 섬이다. 섬의 서쪽에 위치한 낭개머리 언덕은 능선이라고 부르기에도 민망할 정도로 아주 완만하고 평평하다. 선착장은 목기미해변 쪽에 있다. 100m 정도 내려오면 도로 옆으로 숲길이 나오는데, 이것이 마을로 가는 지름길이다. 마을까지는 1km 거리다. 마을을 빠져 나와서 굴업도해변 오른쪽으로 가다 보면 개머리 언덕으로 올라가는 입구가 나온다. 이곳에서 목적지까지는 편도 약 2km 거리다. 해변을 벗어나면 화장실, 식수대 등의 편의 시설은 전무하다. 등산로도 완만하고 거리도 멀지 않지만 무거운 배낭을 지고 이동하기에 생각보다 시간도 더 걸리고 난이도도 상당한 수준이다.

개머리 언덕 백패킹 시 주의사항

개머리 언덕에서는 화기 휴대, 취사, 흡연이 금지다. 단속하는 사람은 아무도 없지만 이곳에서 야영을 하더라도 불을 사용해서 음식을 조리해먹는 것은 원칙적으로 불가하다. 따라서 숙영지에서 식사는 빵이나 군용식량 같은 비화식으로 준비하는 것이 좋겠다. 대부분의 야영객들은 당일 저녁이나 다음 날 아침을 마을 민박집에서 해결한다. 야영지에는 그늘이 전혀 없다. 서향받이로 센 바람을 맞기 때문에 타프 설치도 쉽지 않다. 쓰레기는 마을로 다시 가져와야 한다.

연평산
붉은모래해변
덕물산
목기미해변
굴업도
매점 ③
도로 합류 지점
② ① 지름길 입구
마지막 화장실 ④
산행 들머리 ⑤
START
굴업도 선착장
굴업도 해변
FINISH
개머리언덕 숙영지
소굴업도

걷기

200m
150m
100m
50m
0m
① ② ③ ④ ⑤
0.0km 0.2km 0.4km 0.6km 0.8km 1.0km 1.2km 1.4km 1.6km 1.8km 2.0km 2.2km 2.4km 2.6km
START
굴업도 선착장
① 지름길 입구
② 도로 합류 지점
③ 매점
④ 마지막 화장실
⑤ 산행 들머리
FINISH
개머리언덕 숙영지
0:03   0:08   0:14   0:25   0:32   1:16

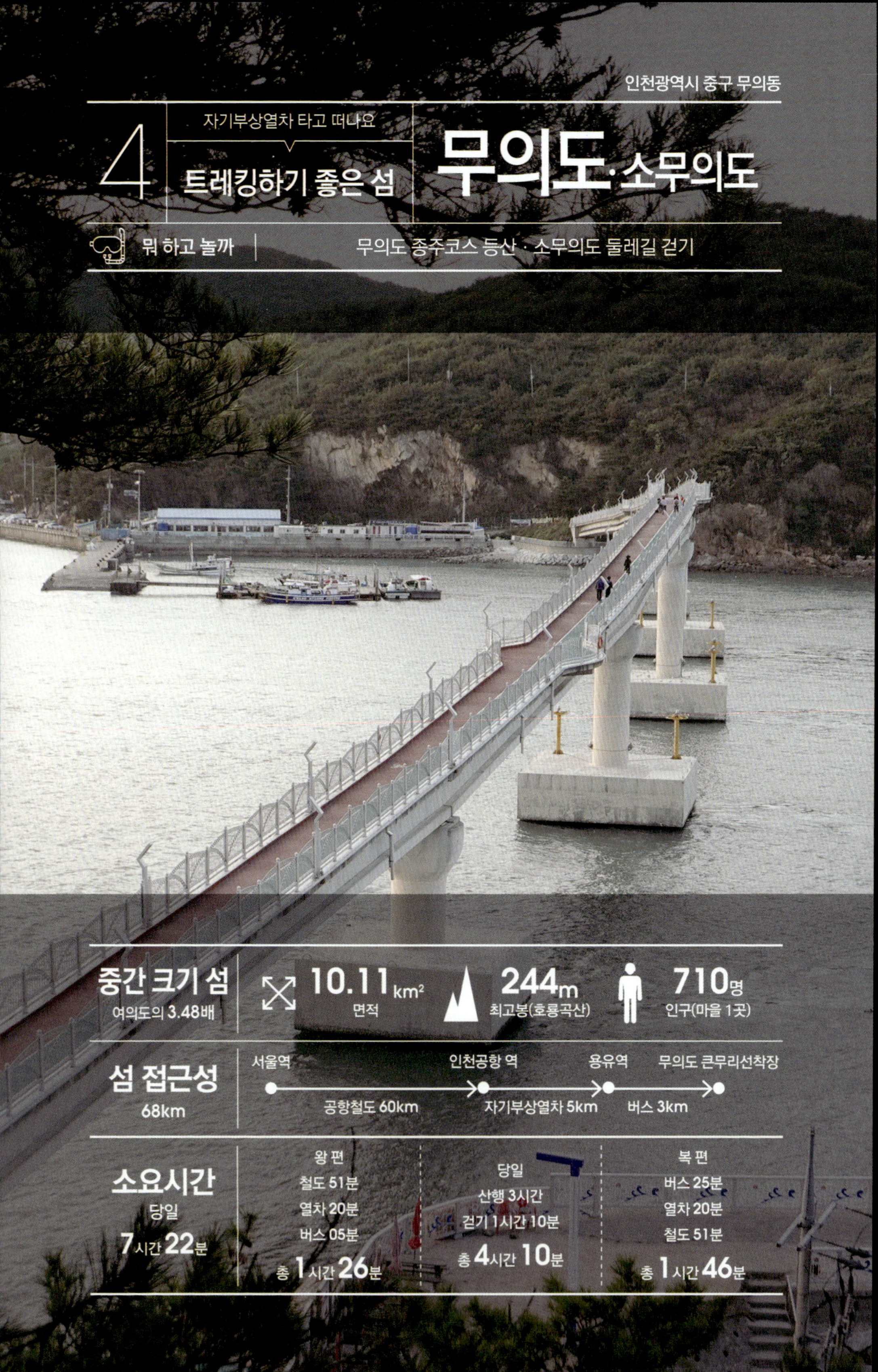

인천광역시 중구 무의동

4

자기부상열차 타고 떠나요

트레킹하기 좋은 섬

무의도·소무의도

뭐 하고 놀까 | 무의도 종주코스 등산 · 소무의도 둘레길 걷기

중간 크기 섬
여의도의 3.48배

10.11km² 면적

244m 최고봉(호룡곡산)

710명 인구(마을 1곳)

섬 접근성
68km

서울역 → 인천공항 역 → 용유역 → 무의도 큰무리선착장

공항철도 60km / 자기부상열차 5km / 버스 3km

소요시간
당일
7시간 22분

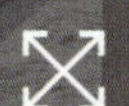

왕 편	당일	복 편
철도 51분	산행 3시간	버스 25분
열차 20분	걷기 1시간 10분	열차 20분
버스 05분		철도 51분
총 1시간 26분	총 4시간 10분	총 1시간 46분

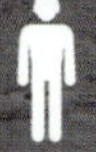

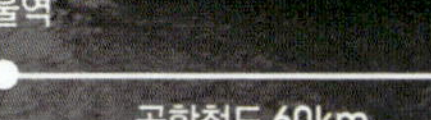

 PROLOGUE

육지와 다리로 연결된 섬을 더 이상 섬이라 부를 수 있을까? 섬에서의 일상은 모든 것이 바다에 맞춰서 돌아간다. 물때와 파도에 의해서 섬은 닫혔다가 열리기를 반복한다. 관광객들도 배가 오고 가는 시간에 따라 잠시 섬 안에 밀봉된다. 다리가 놓이고 나면 시간의 속박은 모두 사라져 버린다. 주체적으로 변한 섬은 언제든 들고 날 수 있다. 사람들의 왕래가 잦아지며 옛 기억은 희미해져 간다. 변해버린 낯선 모습이 누군가에게는 아쉬움으로 남는다. 필자의 추억 속에서도 을왕리해변의 용유도를 시작으로 강화의 석모도, 군산의 선유도까지 많은 섬들이 육지와 연결되며 변해갔다.

영종도 옆의 무의도는 2019년 여름 무의대교가 개통되면서 육지와 연결되었다. 다리가 놓이기 전에도 섬은 육지와 가까웠다. 영종도의 부속 섬인 잠진도 선착장에서 차도선이 운항했다. 거리는 불과 600여 m, 우스갯소리로 차도선을 한 바퀴 돌리면 바로 반대편에 도착한다

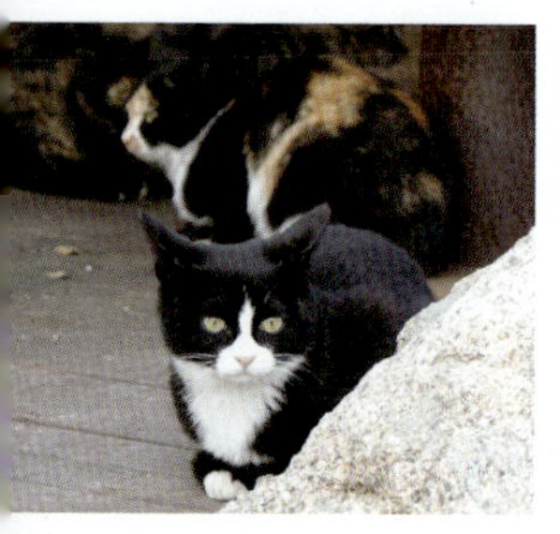

고 말할 정도였다. 육지와 연결되기 전에도 섬은 주말이면 관광객들로 북적거렸다. 영화로 유명해진 실미도, 드라마로 유명한 하나개해변 등은 관광과 캠핑의 명소로 일찌감치 알려져 있었다. 자전거 동호인들 사이에서 섬 라이딩 코스로 유명했지만 주말에 차량이 많아져서 이제 추천하지 않는다. 기존 1차선 도로가 확장되고 섬에 9.8km의 자전거 도로가 완공되는 2023년에는 사정이 나아질 듯싶다.

그럼에도 등산 종주 코스는 여전하다. 해발 237m의 국사봉과 243m의 호룡곡산을 연결하는 능선은 섬을 남북으로 가로지른다. 산행을 시작하면 능선으로 가파르게 치고 올라간다. 서어나무 군락지를 지나서 첫 번째 전망대에 도착하면 시야가 트이며 실미도가 내려다보인다. 썰물 때가 되면 실미도까지 걸어서 들어갈 수 있다. 등산로는 능선을 따라서 오르막 내리막을 반복하며 전진한다. 국사봉을 넘어 호룡곡산으로 계속 이어진다. 서쪽으로는 가까운 자월도를 비롯해서 멀리 덕적군도까지 인근의 섬들이 내려다보이고 동쪽으로는 인천대교와 송도신도시의 전경이 조망된다. 다른 섬에서는 볼 수 없는 무의도 산행만의 매력이다. 등산로의 끝자락은 광명항이다. 이곳에서 다시 인도교를 건너면 소무의도로 넘어가서 바다누리길을 산책할 수 있다. 차로 한 번에 들어갈 수 있지만 소무의도까지는 징검다리 건너듯 섬 3개를 지나와야 한다. 인천대교를 건너 영종도로 들어와서 다시 잠진도로, 그리고 무의도까지 이르는 긴 여정이다. 섬 속의 섬 그리고 다시 그 부속 섬으로 들어가는 셈이다. 물론 교통체증을 피하고 싶다면 대중교통으로 무의도까지 이동할 수도 있다.

광명항에서 인도교를 건너서 소무의도로 들어가면 분위기는 반전된다. 고즈넉한 섬엔 아직도 바다의 시간이 머문다. 해가 지고 바다 건너 인천에 화려한 불빛이 보이기 시작하면, 어쩐지 이곳에서 하룻밤 지새우고 가라는 섬의 속살거림이 들려오는 듯도 하다.

교통편

인천공항 제1터미널까지 공항철도를 이용한다. 서울역 출발 시 완행열차(요금 4,750원/1인)의 경우 12개 역을 이동해 1시간 소요된다. 급행열차(요금 13,000원/1인)의 경우 무정차로 운행되며 44분 소요된다. 자기부상열차는 공항철도가 정차하는 인천공항 교통센터 건물 2층에 탑승장이 있다. 화~일요일 10:00~17:00 사이에 운행되며 요금은 무료이고 35분 간격으로 운행한다. 매주 월요일과 설·추석 당일은 휴무, 용유역은 5번째 종착역이다. 용유역에서 하차하면 길 건너편에 버스정류장이 있다. 1번 버스와 6-1번 버스가 무의도로 운행한다. 6-1번 노선은 하나개해변까지 운행하고 1번 버스가 소무의도 입구인 광명항까지 운행한다. 1번 버스는 평일 용유 출발 07:30 첫 차, 광명 출발 20:00 막차다. 배차 간격은 30~40분이다. 주말에는 증편되지만 교통이 혼잡하다. 큰무리 선착장에서 하차한다.

주말엔 대중교통을 이용할 것

무의대교 개통 이후 섬을 찾는 차량들로 정체가 발생하는 일이 잦아졌다. 주말과 공휴일에는 입도 차량을 제한하기도 하니 가급적 대중교통을 이용하는 것이 좋겠다.

일정

당일치기 산행코스로 적당하다. 무의도 종주 산행이 부담스러운 경우에는 하나개해수욕장 구름다리에서 하차한다. 국사봉을 건너뛰고 호룡곡산에서부터 산행을 시작할 수 있다. 광명항에서 소무의도 바다누리길만 돌아보는 것도 방법이다.

	11:30	12:45	13:05	13:40	14:00	18:00	18:30	18:50
당일	서울역 출발	인천공항역 출발	용유역 도착	점심 식사	큰머리 선착장 도착	산행 마침	용유역 도착	인천공항 도착

하나개해변과 실미도 이야기

하나개해변(입장료 성인 2,000원, 주차 4,000원)에는 SBS 드라마 〈천국의 계단〉(2003)과 〈칼잡이 오수정〉의 촬영 세트장이 남아 있다. 강우석 감독의 영화 〈실미도〉(2003)는 동명의 섬 실미도를 세상에 널리 알렸다. 섬은 실제 영화 촬영지였으나 지금은 세트장을 모두 철거해 흔적조차 찾아볼 수 없다. 실미도는 **실미해변**(입장료 성인 2,000원, 주차 3,000원)에서 썰물 때 물이 빠지면 걸어 들어갈 수 있다. 양쪽 해변 모두 캠핑(텐트 5,000원/1동)이 가능하다.

걷기

무의도 종주 산행(큰무리 선착장-광명항)

큰무리 선착장에 무의도 트레킹 둘레길 입구가 있다. 계단을 따라 올라가면 갈림길이 나온다. 우측으로 진행하면 해안 데크로 연결되는 구낙구지길과 까치놀길을 따라가게 된다. 종주 등산로는 국사봉 방향으로 좌측 길을 따라간다. 약 1km 지점에 실미도가 조망되는 전망대를 지나간다. 중간중간에 능선을 넘어서 해변으로 들어가는 도로를 건너가게 되어 있다. 3km 더 전진하면 국사봉 정상에 도착한다. 직전 전망대에서는 하나개해변이 조망된다. 국사봉을 내려오면 구름다리를 건너서 호룡곡산으로 오르는 등산로가 다시 시작된다. 국사봉에 비해서 인적은 더 드물다. 정상에는 전망 데크가 있다. 백패킹을 하는 동호인들 사이에서 비박지로 알려져 있다. 능선을 따라 하산하면 소무의도 맞은 편의 광명항에 도착한다.

소무의도 바다누리길

광명항에서 300m를 걸어가면 소무의도로 넘어가는 인도교에 도착한다. 인도교를 넘어가면 하도정으로 오르는 계단이 시작된다. 키 작은 소나무 숲을 지나서 해변 쪽으로 내려오면 맞은 편에 해녀섬, 해리도가 마주 보인다. 명사의 해변은 고즈넉하다. 거제의 저도와 마찬가지로 고 박정희 대통령이 가족과 함께 휴가를 보낸 곳으로 알려져 있다. 섬의 동쪽에는 몽여해변이 자리 잡고 있다. 음식점과 카페들이 모여 있는 그곳에서 인천 송도가 마주 보인다. 해가 저물면 인천의 야경을 바다 건너편에서 감상할 수 있다. 전망대로 돌아나오면 출발지였던 인도교 초입에 도착한다.

걷기길 난이도 **60**점 이동거리 **7**km(중)	상승고도	593m(중)
	최고봉 (호룡곡산)	244m(중)
	소요시간	3시간

걷기길 난이도 **30**점 이동거리 **3.3**km(하)	상승고도	140m(하)
	최고고도	100m(하)
	소요시간	1시간 10분

걷다가 지칠 때, 해물칼국수 한 그릇

황해해물칼국수1호점(중구 용유로21번길 3, ☎ 032-746-3017)은 용유도 일대에서 가장 많이 알려진 음식점이다. 용유역에서 도보로 3분 거리에 있어 접근성이 좋다. 해물칼국수(13,000원/1인)가 이곳의 단일 메뉴다. 요금을 더 내면 산낙지나 전복이 추가된다. 조개가 푸짐하게 들어가고 국물은 깔끔한 편이다. 곁들여 먹는 김치와 깍두기도 국수와 잘 어울린다. 영업시간은 09:00부터 21:00까지이며 월요일은 휴무다.

무의도 & 소무의도 지도

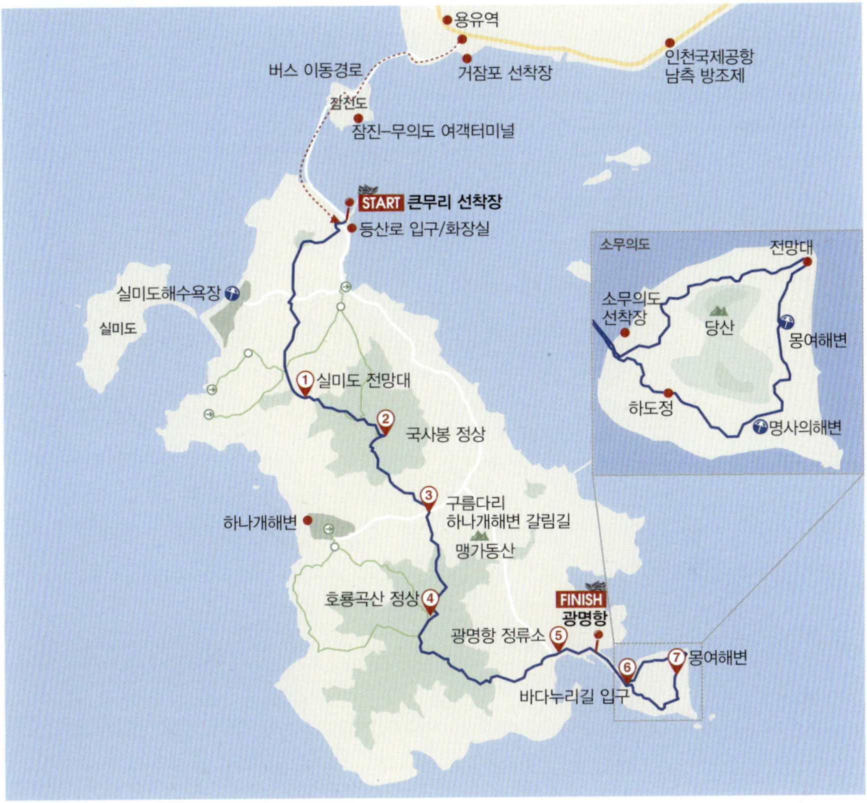

걷기

START **큰무리 선착장** → 1 실미도 전망대 (0:24) → 2 국사봉 정상 (1:12) → 3 구름다리/하나개해변 갈림길 (1:35) → 4 호룡곡산 정상 (2:09) → 5 광명항 정류소 (2:57) → 6 바다누리길 입구 (3:05) → 7 몽여해변 (3:26) → FINISH **광명항** (4:10)

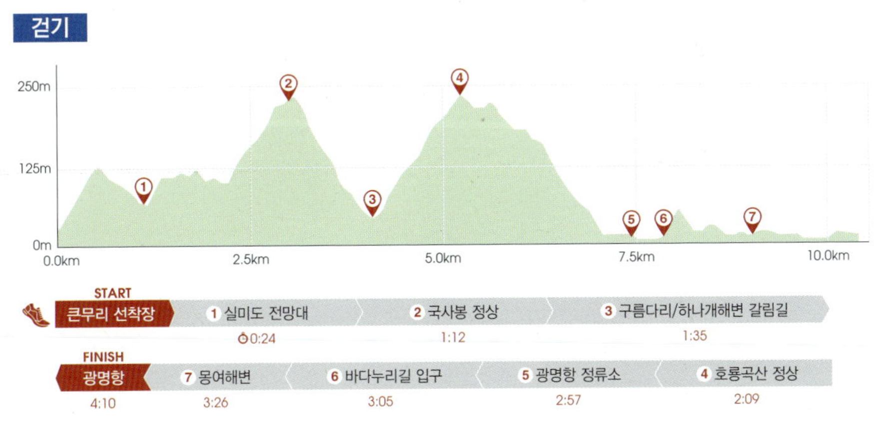

처음 만나는 자유

유쾌한 무인도 고립기

인천광역시 옹진군 자월면 승봉리

아주 작은 섬
여의도의
0.06배

0.16km²
면적

60m
최고봉

0명
인구(마을 없음)

차도선
저속 ···▶ 15노트

대부고속카페리 7호

489톤

정원 520명

탑재차량 53대

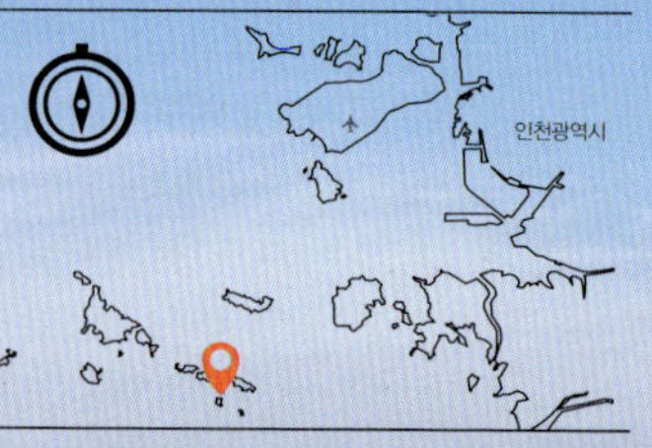

사승봉도

 뭐 하고 놀까 | 무인도 체험 · 캠핑 · 해루질

일반항로
운항률 90%

⚓ **31km** / **1**시간 **20**분 소요

방아머리 선착장 · · · · · · · · 승봉도 선착장 · · · · · 사승봉도

3km

수역: 서해 중부/인천 남부 앞바다

사람이 살지 않는 섬, 무인도. 무인도라는 단어를 들었을 때 떠오르는 이미지는 크게 2가지다. 고립감과 자유. 인간사회로부터 격리된다는 원초적인 두려움과 함께 더 이상 남의 시선을 의식하지 않아도 된다는, 그러니까 상반된 일탈의 욕구가 용솟음친다. 무라카미 하루키도 고백한 바 있다. 《하루키의 여행법》에 따르면, 그는 일본 세토내해의 무인도인 까마귀 섬에 들어갔다. 하루키가 그곳에서 저지른 일탈은 다름아닌 '벌거벗고 일광욕하기'였다. 일탈을 꿈꾸는 사람들에게 무인도는 곧 여행의 로망이다. 우리나라에는 3,348개의 섬이 있다. 그중 유인도는 465개다. 수많은 무인도가 있지만 현실적으로 아무 데나 들어가볼 수는 없다. 대다수가 사유지인 데다 오가는 배편도 없기 때문이다. 결정적으로 무인도는 식수가 나지 않는 경우가 많다.

옹진군 승봉도에서 남쪽으로 2km 떨어진 곳에 사승봉도라는 무인도가 있다. 거주자는 없지만 섬을 관리하는 이모님이 있고, 이곳을 오가는 배편도 섭외할 수 있다. 현실적으로 접근 가능한 무인도다. 섬에는 작은 우물도 한 곳 있다. 아내와 함께 우리가 키우는 반려견을 데리고 승봉도로 향했다. 선착장에는 우리를 태우고 갈 어선이 기다리고 있다. 뭍으로 나왔다가 섬으로 되돌아가는 이모님과 당일치기로 인천에서 놀러 온 부부, 그리고 우리 부부까지 승객은 모두 5명이었다. 배는 우리를 사승봉도의 북쪽 모래사장에 내려놓았다. 접안시설이 없으니 사다리를 타고 배에서 내려야 한다.

모래사장에 내려서고 배가 떠나가자 묘한 고립감이 엄습한다. 이제 내일까지 우리는 이 섬에서 꼼짝없이 못 나가는구나. 섬에는 이미 전

날 들어와 있던 청년 둘이 있었다. "어제까진 둘만 있었어요." 구레나룻에 수염이 자라 제법 야생인으로 보이는 청년 하나가 운을 뗀다. "뭐하고 지냈소?" 물으니, "벌거벗고 수영도 하고 밤새도록 노래도 불렀죠!" 한다. 제대로 자유를 만끽한 모양이다. 묶어 두었던 반려견의 목줄을 풀어주기로 한다. 너도 이제 맘껏 자유를 즐기거라, 하는 마음이다. 기다렸다는 듯 모래사장을 방방 뛰어다니기 시작하더니, 이내 나뭇가지와 솔방울을 물고 와 뜯고 씹는 본능에 충실한다.

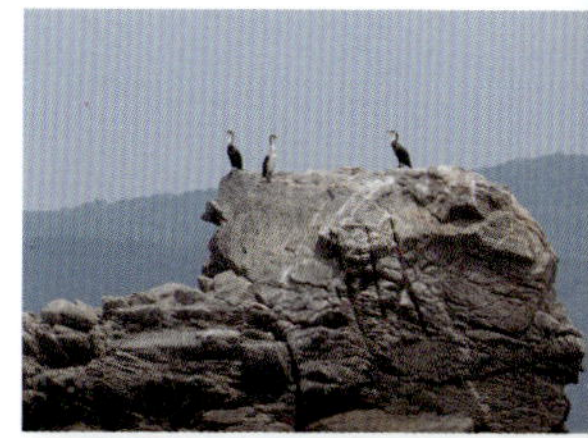

텐트를 치는 동안 옆에서는 벌써 술판이 벌어졌다. "여기 와서 맥주 한 잔 하세요." 안주는 갯벌을 기어 다니는 작은 방게다. 숯불에 구워 먹으니 고소한 것이, 맥주 안주로 제법 잘 어울린다. 술 한 모금에 말 한 토막. 각자의 무인도 체류기를 나누느라 대화가 끊이질 않는다. 유쾌하고 시끌벅적한 대화는 오래도록 이어진다. 섬에 고립됐다는 동질감이 사람들을 친밀하게 만든다.

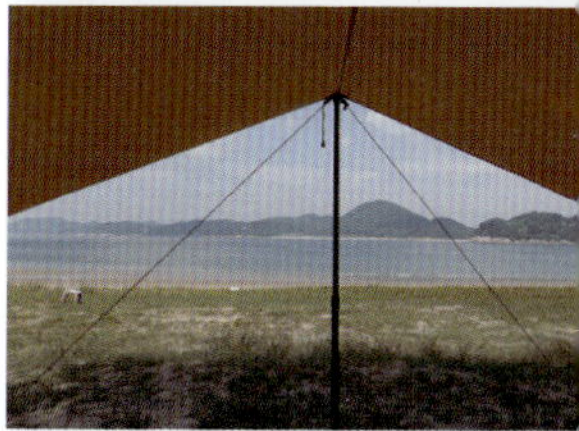

시간은 많고 할 일은 없으니, 섬에서 물이 빠지면 해루질이 시작된다. 인적이 드문 곳이라 이곳에서의 수확도 풍성하다. 방게와 고둥 그리고 비단조개가 주로 잡힌다. 흰색의 조개껍데기는 이곳의 백사장만큼이나 맑고 투명하다. 해가 저물고 밤이 찾아오면 별들이 모습을 드러낸다. 어느덧 인천 부부가 돌아간 섬에는 5명의 사람과 강아지만 남았다. 주변에 불빛이 없기 때문에 별빛은 더욱 선명하다. 무인도의 밤하늘은 육지보다 화려하다. 하루키는 까마귀 섬에서 저녁 장구벌레의 습격에 놀라 하루만에 무인도를 탈출했지만, 이곳의 밤은 그런 것 없이 평온하기만 하다. 참, 모기는 어딜 가나 기승이다.

 **들어가기**

승봉도로 운항하는 배가 인천연안여객터미널과 방아머리 선착장 2곳에서 출발한다. 인천에서 타는 배는 이작도로 들어가는 배와 동일하다. 인천–자월–승봉–이작 순으로 하선한다. 방아머리 선착장에서는 이작도행 배를 타야 한다(하절기). 방아머리–승봉–이작 순으로 하선한다. 동절기에는 이작도행 배편과 덕적도행 배편이 통합 운항한다.

출발지	선사	항로	소요시간	선종	요금 편도
인천연안여객터미널	고려고속페리	42km	1시간 10분	쾌속선	22,600원
	대부해운	42km	1시간 55분	차도선	15,500원
방아머리 선착장	대부해운	31km	1시간 20분	차도선	12,300원

출발 방아머리 선착장
　　　경기도 안산시 단원구 대부황금로 1567-3
　　　(주차 무료) | ☎ 032-886-8772
선사 (유)대부해운 | ☎ 032-886-8772 |
　　　www.daebuhw.com
할인 인천i바다패스 인천시민 편도 1,500원,
　　　타 시·도민 평일 70% 요금 감면 혜택
예매 한국해운조합 여객선예매(홈페이지, 앱)

> **MEMO**
>
> ### 승봉도에서 사승봉도 가는 법
>
> 승봉도에서 정기적으로 운항하는 배편은 없고 사선을 이용해서 입도해야 한다. 사승봉도까지는 3km거리다. 사선이 한 번 뜨면 인원과 상관없이 왕복 20만원이다. 요금은 5인 이상 모이면 1인당 4만원, 10인 이상 모이면 1인당 3만원이 된다. 요금 절약을 위해서 사승봉도 사장님께 미리 전화(010-5117-1545)를 하면, 날짜와 인원을 고려해서 배를 섭외해준다. 2025년 10월 말부터는 전용 레저선이 운항될 예정이다.

대부고속카페리호는 여름 성수기와 하절기 주말에는 오전/오후에 2번 배편이 있고 그 외의 기간에는 1일 1회 운항한다. 육지에서 승봉도까지 배편은 사선을 같이 이용할 사람들과 시간을 맞추는 것이 좋다. 너무 일찍 도착하면 동승자들이 올 때까지 기다려야 하고 너무 늦게 가면 합승을 할 수 없기 때문이다.

1일 차	09:00	10:20	10:40	11:30~	
	방아머리 출항	승봉도 도착	사승봉도 도착	사이트 구축 후 자유시간	
2일 차	10:00	10:20	14:20	15:20	16:40
	사승봉도 도착	승봉도 도착	승봉도 트레킹 마침	승봉도 출발	방아머리 도착

> **MEMO**
>
> ### 반려동물과 입도하기
>
> 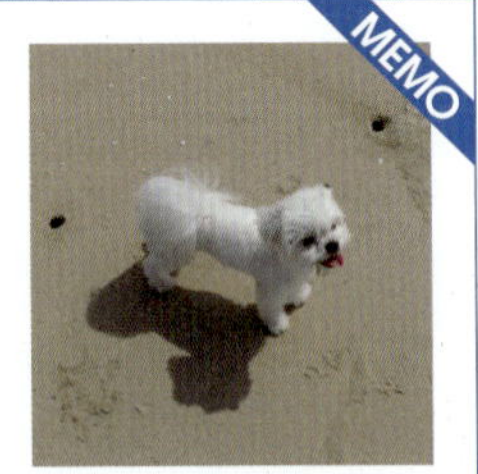
>
> 방아머리 선착장에서 승봉도로 운항하는 배편은 이작도로 들어가는 차도선이다. 반려동물 반입에 대한 규제가 느슨하다. 사선을 이용할 때도 반려동물 출입에 대한 거부감은 없다. 단, 무인도로 입도 시 사다리를 타고 내려가기 때문에 대형 견을 옮길 경우에는 애로사항이 있다. 반려동물이 마음껏 뛰어놀 수 있는 몇 안 되는 장소라 과거에는 관리인이 키우는 검은색 닥스훈트 놀쇠가 거주하고 있었다. 관리인이 자리를 비운 날 입도객의 괴롭힘으로 폐사했다. 안타까운 일이다.

캠핑

사선은 섬의 북동쪽에 접안한다. 이곳에서 약 200m 정도 모래사장을 따라서 서쪽으로 이동하면 승봉도의 북서쪽 해변에 도착한다. 이곳에 관리동이 있다. 섬에 하나뿐인 우물도 이곳에 있다. 식수로 사용할 수 있는 물이라고는 하지만 물갈이를 할 수 있기 때문에 끓이지 않고 음용하는 것은 추천하지 않는다. 물놀이 이후 세면이나 간단한 설거지 용도로나 사용 가능할 뿐, 마실 물은 충분히 준비해서 들어와야 한다. 간이 화장실이 있지만, 모래 구덩이를 파고 가림막을 설치한 정도다. 이 정도가 인공적인 편의시설의 전부다.

여름철에는 주로 북쪽에 숙영지를 구축한다. 그늘이 만들어지는 유일한 해변이기 때문이다. 의자와 바비큐 통은 비치되어 있다. 봄이나 가을철에는 섬의 서쪽 해변에 자리를 잡는다. 이쪽이 적막한 무인도의 분위기가 물씬 풍기기 때문이다. 서쪽 해변은 대이작도의 풀등을 마주한다. 여기도 물이 빠지면 본섬보다 더 넓은 길이 4km에 달하는 거대한 모래사장이 드러난다. 사승봉도의 '사'는 모래 사沙 자다. 그러니 해루질은 주로 여기서 한다. 섬의 동쪽에는 양식장이 있다.

하나 주의할 것. 북쪽 해변과 서쪽 해변이 만나는 꼭짓점에 갯바위가 있다. 이곳에서는 방게나 굴을 딴다. 바위에 빼곡하게 굴이 붙어 있지만 껍질이 매우 날카롭다. 부지불식간에 베일 수 있다. 긴팔 옷에 긴바지, 장갑을 착용하지 않으면 접근하지 않는 것이 좋다.

비수기 평일에는 관리인조차 없는 섬에서 진정한 무인도 체험을 할 수도 있다. 쓰레기는 분리 수거해서 섬에 놓고 나오면 관리인이 처리해준다. 캠핑 요금은 1인 1박에 10,000원이다. 당일 입장은 1인 5,000원이다.

사승봉도 지도

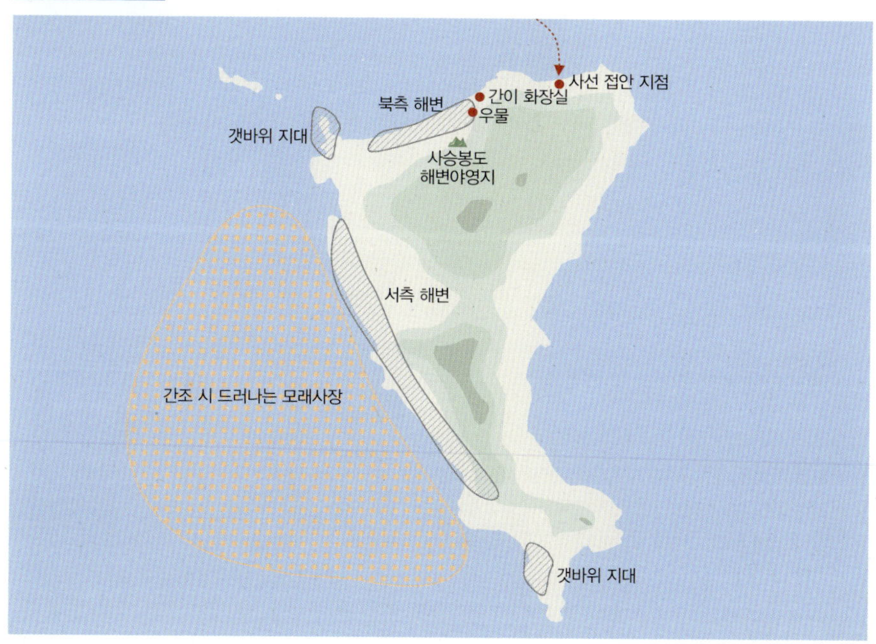

6

아름드리 해송이 나를 반긴다

소나무와 바위의 섬 승봉도

뭐 하고 놀까 | 걸어서 섬 한 바퀴, 북쪽 해변의 기암괴석들 구경하기

작은 섬 여의도의 2.2배

6.39 km² 면적

68 m 최고봉(당산)

230 명 인구(마을 1곳)

차도선 저속 ⋯▶ 15노트

대부고속카페리 7호

489톤

정원 **520명**

탑재차량 **53대**

일반항로 운항률 90%

31km / 1시간 20분 소요

방아머리 선착장

승봉도 선착장

수역: 서해 중부/인천 남부 앞바다

섬을 걷는 것은 '뫼비우스의 띠'를 따라가는 일과 비슷하다. 띠가 꼬인 지점에서 안팎의 경계가 사라지고, 2배의 시간이 걸리고서야 결국 원점으로 돌아 나오게 된다. 그러니까, 부지불식간에 물과 뭍의 경계가 무너진 섬을 안팎으로 한 번씩 돌아보는 셈이다.

사승봉도의 본섬인 승봉도는 한나절 걷기 좋은 곳이다. 봉황이 하늘로 날아오르는 모습의 섬은 산세가 낮고 완만하다. 최고봉인 당산의 높이가 해발 68m에 불과하다. 매끄럽지는 않지만 일주 코스도 있다. "섬을 한 번 둘러보는 데 얼마나 걸릴까요?" 섬 주민에게 물었더니 "글쎄, 3시간이면 넉넉하지 않나?" 하는 답변이 돌아온다. 하지만 경험적으로 안다. 3시간이라면, 길게는 6시간 정도 걸린다는 사실을. 그들에게는 일상의 공간이지만 우리에게는 미지의 공간이므로.

마을은 섬의 서쪽에 있다. 낮은 구릉지대에 움푹 파묻혀 자리한다. 그 옆 이일레해변의 드넓은 백사장은 사승봉도의 해변을 닮아 있다. 또 다른 해변인 부두치해변으로 이동하는 동안, 예상 못한 놀라운 광경과 마주친다. 바로 하늘을 찌를 듯이 솟아 있는 솔숲이다.

소나무는 어느 섬에서나 볼 수 있다. 거센 파도와 비바람에 시달린 나무들은 키가 작다. 이리저리 비틀려 옆으로 누워 있거나 암벽 틈 속에서 위태롭게 자리를 잡는다. 이곳의 나무들은 바다의 거친 날씨를 비웃기라도 하듯 당당하게 도열해 있다. 줄기에 불그스름한 기운이 감도는 육지의 나무와 달리 섬의 소나무들은 온통 이끼를 뒤집어쓴 듯 은은한 녹색 기운을 머금고 있다. 언뜻 삼나무로 가득한 난대림 속에 들어온 듯한 착각이 든다. 숨을 들이마시니 갯내음은 사라지고 진한 솔향이 가득 밀려온다. 울창한 숲 사이로 바다가 보일 듯 말 듯 어른거린다. 파도 소리는 은은하게 멀어지며 바람결에 뒤섞인다. 육지와 바다가 뒤엉키는 차원의 문을 막 통과하고 나면, 드디어 부두치해변에 이른다. 관광객들로 붐비는 이일레해변과 달리 인적이 드물고 고요하다. 백사장에는 흰색 띠가 여러 줄 그려져 있는데, 이리저리 갈려나가는 굴껍데기들이 만들어 놓은 흔적이다. 굴껍데기는 끝이 무뎌져서 몽돌같이 변하기도 하고, 더러는 아예 바스러져서 모래와 섞여 들어가기도 한다. 언젠가는 이곳도 우도의 홍조단괴해변처럼 순백의 모래밭으로 바뀌지 않을까, 하는 아름다운 상상도 해본다.

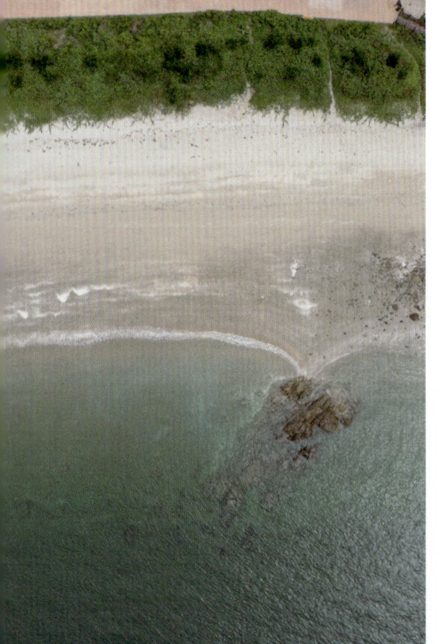

해안 데크를 따라 섬의 북쪽으로 접어들면 다시 풍경은 바뀐다. 촛대바위, 남대문바위, 부채바위, 병풍바위까지 해변의 모래사장은 사라지고 기암괴석들이 호기심 많은 모험가를 기다리고 있다. 북쪽은 바위의 해변이다. 아직 모래로 돌아가지 못한 돌들이 이리저리 깎여 나가며 기묘한 모양을 만들어 낸다. 이들이 부서져 가루가 되면 다시 남쪽으로 흘러갈 테다. 그러고 나면 어느새 해변에 쌓여 다시 우리와 만나게 될 것이다.

배편

사승봉도 편을 참고한다(P.072).

일정

사승봉도 편을 참고한다(사승봉도에서 1박을 하고 이튿날 아침 승봉도로 이동해 당일치기로 섬을 돌아보고 나오는 1박 2일의 일정이다). 하절기라면, 인천이나 방아머리에서 첫 배로 들어와 마지막 배로 나간다고 할 때 섬을 일주하는 당일치기 걷기 여행이 가능하다. 방아머리에서 왕복할 경우 주어진 시간은 최대 5시간 40분이다(주말 기준). 무인도가 부담스럽다면 사승봉도 대신 승봉도 이일레해변에서 1박을 하는 일정으로 변경도 가능하다.

당일	09:00	10:20	10:30~15:10	15:20	16:40
	방아머리 출발	승봉도 도착	승봉도 트레킹	승봉도 출발	방아머리 도착

입도 전, 미리 준비할 것과 주의 사항

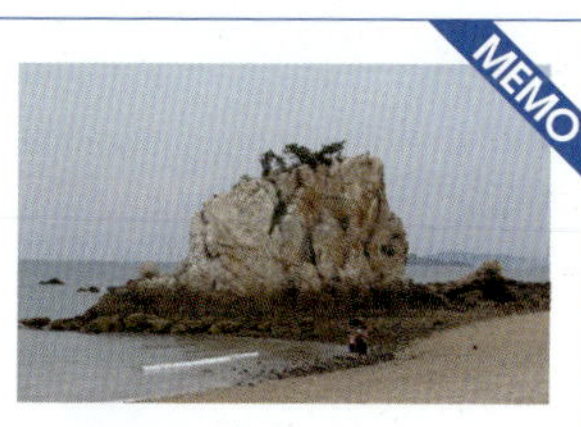

마을을 벗어나면 식사나 보급을 받을 곳이 전혀 없다. 간단한 행동식과 물을 충분하게 준비하고 움직이는 것이 좋겠다. 남대문바위의 위치가 헷갈리기 쉬운데, 부채바위 전망 데크를 지나서 해변을 따라 이동하면 다시 남대문바위 전망 데크가 나타난다. 부채바위에서 더 이상 길이 없는 줄 알고 지나치기 십상이다. 중간중간 해안 데크와 산길로 진입하지만 대부분 차도를 걷게 된다. 도내 차량 통행량은 걸어 다니기에 스트레스를 줄 정도는 아니지만 주말에는 종종 손님을 실어 나르는 숙박업소들의 승합차들이 분주하게 돌아다닌다. 공도 이동 시 차량에 대한 주의가 필요하다.

❷ 섬을 알차게 누비는 방법

캠핑

야영객들은 대부분 이일레해변 야영장(텐트 1동당 요금 10,000원, 7~8월은 20,000원)에 자리를 잡는다. 여느 섬처럼 화장실, 개수대, 샤워장의 시설은 갖췄다. 샤워장은 온수가 나오지 않고, 해수욕장 개장 시기에만 운영된다는 점도 동일하다. 선착장에서 이곳까지는 약 2km 거리다. 마을 안쪽에는 **승봉힐링캠핑장**(옹진군 자월면 승봉리 771-1, ☎ 010-8981-2350, seungbongcamp.modoo.at, 평일 기준 데크 30,000원, 캐러밴 120,000원)이 위치해 있으며 선착장에서는 700m 거리다.

캐러밴 3대와 캠핑 데크 16개를 보유하고 있다. 전기, 온수 사용이 가능하고 추가 요금을 내면 텐트도 대여할 수 있다. 해변과는 다소 멀다. 승봉도에 콘도가 있다고?! 배를 타고 선착장이 가까워지면 여느 섬에서는 볼 수 없는 큰 건물이 보인다. 도서지역의 유일한 콘도미니엄이지만, 현재는 모기업의 부도로 영업하지 않는다.

걷기

고즈넉하지만, 얕봐선 안 된다. 대이작도의 3배 규모로, 면 소재지가 있는 자월도와 엇비슷하다. 일주 코스가 약 11km, 최소 3시간 이상은 걸린다. 그러니 백팩 등 무거운 짐은 선착장 인근 매점이나 점심 먹을 식당에 미리 맡기는 것도 방법이다. 시계 반대 방향으로 섬을 일주하는 것이 보편적이다. 선착장에서 1.6km 정도 걸어가면 마을에 도착하고, 400m 더 올라가면 매점이 있는 삼거리에 도착한다. 오른쪽 길로 내려가면 이일레해변이다. 해안선을 따라 걷는 일주도로가 없기 때문에 해변에 들렀다가 되돌아 나와야 한다. 삼거리에서 좌측 길로 들어서면 소나무 숲길이다. 약 2km를 걸어가면 두부치해변에 닿는다. 여기서부터는 해안 데크를 따라 간다. 신황정에 오르면, 목섬과 북쪽 해변이 한눈에

보인다. 북단에 다다르면 해변으로 들어갔다가 나오길 반복해야 한다. 촛대바위를 시작으로 죽랑죽공원, 부채바위, 남대문바위가 죽 이어지기 때문이다. 해안 침식으로 바위에 구멍이 뚫린 남대문바위는 섬 최고의 명물이다. 아무래도 남대문보다는 코끼리 모양에 더 가깝다. 이곳을 마지막으로 길은 다시 마을로 이어진다. 마을 한복판에는 백련과 홍련 약 2,000본이 식재된 연꽃공원이 있다. 승봉분교를 지나 캠핑장을 돌아 나오면 다시 선착장이다.

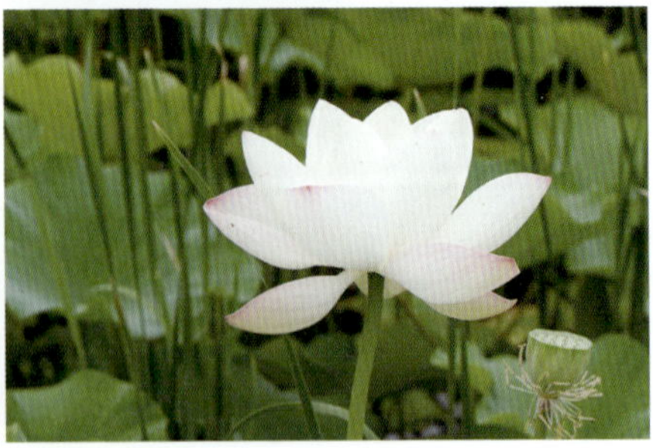

걷기

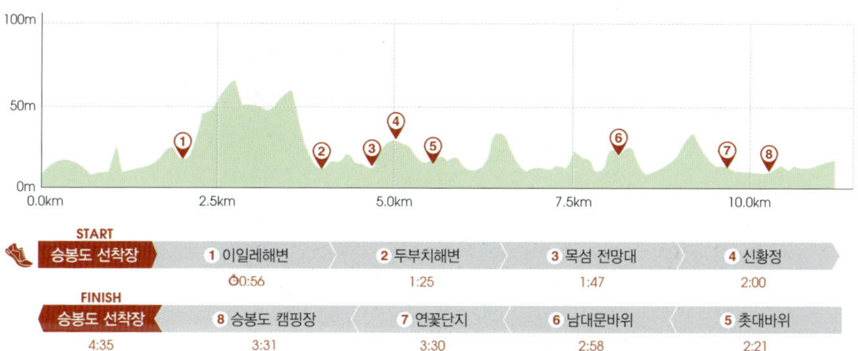

START 승봉도 선착장	1 이일레해변	2 두부치해변	3 목섬 전망대	4 신황정
	0:56	1:25	1:47	2:00

FINISH 승봉도 선착장	8 승봉도 캠핑장	7 연꽃단지	6 남대문바위	5 촛대바위
4:35	3:31	3:30	2:58	2:21

섬의 맛

승봉도 **마린 펜션**(옹진군 자월면 승봉로29번길 74, ☎ 010-4824-3616)은 사승봉도 관리인에게 추천 받은 곳이다. 음식점 간판은 없지만 미리 전화로 예약하면 식사를 준비해준다. 식탁에는 직접 기른 채소가 올라오고 밑반찬과 음식은 깔끔하다. 식당은 펜션 외부에 비닐하우스로 지어져 있고 바닥은 파쇄석이다. 반려동물 동반도 허한다. 식사 시간이 늦어 다른 손님이 없었던 것도 이유겠다. 백반은 물론이고 회, 닭백숙 같은 음식도 주문이 가능하다.

까나리의 섬

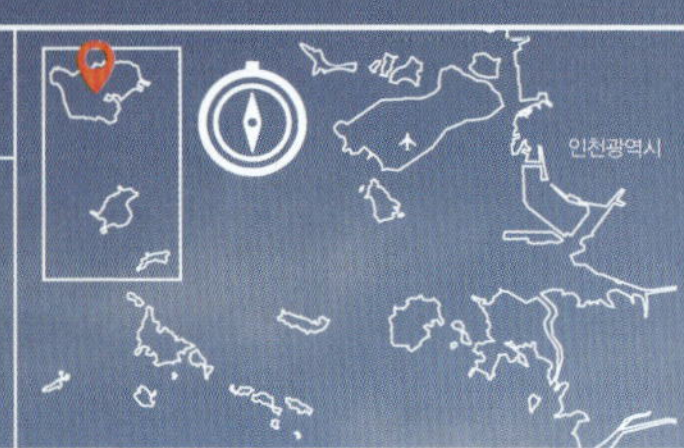

인천광역시 옹진군 백령면

큰 섬
여의도의
17.6배

51.08㎢
면적

184m
최고봉(업죽산)

5,496명
인구(마을 18곳)

초쾌속선
고속 ⋯ 41노트

코리아프라이드

1,680톤

정원 566명

탑재차량 0대

백령도

 **뭐 하고 놀까** | 황해도식 냉면 맛보기 · 자전거 타고 섬 한 바퀴

✈ **228km** / **3**시간 **40**분 소요

인천연안여객터미널   백령도(용기포 선착장)

일반항로
운항률 75%

수역: 서해 중부/인천 남부 앞바다

혀끝으로 기억되는 섬이 있다. 금오도에서 맛봤던 서대회 무침은 정신이 번쩍 들 정도로 새콤달콤했다. 이빨이 잘 들어가지 않을 만큼 탱탱했던 울릉도 홍삼의 식감, 10년 묵은 숙취까지 내려가는 듯한 홍도의 맑은 섭탕까지. 강렬하게 각인된 맛의 기억은 시간이 지날수록 더 뚜렷해진다.

백령도를 떠올릴 때 가장 기억에 남는 것은 두무진도, 사곶해변도 아닌, 까나리의 맛이다. 그 짭조름하면서 고소한 향이란. 까나리는 양미리 새끼다? 맞기도 하고 틀리기도 한 말이다. 겨울철 동해안에서 굴비 엮듯이 엮여서 매달려 있는 작은 꽁치 같은 생선은 까나리의 성체가 맞다. 굵은 소금을 휘휘 뿌려서 화롯불에 구워 먹던 알배기 생선은 양미리가 아닌 까나리다. 그러니까, 이제껏 까나리를 양미리라 불렀던 것이다. 사실 양미리는 모양새와 분류가 전혀 다른 어종이다. 이북에서 까나리를 양미리라 부르던 습관이 이곳에서 자연스레 이어진 모양이다.

백령도의 식당 어느 곳을 가더라도 까나리가 지천이다. 밑반찬인 볶음으로 나오거나 액젓으로 밥상에 오른다. 볶음은 언뜻 멸치볶음과 비슷해 보인다. 새끼 까나리를 말리면 반원으로 휘어지는 까닭에, 강원도에서는 곡멸이라고도 불린다. 볶아 먹는 까나리는 진한 고소함

이 일품이다. 소주 안주로 이만한 것도 없다. 본 요리가 나오기 전 이 밑반찬만으로도 반 병은 거뜬하다. 액젓은 간장을 대신해 어느 음식에나 들어간다. 특히 섬의 별미인 냉면과는 환상의 궁합이다.

백령도는 황해도 해주식 냉면을 맛볼 수 있는 유일한 고장이다. 섬에서 이북 냉면을 맛볼 수 있는 데에는 사연이 있다. 옹진군의 섬 중에서 북한과 가까운 백령, 대청, 소청, 연평, 우도를 별도로 서해 5도라 이르는데, 6.25전쟁 전에는 우도를 제외하고 모두 이북 황해도에 속한 섬들이었다. 그런 까닭에 섬에는 많은 실향민이 거주하며, 이들이 만들어내는 냉면집이 섬 곳곳에 흩어져 있다. 해주식 냉면은 가늘고 치밀한 면발의 함흥냉면과 뚝뚝 잘 끊어지는 평양냉면의 중간 찰기로, 매끌매끌한 표면을 지녔다. 이빨로도 쉽게 씹어 먹을 수 있지만 이곳에서는 한 번 가위질을 해서 먹으라 한다. 거친 뱃길에 멀미할 이들에게 던지는 짓궂은 농이다. 비빔냉면을 먹을까, 물냉면을 먹을까 항상 우왕좌왕하는 사람들을 위한 선택지도 있다. 비빔냉면에 육수를 넣어먹는 '반냉'이 그 주인공이다. 육지에서는 식초나 겨자를 넣지만 백령도에서는 까나리 액젓을 넣어 간을 맞춘다. 비린 듯 짭조름한 섬 고유의 맛이 더해지면서 화룡점정을 찍는다.

이곳은 우리나라에서 8번째로 큰 섬이다. 수천 명의 주민이 거주하며, 해병대 여단이 주둔하고 있다. 섬에는 물이 풍부하다. 어업은 물론이고 간척지에서 대규모 농사도 짓는다. 말인즉슨 자급자족이 된다는 것이다. 낯선 풍경도 있다. 읍내에는 섬에서 좀처럼 보기 힘든 패스트푸드점과 카페도 성업 중이다. 아무래도 젊은 장병들의 요즘 입맛을 달래기에는 까나리의 고소한 맛이 역부족이었을 테다. 해가 지기 전 조업을 나갔던 어선들이 급하게 항구로 되돌아오는 모습도 이채롭다. 접경지대이기 때문이다. 어선들이 밤새 불을 밝히는 근해의 바다와 달리 섬의 바다는 적막하다. 쓸쓸해서 아름다운 밤바다다.

[배편]

배편 백령도로 운항하는 배는 인천연안여객터미널에서 출발한다. 선사는 고려고속훼리다. 평일 기준 2회 배편이 있다. 토요일에는 3회로 증편된다. 코리아프라이드 호는 08:30 출항해서 소청도, 대청도를 거쳐 12:10에 백령도에 도착한다. 이 배는 이후 13:30에 백령도를 출항해서 17:10에 인천에 도착한다.

코리아프린세스 호의 경우 인천에서 12:30에 출항해서 16:30에 도착한다. 이 배는 다음날 07:00에 백령도를 떠나 11:00에 인천으로 되돌아 간다. 자전거는 코리아프라이드호에 만 선적할 수 있다. 추가 선적 요금은 10,000원이다.

출발지/선사	선박	항로	소요시간	선종	요금
인천연안여객터미널 고려고속페리	코리아프라이드	228km	3시간 40분	초쾌속선	71,700원
	코리아프린세스	228km	4시간	초쾌속선	66,500원

출발 인천연안여객터미널
　　　중구 연안부두로70(주차 10,000원/1일) | ☎ 1599-5985
선사 고려고속페리 1577-2891 www.kefship.com
할인 인천i바다패스 인천 시민 편도 1,500원, 타 시·도민 평일 70% 요금 감면 혜택
예매 한국해운조합 여객선예매(홈페이지, 앱)

백령도의 자랑, 두무진

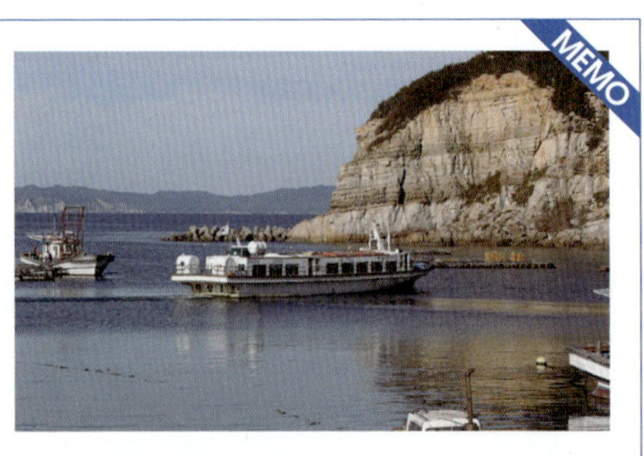

서해의 해금강, 늙은 신의 마지막 작품이라 칭송 받는 두무진. 국가명승지 제8호와 국가지질공원으로 지정된 이곳은 백령도 최고의 절경임에 틀림없다. 러일전쟁 이후 장군들이 도열한 모습과 비슷하다 하여 두무진頭武津이라 불리기 시작했는데, 과거에는 뾰족한 바위들이 늘어서 있는 모습이 풀 같다고 해서 '두모毛진'이라 불렸고 백령도로 들어오는 입구라 하여 '두문門진'이라고도 불렸다. 이곳을 탐방하는 방법은 2가지다. 하나는 탐방로를 걸어 올라가서 전망대에서 주변의 절경을 관람하는 것이고 다른 하나는 유람선을 타고 나가서 바깥의 풍경을 유람하는 것이다. 도보로 이동 시에는 두무진 항에서 탐방로를 따라 이동한다. 거리는 왕복 1.4km다. 해병대 흑룡부대에서 세워 놓은 통일기원비를 지나 전망대에 올라서면 뾰족하게 솟은 형제바위를 비롯한 기암괴석들이 나타난다. 나이테 같은 층리가 드러난 절벽을 보노라면 이곳을 왜 늙은 신의 마지막 작품이라 표현했는지 고개가 끄덕여진다. 절벽의 기기묘묘함과 웅장함에는 홍도나 백도의 풍광과는 또 다른 운치가 깃들어 있다. **유람선**(성인 21,000원/1인)을 타고 한 바퀴 도는 데에는 약 1시간 정도 소요된다. 운항은 **두무진관광영어조합법인**(☎ 032-836-8088)에서 주관하니 자세한 내용을 문의할 수 있다.

일정

하절기 기준으로 아침과 점심 무렵 출항하는 배편이 있다. 대부분 관광객들은
아침 배로 입도해서 점심 무렵에 도착. 다음 날 점심 배로 되돌아가는 1박 2일
일정으로 섬을 관광한다. 여기에서는 백령도 1박 후 2일 차 점심에 대청도로
이동해서 그 다음 날 되돌아오는 2박 3일 일정으로 코스를 안내한다. 각 섬 별
로 1박 2일 여정이 나온다. 백령과 대청도를 1박 2일씩 별도로 방문해도 일정
에 큰 변화는 없다.

1일 차	08:30	12:10	13:30	13:30~18:30	20:00
	인천 출항	백령도 도착	숙소 체크인/점심	섬 라이딩	저녁식사 마침
2일 차	10:00		10:00~11:30	12:20	13:30
	아침식사/숙소 체크아웃		사곶 해변 관광	점심식사(냉면)	백령도 출항

군사지역을 여행하는 법

섬 전역이 군 작전구역이다. 도로를 벗어나면 곳곳에 지뢰 주의 표시가 있다. 허
가되지 않은 지역으로는 출입을 금하고 인도와 포장도로를 따라서 이동해야 한
다. 북측 해변은 출입이 통제된 곳이 대부분이다. 출입이 가능한 남쪽의 콩돌이
나 사곶해변에서도 가끔 북한의 목함 지뢰가 유실되어 떠내려오기도 한다. 이상
물체를 발견하면 건드리지 말고 신고해야 한다. 해병대 여단이 주둔하고 있어
관광지 주변에도 군사시설들이 노출되어있다. 군 장비나 시설 사진을 촬영하거
나 SNS에 공개하는 행위는 문제의 소지가 있으니 주의가 필요하다.

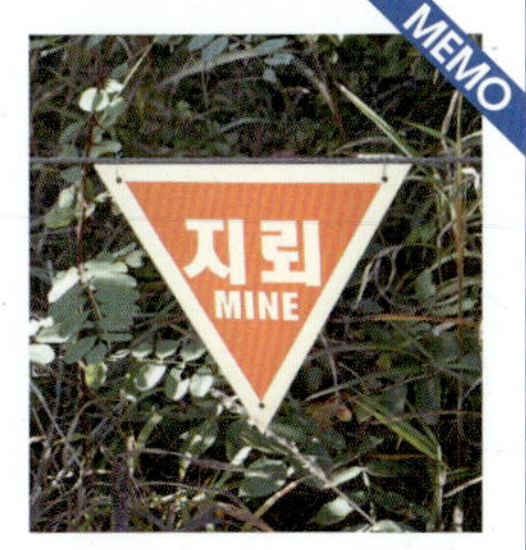

자전거

백령도는 섬이 크고 주요 관광지들이 섬 곳곳에 흩어져 있다. 1박 2일의 짧은 기간 동안 걷거나 공용 버스를 이용해서 관광하기에는 적당하지 않다. 이런 특성상 자전거는 섬을 여행하는 좋은 도구가 된다. 단, 섬 곳곳에는 오르막이 존재한다. 초보자들이 도전하기에는 쉽지 않은 코스다. 어느 정도 자전거 타기가 익숙한 중급자 이상에게 추천한다. 자전거 여행이 여의치 않은 경우에는 차량을 렌트하거나 택시를 대절해서 여행하는 것이 적당하다. 해가 긴 시기에 방문했거나 라이딩이 익숙하다면 하루에 섬을 돌아보는 것도 가능하다. 섬을 일주하는 거리는 약 44km다. 수시로 관광지를 들고 나야 하기 때문에 최소한 5시간은 잡아야 한다.

백령도는 관광코스가 획일화되어 있다. 처음 섬을 방문했다면 이 코스를 따라가는 것이 좋다. 시계 반대 방향으로 이동하면 우측으로 용기원산전망대가 나온다. 차량이나 자전거를 이용해서 올라갈 수 있는 가장 높은 전망대다. 이후 읍내를 관통해서 심청각으로 올라간다. 황해도 용연반도와 가장 가까운 지점이다. 북한 장산곶이 손에 잡힐 듯이 다가오며 설치되어 있는 망원경을 통해서 좀 더 자세하게 들여다볼 수 있다. 〈심청전〉에 나오는 인당수로 추정되는 지점이 있는 것으로 알려져 있다. 다만 인당수의 위치에 대해서는 여러 주장이 있다. 변산군의 위도에도 인당수로 추정된다는 지점이 존재한다. 심청각에서 되돌아 나오면 백령초등학교를 끼고 우측으로 돌아나간다. 사자바위가 있는 고봉포구에

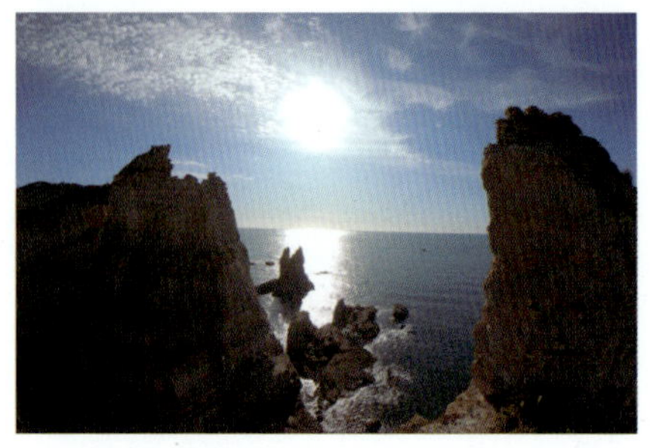

도착한다. 이곳에서부터 해안과 붙었다가 떨어지기를 반복하며 두무진으로 이동한다.

두무진으로 가기 위해서는 언덕을 하나 넘어가야 한다. 사항포구에서 기상청 갈림길이 있는 정상까지 약 1km 구간이다. 이곳을 넘어가면 백령도 최고의 명승지인 두무진 입구에 도착한다. 두무진까지는 자전거로 진입할 수 없다. 입구에 자전거를 두고 걸어서 왕복 1km를 이동해야 한다. 두무진에서 천안함 위령탑으로 이동하기 위해서는 왔던 길로 되돌아가야 했지만 연화리로 넘어가는 새로운 길이 뚫렸다. 과거 비포장 임도였던 곳이 포장도로로 탈바꿈한 것이다. 덕분에 섬을 일주하는 코스가 얼추 완성되었다. 중화동교회는 1894년에 우리나라에서 두 번째로 설립된 기독교 성지다. 교회 앞에 있던 천연기념물 연화리 무궁화는 태풍 볼라벤에 피해를 입어서 고사하였다. 파도에 콩돌 구르는 소리가 매력적인 콩돌해변을 지나면 백령교를 넘으면 사곶해변에 도착한다. 전 세계에 2곳밖에 없는 비행기가 착륙 가능한 규조토 해변이다. 자동차나 자전거, 바퀴 달린 것을 타고 온 관광객들은 모두 이곳을 한 번쯤 달려본다. 해변을 빠져나오면 출발지였던 여객터미널에 도착한다.

고봉포구 사자바위
③ 고봉포구
② 심청각
④ 두무진
두무진포구
사항포구
어릿골해안
하늬해변
용기원산 전망대
① 용기원산
업죽산
아일랜드 캐슬
신규 개통된 포장도로
백령호
사곶해변 ⑧
START·FINISH
용기포 선착장
천안함 위령탑 ⑤
백령종합운동장
백령교
전망대
중화동교회 ⑥
⑦ 콩돌해변
중화동포구
장촌포구
오군포

자전거

200m
150m
100m
50m
0m
①
식사
②
③
④
⑤
⑥
⑦
⑧
0.0km   5.0km   10.0km   15.0km   20.0km   25.0km   30.0km   35.0km   40.0km

START
용기포 선착장
① 용기원산전망대
② 심청각
③ 고봉포구 사자바위
④ 두무진
0:30
1:52
2:08
2:48

FINISH
용기포 선착장
⑧ 사곶해변
⑦ 콩돌해변
⑥ 중화동교회
⑤ 천안함 위령탑
5:44
5:27
5:08
4:29
3:56

섬에 대한 짧고 얕은 지식

섬의 맛

사곶냉면(옹진군 백령면 사곶로 122번길 54-19, ☎ 032-836-0559)은 백령도에 있는 냉면집 중에서 가장 널리 알려진 식당 중 한 곳이다. 매일 11:00~21:00까지 영업한다. '반냉'을 포함해 냉면(9,000원), 수육(12,000원), 빈대떡(9,000원) 등을 판매한다. 이곳 이외에 다른 냉면집들은 대부분 점심 시간(11:00~15:00)에만 영업을 한다. 참고로, TV 프로그램 SBS 〈미운 우리 새끼〉 95회 '백령도 냉면투어 편'에 소개되었다. 김종국은 2명의 동생들과 함께 섬 냉면투어에 나선다. 도내 6곳의 냉면집 중 몇몇을 방문해서 식사를 한다. 방송에 나왔던 냉면집은 **사곶냉면**, **신화냉면**(옹진군 백령면 백령로 689), **시골메밀칼국수**(옹진군 백령면 백령로978번길 8-15, ☎ 032-832-1270), **장촌냉면**(옹진군 백령면 백령남로723번길 9)의 4곳이다. **뚱이네**(옹진군 백령면 백령로 226, ☎ 032-836-9393)는 해산물 위주의 식당이다. 대표메뉴는 홍합밥(12,000원)과 팔랭이회무침(30,000원)이다. 08:00~21:00까지 영업한다. 아침 백반(10,000원)도 맛볼 수 있다. 백령도에서는 간재미를 팔랭이라고 부르는데, 물속에서 팔랑거리면서 헤엄친다고 해서 붙여진 이름이다. 봄철에서 여름까지 회와 무침으로 먹는데 단맛이 도는 또 다른 백령도의 별미다. 문을 닫은 노포도 있다. 자연산 굴 순두부찌개와 팔랭이회무침으로 유명했던 돼지네 식당과 부두회식당은 안타깝게도 폐업했다.

어디서 잘까

섬 안에 캠핑장은 없다. 군사지역이라 해변 등지에서 비박도 추천하지 않는다. **아일랜드캐슬**(옹진군 백령면 316-3, ☎ 032-836-6700, 비수기 기준 1박 70,000원/1인)이 섬 안에 시설이 좋고 규모가 큰 숙박시설에 속한다. 용기포 선착장에서 읍내 쪽으로 1.7km 지점에 위치하고 있다. 주변에 마트와 식당들이 도보 거리에 있어 편리하다. 전날 예약자에 한해 아침 식사(10,000원/1인)를 제공한다.

사곶해변이 물러졌다?

사곶해변은 이탈리아 나폴리해변과 함께 전 세계에서 2곳뿐인 천연 비행장이다. 국제민간항공기구ICAO로부터 RKSE라는 공항코드까지 부여 받았다. 이런 지질학적 가치를 인정받아서 천연기념물 391호로 지정됐다.

애석하게도 최근 사곶해변의 지표면이 무르게 변해 비행기 이륙은커녕 자동차도 빠질 정도라는 이야기가 현지에서 나오고 있으며, 일부 언론을 통해서도 보도됐다. 2006년 간척 사업으로 백령호가 만들어지면서 조류의 흐름이 바뀐 까닭에 해변과 토질이 변하게 됐다는 주장이다. 실제로 백령도를 처음 방문했던 2013년 당시 자전거로 해변을 달렸을 때의 주행감과 비교했을 때, 2019년 방문 시에는 지면이 단단하다는 느낌을 받지 못했다. 상황을 면밀히 조사하고 환경을 개선해 사곶해변이 원래의 모습을 지켜내길 바란다.

8

황제의 섬을 걷다

섬 지형의 박물관

대청도

뭐 하고 놀까 | 삼각산 등산 · 서풍받이 걷기 · 옥죽동 사구 해변 관광

중간 크기 섬
여의도의 4.36배

12.66km² 면적

343m 최고봉(삼각산)

733명 인구(마을 7곳)

초쾌속선
고속 ⋯ 41노트

코리아프라이드

1,680톤

정원 **556**명

탑재차량 **0**대

일반항로
운항률 75%

213km / 3시간 **20**분 소요

15km / **20**분 소요

인천연안여객터미널 · · · · · · 소청도 · · · 대청도 ≫≪ · · · · · 백령도

수역: 서해 중부/인천 북부 앞바다

옛날 사람들은 섬에 어떻게 이름을 붙였을까? 우리가 섬을 여행하기 전에 그곳의 역사나 풍광을 미리 헤아려볼 수 있는 방법이 있다. 한자어로 이루어진 섬 명칭을 들여다보고, 그 유래를 알아보는 것이다. 이를테면 초승달을 닮았다는 자월도, 고슴도치를 닮았다는 위도같이 섬의 생김새를 보고 이름을 붙인 경우가 가장 흔하고, 해적의 섬 이작도처럼 역사적인 사실을 근거로 이름을 붙이기도 한다.

대청도大靑島. 한자어를 그대로 해석하면 '푸르고 큰 섬'이다. 붉은색의 홍도, 흰색의 백도처럼 섬을 특정 색깔로 단정지은 셈이다. 책에 수록된 군산의 어청도(p.158)도 푸를 청靑자를 사용하는데, 두 섬은 이것 외에도 몇 가지 공통점이 있다. 두 곳 모두 중국과 가까운 서해 먼바다에 위치하고 있다는 것. 필연적으로 중국과 관련된 에피소드들을 간직하고 있다. 어청도에는 제 나라의 전횡 장군이 다녀갔다는 전설이 있고, 대청도에는 원나라의 마지막 황제 순제가 머물렀다는 역사가 남아 있다. 황제 즉위 전 계모의 모함으로 대청도에서 100여 명의 신하들과 함께 1년간 유배생활을 한 것으로 기록되어 있다. 현재 대청초등학교 자리에서 유물들이 발견되어 이곳이 당시 궁궐터였던 것으로 추정된다.

섬에서 가장 높은 산을 종종 국사봉 혹은 당산이라 부른다. 이는 당집이 있어 당신을 모시는 산을 말한다. 대청도의 최고봉은 국사봉이 아닌 삼각산이다. 수도 한양의 진산인 삼각산과 같은 이름으로, 황제가 머물렀던 곳이기에 붙인 이름이다. 삼각산은 해발 343m로 서해 5도

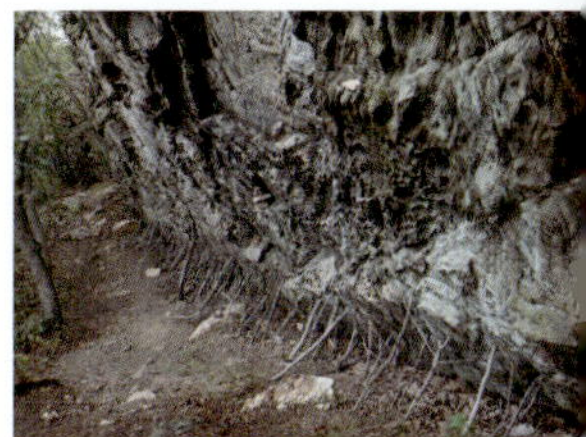

의 섬 중에서 가장 높다. 4배가 넓은 백령도의 최고봉이 184m이니 비교가 될 것이다. 산세는 주변을 압도하고 지형은 험난하다. 섬을 순환하는 일주도로가 뚫려 있지만 롤러코스터를 타듯 경사가 만만치 않다. 모래사장과 해안 절벽 그리고 모래 언덕인 사구와 풀등까지 이곳에서는 섬에서 볼 수 있는 거의 모든 지형과 마주할 수 있다. "두무진과 사곶을 빼면 백령도보다 우리 섬이 더 멋있지." 주민들의 자부심이 대단하다.

삼각산으로 올라가는 등산로는 선착장이 있는 대청면사무소부터 연결된다. 이곳은 '삼각산 명품 로드'로 불린다. 정상에 올라서면 남측으로는 소청도가, 북측으로 백령도를 비롯해서 북한 용연반도가 조망된다. 광난두정자각에 도착하면 등산로는 종료되고 거대한 절벽이 서쪽에서 사정없이 불어 치는 바닷바람을 받아내는 서풍받이 둘레길이 시작된다. 높이 100m에 이르는 조각바위언덕은 대청도 최고의 경관으로 꼽힌다. 웅장한 해안 절벽들이 감싸안은 섬의 남쪽과 달리 북쪽에는 평평한 해변이 모여 있다. 과연 같은 섬이 맞을까 싶을 정도로 경관이 상이하다. 옥죽동에는 우리나라 최대 규모의 사구가 있다. 중간에 세워놓은 낙타상이 익살스럽다. 농여해변으로 이동하면 드넓은 모래사장과 물이 빠지면 바닷속에서 모습을 드러내는 풀등 그리고 수직으로 솟은 나이테바위와 기암괴석까지 한데 나타난다. 시간의 흐름과 자연의 변화가 만들어낸, 살아 있는 지질박물관과 맞닥뜨리는 순간이다.

① 들어가기　배편

대청도로 운항하는 배편은 백령도와 동일하다. 인천에서 08:30에 코리아프라이드호로 들어가면 11:50에 도착한다. 이 배는 백령도로 들어갔다가 13:30에 되돌아 나오는데 대청도에 13:50에 도착한다. 백령에서 대청까지 기항지 간 선표는 인터넷이나 인천여객터미널 창구에서 미리 예약 및 결제가 불가하다. 출발 당일 현지 여객터미널에서 결제하고 발권해야 한다.

출발지	항로	소요시간	요금 편도
인천 → 대청	213km	3시간 20분	68,100원
백령 → 대청	15km	20분	4,400원

일정

백령도에서 대청도로 이동해서 일박을 한다면 하모니 플라워호 이용 시 1일 차 13:10에 도착하고 다음 날 같은 시간에 출발하게 된다. 섬이 생각보다 크고 험하기 때문에 일정을 잘 세우고 움직여야 한다. 하루는 섬의 서남쪽인 삼각산에서 서풍받이까지 연결되는 등산과 걷기 코스를 돌아보고 다음 날은 섬의 북쪽인 옥죽포, 농여, 미아동해변을 둘러보는 것이 좋다.

1일 차	13:30	13:50	14:00	14:00~17:00	17:00~18:00	20:00
	백령 출항	대청 도착	숙소 체크인	삼각산 트레킹	선착장 도보 이동	식사 마침
2일 차	08:20	08:20~08:30	08:30~10:30	11:00	13:55	17:15
	아침 식사	버스 이동	해변 트레킹	선착장 버스 복귀	대청 출항	인천 도착

공영버스 이용하기

대청도는 면 소재지이므로, **공영버스**(요금 1,000원/1인)가 하루 8번 운행한다. 낯선 지역에서 버스를 이용한다는 것은 영 익숙지 않은 일이다. 특히 대청도에서 더 그렇다. 정류장에 운행 시간표와 노선이 게재됐음에도 그러하다. 정거장의 지명이 마을 주민들 기준으로 제작된 까닭에, 객들에겐 낯설기만 하다. 외지인들은 선착장, 옥죽동 사구, 농여해변과 같은 정류장을 찾지만 2리 보건소, 7리 학교, 3리 경로당과 같은 식으로 표시돼 있다. 현지 주민의 도움이 없이는 해석이 불가하다. 때때로 시계 방향 혹은 반시계 방향으로 뒤바뀌는 운행 방향은 또 어떠한가. 사정이 이러하니 가장 쉬운 방법은 배에서 내리자마자 대기하고 있는 버스를 타고 목적지로 이동하는 것이다. 여객선 도착시간에 맞춰 버스가 선착장에 대기한다. 참고로 2리 보건소가 선착장이고, 3리 경로당이 옥죽동해변 쪽이다. 2일 차에는 2리 선착장에서 08:21에 버스를 타고 3리 경로당 방향으로 이동했다. 기사 분께 사구를 간다고 말하면 중간에 내려준다. 해안 답사를 마치고 도착한 대청초등학교 정류장은 7리 학교다. 바로 옆이 7리 소방서다. 11:08에 이곳에서 선착장으로 되돌아가는 버스를 타고 이동했다. 섬마을 버스를 타고 섬을 한 바퀴 일주하는 것도 즐거운 경험이다.

섬에 대한 짧고 얕은 지식

섬의 맛

홍어 하면 떠오르는 섬은 신안군 흑산도다. 대청도의 바다에도 홍어가 잡힌다. 과거에는 전국 어획량의 절반을 차지할 만큼 홍어잡이가 유명했던 지역이다. 현재는 10여 척 정도의 배가 홍어잡이를 계속하고 있다. 이곳에서는 흑산도에 가서나 구경할 수 있는 삭히지 않은 생홍어회를 맛볼 수 있다. 선착장에 있는 **바다식당**(옹진군 대청면 대청로13, ☎ 032-836-2476)은 항상 현지인들로 붐비는 곳이다. 홍어회는 한 접시에 50,000원, 제철에는 백령도와 마찬가지로 팔랭이회(1마리/25,000원)도 흔해진다. 홍어는 잡히는 날 가야 맛볼 수 있지만 우럭은 사시사철 올라오니, 우럭매운탕(50,000원)을 추천한다. 대청도에서 백반을 잘하는 중국집으로 유명했던 '섬 중화요리'는 결국 '섬 식당'(옹진군 대청면 대청로7번길 4-7, 032-836-2121)으로 상호를 변경했다. 주 메뉴는 백반(10,000원)이다. 조기구이, 새우장 등의 밑반찬이 깔끔해서 인기다. 이른 아침부터 영업한다.

어디서 잘까

이웃 백령도와 마찬가지로 섬 안에 캠핑장은 없다. 접경지역이라 비박도 추천하지 않는다. 선착장 인근에 민박집들이 모여 있다. 단체 관광객들은 옥죽동 쪽의 펜션을 이용하지만 이동수단이 없는 개별 여행자들은 식당과 편의점이 모여 있는 선착장 주변에 숙소를 잡는 것이 편리하다. **하늘민박**(옹진군 대청면 대청로7번길 17-2, ☎ 032-836-2588, 60,000원/1박)은 선착장에서 언덕을 따라 올라간 마을 안쪽에 위치하고 있지만 최근에 리모델링을 해서 시설이 깨끗하다.

옥죽동 모래사막, 그 탄생의 비밀

대청도 북쪽 옥죽포 해변으로 밀물과 함께 들어온 모래들이 썰물 때 다시 햇볕에 노출되어 마르게 되고 이후 바람에 날려 쌓이기 시작하면서 형성된 사막이다. 바람이 만들어놓은 지형인 셈이다. 옥죽동 사구는 바람에 의해서 시시각각 지형이 변화하는 활동성 사구다. 한때 길이 1.6km, 폭 600m로 40m 높이까지 모래사막이 확장되었으나 모래바람으로 인한 주민들의 피해로 20년 전 부터 방풍림을 조성해서 사구로 날아오는 모래의 양이 줄어들었다. 그 결과 현재는 면적이 1/5로 줄어든 상태다.

국가지질공원 탐방하기

백령도와 대청도는 2019년 7월 12번째 국가지질공원에 지정됐다. 지질공원은 국제적인 지질학적 가치를 지니는 경관 지역을 의미한다. 섬으로는 제주도와 울릉도에 이어서 3번째다. 백령도, 대청도 내 10곳이 지질명소로 지정되었는데 백령도에는 두무진과 사곶해변을 포함한 5곳이, 대청도에는 옥죽동사구와 서풍받이, 검은낭, 농여해변 일대가 명소로 지정되었다. 소청도에는 분바위 한 곳의 지질명소가 있다. 이런 지질명소를 따라 걸으며 탐방하는 코스를 지오 트레일geo trail이라고 부른다. 이 일대의 지형은 10억 년 전후의 시기에 산둥반도와 한반도 사이 대륙판의 이동 역사를 담고 있다. 특히 수직으로 서 있는 농여해변의 나이테바위는 당시 엄청난 지형 변화가 일어났음을 알려준다.

영화와 방송에 등장한 섬

대청도에 유배 온 원나라 순제와 떼려야 뗄 수 없는 고려인이 한 명 있으니, 바로 그의 부인 기황후다. MBC 드라마 〈기황후〉(2013)에서 그의 일대기가 다뤄지기도 했다. 기황후 역으로는 하지원이 분했는데, 드라마 4회에는 대청도 농여해변을 배경으로 주인공이 말 타기 하는 장면이 방영됐다. 드라마에서 기황후와 순제는 대청도에서 만난 것으로 각색됐지만 역사적 사실은 아니다. 순제가 유배 온 시기는 1324년이고 기황후는 공녀로 원나라에 보내져서 1333년 궁에 들어갔으며 1340년에 황후의 자리에 오른 것으로 알려져 있다.

❷ 섬을 알차게 누비는 방법

걸기

1일 차(선착장-삼각산-서풍받이)

일찍이 선답자들은 삼각산과 서풍받이를 합쳐 '삼서트레일'이라 불렀다. 삼각산 정상으로 올라가는 등산로는 여러 곳이 있다. 우선 매바위 전망대에 등산로 들머리가 있다. 단거리로 주파할 수 있는 코스지만 전망대까지는 버스로 이동해야 한다. 선착장에서 바로 시작하는 등산로 들머리는 대청면사무소 뒤편에 있다. 선착장에서 400m 정도 이동하면 등산로 안내표지와 함께 임도가 가파르게 치고 올라간다. 1.8km 지점에 전망대가 나오고, 다시 1km 더 올라가면 삼각산 정상에 도착한다. 능선을 따라 하산하면 해안 일주도로와 만나며, 광난두 정자각에서 등산은 마무리된다. 삼각산 코스의 거리는 약 4.5km다. 이곳에서부터 다시 서풍받이 코스가 펼쳐진다. 왕복 2.6km의 거리로, 1시간가량 소요된다. 하늘전망대-조각바위 전망대-하늘전망대-마당바위-갈대원 순으로, 반시계 방향으로 탐방한다. 수직으로 늘어선 해안 절벽이 탐방객의 혼을 빼놓는다. 삼각산 등산이 부담스러운 사람은 광난두 정자각까지 공영버스로 이동해서 트레킹을 시작해도 무방하다. 선착장까지 돌아가는 길은 도로를 따라가면 4.1km 거리다. 정자에서 공영버스를 기다리거나 도보로 이동하면 된다. 도보로 이동 시 약 1시간 더 소요된다.

2일 차(옥죽동사구-농여해변-미아동해변)

선착장에서 옥죽동 사구까지는 약 3km 거리다. 버스로는 10분 정도 소요되며 도보로 이동 시에는 40분 정도 걸린다. 옥죽동 사구는 길이 1km, 폭 600m, 최대 높이는 30m에 달한다. 해변의 모래가 바람을 타고 와서 쌓이면서 만들어진 모래 언덕이다. 해변 쪽으로 방풍림이 조성되면서 이제는 모래 길이 막혀 사구의 크기가 점점 줄어들고 있다. 중간 중간 초록색 풀들이 고개를 내민 곳이 있어 초원화가 진행되고 있는 듯하다. 출발지로 되돌아 나오면 기암괴석이 도열한 농여해변 쪽으로 이동한다. 지층 단면이 수직으로 솟아오른 나이테 바위는 넋을 잃게 만든다. 썰물 때라면 농여해변 앞바다에 풀등이 떠오른다. 드넓은 모래사장을 걸어서 이웃의 미아동해변까지 이동할 수 있다. 미아동해변에는 해병대 사격장이 있다. 그 옆길을 따라 언덕을 넘어가면 대청초등학교에 도착한다. 원나라 순제의 궁궐터가 있었다는 자리다. 이곳에서 버스를 기다린다. 버스는 반시계 방향으로 섬을 돌아 출발지였던 선진동 선착장에 닿는다.

삼각산 등반 시 주의사항

일출 후 30분부터 시작해 일몰 전 30분까지는 탐방을 종료해야 한다. 삼각산 등반 시에는 땅벌을 조심하자. 필자는 10월 중순에 삼각산을 타면서 땅벌에 쏘였다. 위치는 면사무소에서 전망대 사이 중간 지점이었다. 이 구간에서는 바닥을 주의 깊게 살피며 이동하고 벌을 발견했을 시에는 산행을 중단하는 것이 좋겠다. 들머리를 매바위 전망대로 변경하지 않는 한 우회로는 없다.

대청도 지도

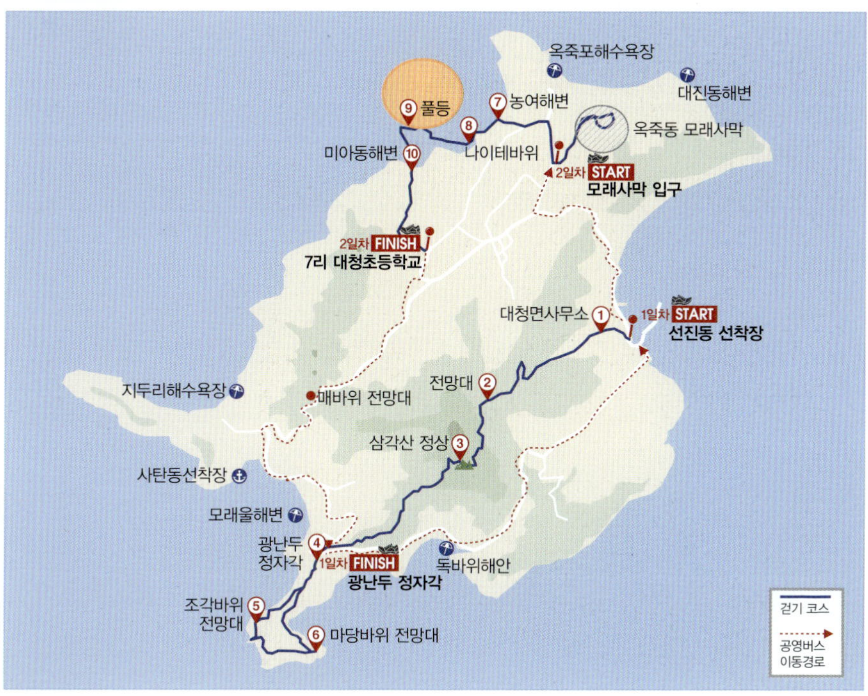

옥죽포해수욕장
대진동해변
9 풀등
7 농여해변
8
옥죽동 모래사막
미아동해변 10
나이테바위
2일차 START
모래사막 입구
2일차 FINISH
7리 대청초등학교
대청면사무소 1
1일차 START
선진동 선착장
지두리해수욕장
매바위 전망대
전망대 2
삼각산 정상 3
사탄동선착장
모래울해변
광난두
정자각 4
1일차 FINISH
광난두 정자각
독바위해안
조각바위
전망대 5
6 마당바위 전망대
걷기 코스
공영버스
이동경로

삼각산 산행 ← → 서풍받이 트레킹
3
2
4
5
1
6
1일차 START 선진동 선착장 1 대청면사무소 2 전망대 3 삼각산 정상 4 광난두 정자각 5 조각바위 전망대 6 마당바위 전망대 FINISH 광난두 정자각
2:21
200m
150m
100m
50m
0m
7
8
9
10
0.0km 0.5km 1.0km 1.5km 2.0km 2.5km 3.0km 3.5km 4.0km 4.5km 5.0km
2일차 START 모래사막 입구 7 농여해변 8 나이테바위 9 풀등 10 미아동해변 FINISH 7리 대청초등학교
0:52 1:00 1:09 1:20 2:00

걷기

인천의 섬 삼형제

인천광역시 옹진군 북도면 신도리, 시도리, 모도리

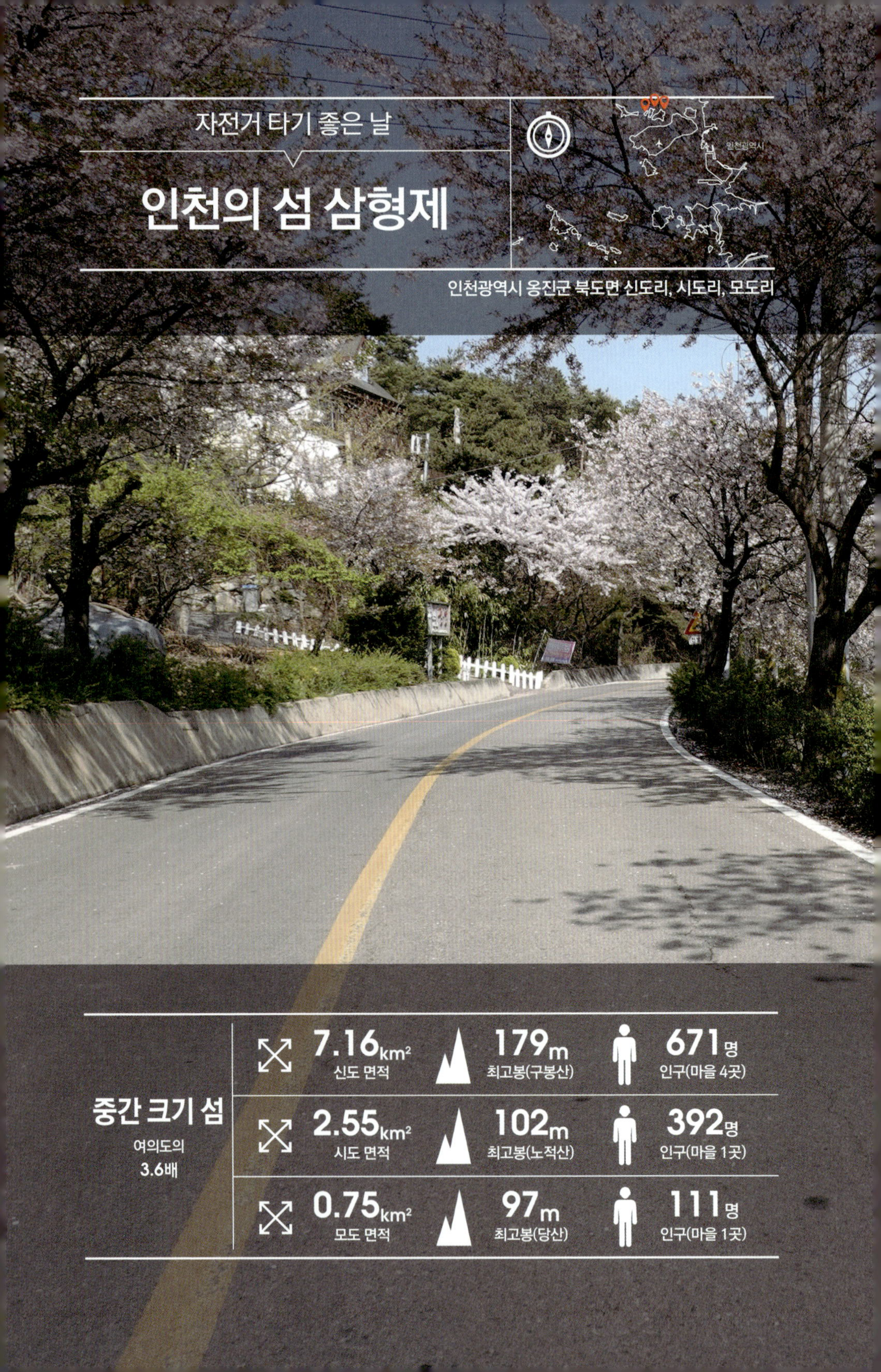

중간 크기 섬

여의도의
3.6배

7.16km²
신도 면적

179m
최고봉(구봉산)

671명
인구(마을 4곳)

2.55km²
시도 면적

102m
최고봉(노적산)

392명
인구(마을 1곳)

0.75km²
모도 면적

97m
최고봉(당산)

111명
인구(마을 1곳)

 뭐 하고 놀까　|　자전거로 섬 한 바퀴 · 배미꾸미공원에서 인생사진 찍기

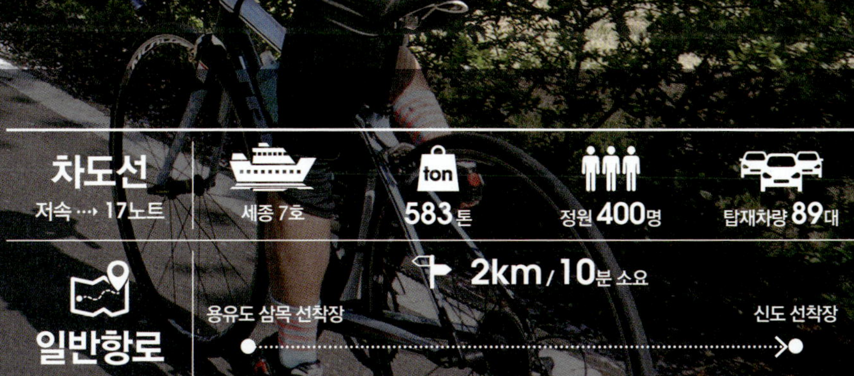

섬 여행을 계획할 때마다 입도를 준비하는 마음 자세가 있다. 가보지 않은 섬은 호기심과 설렘의 대상이다. 어떤 섬을 들어갈 때는 긴장이 된다. 주로 멀리 있는 섬, 산세 거칠거나 야성이 살아 있는 섬들을 마주할 때 그렇다. 이럴 때에는 탐험가의 아드레날린이 분비된다. 날씨는 어떤지, 배는 제대로 뜨는지, 경로는 어떻게 잡아야 하는지, 답사를 앞두고 신경 쓸 일도 많다.

인천 영종도 북쪽에는 신도, 시도, 모도 3개의 섬이 나란히 자리 잡고 있다. 3개의 섬이 서로 다리로 연결되어 있어 섬 삼총사로 불리기도 한다. 이곳을 생각할 때 떠오르는 감정은 편안함이다. 영종도의 삼목선착장에서 불과 2km 떨어져 있는 섬. 최고봉인 구봉산은 해발 179m에 불과하다. 가깝고 낮은 섬이다. 차도선이 1시간 간격으로 움직여서 미리 예매를 할 필요도 없다. 섬이 '땡기는' 그런 날, 거창한 준비 없이 불쑥 찾아가도 되는 그런 섬이다. 접근성이 좋은 곳이지만 작은 섬은 아니다. 3곳의 면적을 합하면 무의도나 대청도와 비슷하다. 걷기에는 너무 넓고 섬을 운행하는 공영버스를 이용하는 것은 익숙하지 않다. 이럴 때 자전거는 섬을 여행하는 최고의 수단이 된다. 섬에서 자전거를 탄다는 것은 작은 도전이다. 배가 선착장에 차량과 사람들을 부리고 나면 잠시 어수선해졌던 섬은 사람들이 빠져나가고 이내 고요해진다. 이때부터 도로는 자전거들의 차지가 된다. 한적한 도로를 따라서 섬의 이곳저곳을 돌아보는 것은 차를 타고 이동하

는 것과는 전혀 다른 여행이 된다. 바퀴를 통해 전해오는 지면의 느낌, 섬의 냄새, 흘러가는 주변의 풍광들까지 오감을 모두 사용하는 체험이다. 이렇게 섬을 밟아보면 추억은 눈과 사진이 아닌 몸속에 고스란히 저장된다. 시간이 흘러 기억이 희미해져도 페달을 밟았던 근육은 그 길을 기억한다. 자전

거는 가져가도 되고 섬에서 빌려도 된다. 장거리 라이딩을 할 때 자기 몸에 맞지 않는 자전거를 타는 것만큼 고역도 없다. 이 경우에는 어떤 일이 있어도 자기 자전거를 휴대하고 이동한다. 그럼에도 이 섬에서는 피팅을 무시하고 자전거를 빌려 탈 만하다. 언덕이 없고 이동 거리가 짧기 때문이다. 자전거 대여소는 선착장 인근에 위치하고 있

다. 섬 안에서는 전동퀵보드를 비롯, 다양한 모빌리티 장비를 대여할 수 있다.

3도 3색이라던가. 신도, 시도, 그리고 모도에는 제각기 독특한 매력이 있다. 신도 구봉산 자락에는 벚나무들이 많다. 육지보다 2주 정도 늦게 시작되는 개화 시기를 맞춘다면 인파를 피해서 꽃놀이 라이딩을 즐길 수 있다. 시도에는 드라마 촬영지로 알려진 수기해변이 있다. 강화도가 마주 보이는 곳에 위치한 해변은 작고 고즈넉하다. 여름에만 운영되는 물놀이장이 따로 있어 어린아이를 동반한 가족들이 즐겨 찾는다. 섬의 막내인 모도는 가장 작다. 배미꾸미 해변에는 초현실주의 작가 이일호 선생의 작품들이 바다를 배경으로 전시되어 있다. 이번 여행의 종착점이자 하이라이트다. 맑은 날을 잡는다면 바다와 쉴 새 없이 뜨고 내리는 비행기, 그리고 그로테스크한 작품들을 배경으로 근사한 인생 사진을 건질 수 있다.

배편

영종도 삼목선착장에서 신도로 가는 배편이 있다. 선사는 세종해운이다.
07:10~20:10까지 매시 10분에 출항한다. 배는 삼목-신도-장봉 순서로 기항
하고 역순으로 되돌아 나온다. 신도까지는 10분, 장봉도까지는 약 30분 소요
된다. 신도에서 삼목으로 되돌아가는 배는 매시 30분에 출항하며 17:30이 마
지막이다. 구간별 운임은 아래와 같다. 휴일에는 증편 운항한다.

*2025년 연말까지 영종도와 신도를 연결하는 신도대교가 준공 예정이다. 이
다리가 완공되면 신도, 시도, 모도는 육지의 일부가 된다.

구분(편도)	삼목 → 신도	신도 → 장봉	장봉 → 신도 → 삼목
성인 요금	2,400원	2,800원	3,600원
승용차 요금	11,500원	15,000원	17,200원
자전거 요금	1,150원	1,350원	1,700원

출발 삼목선착장
　중구 영종해안북로 847번길 55(주차 무료) | ☎ 032-751-2211
선사 (주)세종해운 | ☎ 032-751-2211 | www.sejonghaeun.com
할인 인천i바다패스 인천시민 편도 1,500원, 타 시·도민 평일 70% 요금 감면 혜택 **예매** 한국해운조합 여객선예매(홈페이지, 앱)

삼목선착장까지 대중교통으로 가려면

공항철도로 이동 시 운서역에서 하차한다. 1번 출구로 나와서 길 건너 정류장
(운서역, 하워드존슨호텔)에서 307번 버스를 타고 5정거장을 이동하면 된다.
섬 안에서도 공용 버스가 운행한다. 차도선이 도착하는 시간에 맞추어 선착장
에 대기한다.

일정

반나절 당일치기로 돌아보기 좋은 섬이다. 자전거를 타고 섬을 구석구석 돌아
봐도 2시간 정도면 충분하다. 식사까지 3시간 정도 잡으면 된다. 자전거 라이
딩이 짧아서 성에 차지 않는다면 돌아오는 길에 이웃 섬 장봉도를 들렀다가 오
면 된다. 편도 7km의 포장도로와 4km의 비포장도로가 있다. 왕복하면 22km
의 코스가 된다.

당일	09:10	09:20	10:00~12:00	~13:00	13:30	13:40
	삼목 출항	신도 도착	자전거 라이딩	식사 마침	신도 출발	삼목 도착

하루 묵어간다면

수기해변에서 야영이 가능하다. 화장실, 개수대, 샤워장이 설치되어 있으나 샤워
장은 해수욕장 개장 시에만 운영하고 온수는 나오지 않는다. 장작과 화롯대 사용
역시 불가하고, 해변 그늘막 안쪽에 텐트를 칠 수도 없다. 해송 숲이 울창하지는
않다. 작은 물놀이장이 설치되어 있어 아이를 동반한 가족이 이용하기에 좋다. 해
변 캠핑장은 이웃 장봉도가 한 수 위다. 섬이 길쭉해서 5곳의 해변이 있는데, 선착장 인근의 옹암해변이 닿기에 편
하고 솔숲이 울창해 이용객이 많다. 북쪽 한들해변은 조용한 맛이 있다.

자전거

징검다리 건너 뛰듯 3개의 섬을 다리로 건너 다니며 라이딩을 하게 된다. 여객선이 도착하는 신도에만 섬을 일주하는 도로가 개설되어 있고 시도, 모도에서는 관광지로 들어갔다가 나오기를 반복해야 한다. 선착장에서 출발하면 전방 600m 지점 삼거리에 도착한다. 우측으로 진입해서 시계 반대 방향으로 돈다. 이곳에서부터 약 3km 구간은 벚나무 터널이다. 신도의 구봉산 자락에는 벚꽃이 많이 피어난다. 개화시기는 도심보다 2주 정도 늦다. 시기를 잘 맞추면 한적하게 꽃놀이 라이딩을 즐길 수 있다. 신도 저수지를 지나 섬 북측에 도달하면 신도 3리 마을회관 삼거리에 도착한다. 이곳에서 좌회전해서 낮은 언덕을 하나 넘어가면 북측 해안도로에 진입하게 된다. 다리를 건너 시도로 들어서면 우측으로 북도면사무소가 보인다. 이곳에서 우회전

하면 수기해변에 닿는다. KBS2 드라마 〈풀하우스〉(2004)의 주무대가 바로 여기인데, 현재 세트장은 철거됐다. 되돌아 나와 다시 다리를 건너면 모도에 도착한다. 배미꾸미해변에는 조각공원(입장료 2,000원)이 있다. 성현아, 하정우 주연의 영화 〈시간〉(2006)에 이 공원이 등장한다. 주인공 남녀는 바닷물에 잠긴 손 모양의 조형물 사이 계단에 오르지만, 실제 공원에는 손 모양의 조형물만 설치되어 있고 사이에 놓였던 계단은 보이지 않는다. 사랑을 주제로 한 작품들이 바다를 배경으로 죽 늘어선다.

상승고도	175m(하)
최고지점	43m(하)
소요시간	2시간

라이딩 후, 허기를 달래려면

서울에서 가까운 관광지임에도 불구하고 맛집이라고 할 만한 특색 있는 식당을 찾기가 애매하다. 그나마 섬 안에 있던 북도양조장도 문을 닫았다. **계절식당**(옹진군 북도면 신도로54, ☎ 032-751-1988)은 현지에서 추천 받은 곳이다. 간단한 식사류는 소라비빔밥과 해물칼국수(각 13,000원)가 있고 시설이나 밑반찬이 깔끔하다. 이웃 장봉도를 같이 방문한다면 **욕쟁이식당**(옹진군 북도면 장봉로 14, ☎ 010-9182-5163)에 한번 가보시라. 이름에서 느껴지듯이 번듯한 식당은 아니고 포장마차라고 생각하면 된다. 산행이나 라이딩을 끝내고 할매의 걸쭉한 입담과 함께 한 잔 할 만한 곳이다. 횟감(50,000원)과 칼국수(10,000원)를 판다. 서비스는 뭐가 나올지 모른다. 호불호가 극명하게 갈리는 곳이다. 실내보다 야외테이블이 더 좋다.

⑤ 수기해변
⑥ 시모도 연도교
④ 북도면사무소
③ 신도3리 마을회관
⑦ 배미꾸미해변
당산 정상 봉수대
신시도 연도교
② 신도저수지
구봉산
삼거리 ①
벚꽃 터널 구간
START·FINISH
신도 선착장

자전거

200m
150m
100m
50m
0m
① ② ③ ④ ⑤ ⑥ ⑦
0.0km 2.0km 4.0km 6.0km 8.0km 10.0km 12.0km 14.0km 16.0km 18.0km 20.0km

START
신도 선착장 | ① 삼거리 | ② 신도저수지 | ③ 신도3리 마을회관 | ④ 북도면사무소
0:03 | 0:22 | 0:26 | 0:37
FINISH
신도 선착장 | ⑦ 배미꾸미해변 | ⑥ 시모도 연도교 | ⑤ 수기해변
2:00 | 1:18 | 1:05 | 0:45

3 충남의 섬 여행

유유자적, 바다의 시간이 머무는 곳

해당화와 해삼의 섬

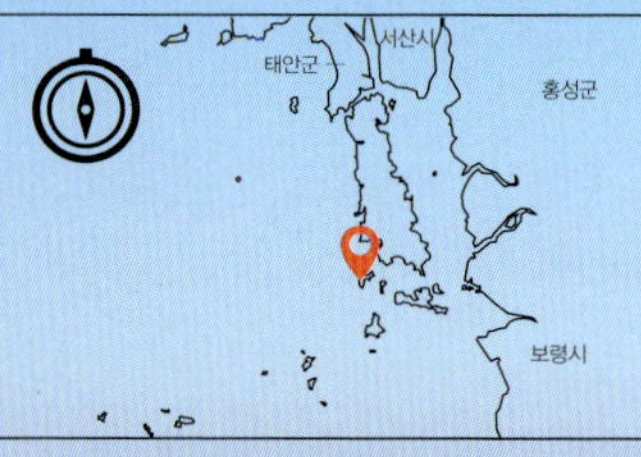

충청남도 보령시 오천면 삽시도리

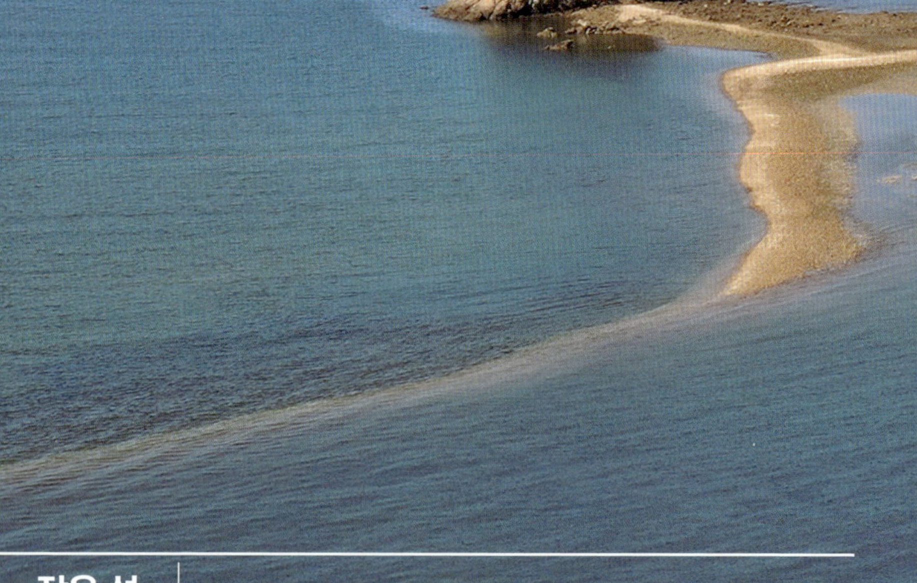

작은 섬 여의도의 0.45배	1.33km² 면적	50m 최고봉(청달산)	285명 인구(마을 1곳)
차도선 저속 ⋯ 12노트	가자섬으로호	496톤	정원 400명 · 탑재차량 50대

 뭐 하고 놀까 | 걸어서 섬 한 바퀴 · 명장섬 구경하기

✈ **21km**/**1**시간 **10**분 소요

일반항로
운항률 91%

대천연안여객터미널 ○ 삽시도 ○ → 장고도 ○ → 고대도 ○

수역: 서해 중부/충남 북부 앞바다

"여기 섬사람들은 관광객 많이 오는 거 별로 안 좋아해요." 장고도의 식당에서 마을 사람들에게 들은 소리다. 이게 무슨 소릴까? 한적한 이곳은 북촌의 한옥마을같이 넘쳐나는 관광객들로 몸살을 앓는 '오버투어리즘'과도 거리가 멀어 보이는데? 장고도는 이웃 고대도와 원산도를 들렀다가 시간이 남아 들어와 본 섬이다. 이날 같은 배편으로 들어온 사람은 단 4명, 그나마 우리를 제외한 나머지 두 명도 관광객이 아니라 무엇인가를 측량하러 온 기사들이었다. 인적조차 드문 이곳에, 대체 어떤 일이 있었을까? 사건의 내막은 이렇다. 장고도를 대표하는 2가지는 바로 해당화와 해삼이다. 모래사장에서도 잘 자라서 섬 꽃의 대명사로 꼽히는 해당화는 장고도를 상징하는 아이콘 중 하나다. 대머리 선착장 바로 맞은 편에 마을에서 관리하는 군락지가 있다. 한편 해삼은 장고도 주민들의 큰 수익원이다. 섬의 해변은 종묘를 뿌려놓은 천연 양식장이다. 이 작은 섬에서 충남 해삼 수확량의 20%가 나올 정도다. 해삼은 4~6월 사이에 채집하는데 이때는 일손이 부족해서 제주도의 해녀들이 원정을 온다. 섬을 찾은 일부 관광객 이 해삼을 몰래 캐어 가는 일이 종종 있었던 모양이다. 해루질의 수준이 아니라 아이스 박스를 몇 개나 채울 정도로 캐어 가고는 SNS에 사진을 업로드하고 자랑까지 했단다. "놀러 와서 먹고 갈 정도만 몇 개 캐었으면 말도 안 해요." 뿔이 나고도 남을 일이다.

장고도는 행정구역으로 보령시에 속하지만, 이웃 고대도와 함께 태안해안국립공원으로 묶여 있다. 국립공원이란, 경관이 수려하기로는 일종의 보증수표를 받아놓은 것이나 다름없다. 신분으로 치면 신라 시대 골품제의 성골쯤 되려나. 지체 높은 존재인 만큼, 국립공원에선 풀 한 포기, 돌멩이 하나도 가지고 나와서는 안 된다. 항상 아낌없이 주는 산과 바다이기에 사람들은 종종 이 사실을 망각한다. 섬이 널리 알려지기도 전에, 살고 있는 자와 구경 온 자 사이의 불협화음이 미리 생겨 버렸다. 안타까울 따름이다.

이런저런 사연을 뒤로하고 걸어서 한 바퀴 둘러 본 섬은 참으로 조화롭고 아름다웠다. 한나절 걷기 딱 좋은 크기의 섬은 부담 없는 난이도의 둘레길과 유려한 해변, 적막함과 호젓함 사이의 균형을 갖췄다.

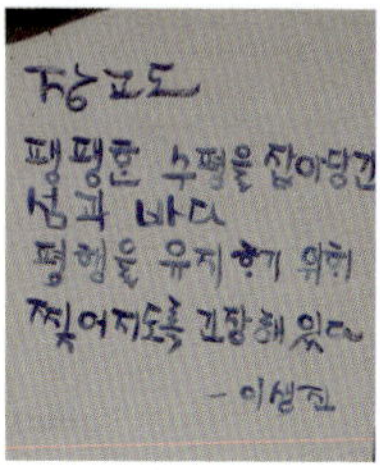

둘레길을 걸으면 해송 사이로 기암괴석의 절벽과 바다가 가까워졌다 멀어지기를 반복하며 탐방객의 애간장을 녹인다. 숲길을 빠져나오면 명장섬해변에 도착한다. 장고도의 으뜸 명승지다. 넓은 백사장과 해송이야 이웃 섬에도 볼 수 있는 것이지만 해변 맞은 편에 떠 있는 명장섬이 특별함을 더한다. 하루 2번, 물이 빠질 때면 섬까지 바닷길이 열린다. 섬에서 땅줄기가 바다로 뻗어나간 끝자락에 꽃봉우리가 열리듯 탐스러운 섬 두 송이가 달려 있다. 장고도의 해당화는 그리하여 바다 위에도 피어 있다. 한 폭의 그림과도 같은 풍경을 감상하느라 한참 동안 발길이 떨어지지 않는다. 섬 남쪽의 둘레길에서는 범선 모양의 바위섬, 돛단여가 시선을 사로잡는다. 마주 보이는 이웃 원산도는 육지와 연결되는 다리를 놓느라 부산한 데 비해, 장고도는 해당화의 꽃말, '잠자는 미녀'처럼 주변의 소란은 아무렇지도 않다는 듯 아직 수줍은 잠에 빠져 있다.

배편

대천연안여객터미널에서 신한해운 차도선이 운항한다. 대천-삽시도-장고도-고대도 순으로 운항하고 되돌아올 때는 다시 역순으로 기항한다. 하루 3회 배편이 있다. 성인 편도 요금은 11,100원이다. 계절별로 왕복 시간이 조금씩 달라진다. 하절기(4~9월) 기준 시간표는 아래와 같다.

왕 편	대천항 출항시간	복 편	장고도 출항시간
	07:20		08:30
대천항 → 장고도	13:00	장고도 → 대천항	14:15
	16:00		17:10

출발 대천연안여객터미널 | 보령시 대천항중앙길 30(주차 무료) | ☎ 041-930-5020
선사 (주)신한해운 | ☎ 041-934-8772 | www.shinhanhewoon.com
할인 주민 80% 요금 감면
예매 한국해운조합 여객선예매(홈페이지, 앱)

섬 안 2개의 선착장을 확인할 것

장고도 배편을 이용할 때 추가로 확인해야 하는 사항이 한 가지 있다. 작은 섬이지만 선착장이 두 곳 있다. 장고도항으로 알려진 동북쪽의 선착장은 현지에서 '대멀항' 혹은 '대머리항'으로 불린다. 대부분의 배편은 이곳에서 선착과 발착을 하는데 조수간만의 영향으로 이쪽의 수위가 낮아질 경우에는 섬 남동쪽의 '방파제 선착장'으로 바뀐다. 발권 시 선착장 위치를 미리 확인해놔야 낭패를 보지 않는다. 선사 홈페이지에서도 확인 가능.

일정

장고도까지 1시간 10분 소요된다. 하루 3회의 배편이 있어 첫 배로 들어가서 막배로 나오면 섬에서 7시간 30분, 점심 배로 나와도 4시간 30분의 시간이 있다. 반나절 혹은 한나절 당일치기로 섬을 한 바퀴 둘러보기에 충분한 시간이다. 이웃 삽시도와 연계해서 첫 날 삽시도에서 묵고 다음 날 장고도를 둘러보고 돌아가는 1박 2일의 일정도 가능하다. 섬 전체가 태안해안국립공원지역이라 캠핑은 불가하다. 명장섬해수욕장과 방파제 선착장 인근 마을회관에 민박집들이 모여 있다. 해변 쪽 숙소들은 대부분 무허가 건물들이라 조만간 철거 예정이다.

당일	07:20	08:30	08:30~13:40	14:15	15:25
	대천 출항	장고도 도착	섬 트레킹/ 식사	장고도 출발	대천 도착

걷기

장고도에는 청달산, 중미산, 버섯산이 있는데 모두 해발 50m 내외로 나지막하다. 섬의 북쪽 청달산과 남쪽의 버섯산에 둘레길이 만들어져 있고 2곳 사이는 해변을 따라서 이동하게 된다. 기점이자 종점인 대머리 선착장에는 해당화 군락지와 갯벌체험장, 화장실이 있다. 우물 모양의 둥근 돌방이 만들어져 있는데 장고도의 민속놀이인 등바루('등불을 켜고 마중 나온다'는 뜻) 놀이터다. 정월 대보름 마을의 여자들이 불을 밝히고 굴바위에 굴밥을 주며 굴 캐기 경연을 벌이는 놀이다.

시계 반대 방향으로 돌기 시작하면 둘레길 입구로 진입한다. 1.6km의 숲길을 걸어나오면 명장섬해변이 보이는 전망대에 도착한다. 이곳에서부터는 해변을 따라서 이동한다. 중미산에는 산책로가 없어 마을 길을 따라서 우회한다. 코끼리바위는 당너

머해변에 있다. 북쪽 해안에 위치하고 있는데 이제는 바위를 찾을 수가 없다. 용굴이라 불렸던 코끼리바위는 태풍으로 윗부분이 손실되어 아치 형태를 잃어버렸다. 해변을 따라서 남쪽 끝까지 이동하려면, 안내표지판이 없기 때문에 맞게 가고 있는지 헷갈리는 구간을 지나야 한다. 해안에서 다시 산길로 접어들면 해안산책로 표지판이 나타나고 이후에는 길을 찾기가 수월하다.

장고도 전망대에서는 돛단여를 조망할 수 있다. 둘레길에서 빠져나오면 방파제 선착장에 도착한다. 여기 마을회관 주변에 식당과 매점이 있다. 이곳에서 대머리 선착장까지는 약 4km 거리로, 해안도로를 따라서 이동하게 된다.

허기를 달래려면

작은 섬이라 식당의 선택지가 별로 없다. 민박집에서는 대부분 투숙객을 위해서 식사를 제공한다. **마도로스슈퍼**(보령시 오천면 삽시도리 1253, ☎ 041-935-1098)는 당일치기 여행

객을 위한 거의 유일한 해결책이다. 매표소, 슈퍼, 식당, 민박을 같이 운영하는 섬 안의 멀티숍이다. 이곳에서 많이 나는 바지락탕을 중심으로 구성한 백반(9,000원)을 맛볼 수 있다. 해삼은 제철을 제외하면 맛보기 어렵다.

명장섬
썰물 때 드러나는 길
바다갈림길
전망대 ①
START·FINISH
대머리(대멀) 선착장
등바루 놀이터
청달산
해당화 군락지
코끼리바위
중미산
당너머해변 ③
② 매표소/식당 ⑦
방파제 선착장 ⑥
버섯산
청룡초등학교 장고분교장
해안진입로 표식 ④
⑤
장고도 전망대

200m
150m
100m
50m
① ② ③ ④ ⑤ ⑥ ⑦
0.0km 1.0km 2.0km 3.0km 4.0km 5.0km 6.0km 7.0km 8.0km 9.0km

START
대머리(대멀) 선착장
① 전망대
0:47
② 바다갈림길
1:24
③ 당너머해변
1:42
④ 해안진입로 표식
2:07

FINISH
대머리(대멀) 선착장
4:33
⑦ 매표소/식당
3:12
⑥ 방파제 선착장
3:01
⑤ 장고도 전망대
2:23

걷기

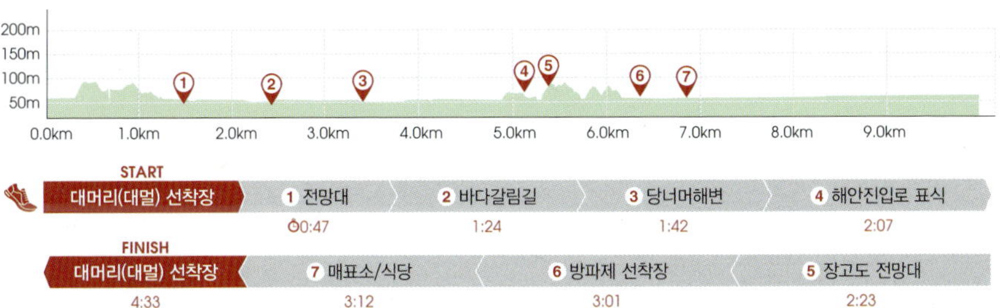

2

바지락과 물망터, 보물 찾기에 빠지다

충청도에서 가장 큰 섬 삽시도

 뭐 하고 놀까 | 걸어서 섬 한 바퀴 · 면삽시, 곰솔, 물망터 찾아보기

작은 섬
여의도의 1.3배

3.78km² 면적

113m 최고봉(봉구뎅이산)

411명 인구(마을 1곳)

차도선
저속 ⋯ 12노트

 가자섬으로호

 496톤

 정원 400명

탑재차량 54대

일반항로
운항률 91%

13km/40분 소요

대천연안여객터미널 ⋯⋯⋯⋯⋯ 삽시도

수역: 서해 중부/충남 북부 앞바다

"민석이네 집 오셨어요?" "네, 반갑습니다." 선착장은 배가 들어올 무렵이면 민박집 주인과 손님이 만나는 접선 장소가 된다. 각자의 손님을 1톤 더블캡 트럭에 태우고서 숙소로 이동한다. 손님 마중은 대부분 안주인들의 몫이다. 남자들은 대부분 어선을 타고 고기를 잡으러 가고 민박집 운영은 여자들이 도맡는 셈이다.

섬을 여행한다는 것은 낯선 곳에서의 자유로움을 갈구하는 행위건만, 역설적으로 섬 안에서의 자유는 시간과 바다에 의해서 철저하게 지배당한다. 배가 들고 나는 시간, 그리고 물때에 맞춰 모든 것이 돌아가기 때문이다. 육지에서는 소비자가 왕이라지만 섬, 그것도 작은 섬에서는 생산자가 힘을 갖는다. 번듯한 식당, 매점조차 드문 곳에서는 여행은 고사하고 민생고를 해결하는 것도 큰 숙제다. 이럴 때 민박집 사장님은 든든한 조력자가 된다. 차편과 숙소, 식사를 마련해주는 것은 물론 해루질하기에는 어디가 좋은지, 요즘 어패류는 뭐가 나오는지 알려주고 섬의 시시콜콜한 이야기까지 들려준다. 문화해설사 겸 관광안내원의 역할까지 훌륭히 해내는 셈이다. 같은 섬을 다녀왔어도 추억은 서로 다르게 남게 마련이다. 그 추억을 빚는 건 섬의 풍광이 아니라, 그곳에서 만난 사람이다.

삽시도는 안면도, 원산도에 이어서 충청도에서 3번째로 큰 섬이었다. 안면도가 일찌감치 육지와 연결되고 원산도에도 다리가 놓이면서 졸

지에 삽시도는 이제 충청도에서 가장 큰 섬이 되어버렸다. 관광객들에게 삽시도는 해루질과 둘레길의 섬으로 여겨지곤 한다. 서해안에서 해루질을 논할 때 삽시도를 빼놓으면 섭섭하다. 섬에는 3곳의 해수욕장이 있다. 북쪽의 거덜너머해변, 진너머해변이 서로 가깝게 있고 수루미해변은 서쪽에 있다. 숙소들이 모여 있고 관광객들이 주로 찾는 해변은 북쪽의 해변이다. 물이 빠지면 드넓은 뻘이 펼쳐진다. 삽시도를 대표하는 패류는 바지락이다. 다른 곳에 비해서 씨알이 좋고 국물이 진하게 우러나와서 해외로 수출한다. 마을 양식장은 딴 곳에 있고 관광객들이 출입하는 해변에서는 바지락 조황이 썩 신통치 않다. 대신 썰물 때 드러난 갯바위 쪽을 공략하면 제법 씨알이 좋은 방게와 고둥 그리고 꽃게까지 심심치 않게 잡을 수 있다. 민박집에서 빌려주는 고휘도의 LED작업등을 들고, 고무장화를 신고 플라스틱 통까지 챙기면 짐짓 비장한 해루질 전문가 행세를 할 수 있다.

둘레길은 섬의 서남쪽 봉구뎅이산 자락을 따라서 만들어져 있다. 이곳 둘레길에는 3가지 보물이 숨어 있다고 알려져 있다. 면삽시, 물망터 그리고 곰솔이다. 면삽시는 썰물 때 삽시도와 연결되는 작은 부속 섬이다. 삽시도는 섬이 활에 화살을 넣어 당기는 모습이라 붙여졌다. 그 화살촉이 있을 부분에 면삽시가 있다. 작은 모래톱으로 연결된 면삽시에는 맞은 편에 작은 해식 동굴도 있어 무인도에라도 들어온 것 같은 한적함을 즐길 수 있다. 나뭇잎이 황금색인 곰솔과 바닷가 바위 틈에서 솟아오르는 석간수인 물망터는 잘 눈에 띄지 않는다. 해루질을 하듯 꼼꼼하게 들여다봐야 찾아낼 수 있다. 삽시도 둘레길에 숨겨져 있는 보물은 뻘에 숨어 있는 바지락같이 그 모습을 잘 드러내지 않는다.

배편

배편은 장고도(p.111)와 동일하다. 삽시도까지 편도 요금은 11,850원이다.
섬까지 약 40분 소요되며 하절기(4~9월) 기준 시간표는 아래와 같다.

왕 편	대천항 출항시간	복 편	삽시도 출항시간
	07:20		08:05
대천항 → 삽시도	13:00	삽시도 → 대천항	13:55
	16:00		17:30

섬 안 2개의 선착장을 확인할 것

삽시도 역시 선착장이 2곳 있다. 북쪽의 윗마을(과거 윗마을에 양조장이 있어서
'술뚱'이라 부르기도 한다) 선착장과 남쪽의 밤섬 선착장이다. 물때에 따라서 수시
로 선착장이 바뀐다. 발권 시 선착장 위치를 미리 확인해놔야 한다. 선사 홈페이지
에서도 확인 가능하다. 공용화장실은 윗마을, 밤섬 선착장 2곳에 있다.

일정

하루 3회의 배편이 있어 첫 배로 들어가서 막배로
나오면 섬에서 9시간 10분의 여유 시간이 생긴다.
둘레길만 걷는다면 당일치기로 섬을 한 바퀴 둘러
보기에 충분하다. 해루질을 한다면 섬에서 1박을
하는 것이 좋다. 필자는 취재를 위해 마지막 배로
느긋하게 들어가서 저녁에 해루질을 하고 다음 날
둘레길을 걸었다.

1일 차	16:00	16:40	19:00		20:00~22:00
	대천 출항	삽시도 도착	숙소 체크인/ 식사 마침		해루질

2일 차	08:00~10:00	10:00~15:40	16:40	17:30	18:10
	아침 식사/숙소 체크아웃	둘레길 걷기	식사 마침	삽시도 출항	대천 도착

하루 묵어간다면

숙박업소는 주로 진너머해변에 모여 있다. **민석이네 민박**(보령시 오
천면 삽시도1길 169, ☎ 041-935-7140, 50,000원/1박)은 거덜
너머해변 바로 앞에 위치하고 있다. 반려견 동반이 가능해서 우리 집
앙리를 데려갈 수 있었다. 5둥이 엄마인 안주인이 만들어주는 식사도 
맛있다. 양념이 푹 배도록 조려내는 우럭찜(40,000원)은 반주하기에
최고였고 아침 마을 양식장에서 캐온 바지락으로 칼칼하게 끓여주는 조개탕 백반(8,000원)은 해장으로 그만이었
다. 게다가 선착장 픽업 서비스를 제공하고, 해루질 장비도 빌려준다. 해변에서 캠핑은 가능하지만 번듯한 야영장이
없다. 대부분 펜션이나 민박집의 해변 쪽 솔숲에 자리를 빌려서 텐트를 치는 정도다.

걷기

삽시도를 한 바퀴 돌아서 완주하면 약 12.5km 거리다. 그중 둘레길은 서남쪽 5km 구간에 만들어져 있다. 둘레길만 짧게 걷고 싶다면 공용버스를 이용해서 둘레길 입구가 있는 진너머해변까지 이동하는 것이 좋겠다. 배가 도착하는 시간에 맞춰 선착장에 대기한다. 윗마을 선착장에서 출발하면 해변 길을 따라서 500m 정도 내려가다가 초등학교가 있는 안쪽 길로 우회전한다. 학교를 지나 언덕을 넘어가면 거덜너머해변에 도착한다. 해변 모래사장을 밟으며 남쪽으로 내려가면 해당화펜션으로 올라가는 길이 있다. 이 길을 따라 마을 길로 이동한다.

거덜너머해변과 진너머해변은 바다로 연결되어 있지 않다. 진머너해변을 지나서 숲길로 진입하면 비로소 둘레길과 만나게 된다. 길은 산허리를 따라가도록 만들어져 있다. 약 50m 고도에 난 길을 따라가다가 3곳의 포인트를 조망하기 위해 오르내리기를

반복해야 한다. 우선 면삽시를 다녀오려면 700m를 내려갔다가 되돌아 올라와야 하는데, 이는 물망터에서도 200m 정도를 내려간 거리다. 외지인이 주민의 도움 없이 석간수를 찾는 것은 거의 불가능하다. '황금소나무'로 불리는 곰솔은 섬의 가장 남쪽 끝 해변에 있다. 주변이 모두 소나무 숲이라 곰솔 찾기가 헷갈린다. 둘레길에서 소나무를 바라보면 역광이라 구분이 되지 않고 해변 쪽에서 바라보면 다른 소나무와 색깔이 도드라지게 다른 곰솔을 발견할 수 있다.

둘레길이 끝나는 지점에서 수루미해변과 만난다. 해변을 따라가면 밤섬 선착장에 도착하게 된다. 선착장에서부터는 마을 길을 따라서 윗마을 선착장까지 이동한다. 배 출발 시간에 맞춰 밤섬에서 떠나는 버스가 있다.

상승고도	390m(중)	
최고봉 (청달산)	113m(하)	
소요시간	5시간 34분	

걷다가 허기질 때면

식당은 윗마을 선착장 쪽에 모여 있다. 밤섬 선착장에서는 펜션에서 해물칼국수를 시켜먹을 수도 있다. **삽시도 횟집**(보령시 오천면 삽시도 1길 168-4, ☎ 041-934-6390)은 깔끔한 분위기의 식당이다. '드루와 안 비싸'라는 안내문이 인상적인 집. 백반(10,000원)과 물회, 회덮밥(15,000원)을 판다.

삽시도 지도

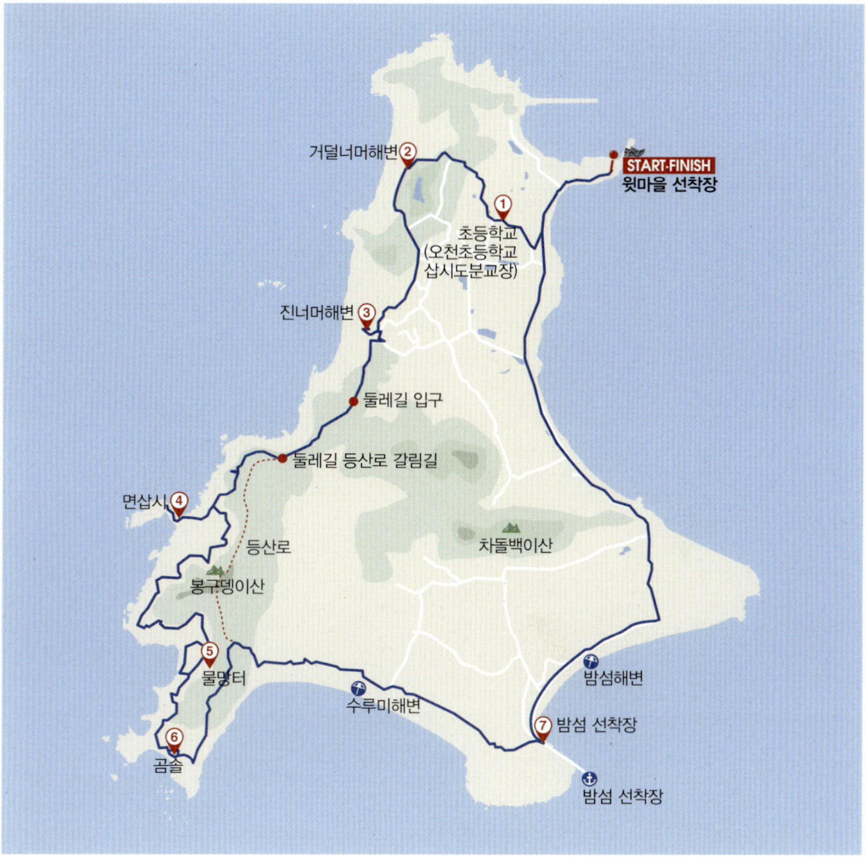

걷기

START
윗마을 선착장 → 1 초등학교(오천초등학교 삽시도분교장) 0:12 → 2 거덜너머해변 0:24 → 3 진너머해변 0:53

FINISH
윗마을 선착장 5:34 ← 7 밤섬 선착장 4:32 ← 6 곰솔 3:29 ← 5 물망터 2:47 ← 4 면삽시 1:32

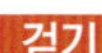

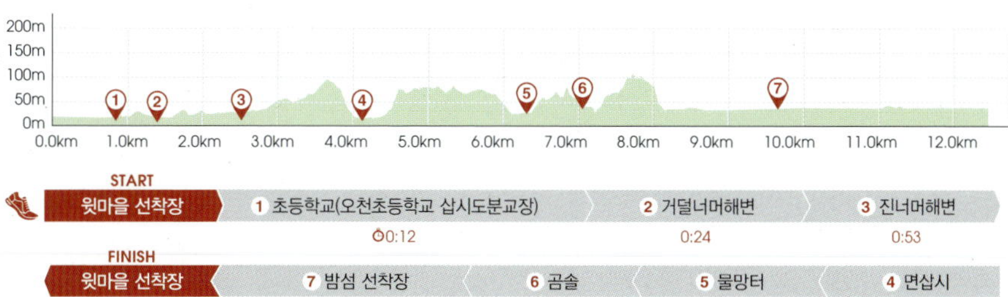

외연군도의 대장 섬

충청남도 보령시 오천면 외연도리

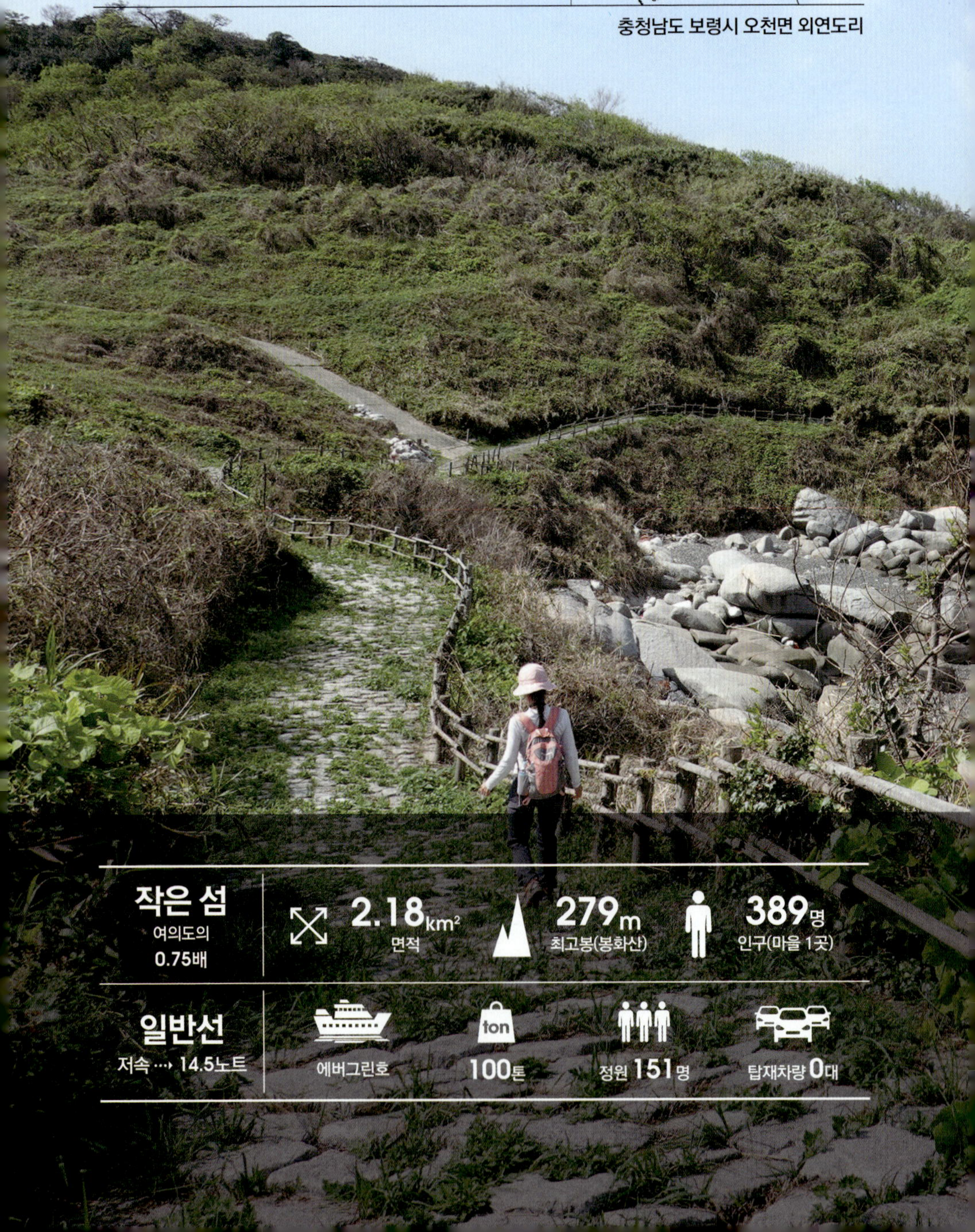

작은 섬
여의도의
0.75배

2.18 km² 면적

279 m 최고봉(봉화산)

389 명 인구(마을 1곳)

일반선
저속 ┅› 14.5노트

에버그린호

100톤

정원 151 명

탑재차량 0대

외연도

 **뭐 하고 놀까** | 걸어서 섬 한 바퀴 · 거북 섬 구경하기 · 백구와 놀아주기

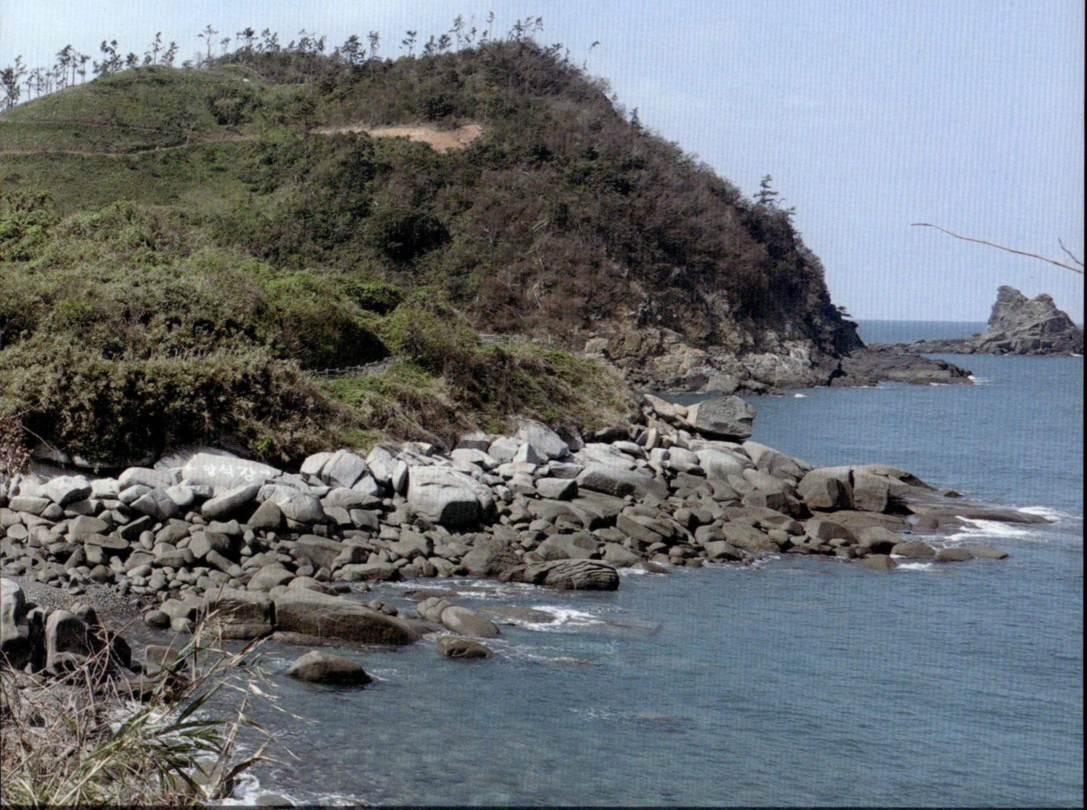

'서해의 고도孤島', '보령의 70개 섬 중에서 육지와 가장 멀리 떨어져 있는 섬', '해무에 싸인 섬'. 외연도를 언론에서 표현할 때 가장 많이 쓰이는 문구다. '느린 배가 운행하는 섬', '뱀이 많은 섬', '배가 끊겨 3박 4일을 머물렀던 섬'은 생생한 경험에서 비롯한 SNS상 반응이다. 그러니까 정보를 종합하자면, 외연도는 느린 배를 타고 먼 뱃길을 가야 닿을 수 있는 셈이다. 안개에 싸여 있는 섬에는 뱀이 많고, 나가는 배가 종종 끊어지는 곳이다. 브룩 실즈의 〈푸른 산호초〉나 피비 케이츠의 〈파라다이스〉가 담아낸 섬 이미지와는 거리가 멀다. 출발 전 이미지는 오히려 영화 〈콩 스컬 아일랜드〉에서 톰 히들스턴과 사무엘 L. 잭슨이 들어갔던 해골섬 쪽에 가까웠다. 멀리 있는 섬은 기어이 한 번 밟아봐야 한다는 도전 정신으로 길을 떠났다. 보령 8경 중에 유일하게 포함된 섬이라 기대를 안고 일정을 짰다. 1박 2일로 세웠던 계획은 배가 결항하면서 다시 당일치기 답사로 변경되었다. 운항하는 배는 미끈한 쾌속선 형태의 쌍동선이지만 차도선의 속도로 느릿하게 목적지를 향한다. '충청도에서는 쾌속선도 느리게 다녀유.' 동승자의 농담은 현실이 된다.

봉화산 둘레길 입구에는 친절한 안내표지가 서 있다. '뱀 출몰지역'. 등산 스틱으로 바닥을 탁탁 두드리며 길을 걷기 시작한다. 둘레길에

는 노란 고들빼기 꽃이 계절을 잊고 피어 있다. 구름 한 점 없던 날, 바다는 에메랄드빛을 띠고 하늘은 청명하다. 긴장감이 누그러들며 주변 경관이 들어오기 시작한다. 누군가 외연도를 두고 '서해의 고도'라는 표현을 썼지만, 틀렸다. 이 섬은 외롭지 않다. 섬 주변은 작은 수도, 불공여도, 대청도, 중청도, 횡견도, 외횡견도 등 10여 개의 섬으로 둘러싸여 있다. 무인도의 호위를 받고 있는 대장섬 격이다. 둘레길을 거닐 때면 방향이 바뀔 때마다 마주 보이는 섬도 달라지므로 내내 독특한 경관이 펼쳐진다. 특히 섬의 북동쪽 전망대에서 서쪽으로 바라보이는 대청도와 중청도, 그리고 상투바위와 매바위가 겹치면서 만들어내는 풍광은 가히 압권이다. 거북이 한 마리가 오른발로 물을 헤치며 방향을 바꾸는 듯한 역동적인 모습이다. 위치를 바꿔 고라금에서 바라보면 거북이는 길쭉한 병풍 형태로 변신한다. 신들의 아틀리에를 구경하는 듯하다.

봉화산 옆으로는 해발 72m의 아담한 당산이 있다. 이곳에는 이웃 어청도와 마찬가지로 전횡 장군을 모시는 당집과 장군이 심었다는 동백나무와 함께 후박나무, 팽나무들이 군락을 이루고 있는 상록수림이 있다. 활엽수가 혼재되어 있는 숲이지만 침엽수림에 들어온 듯 나무들은 단정하고 숲은 정갈하다. 내친 김에 서쪽의 망재산에 올라

횡견도와 오도가 선사하는 작품까지 감상하고 싶지만 시간이 허락하지 않는다. 섬에서 흘러가는 시간의 속도는 변화무쌍하다. 아주 느리게 흐를 때도 있지만 빠르게 지나 갈 때도 있다. 아쉬움이 남았는데 돌아갈 시간이 정해져 있다면 시간은 야속하게 눈치를 채고 마구 가속 페달을 밟는다.

돌아가는 배를 기다리는 선착장에는 이 섬의 명물 백구 두 마리가 나와서 손님들을 배웅한다. 공자와 대박이다. 배 시간에 맞춰 나와 가는 사람에게는 재롱을 떨고, 오는 손님은 반겨준다. 가끔은 등산로 입구까지 길 안내도 해준다.

배편

장고도, 삽시도와 동일하게 대천연안여객터미널에서 신한해운 일반선(차량 적재 불가)이 운항한다. 대천-호도-녹도-외연도 순으로 운항하고 되돌아올 때는 다시 역순으로 기항한다. 하루 2회 배편이 있다. 성인 편도 요금은 19,500원이다. 계절별로 왕복 시간이 조금씩 달라진다. 하절기(4~9월) 기준 시간표는 아래와 같다.

왕 편	대천항 출항시간	복 편	외연도 출항시간
대천항 → 외연도	08:00	외연도 → 대천항	09:50
	14:00		15:50

선착장 인근의 식당들

당일치기로 섬을 방문하면 대부분 탐방을 마치고 늦은 점심을 먹게 된다. 대부분 식당들은 점심 시간이 지나면 장사를 끝낸다. **장미식당**(보령시 오천면 외연도리 160-36, ☎ 010-4418-4566)은 15:00 이후 유일하게 식사를 할 수 있는 곳이었다. 백반은 1인 10,000원이고 반찬으로 나온 우뭇가사리무침과 갱개미(간재미)젓갈은 꽤나 맛깔스러웠다. 낭패를 보지 않으려면 식당을 미리 섭외해 놓고 트레킹을 떠나는 것도 방법이다.

일정

외연도까지 2시간 10분 소요된다. 거리에 비해서 느린 배가 운항한다. 하루 2회의 배편이 있어 첫 배로 들어가서 막배로 나오면 섬에서 6시간의 일정이 생긴다. 섬은 작지만 238m의 봉화산과 171m의 망재산이 버티고 있다. 당일치기로 방문한다면 봉화산 둘레길이 있는 섬의 동쪽과 마을 인근의 상록수림, 고라금, 누적금을 둘러볼 수 있다. 서쪽의 망재산까지 돌아보기에는 시간이 부족하다. 섬 전체를 둘러보려면 1박 2일의 일정을 잡아야 한다. 더구나 외연열도는 서해 먼바다에 위치하고 있어 풍랑주의보가 자주 발효된다. 해무가 끼는 날도 많아서 운항률이 79%로 낮은 편이다. 되돌아 나오는 배가 종종 결항할 수 있으니 일정이 추가되는 것을 미리 고려하는 것이 좋다.

당일	08:00	10:10	10:20~15:50	15:50	17:55
	대천 출항	외연도 도착	섬 트레킹/ 식사	외연도 출발	대천 도착

외연도는 캠핑하기 좋은 섬일까?

국립공원 지역이 아니기 때문에 해안에서 캠핑은 가능하다. 마을에서도 돌삭금, 누적금, 고라금 해변에 비박용 데크를 5개, 3개, 2곳 만들어 놓았다. 허나 해변 쪽으로도 뱀이 출몰하기 때문에 비박은 추천하지 않는다. 2019년 한 방송사의 프로그램에서 연예인이 외연도에서 비박하는 모습이 방영되었는데 주민들의 제보에 의하면 실제론 마을 민박집에서 묵었던 것으로 알려져 있다.

걷기

외연도에는 동쪽에 봉화산(279m), 중앙에 당산(72m), 서쪽에 망재산(171m)이 도열해 있다. 봉화산을 탐방하는 방법은 2가지다. 해안 쪽의 둘레길을 걷거나 정상의 등산로를 타는 것이다. 등산을 한다면 외연초등학교를 지나서 섬 북쪽의 명금에 등산로 들머리가 있다. 이쪽으로 올라가서 전망대 쪽 들머리로 나와서 다시 명금으로 되돌아오는 코스를 탄다. 둘레길은 선착장에서 시계 반대 방향으로 이동한다. 500m 지점에 둘레길 입구가 있다. 첫 번째 마당배에 도착하면 길을 되돌아 나오지 말고 해안 절벽 구간을 따라서 이동한다. 굉장히 터프한 구간이다. 절벽 구간을 따라 300m 정도 이동하면 다시 산으로 오르는 계단에 도착한다. 이곳에서부터 전망대까지는 둘레길이라고 하기에는 꽤나 난도가 높은 구간이다. 전망대에 도착하면 길은 다시 좋아진다. 명금, 돌삭금, 누적금, 고라금까지 이동한다. 고라금에서 조금 더 올라가면 마을 전경이

나오는 지점에 도착한다. 계속 직진하면 망재산을 한 바퀴 돌아 나오게 된다. 당일치기라면 시간상 이곳에서 회귀해야 한다. 마을로 들어가면 보호수를 지나서 외연초등학교에 도착한다. 학교 정문 앞에 상록수림으로 올라가는 계단이 있다.

걷기길 난이도 **60**점	이동거리 **8Km**(중)		
상승고도	407m(중)		
최고봉 (봉화산)	279m(중)		
소요시간	4시간 33분		

트레킹 할 때, 뱀을 조심할 것

뱀은 시각과 청각이 약하고 후각과 진동으로 먹잇감을 찾는다고 알려져 있다. 겨울잠에서 깨어나는 4월에서 10월까지가 뱀의 활동기간이다. 등산 스틱으로 소리와 진동을 발생해서 뱀이 미리 피할 시간을 주는 것이 등산객들 사이의 대처법으로 알려져 있다. 뱀을 발견했을 경우 대부분은 인기척을 느낀 뱀이 피해간다. 일부 독사는 피하지 않는 경우도 있지만 사람을 따라오지는 않는다. 명반이나 좀약이 효능이 있다고 하지만 과학적으로 증명된 사실은 아니다. 외연도의 경우, 탐방하는 동안 돌삭금 인근 도로에서 풀숲으로 들어가는 뱀을 한 번 본 것이 전부지만 섬 주민이나 탐방객들의 이야기를 들어보면 뱀이 많은 섬인 것은 확실하다.

외연도 지도

소청도
전망대 ②
등산로 들머리
④ 돌삭금
⑤ 누적금
③ 명금
당산/ ⑧
상록수림
봉화산
등산로 들머리
해안 절벽 구간
등산로
⑥ 고라금
마을 ⑦
보호수
외연도초등학교
마당배 ①
마을 전경이
보이는 곳
START·FINISH
외연도 선착장
외연도항
망재산

걷기

200m
150m
100m
50m
0m
0.0km 1.0km 2.0km 3.0km 4.0km 5.0km 6.0km 7.0km 8.0km
① ② ③ ④ ⑤ ⑥ ⑦ ⑧

START
외연도 선착장
① 마당배 ② 전망대 ③ 명금 ④ 돌삭금
1:03 2:17 2:42 2:54
FINISH
외연도 선착장
⑧ 당산/상록수림 ⑦ 마을 보호수 ⑥ 고라금 ⑤ 누적금
4:33 3:50 3:39 3:18 3:02

낚시꾼들의 섬에서 산꾼들의 섬으로

'꾼'들의 섬

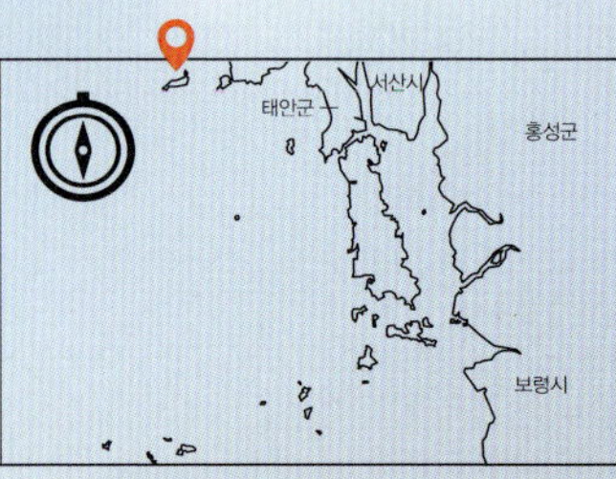

충청남도 태안군 근흥면 가의도리

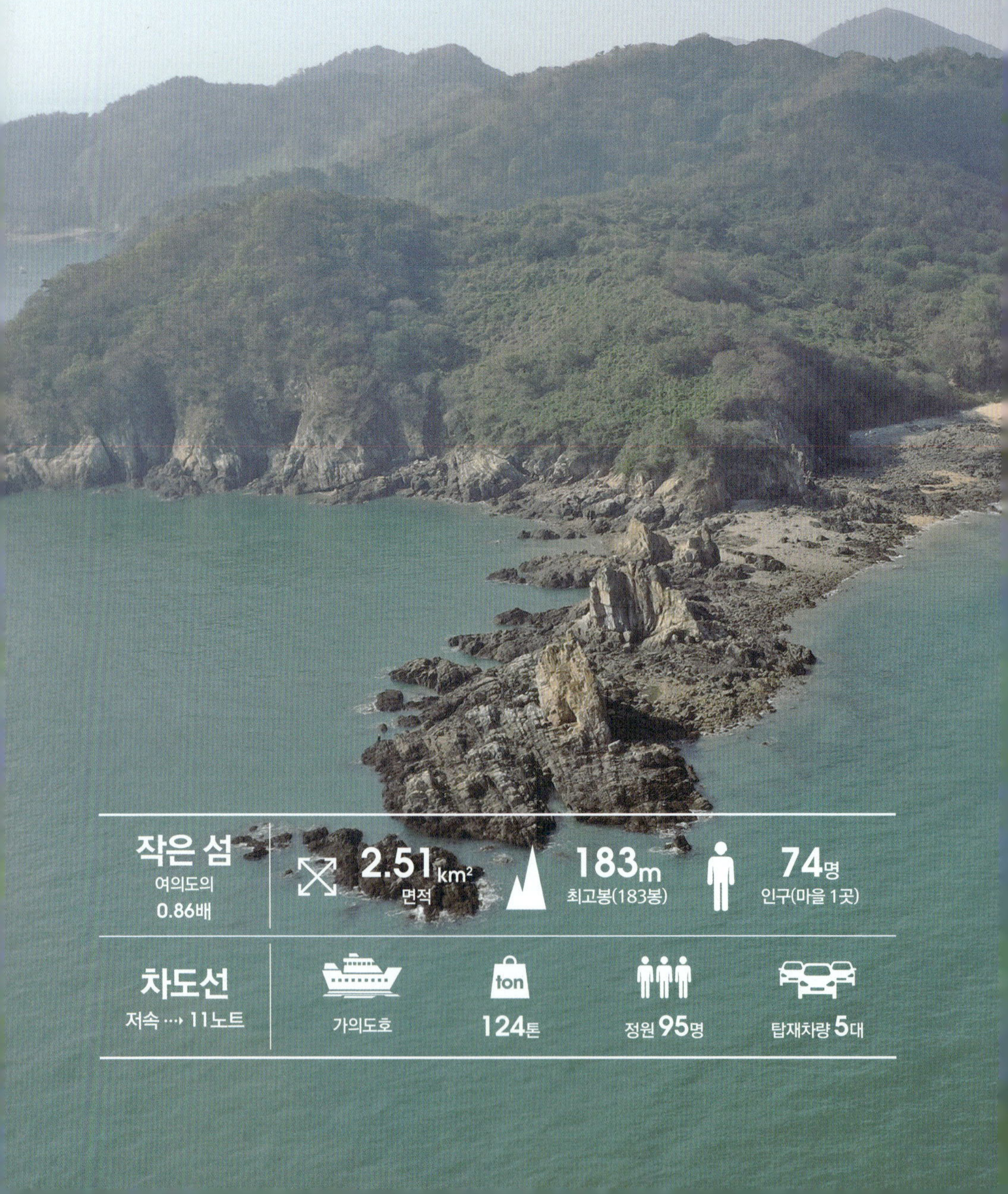

작은 섬
여의도의
0.86배

2.51km^2
면적

183m
최고봉(183봉)

74명
인구(마을 1곳)

차도선
저속 ··· 11노트

가의도호

124톤

정원 95명

탑재차량 5대

 **뭐 하고 놀까** | 걸어서 섬 한 바퀴 · 신장벌해변과 독립문바위 구경하기

보조항로
운항률 88%

7km / **30**분 소요

안흥외항 임시대합실

가의도

수역: 서해 중부/충남 북부 앞바다

꾼, 즐기는 방면의 일에 능숙한 사람을 낮잡아 이르는 말
이다. 섬에서 가장 자주 보이는 꾼들은 주로 낚시하는 사람들이다.
어느 섬에 가더라도 낚싯대를 드리운 꾼들을 보는 것은 익숙한 풍경
이다. 비슷비슷해 보이는 섬 중에서도 그들만의 성지는 따로 있다.
"가의도가 물고기 잘 나온다고 해서 답사 가보는 거여." 출발을 앞둔
선착장에서 아침 식사를 먹던 중에 만난 '꾼'에게 들은 소리다. 배 안
의 풍경도 좀 유별나다. 자전거 부대가 들어왔던 금오도, 백패킹 부
대가 가득했던 굴업도와 달리 낚시꾼들로 가득하다. 한 손에 낚싯대,
다른 손에 아이스박스를 끌고 들어오는 그들 속에서 등산화를 신고
스틱을 잡았다면 이방인이 된 듯한 기분을 느낄 테다.
도착한 선착장의 풍경도 배 안과 별반 다르지 않다. 성미 급한 꾼들
은 방파제에 도열해서 찌를 드리우고 있고 어선들이 부지런히 갯바
위로 사람들을 실어 나른다. 언덕 위에 있는 마을로 올라서니 그제야
인적이 드문 섬마을에 도착한 것 같다. 마을은 온통 초록빛이다. 자
세히 들여다보니, 초록색의 정체는 풋마늘이다. 손바닥만 한 자투리
땅이라도 있는 곳이라면 어김없이 마늘이 심어져 있다. 조선시대부
터 서산, 태안 일대의 마늘을 으뜸으로 쳤다. 가의도의 마늘은 태안
에 공급되는 씨마늘이다. 섬의 봄은 육지보다 늦게 찾아온다. 서늘해

서 병충해가 별로 없는 까닭에 이곳에서 키운 씨마늘을 태안반도에
옮겨 심는다. 낚시꾼들로 북적거리는 섬이건만, 정작 주민들은 마늘
을 키운다.

가의도에서는 낚시를 하지 않더라도 물때를 잘 살펴봐야 한다. 신장
벌해변의 독립문바위를 답사하기 위해서다. 밀물 때 물이 차면 바위
근처로 접근할 수가 없으므로 물때에 따라서 일정을 조정해야 한다.
섬에 도착한 시간을 기준으로 물이 빠져 있다면 해변 쪽을 먼저 답사
하고, 물이 차 있다면 전망대를 먼저 둘러본 뒤 나중에 해변을 가는
것이 좋다. 제일 높은 산은 섬의 서쪽에 있다. 산봉우리에 이름이 없
다. 높이가 183m라 183봉이라 부른다. 등산로 가장자리에는 처녀치
마, 괭이밥, 산국들이 계절을 잊고 피어 있다. 정상 전망대에 오르면
가까운 단도를 비롯, 멀리 정족도와 병풍도까지 주변 섬들이 발아래
로 펼쳐져 있다.

물때에 맞춰 동쪽의 신장벌 해변으로 간다. 소나무와 소사나무가 많
아서 소솔길이라 불리는 길이 이어지고, 하늘을 향해서 이리저리 두
팔을 뻗은 것 같은 소사나무 군락지를 빠져 나오자 동쪽 끝에 닿는
다. 해안 절벽이 있을 자리에 갑자기 고도가 뚝 떨어지며 언덕 밑으
로 드넓은 모래해변이 펼쳐져 있다. 독특한 지형이다. 인적이 드물고

인공구조물이 전혀 없는 해변은 원시의 모습 그대로다. 썰물 때 드러난 곳은 자갈밭인데, 기기묘묘한 모양의 돌멩이가 잔뜩 널려 있다. 독립문바위는 규모가 제법 웅장하다. 물 빠진 바위에는 고둥이 다닥다닥 달라붙어 있다. 고둥 따가도 되겠냐는 물음에, "근처에 섭 양식장이 있으니 섭만 건드리지 마세요."라는 답이 돌아온다. 생각지도 못했던 해루질 삼매경에 빠진다. 뭍으로 되돌아가는 오후 배에서는 등산객들이 쏟아져 내린다. 섬에서 하루를 묵고 산행을 할 사람들이다. 낚시꾼의 섬에 이제 산꾼도 찾아들기 시작했다.

배편

안흥외항 임시대합실에서 신한해운 차도선이 운항한다. 중간 기착지는 없다. 하루 3회 배편이 있다. 성인 편도 요금은 3,100원이다. 계절별로 왕복 시간이 조금씩 달라진다. 하절기(4~9월) 기준 시간표는 아래와 같다. 가의도호가 투입되는데 2층에 아주 작은 객실이 있어 일행과 함께 독실처럼 사용할 수도 있는 선박이다.

왕 편	안흥 외항 출항시간	복 편	가의도 출항시간
안흥 외항 → 가의도	08:30	가의도 → 안흥 외항	09:05
	13:30		14:05
	17:00		17:05

출발 안흥 외항 임시대합실
태안군 근흥면 신진부둣길76(주차 무료) | ☎ 041-672-8774
선사 (주)신한해운 | ☎ 041-672-8774 | www.shinhanhewoon.com
할인 섬 주민 80% 요금 감면
예매 한국해운조합 여객선예매(홈페이지, 앱)

섬 안 2개의 선착장을 확인할 것

장고도, 삽시도와 마찬가지로 가의도에도 선착장이 2곳 있다. 마을을 중심으로 북쪽과 남쪽에 선착장이 있다. 배는 주로 북쪽 선착장으로 접안하는데 물때와 풍랑에 따라서 남쪽 선착장으로 바뀌기도 한다. 발권 시 되돌아 나오는 배편의 선착장 위치를 미리 확인해놔야 낭패를 보지 않는다. 섬은 태안해안 국립공원 지역이다. 해변과 등산로에서 취사 및 캠핑, 흡연은 불가하고 자연석과 임산물 채취 및 반출도 금지된다. 선착장을 벗어나면 화장실이 보이지 않으므로 참고하자.

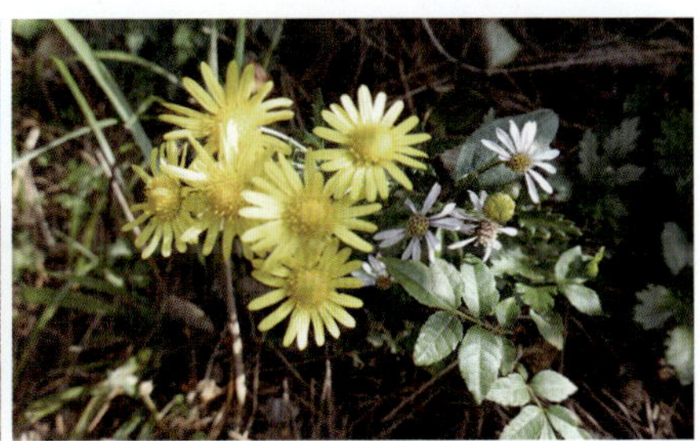

일정

가의도까지 30분 소요된다. 하루 3회의 배편이 있어 첫 배로 들어가서 막배로 나오면 섬에서 8시간 35분, 점심 배로 나와도 5시간의 여유가 있다. 반나절 혹은 한나절 당일치기로 섬을 한 바퀴 둘러보기에 충분하다.

당일	08:30	09:00	09:00~13:10	14:00	14:05	14:35
	안흥 출항	가의도 도착	섬 트레킹	점심 마침	가의도 출항	대천 도착

걷기

북항에 도착해서 언덕길을 따라 올라가다 보면 마을회관을 지나서 신장벌과 전망대 갈림길 표지석 앞에 도착한다. 우회전해서 300m 정도 올라가면 남항으로 넘어가는 언덕배기 우측으로 등산로 초입이 시작한다. 등산로 들머리라는 표지가 없어 헷갈리는 지점이다. 능선을 따라 오르면 정상 전망대에 도착한다. 등산코스는 계속 직진한다. 중계탑을 지나서 능선을 따라 내려가다 보면 마을회관 방향을 알리는 표지판이 보인다. 이 지점에서 회귀한다. 전망대에서 회귀 지점까지는 표지판이 없어 등산로를 따라 맞게 찾아가고 있는지 헷갈린다. 산허리를 따라서 출발지로 되돌아 나온다. 서쪽으로 신장벌 표지를 따라 이동하면 소솔길을 지나서 신장벌 해변에 도착한다. 183봉보다는 코스가 단순해서

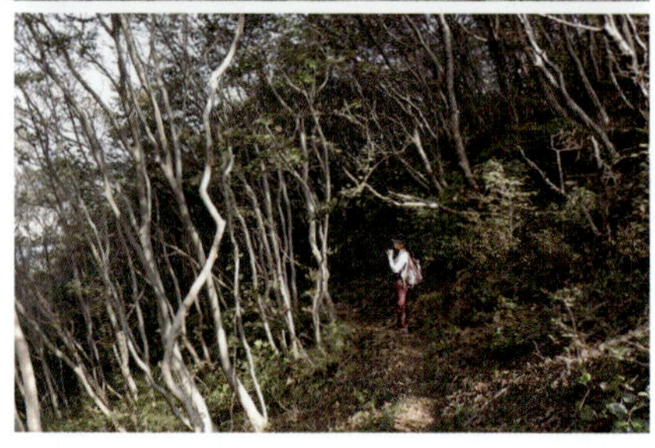

길을 찾기가 용이하다. 해변에 도착하면 출발지였던 신진도가 마주 보인다. 마을회관에서 해변을 왕복하는 거리는 약 5km다.

걷기길 난이도 **50**점	상승고도	460m(중)
이동거리 **9Km**(중)	최고봉 (183봉)	183m(하)
	소요시간	4시간 6분

걷다가 허기질 때면

섬 안에 별도의 식당은 없고 민박집에서 식사를 제공한다. 투숙하지 않아도 예약하면 식사를 준비해준다. 가의도 **어촌민박**(태안군 근흥면 가의도리 472, ☎ 041-674-1467)은 마을회관 뒤쪽에 있는 민박집이다. 간판조차 없는 이곳의 백반(10,000원)은 주로 해물된장찌개를 메인으로 밑반찬이 깔리는데, 이 찌개가 압권이다. 진한 집된장을 넣은 된장국에는 손바닥만 한 섭을 비롯해 고둥, 조개들이 푸짐하게 들어가 있다. 진한 된장과 어우러지는 해물의 향연이다. 근래에 맛본 최고의 해물된장찌개였다. 밑반찬도 야무지다. 씨마늘의 고향답게 밥상 위 푸성귀 하나하나 향이 진하다. 겉절이처럼 무쳐낸 깻잎장, 아삭한 파김치까지 입맛을 돋운다. 윤기 흐르는 흑미밥까지, 나무랄 데가 없다. 이곳을 떠나는 낚시꾼들이 주인장에게 '잘 쉬고 갑니다'라고 인사하는 마음을 알 것 같다. 한 곳에서 세 끼를 내리 먹으면 산해진미라도 질리겠지만, 이 집에서는 그래도 될 것 같다. 신장벌해변의 풍경만큼 가의도에서의 추억으로 깊이 남아 있는 곳.

가의도 지도

걷기

START 북항 선착장	① 마을회관	② 전망대	③ 마을회관 방향 회귀 지점
	0:10	0:35	1:07

FINISH 북항 선착장	⑦ 독립문바위	⑥ 신장벌해변	⑤ 신장벌 갈림길	④ 등산로 들머리
4:06	3:05	2:15	1:57	1:33

4 | 전북의 섬 여행

낮설어서 아름다운 야생의 자연으로

전라북도 군산시 옥도면 관리도리

아찔한 해안 절벽에서 하룻밤
이색 캠핑장이 있는 섬

관리도

뭐 하고 놀까

섬 야영장에서 캠핑 · 주변 산책하기

작은 섬
여의도의 0.4배

1.18km²
면적

136m
최고봉(깃대봉)

117명
인구(마을 1곳)

차도선
저속 ···▶ 12노트

고군산카훼리호

217톤

정원 118명

탑재차량 15대

보조항로
운항률 71%

2km/10분 소요

장자도 선착장   관리도

수역: 서해 남부/전북 북부 앞바다

비박bivouac. 등산 도중 산길 한편에 자리를 펴고 밤을 지새우는 것을 의미한다. 우리나라 말로는 한둔이나 노숙이라고도 하는데, 한둔은 잘 쓰는 말이 아니고 노숙은 어감이 좀 그렇다. 그러니 비박은 그저 비박일 뿐이다. 비박은 반드시 커다란 백팩을 메고 시도해야 하는 것만은 아니다. 인적이 드물고 경치가 좋은 산속 전망 데크를 이용해도 좋지만, 편의 시설이 전무하고 목적지까지 이동하는 수고로움이 따른다. 비박을 할 때 제일 아쉬운 것은 뭐니 뭐니 해도 샤워다. 무거운 짐을 메고 목적지에 도착해서 텐트까지 설치하고 나면 온몸은 땀으로 흠뻑 젖는다.

레저가 노동이 되지 않으려면, 어떤 전환점이 반드시 필요하다. 필자에게는 온수 샤워가 대개 그 역할을 한다. 피곤한 몸을 뜨거운 물로 씻어내고 나오면 새로운 차원의 벽을 통과한 듯한 기분이다. 눅눅했던 바람도 상쾌하게 느껴지고, 주변의 경관도 비로소 눈에 들어오기 시작한다. 이때 쿨러에 담아온 시원한 맥주까지 한 잔 들이켠다면, 무릉도원이 따로 없다. 수고로움은 맥주 거품처럼 사라져 버리고 어느새 다음 주 출정을 계획하고 마는 것이다. 하지만 여전히 야생의 캠핑과 샤워는 양립하기 어려운 문제다. '비박을 할 것인가' vs. '시설 좋은 캠핑장을 갈 것인가'의 맹렬한 내적 갈등을 해결할 방법, 어디 없을까.

고군산군도의 작은 섬, 관리도에서는 이런 고민을 할 필요가 없다. 둘레길 깊은 곳으로 들어가서나 볼 수 있는 해안 절벽의 데크에서 비박을 즐기면서도 뜨거운 온수 샤워를 즐길 수 있는 캠핑장이 있기 때문이다. 캠핑장은 마을 뒷산 언덕배기에 있는 폐교 자리에 만들어졌다. 등산로 해변 데크와 캠핑장이 붙어 있기에 가능한 일이다. 게다가 선착장에서 비박지까지 차량으로 픽업 서비스도 해주니 이동의 수고로움조차 사라진다. 야생에서의 풍광을 즐기며 오토캠핑의 편리를 누릴 수 있는 이유다.

십수 년 동안 이 지역에서 일어난 일은 상전벽해와도 같다. 군산에서 뱃길로 꼬박 2시간을 달려와야 하는 고군산군도가 육지와 연결될 줄은 아무도 몰랐을 테다. 2010년 새만금방조제가 만들어지면서 신시도가 먼저 육지와 연결되고 2016년 신시도에서 무녀도, 선유도를 지나 장자도까지 방조제와 연결되면서 이제 군도는 섬에서 육지로 돌아갔다. 그리하여 육지에서 멀리 떨어져 있던 관리도는 얼떨결에 육지와 가장 가까운 섬이 되어버렸다.

등산로를 따라 조금 올라가면 작은 깃대봉 정상에 도착한다. 정상에는 육지가 되어버린 선유도와 장자도가 마주 보인다. 망주봉의 뾰족한 흰색 봉우리와 선유도 해변의 이국적인 풍경은 여전하다. 대신 섬 사이에 놓여 있는 다리를 통해서 분주하게 차량들이 드나들고, 집 와이어 타워가 들어선 인파로 가득한 해변의 모습은 어딘가 어색하다. 범접하기 어려운 신선들의 놀이터에서 인간의 유원지로 탈바꿈한 모양새랄까.

이제 고군산군도의 섬은 관리도에서부터 다시 시작된다. 산책 후 땀과 여정의 피곤함을 뜨끈한 물줄기로 씻어버리고 몇 발자국 걸어서 다시 야생의 텐트로 되돌아간다. 인간은 양립할 수 없는 것을 한데 묶어 낸 발명품에 감탄한다. 이를테면 지우개 달린 연필처럼. 그건 여행도, 캠핑도 마찬가지다.

배편

군산연안여객터미널에서 대원종합선기의 차도선이 운항한다. 노선이 다소 복잡하다. 군산-장자-관리-방죽-명도-말도-관리도-장자-군산으로 5개의 섬을 돌면서 순환한다. 첫 배만 군산에서 출발하고 2, 3회 차는 장자-관리-방죽-명도-말도-관리-장자를 돌다가 마지막에 군산으로 돌아간다. 군산에서 장자도까지 배로 2시간 거리다. 예전에는 군산에서 출발하는 방법밖에 없었지만 지금은 장자도가 새만금방조제와 연결되면서 장자도에서 관리도로 들어갈 수 있게 됐다. 하절기에는 평일 2회, 주말 3회 배편이 있다. 성인 편도 요금은 5,300원이다. 계절별로 왕복 시간이 조금씩 달라지며, 2025년 하절기 주말 기준 시간표는 아래와 같다. 참고로 관리도에는 매표소가 없고 요금은 배 안에서 결제한다.

왕 편	장자도 출항시간	복 편	관리도 출항시간
	09:00		10:05
장자도 → 관리도	10:40	관리도 → 장자도	11:45
	13:40		14:45

출발 장자도 여객터미널 | 군산시 옥도면 장자도1길10(주차 무료)
선사 (유)대원종합선기 | ☎ 063-471-8772 | cafe.naver.com/4718772
할인 섬 주민 80% 요금 감면, 군산시민 50% 요금 감면 혜택
예매 한국해운조합 여객선예매(홈페이지, 앱)

장자도 여객선 매표소 가는 법

MEMO

매표소까지 자가용으로 진입이 가능하지만 막다른 길에 주차 공간이 몇 대 없다. 이곳에 자리가 없으면 장자교차로 초입의 공영주차장을 이용해야 한다. 1일 주차료 1만원. 주말에는 혼잡하다. 공영주차장에서 선착장까지는 약 600m 거리다. 대중교통 이용 시에는 군산비응항에서 장자도까지 1시간 간격으로 매시 30분에 관광용 2층 버스(99번)가 운행한다. 40분 소요된다.

일정

가까운 거리라 차도선 운항시간과 상관없이 사선을 이용할 수도 있다. 인원과 상관없이 편도 50,000원이다. 배를 놓치거나 일행이 많을 때 좋은 선택지다. 캠핑장에 요청 시 배편을 섭외해준다.

1일 차	13:40	13:50	15:30	15:30~18:30
	장자도 출항	관리도 도착	캠핑장 이동 사이트 구축	마을 산책, 식사
2일 차	08:00~11:00	11:30	11:45	11:55
	아침식사/사이트 정리	선착장 이동	관리도 출항	장자도 도착

캠핑

마을에서 관리하는 **캠핑장**(군산시 옥도면 관리도
길 60-19, ☎ 010-6660-2003, www.kcamp.
kr)이 있다. 선착장에서 도보로 700m 거리인데,
미리 요청하면 인원에 상관없이 트럭으로 짐을 옮
겨주는 픽업 서비스(왕복 5,000원)를 제공한다. 전
기 사용은 가능하고 화롯대 사용은 불가하다. 취사
장과 식수대, 샤워장에서는 온수도 나온다. 여느 오
토캠핑장 못지 않게 전반적으로 깔끔하게 관리되
고 있다. 캠핑장은 3개 구역으로 나뉘는데 모두 18
개의 데크가 있다. 과거 해안절벽에 자리해 인기가
높았던 전망데크(구 15, 16번 데크)에서는 안전상
의 이유로 이제 야영을 할 수 없다. 편의시설을 중
심으로 A구역의 12개 데크가 배치되어있고 해안
쪽을 바라보는 B구역에는 4개 동의 텐트가 들어갈
수 있다. 가장 높은 곳에 위치한 전망대 1층을 C구
역으로 부르는데 이곳에는 2개 동의 텐트를 설치
할 수 있다. 전망대 2층은 관광객들을 위한 공간으
로, 텐트 설치가 불가하다.

B구역의 경우 데크 위에 패킹을 해야 되기 때문에
일반 팩 사용은 불가하고 앵커팩을 사용해야 한다.
데크의 재질이 단단해서 나사팩은 잘 들어가지 않는
다. B구역과 C구역에서는 등산로와 바로 연결된다.
바다를 마주 보고 우측의 낙조 전망대를 따라서 약
300m 올라가면 작은 깃대봉에 도착한다. 이곳에
서는 서쪽으로 고군산열도의 섬들이 한눈에 조망

된다. 바로 맞은편의 장자도를 비롯해서 대장도와
선유도가 마주 보인다. 능선을 따라서 계속 전진하
면 배가 도착하는 선착장으로 연결된다. 좌측 길은
깃대봉과 투구봉으로 연결되는 등산로다.

알아두면 재미있는 사실 하나. 관리도는 한국 영화
계의 거목인 유현목 감독의 마지막 작품, 〈말미잘〉
(1995)의 배경으로 등장한다. 안성기, 나영희, 이
영하 주연으로 선유도와 관리도 일대에서 2개월
반 동안 촬영됐다. 현재 관리도 캠핑장 자리였던 폐
교와 선유도 엄바위 인근이 주무대다. 바닷가 소년
의 입장에서 바라본 '성'에 관한 영화로 19금, 청소

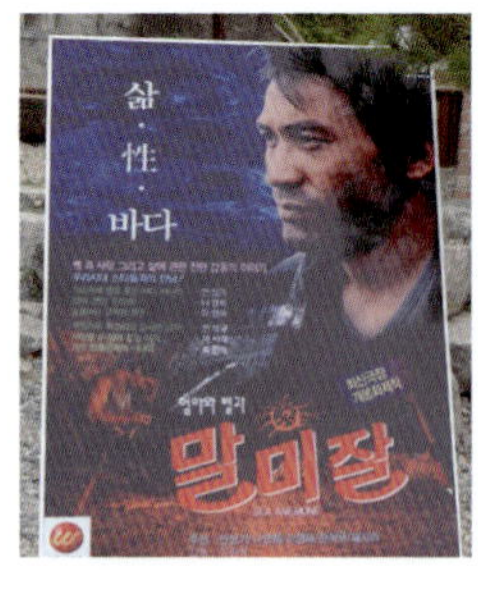

년 관람 불가다. 감
독과의 친분으로 한
석규, 채민식, 채시
라, 강석우 같은 당
대 톱스타들이 단역
급으로 등장한 것도
흥미롭다.

구분	사이즈	성수기 요금	비수기 평일
A구역 12면	7×5m	30,000원	25,000원
B구역 4면	5×5m	40,000원	35,000원
C구역 2면	8×8m	50,000원	40,000원

반려견과 함께하는 여행

배는 오픈 되어 있는 차도선이고 운항 시간도 짧아서 반려견과 동행하기에 부담이 없다. 캠핑장에는 반려견 동반도
가능하다. 단, 대형견은 동반이 불가하고 소형견에 한해 입장이 가능하다. 상세한 내용은 관리자에게 문의해보자.

선착장 인근의 먹거리

마을에 식사가 가능한 식당이 몇 곳 있다. 관리자에게 문의하면 소개해주는데 **힐링민박식당**(군산시 옥도면 관리도길 48-1, ☎ 010-6740-2771)도 그중 한 곳이다. 점심 생선구이 백반은 1인 10,000원이고 꽃게탕이 추가되면 12,000원이다. 섬에서 직접 잡은 제철해산물을 맛볼 수 있다. 해삼(20,000원), 꽃게찜(30,000원)선이고 횟감은 1kg에 40,000원을 받는다. 캠핑장 관리사무소에서는 간단한 물 음료 주류 등을 판매하고 회를 주문해주기도 한다. 관리자가 부재 시에는 무인으로 운영된다. 야영객들은 대부분 선착장에서 낚시를 즐긴다. 물때를 잘 맞추면 제법 씨알이 굵은 놈들이 올라온다. 인근 식당에서 회를 손질해 준다.

전라북도 부안군 위도면

제주도 부럽지 않구나

고슴도치를 닮은 섬

중간 크기 섬
여의도의 4.04배

면적	최고봉(망월봉)	인구(마을 3곳)
11.73km²	254m	1,014명

차도선
저속 ···→ 11노트

파장금카페리	322톤	정원 346명	탑재차량 37대

일반항로
운항률 76%

19km/50분 소요

격포항 선착장 → 위도 파장금 선착장

수역: 서해 남부/전북 남부 앞바다

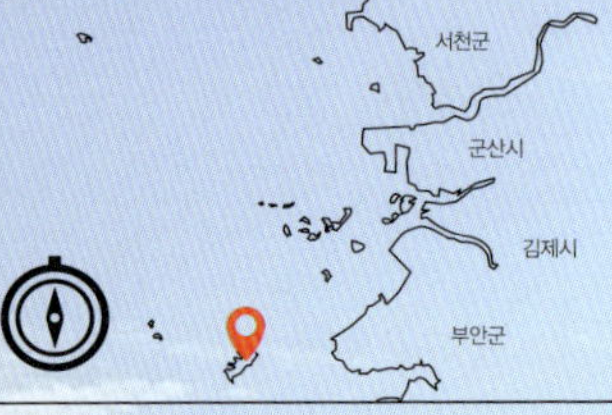

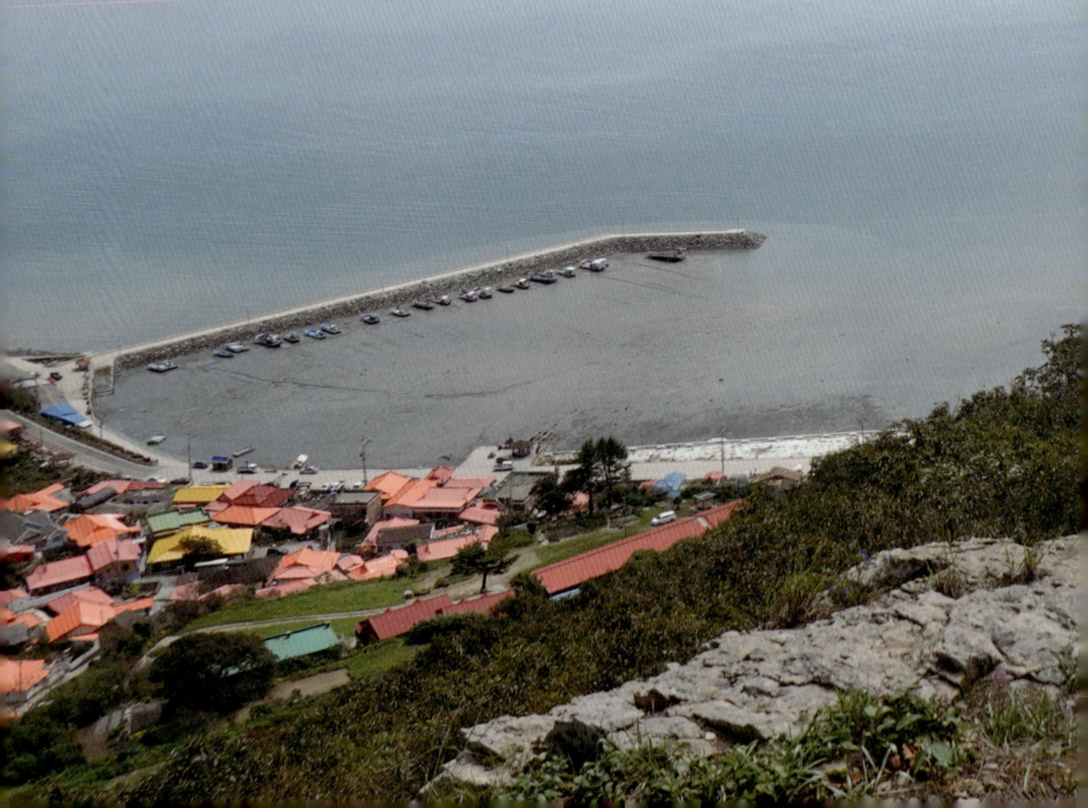

위도

 **뭐 하고 놀까** | 종주 산행 · 자전거 타기 · 공영버스 타고 섬 한 바퀴

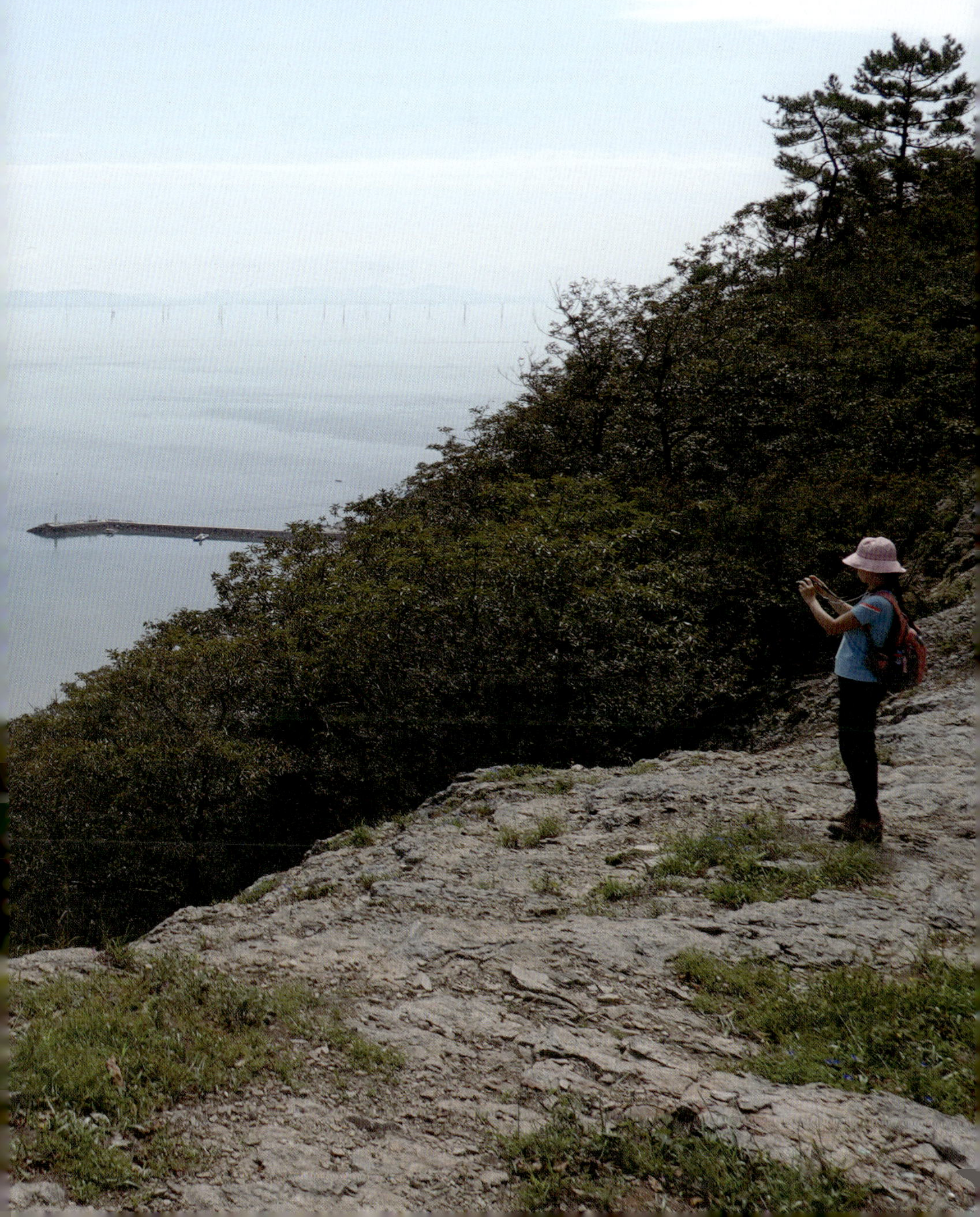

"며칠 전에 제주도에서 연락 왔어. 우리 섬이랑 제주도랑 바꾸자고. 내가 싫다고 했지."

공영버스의 운전대를 잡은 기사의 농담에 승객들은 또 한 번 자지러진다. 그는 속사포로 쏘아붙이는 래퍼처럼 라임이 살아 있는 비트로 섬 이야기를 쉴 새 없이 풀어놓는다. 흥미진진한 설명이 흐르는 버스를 타고 일주도로를 한 바퀴 돌면 낯설었던 섬은 어느새 길가에서 아는 사람 한 명쯤 만날 것 같은 친숙한 공간으로 변신한다. 고슴도치를 닮은 섬, 홍길동전의 마지막을 장식한 율도국의 살아 있는 모델, 강아지도 돈을 물고 다녔다는 전설의 조기파시, 가을이면 흰색 상사화가 피는 섬, 정월 초사흘이면 국가무형문화재로 지정된 띠뱃놀이가 벌어지는 곳. 위도가 품어내는 사연은 이렇듯 겹겹이 쌓여 있다.

섬을 여행하는 방법은 여러 가지가 있다. 산을 좋아하는 사람이라면 위도 종주 코스를 타봐야 한다. 섬에는 남에서 북으로 망금봉, 도제봉, 망월봉, 파장봉까지 해발 153m에서 254m 높이의 봉우리들이 나란히 도열해 있다. 9월 등산로에는 야생화들이 만발한다. 진청색으로 물오른 닭의장풀, 보랏빛의 꽃며느리밥풀꽃, 분홍색의 노루오줌이 수줍은 듯 고개를 내밀고 있다. 태풍이 지나간 자리에는 구석구석 흰 가시광대버섯이 어른 주먹만 한 크기로 자라 있다. 능선 위에 올라서면 위도와 주변 부속 섬들이 발아래로 펼쳐진다. 왼쪽으로는 토끼섬, 중조도, 내조도가 바다 위에 떠 있고 오른쪽으로는 오렌지색 지붕으

로 가득한 대리마을이 파란 바다와 극명한 대비를 이루며 맞닿아 있
다. 콧노래가 절로 나오는 풍광에 철을 잊어버린 나비 떼까지 날아들
어 장단을 맞춘다. 해안도로에서는 방금 타고 온 빨간 마을버스가 빵
빵 소리를 내며 승객들을 실어 나른다. 등산로에서는 이렇게 섬의 원
경을 구경하며 4개의 봉우리를 넘어서 선착장까지 연결된다.

산꼭대기에서 섬의 해안도로를 자세하게 바라본 당신은, 짐작하건
대, 자전거를 즐겨 타는 사람이며 반드시 이곳을 다시 찾고 만다는 데
내기를 걸겠다. 위도에는 해안선을 따라서 아주 깔끔한 일주도로가
만들어져 있다. 중간에 고개를 넘어가는 수고도 필요 없다. 특히 섬의
동쪽 도로는 자로 잰 듯, 요즘 표현으로 '포토샵의 테두리 따기를 쓴
듯', 해안을 따라 정교하게 내달린다. 자전거는 마을 곳곳을 경유하며
달리게 되는데, 이 때가 섬의 근경을 자세히 살필 수 있는 기회다.

이때 무심코 위도 해변의 야영장을 발견했다면, 당신은 캠핑을 사랑
하는 사람이다. 역시 이 섬을 다시 방문하지 않고는 못 배길 것이다.
어머니 품 속처럼 깊게 들어간 만에 파묻힌 호젓한 해변에는 낮은 수
심의 바다와 드넓은 모래뻘이 펼쳐진다. 샤워장과 개수대를 갖춘 해
변 야영장은 입장료를 받지 않는다. 버스기사의 말처럼 '이 모든 것
이 무료!'다.

만약 당신이 꽃을 좋아한다면, 그래서 마침 상사화라는 흰색의 아름
다운 꽃을 연모하는 사람이라면, 위도는 천국과도 같은 곳일 테다. 매
년 8월 말~9월 초면 위도에는 지구 유일의 자생종 흰색 상사화가 피
어난다. 이 시기에는 상사화가 핀 오솔길을 따라 걷는 '야행축제'가 열
려 여행자들을 불러 모은다. 이토록 강렬한 매혹이란, 도무지 당해낼
재간이 없다.

배편

격포여객터미널에서 차도선이 운항한다. 재미있는 것은 격포에서 위도로 들어가는 배 시간과 위도에서 격포로 나오는 시간이 동일하다. 신한해운의 대원카페리와 포유디해운의 파장금카페리가 서로 번갈아 가며 운항하기 때문이다. 배의 크기와 속도는 물론이고 요금과 소요시간도 양사 동일하다. 격포-위도-식도-상·하왕등도 순으로 갔다가 되돌아온다. 위도까지는 50분 소요되며 하루 6번 배편이 운항한다. 성인 편도 요금은 9,800원이다. 요일별, 계절별로 왕복 시간이 조금씩 달라진다. 하절기 기준 시간표는 아래와 같다.

오전	양쪽 출항시간	오후	양쪽 출항시간
	07:55		13:25
격포 ↔ 위도	09:45	격포 ↔ 위도	15:15
	11:35		17:05

출발 격포여객터미널 | 부안군 변산면 격포항 길 64-18(주차 무료) | ☎ 063-581-1997
선사 (주)포유디 해운 | ☎ 1644-4923 | www.widoship.com
할인 섬 주민 80% 요금 감면 **예매** 당일 현장 선착순 발권

일정

첫 배로 들어가서 마지막 배로 나오면 섬에서 8시간, 2번째 배로 들어가면 6시간의 여정이 생긴다. 자전거로 섬을 돌아보는 데는 5시간 정도 소요된다. 09:45에 출발하는 배로 들어가도 무리가 없다. 적막에서 선착장까지 종주 산행의 경우에는 07:55 배편으로 들어가도 시간이 빡빡하다. 망월봉이나 망금봉 중 하나를 선택해서 타는 것이 좋다.

당일 등산	09:45	10:35	11:15(버스)	11:20~17:00	17:05	17:55
	격포 출항	위도 도착	들머리 도착	망금-도제봉 트레킹	위도 출발	격포 도착
당일 자전거	09:45	10:35	10:40~17:00		17:05	17:55
	격포 출항	위도 도착	자전거 일주		위도 출발	격포 도착

등산

코스는 다양하다. 섬의 최고봉인 망월봉만 공략한다면 서해훼리호 위령탑길 건너편의 들머리에서 시작해서 정상을 올랐다가 시름 쪽으로 내려온다. 종주 등산객들은 대부분 전막에서 시작해서 망금-도제-망월 3개의 봉우리를 찍고 서해훼리호 위령탑으로 내려오는 코스를 이용한다. 당일치기로 등산한다면 07:55 배편으로 들어와도 9km 거리를 주파해야 하기 때문에 시간이 빡빡하다.

여기서는 적막에서 시작해서 위도 면사무소에서 종료하는 코스를 소개한다. 섬 안내 지도에 있는 등산로 2코스를 역방향으로 타게 된다. 위도 상수원 댐이 하산 지점이지만 늦은 식사를 위해서 위도 면사무소 쪽으로 하산하는 것으로 바꿨다. 적막까지는 마을버스로 이동한다. 전망대 길 건너편에 등산로 들머리가 있다. 여기에서 망금봉 정상까지는 3km 거리다. 초반 1km는 능선까지 오르막이 계속된다. 능선에 올라서도 오르막과 내리막은 계속 반복된다. 4번째 오르막을 올라서야 비로소 망금

봉 정상에 도착한다. 하산하면 깊은금해변과 치도리를 연결하는 도로와 만난다. 이곳에서 표지판을 따라서 길을 가로지르면 묘지가 나온다. 헷갈리는 구간이지만 묘지 위쪽으로 등산로가 연결되어 있다. 위도저수지 뒷길로 따라가다 보면 도제봉으로 연결되는 구름다리가 나온다. 이곳에서 진리마을 쪽 도로를 따라서 700m 정도 내려오면 식당이 있는 마을에 도착한다.

상승고도	527m(중)
최고봉 (망금봉)	241m(중)
소요시간	3시간 40분

등산, 무리하지 말고 천천히 가볍게

앞서 이야기했지만 위도에서 등산을 계획할 때는 무리하지 않는 것이 중요하다. 개인별로 산 타는 능력이야 모두 다르겠지만 당일치기로 종주산행에 도전하다가는 섬에서 밥 한 끼 제대로 못 먹고 시간에 쫓겨서 간신히 빠져나올 가능성이 크다. 100~200고지의 낮은 산이라고 우습게 보면 안 된다. 능선의 높낮이가 자주 왔다 갔다 해서 꽤나 힘들다. 섬의 산은 등산로 정비가 미비한 경우가 많다. 여름철에도 풀에 쓸리지 않게 긴팔, 긴바지는 필수다.

자전거

선착장에서 출발해 섬을 시계 반대 방향으로 돈다. 시름을 지나면 서해훼리 위령탑에 도착한다. 망월봉 산행의 들머리다. 인근에는 진리마을이 있다. 조선시대 관아가 있던 곳으로 지금은 면사무소가 자리한 위도의 중심지다. 하나로마트를 비롯해서 식당들이 몇 곳 모여 있다. 해안도로를 따라가면 위도해수욕장에 도착한다. 해수욕 시즌이 끝나면 광활한 해변은 무인지경이 된다. 계속해서 페달을 밟으면 왕등낙조전망대에 도착한다. 바다 건너 왕등도로 넘어가는 석양이 아름답다 해서 위도 7경으로 불린다.

깊은금해변에 도착하면 잠시 일주도로를 벗어나서 내원사로 들어간다. 이곳은 조선 영조 때 세워진 선운사의 말사다. 풀향 가득한 길을 따라 오르면 소담스러운 암자에 도착한다. 경내의 배롱나무도 운치를 더한다. 깊은금과 미영금 사이의 도로에서는 물개바위와 거북바위를 조망할 수 있는 전망대가 있다. 전막리 마을에 도착하면 이미 섬은 절반은 돌아본 것이다.

이웃 대리마을에서는 잠시 마을 안쪽의 띠뱃놀이 전수관을 둘러본다. 주요 무형문화재로 지정된 풍어를 기원하는 위도의 마을 굿이다. 띠로 만든 배를 띄워 보내기 때문에 띠뱃놀이라 불린다. 이제부터는 매끈하게 빠진 해안도로를 신나게 달리기만 하면 된다. 망월봉과 파장봉 사이로 접어든 후 선착장으로 되돌아가면 자전거 여행은 종료된다.

서해훼리호
위령탑
START·FINISH
선착장
정금도
벌금항
파장봉
딴달래섬
진리여
위도해변, 야영장
상사화 군락지
7
FINISH
진리마을
위도면사무소
5
치도교
구름다리
도제봉
왕등낙조
10
심청전 안내비
묘지
4
깊은금해수욕장
물개바위
8
내원암
거북바위 전망대
미영금해수욕장
깊은금 갈림길
2
3
망금봉 정상
작은 딴치도
내조도
증조도
출발 1km지점
1
똥섬
9
띠뱃놀이 전수관
거륜도
토끼섬
START
전막리
방파제
걷기 코스
자전거 코스

등산

200m
150m
100m
50m
0m
0.0km 0.5km 1.0km 1.5km 2.0km 2.5km 3.0km 3.5km 4.0km 4.5km
1 2 3 4 5
START
전막리
1 출발 1km지점 2 깊은금 갈림길 3 망금봉 정상 4 묘지 5 치도교 구름다리
FINISH
진리마을
0:41 1:49 2:11 2:58 3:30 3:40

자전거

200m
150m
100m
50m
0m
0.0km 5.0km 10.0km 15.0km 20.0km 25.0km
6 7 8 식사 방파제 9 10
START
선착장
6 서해훼리호 위령탑 7 위도해변 야영장/상사화 군락지 8 내원암 9 띠뱃놀이 전수관 10 심청전 안내비
FINISH
선착장
0:18 0:45 2:08 4:07 4:47 5:00

섬에 대한 짧고 얕은 지식

섬 안에서 이동하기

위도는 면 소재지이기 때문에 공영버스가 운행한다. 낯선 지역에서 버스를 이용한다는 것은 항상 익숙하지 않은 일이지만 위도에서는 한시름 놔도 괜찮다. 기사 백은기 씨가 있기 때문이다. 섬마을 버스 기사로 TV 프로그램인 KBS 〈인간극장〉을 비롯, 방송에도 여러 번 출연한 위도의 명물이다. 그는 운전하는 내내 마이크를 들고 위도를 소개한다. 버스를 타고 섬을 한 바퀴 돌면 어느 집에 숟가락이 몇 개 있는지까지 소상히 알게 된다. 버스는 해안도로를 걷다가 정류장이 아니어도 손을 흔들면 세워준다. 승객이 없을 때에는 내려서 사진도 찍어준다. 요금은 1,000원이고 섬을 일주하면 2,000원이다. 시계 반대 방향으로 운행하고 한 바퀴 도는 데 약 40분 소요된다. 배 시간에 맞춰 선착장에서 대기한다.

섬의 맛

위도에서 전남 영광까지의 바다를 칠산바다, 칠산어장이라 부른다. 조기 떼가 몰려오면 위도 앞바다에는 수천 척의 고깃배들이 모여들었다. 이곳은 흑산도, 연평도와 더불어 서해의 3대 파시였다. 오늘날 조기 떼는 사라졌지만 예전에는 위도에서 조기를 잡고, 법성포에서 말려 굴비로 만들었다. 조기가 사라진 섬에는 장대, 장어, 우럭, 노래미 등이 자리를 꿰찼다. **그래그집**(부안군 위도면 깊은금안길3, ☎ 063-583-1538)은 TV 프로그램 〈한국인의 밥상〉에 등장하며 널리 알려진 식당이다. 매운탕이나 회, 그리고 백반(12,000원) 등을 먹을 수 있는데 주인장에게 부탁하면 꾸덕꾸덕하게 말린 장어와 톳을 넣고 끓인 이 지역의 장어탕(60,000원)을 맛볼 수 있다. 시원한 듯 깊은 맛이 우러나오는 탕은 다른 지역에서는 맛보기 어렵다. **위도반점**(부안군 위도면 위도로43-1, ☎ 063-583-8885)는 위도여객터미널인근에 위치한다. 위도에서 가장 손님이 많은 식당으로, 행안부에서 착한 가격업소로 선정한 곳이다. 짜장 6,000원, 짬뽕 8,000원

어디서 잘까

해변에서 캠핑을 즐길 수 있다. 관광객들이 가장 많이 찾는 해변은 위도해수욕장이다. 섬이 바다를 끌어안은 모양새라 포근한 느낌이고 물이 빠지면 모래뻘이 넓게 펼쳐진다. 화장실, 샤워장(온수 불가, 여름 해수욕장 개장 시기에만 오픈), 개수대가 갖춰져 있다. 다른 지역과 달리 이용 요금이 무료다. 주변에 건물이 없어 한적하다. 마트는 800m 떨어져 있는 이웃 벌금마을에 있다. 단점은 해송 숲이 없어 그늘이 별로 없다. 상사화 군락지와 가깝다. **위도빌리지**(부안군 위도면 위도로 656, ☎ 063-581-7790, 비수기 평일 기준 70,000원/1박)는 깊은금 해변 언덕에 위치하고 있어서 전망이 좋다. 독채형 숙박 단지다.

영화와 방송 그리고 책에 등장한 섬

배우 장동건의 출연으로 화제가 된 영화 〈해안선〉(2002)은 위도에서 촬영됐다. 동해 전방 군부대의 촬영 협조를 얻지 못해 이곳이 차선의 선택지가 됐다. 미영금과 논금해변 일대가 주무대인데, 세트는 현재 철거되어 남아 있지 않다. KBS에서 방영됐던 104부작 드라마 〈불멸의 이순신〉(2004)도 일대에서 촬영됐다. 전라좌수영은 변산반도 궁항에, 조선군 진지는 논금해수욕장에 세트를 설치하고 촬영했다.

심청전의 무대

고전소설 《심청전》에서 심청이 공양미 300석에 몸을 던진 인당수가 위도에 존재한다는 주장도 있다. 정확하게는 위도의 동쪽 임수도 앞바다를 인당수의 위치로 추정한다. 주장의 근거는 이렇다. 위도 주변은 고려시대 중국과 교역하던 해상 거점이었으며 특히 임수도 인근의 해류가 복잡해서 중국 상인들이 성난 바다를 잠재우려고 제물을 바쳤다는 것. 위도 일주도로 북동쪽 전망대에는 '심청전 전설'이라는 표지석이 세워져 있고 위도 앞바다에는 2016년 심청의 환생을 의미하는 연꽃 모양의 등표도 설치되었다. 심청전의 무대를 두고 백령도와 위도가 경쟁하는 모양새다. 한편 조선시대 허균이 쓴 최초의 한글 소설 《홍길동전》에서 홍길동은 활빈당 부하들을 이끌고 새로운 땅을 찾아서 율도국이라는 섬에 정착한다. 율도국은 탐관오리가 없고 백성들이 행복한 이상향이었다. 당시 오키나와의 류큐 왕국을 모티브로 삼았다는 설이 유력하다. 허균은 잠시 변산에 거주한 적이 있다. 변산반도에서 마주 보이는 위도가 율도국의 모티브가 되었을 것이라는 추측도 존재한다.

위도 상사화 축제

노랑상사화, 진노랑상사화와 비교해서 위도의 상사화는 흰색의 꽃잎이 특히 유려하다. 인공적인 교배가 아니라 섬에서 발견된 자생종이라는 사실은 그 아름다움에 특별함을 더한다. 위도해변 일대에 상사화 군락지가 조성되어 있다. 상사화는 5월에 잎이 떨어지고 8월에 꽃이 피는데, 이를 두고 서로 만나지 못하고 사모한다고 해서 '이뤄질 수 없는 사랑'이라는 꽃말이 붙었다. 위도에서는 상사화 개화 시기인 8월 말에서 9월 초에 맞춰서 '상사화길 달빛 걷기 축제'가 1박 2일 동안 열린다. 행사는 저녁에 진행되며 코스는 선착장-진리-벌금-위도해수욕장이다. 간이 음식점이 들어서고 콘서트가 열린다. 행사와 개화 시기 관련 문의는 위도면사무소(☎ 063-580-3764)로 하면 된다.

띠뱃놀이
마을의 안녕과 만선을 기원하는 풍어제

바다에 기대어 사는 어민들에게 바다는 풍요와 두려움을 동시에 안겨주는 절대적 존재였다. 만선의 기쁨을 주다가도 거친 풍랑과 태풍으로 상처를 내고 때론 목숨을 앗아가는 바다는 두 얼굴을 가진 야누스와 같았다. 특히 사방이 바다로 둘러싸인 섬사람들에게 그 존재감은 더욱 거대했고 자신과 가족의 안녕과 풍어를 기원하는 마음은 절박했다. 그 간절함은 용왕신을 모시고 때가 되면 공동체에서 제례를 올리는 행사로 발전했다. 이런 전통 의례들은 풍어제, 용신제, 해신제 등 다양한 이름으로 불리고 있다. 무속 신앙에서 신은 유일하지 않다. 농촌과 어촌을 불문하고 마을에서 신성시하는 산을 당산이라 부른다. 이곳 당집에서는 땅의 신인 산신을 비롯하여 마을의 수호신들에게 제를 올리는 당산제가 행해진다. 풍어제는 당산제와 별도로 이루어지기도 하고 당산제와 용신제가 결합된 형태로 이루어지기도 한다. 한국민족문화대백과에 따르면, 현대까지 계승되어 내려오면서 국가무형문화재로 지정된 풍어제는 동해안별신굿(문화재 제82-1호), 서해안연신굿및대동굿(제82-2호), 위도띠뱃놀이(문화재 82-3호), 남해안별신굿(문화재 82-4호)이 대표적이다. 별신굿은 무당이 제사하는 큰 규모의 마을굿을 의미한다.

위도의 띠뱃놀이

1986년 국가무형문화재로 지정됐다. 문화재로 지정된 4개의 풍어제 중 위도띠뱃놀이를 제외한 3개의 풍어제는 특정 섬이 아닌 일정 지역에서 행하여지던 제례를 총칭한다. 남해안별신굿의 경우 거제와 통영 일대에서 행해지는 풍어제를 말한다. 기능보유자가 거제에서 통영으로 이주하면서 통영에 보존회가 설립되었고 거제도의 죽림마을과 통영 한산면의 죽도에서 2년마다 번갈아 행사가 열리고 사량도 능량마을에서는 10년 주기로 공개 행사가 진행된다. 위도의 경우처럼 특정 섬의 특정 마을에서 진행되는 풍어제가 단독 문화재로 지정된 것은 보기 드문 사례다. 특히 풍어제의 마지막에 띠로 만든 배에 마을의 재액을 상징하는 5개의 제웅(허수아비, 허세비라고도 한다)을 태워서 바다로 끌고 나가 떠내려 보내는 것은 다른 지역에서는 볼 수 없는

독특한 풍습이다. 띠는 섬에서 때라고도 부른다. 전라도 사투리로는 '삐비'로 불리는데 억새와 비슷하게 생긴 여러해살이풀이다. 줄기 속에 단물이 들어 있어 사루비아 꽃의 꿀을 빨아먹듯이 이를 빨아먹었던 추억을 간직한 사람도 있을 것이다. 띠뱃놀이는 당산제와 용신제가 결합된 형태이며 여기에 띠배를 만들고 이를 띄우는 행위까지 포함된 복합적인 의식이다.

놀이 순서

띠뱃놀이는 매년 정월 초사흘(음력 1월 3일)에 위도, 대리마을에서 공개 행사가 진행된다. 우천, 풍랑, 강설 여부와 상관없이 풍어제는 열린다. 전수관 앞마당에서 마을 풍물패의 마당굿으로 시작된다.

1 마당굿 마당굿은 대접을 못 받는 잡귀잡신을 위한 굿거리다. 굿판에서 가장 마지막에 진행되는 것이 일반적이지만 띠뱃놀이에서는 마당굿으로 풍어제의 시작을 알린다.

2 동편당산제와 원당 오르기 마당놀이를 마치면 화주(기능보유자)와 무녀로 이루어진 제사장과 풍물놀이패는 마을 동쪽의 당산 정상에 세워져 있는 원당(마을 신을 모시고 소원을 비는 장소)으로 이동한다.

3 독축 당산 입구에 금줄을 달아 놓은 당산나무를 지나 원당에 도착하면 제사장이 신에게 축원을 드리는 독축(축문)을 읽은 뒤에 무녀의 굿이 시작된다.

4 원당굿 원당에서 진행되는 굿은 성주굿, 산신굿, 손님굿, 지신굿, 서당굿, 깃굿, 문지기굿 순으로 진행된다. 띠배를 바다로 보내기 위해서는 물이

들어오는 만조 시간에 맞춰야 한다. 바다가 내려 다보이는 원당에서 진행되는 굿은 물이 차오르기 시작하는 점심 무렵까지 계속된다. 당산에 오르지 않은 마을 사람들은 원당굿이 진행되는 동안 마을 앞 부두에서 띠를 꼬아서 띠배와 배에 태울 제웅을 만들기 시작한다. 제웅은 남자 모양의 허수아비다. 동서남북 사방과 중앙까지 총 5방위를 상징하는 존재로 모두 5개를 만들어서 배에 태우게 된다.

5 주산돌기 원당제를 마치고 내려온 제사장과 풍물패는 다시 주산을 중심으로 마을을 한 바퀴 도는 주산돌기를 시작한다.

6 용왕굿 주산돌기가 끝나면 비로소 마을 부두 앞에서 용왕굿이 시작된다. 원당제와 마찬가지로 독축과 무녀의 굿판이 벌어진다. 마을 사람들은 술과 절을 올리고 띠배에 노잣돈을 바치며 마을의 안녕과 풍어를 기원한다.

7 띠배 띄우기 만조가 최고조에 이르는 시기에 도달하면 오방기(오색기: 파랑, 붉은색, 노랑, 초록, 흰색으로 만든 만선 시 뱃머리에 꽂는 깃발)를 펄럭이는 모선과 띠배를 연결하고 바다로 출항한다. 모선에는 소리꾼과 풍물패가 탑승하여 띠배를 위도 앞바다에 띄울 때까지 흥을 돋운다.

8 대동놀이 띠배를 띄워 보낸 모선이 부두로 귀환하면 마을 사람들이 서로 어우러지는 대동제가 펼쳐지며 행사는 마무리된다.

시간	연행 명칭		장소
	마당굿		띠뱃놀이 전수관
08:00 시작	동편당산제	띠배와 제웅 만들기 (마을 앞 부두)	마을 동쪽 당산나무
	원당 오르기		당젯봉
	제물차림		원당
	독축과 원당굿		원당
17:00 종료	주산돌기		마을 당산과 바닷가 일대
	용왕굿		마을 앞 부두
	띠배 띄우기		마을 앞 바다
	대동놀이		마을 앞 부두

참여 후기

'어화 술비야~ 어화 술비야/ 닻을 들고/ 돛을 달고서/ 노를 저으며/ 칠산바다로/ 돈 벌러 가세/ 다 왔구나/ 다 왔다네/ 칠산바다에/ 다 왔다네/ 닻을 내리고/ 노를 내리고/ 돛을 올리고/ 그물을 넣어라'(《술배소리》 중에서)

띠뱃놀이를 다녀온 지 며칠이 지나도록 귀에서 아른거리는 노랫가락이다. 천주교 신자이자 종친회의 장손인 필자가 바라본 풍어제는 익숙한 듯 낯선 모습이 반복되는 행사였다. 무녀가 매듭을 만들고 다시 풀어내는 모습은 성당 미사에서 '매듭을 푸는 기도'를 올리는 모습이 연상되었고 갓을 쓴 제사장이 축문을 읽어내려 가는 모습에서는 시제를 지내던 예전 집안 어르신의 모습이 떠올랐다. 한편 돼지갈빗살을 생으로 원당에 널어 바치는 모습이나 쌀과 떡을 섞은 용왕 밥을 바다에 뿌리는 것은 육지 사람에게는 생경한 모습이었다. 비가 흩뿌리는 굳은 날씨에도 부녀회에서 준비한 따뜻한 음식과 막걸리의 취기로 몸을 녹이며 축제에 동참할 수 있었다.

어떻게 참여할까

위도띠뱃놀이보존회(☎ 063-581-2208)로 전화해 상세 문의해도 좋지만, 원칙적으로 음력 1월 3일 위도 대리마을을 방문하면 행사에 참여할 수 있다. 하절기 6회 운항하는 배편은 동절기에 2편까지 줄어들지만 설 연휴와 행사 당일에는 다시 4회까지 증편된다. 단, 행사가 8:00~17:00까지 이어지기 때문에 첫 배로 들어와서 16:00에 출발하는 마지막 배로 나가면 행사 전체를 관람할 수 없다. 필자의 경우, 전날 미리 들어가서 행사 당일 섬에서 나올 계획이었지만 배편이 결항되는 바람에 섬에서 2박을 해야 했다. 설밑이라면, 마을에서 식사를 제공해주는 행사 당일을 제외하고 섬 안에 식사를 해결할 곳을 찾기 쉽지 않다. **해녀미식당**(부안군 파장금길26, ☎ 063-582-7886)은 행사 전후로 식사를 해결할 수 있는 거의 유일한 민박 겸 식당이었

다. 백반 식사는 물론이고 안줏거리인 갑오징어무침(20,000원)과 바지락무침(20,000원)도 맛깔스럽다. 행사를 놓쳤다면 대리마을 안쪽에 위치한 **띠뱃놀이 전수관**(부안군 위도면 대장길15-15)을 찾아보는 것으로 위안을 삼아야겠다. 이곳에는 띠뱃놀이에 대한 자세한 설명과 사진 자료, 띠배 모형 등이 전시되어 있다.

아름다운 등대섬

전라북도 군산시 옥도면 어청도리

작은 섬
여의도의
0.73배

2.12 km²
면적

198m
최고봉(당산)

348명
인구(마을 1곳)

차도선
저속 ···› 19노트

어청카훼리호

289톤

정원 194명

탑재차량 4대

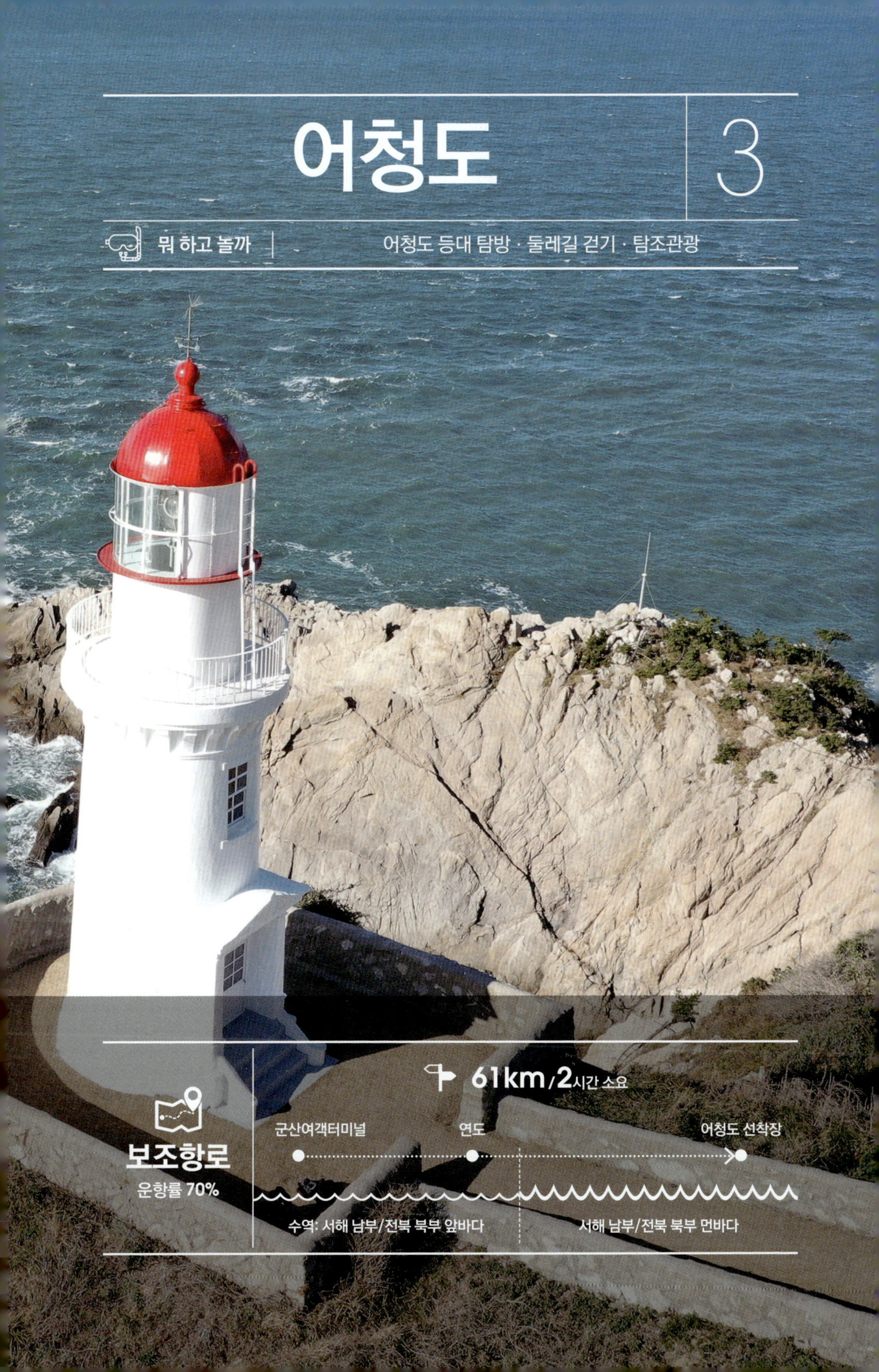

어청도

 뭐 하고 놀까

어청도 등대 탐방 · 둘레길 걷기 · 탐조관광

61km / 2시간 소요

보조항로
운항률 70%

군산여객터미널   연도   어청도 선착장

수역: 서해 남부/전북 북부 앞바다   서해 남부/전북 북부 먼바다

해질 무렵 붉게 물드는 홍도, 하얀색 기암괴석으로 가득한 백도. 각자의 섬마다 고유의 색깔이 있다. 푸른 섬, 어청도. 우리의 섬 중 딱히 푸르지 않은 곳이 없을 텐데, 굳이 어청도를 푸른 섬이라 부른 이유는 무엇일까? 서해답지 않은 맑은 바다, 그리고 일년 내내 푸름을 지켜내는 침엽수와 산죽이 어청도를 특별하게 만들었을 것이다.

'어? 이렇게 푸른 섬이!'

누군가 이 섬과 처음 조우했을 때 무심코 뱉은 탄성이었다. 어청도의 '어'는 물고기 어漁가 아닌 감탄사 어唹다. '청'도 맑을 청淸이 아닌 푸를 청靑이다. 기원전 202년경 한 고조가 초 항우를 물리치고 천하를 통일하자 재상 전횡이 부하들을 이끌고 망명길에 올라 서해를 떠돌았던 때 우연히 이 섬을 발견하고 붙인 이름이다. 이 지역은 서해 먼 바다에 있어 이웃 외연군도와 함께 안개가 자주 낀다. 하얀 안개 사이로 불쑥 나타난 섬은 놀라움과 푸름 그 자체였을 것이다. 마을 안 쪽에는 실제로 전횡을 모신 사당, 치동묘가 있다. 수천 년 전의 전설로만 웃어넘기기에는 정황증거가 제법 탄탄하다.

섬은 알파벳 C자 같이 바다를 한껏 끌어안은 모양으로 생겼다. 붉은 등대가 있는 바깥 방파제와 흰 등대가 있는 안쪽 방파제로 입구를 이중 보호한 탓에 선착장 주변은 잔물결 하나 일지 않을 정도로 평안하다. 이 섬을 둘러보는 가장 좋은 방법은 걷는 것이다. 총 4개 코스의 둘레길이 조성되어 있고, 그중 4코스와 3코스가 봉수대가 있는 섬의

최고봉인 당산을 시작으로 해발 100m 내외의 능선을 따라 걷는 종주 코스다. 선착장에서 바로 시작하는 데크를 따라가면 능선 위에 올라선다. 시야가 탁 트이며 서쪽으로는 망망대해가 펼쳐진다. 등산로에는 침엽수와 조릿대가 가득하다. 섬이 일년 내내 푸름을 잃지 않게 해주는 주인공들이다. 당산 정상에는 고려시대에 만들어진 것으로 추정되는 봉수대가 있다. 남쪽 해안의 봉수대는 왜구에 대비하기 위한 목적으로 만들어졌다. 이곳의 봉수대는 서쪽의 침입에 대비하는 목적이었다. 이제 봉수대는 사명을 다하고 인근의 레이더 기지가 그 역할을 대신한다. 팔각정에 도착하면 등대로 가는 길과 연결된다. 임도를 따라 내려가면 어청도 등대에 도착한다.

등대는 1912년부터 불을 밝혔다. 등대 투어를 하는 동호인들 사이에서 우리나라에서 가장 아름다운 등대로 알려져 있다. 좁은 통로를 지나 섬 끝에 자리 잡은 등대의 풍경은 몽환적이다. 청명한 바다를 배경으로 서 있는 하얀색 외벽과 붉은색 지붕의 등대는 마치 예배당의 모습과 흡사하다. 이 등대는 아름다운 외관에 못지않게 중요한 역할을 한다. 서해 영해의 기점이자, 남북을 오고 가는 배들을 안내한다. 등대에서 나와 섬 동쪽으로 향하면 능선을 따라서 공치산을 넘어간다. 여기서 전면을 바라보면 숨겨져 있던 한반도 모양의 지형이 나타난다. 특히 북한 지역의 형상이 뚜렷하다. 해가 기울기 시작할 무렵이면 붉은 등대가 있는 방파제에 도착하는데 이곳에서 바라보는 석양도 일품이다.

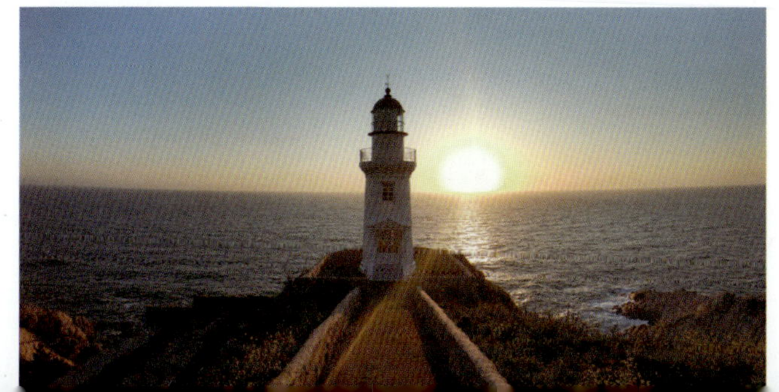

배편

배편 어청도 항로의 운항율은 70%로 낮은 편이다. 이유는 2가지다. 섬이 군산에서 74km 떨어진 먼 바다에 위치하고 있어 풍랑주의보가 자주 발효된다. 120톤급의 고속선에서 289톤급의 신형차도선으로 변경되면서 속도가 빨라진 까닭에 운항시간은 2시간 40분에서 2시간으로 줄어들었고 차량도 탑재할 수 있게 되었다. 신형선박 투입으로 거주성과 소요 시간은 개선되었으나 악명 높은 운항율은 그대로다. 어청도 여행 시 결항으로 여행 일정이 늘어날 수 있음을 항시 고려해야 한다.

출발 군산연안여객터미널
　　　군산시 임해로 378-8(주차 5,000원/1일) | ☎ 063-472-2711
선사 (유)대원종합선기 | ☎ 063-471-8772 |
　　　cafe.naver.com/4718772
할인 군산시민 50% 요금 감면 혜택
예매 한국해운조합 여객선예매(홈페이지, 앱)

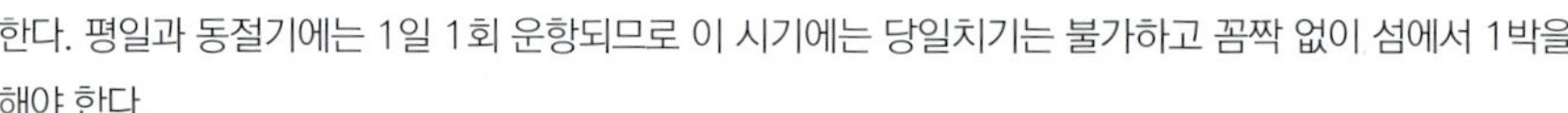

일정

하절기(4월 14일~9월 8일)에는 주말(토·일) 1일 2회 운항한다. 평일과 동절기에는 1일 1회 운항되므로 이 시기에는 당일치기는 불가하고 꼼짝 없이 섬에서 1박을 해야 한다.

*배 시간은 물때를 영향을 받아 매월 조금씩 변경된다.

	09:00	11:00	12:30	18:10	20:00
1일 차	출항	어청도 도착	식사, 숙소 체크인	둘레길 탐방 종료	식사 마침

	10:00	12:00	13:00	15:00
2일 차	식사, 숙소 체크아웃	연리목, 방파제, 안내소 탐방	출항	군산 도착

하루 묵어간다면

선착장 인근에 민박집들이 몇 곳 있다. **신흥상회**(군산시 옥도면 어청도길57-2, ☎ 063-466-7117, 2인 기준 60,000원/1박)가 선착장 바로 맞은편에 있다. 최근에 리모델링을 해서 깨끗하다. 침대와 온돌방이 있고 공용공간에서 간단한 취사가 가능하다. 아래 층엔 슈퍼와 매표소가 있다. 24:00까지 영업한다. 섬에서는 좀처럼 맛보기 어려운 수제 피자와 빵을 직접 구워 판매한다. 간단한 아침 식사로 괜찮다.

걷기

어청도 구불길에는 4개 코스가 있다. 1코스는 마을 길과 포장 임도를 따라서 등대를 다녀오는 길이다. 편도 1.7km다. 2코스는 선착장 주변의 해안 데크를 따라 걷는 산책길이다. 일행 중에 어린이와 노약자가 있다면 1·2코스만 답사하는 것을 추천한다. 섬을 완주하려면 4코스를 따라서 당산 봉수대를 오른다. 선착장에서 출발해서 시계 방향으로 주행하면 된다. 능선에 도착하면 밀밭굼쉼터, 심목여, 봉수대로 갈라지는 사거리에 도착한다. 밀밭굼과 심목여는 섬의 서남쪽 해변 바위를 찍고 되돌아 나오는 지선들이다. 각각 편도 1.2km, 0.6km의 거리다. 이 두 곳을 생략하면 약 3km 정도를 덜 걸어도 된다. 당산 정상을 찍고 내려오면 팔각정을 만난다. 이곳 사거리에서 등대로 내려갔다가 되돌아 나온다. 다시 능선을 타고 3코스의 공치산, 안산, 검산봉을 따라 내려가면 동방파제 등대에 도착하게 된다. 되돌아올 때는 샘넘쉼터에서 해안 데크 길로 진입해서 선착장으로 이동한다.

어청도 지도

걷기

섬의 맛

선착장 주변에 식당이 몇 곳 있다. 대부분 식사 시간을 맞춰서 가야 영업을 한다. 섬에서 숙박을 할 때 민박집에서 식사를 해결하거나 추천을 받는 것이 가장 무난하다. 백반은 10,000원 선이다. 어청도에서는 우럭찜을 별미로 치는데, 500g 정도의 우럭은 주로 매운탕으로 먹고 1kg이 넘는 것들도 회를 썰거나 찜을 한다. 양념이 밸 정도로 조리지 않고 찐 다음 부추와 양파를 가득 올리고 양념에 찍어 먹는다. 육지에서도 흔한 우럭이지만 먼바다에서 잡힌 놈들은 식감이 꽤나 쫄깃하다. **창신호**(군산시 옥도면 어청도길 61-1, ☎ 010-9982-9510)에서도 우럭찜(60,000원)을 맛볼 수 있다.

어청도 등대

등대는 고도 61m 지점에 자리해 있으며 높이는 15.7m에 이른다. 1912년 3월 11일 점등을 시작으로 100년 넘게 자리를 지키고 있다. 최초 건립 당시의 모습을 잘 간직하고 있어 등록문화재 제 348호로 지정됐다. 어청도는 서해 영해의 기점이 되는 중요한 전략적 요충지다. 일제시대에도 일본은 중국의 요동반도와 일본 오사카를 연결하는 정기 항로를 개설하면서 중간 기착지로 어청도를 개발하였다. 19세기 말부터 일본인 200여 명이 섬에 거주하였으며 일본의 포경선들도 고래를 잡기 위해 이곳에 기항했다. 해방 이후에도 동해 장생포와 함께 포경선의 전진기지 역할을 했다. 동해의 고래가 봄이 되면 새끼를 낳기 위해서 어청도 근해로 올라왔기 때문이다. 1986년 포경이 금지되면서 고래잡이는 막을 내렸다. 최근 정치적 이슈가 되고 있는 '울산 고래고기 사건'의 고래들도 이곳에서 포획된 것으로 알려져 있다.

등대 스탬프 투어

해양수산부에서 시행하고 산하기관인 국립등대박물관(www.lighthouse-museum.or.kr)에서 운영하는 스탬프 투어다. 2017년 10월부터 시행되었다. 해수부가 선정한 등대를 방문하고 등대여권에 스탬프를 찍어오면 기념 메달을 주는 프로그램이다. 육지와 섬의 등대 82곳이 투어 대상지로 선정되어있다. 아름다운 등대, 역사가 있는 등대 같이 5개의 테마로 구분되어있고 각각 별도의 스탬프 여권과 완주 시 기념품이 지급된다. 여권과 완주신청은 모두 홈페이지를 통해서 진행되며 여권과 기념품이 상반기 중에 모두 소진될 정도로 인기다. 여기서 소개한 섬 중에서는 어청도, 홍도, 우도, 소매물도, 가거도, 거문도, 흑산도 등대가 포함되어있다.

치동묘

전횡田橫 장군과 관련된 흔적들은 어청도 뿐만 아니라 인근 외연열도의 외연도와 녹도 등에서도 나타난다. 동제洞祭는 마을 단위로 전승되는 공동체 신앙으로 당산에 있는 당집에서 제를 올린다. 주로 삼신할머니, 당산 할아버지나 용왕 등이 신앙의 대상으로 등장한다. 이 지역에서는 당집에서 중국계 장수인 전횡을 모시는 풍습이 최근까지도 이어져 내려오고 있다. 군산에도 전횡의 후손으로 추정되는 담양 전田씨들이 세운 '치동서원'이 존재한다. 실제로 전횡

장군과 그 부하들이 머물렀던 섬은 중국 산둥성 칭다오 인근의 '전횡도'로 알려져 있다. 이곳에는 그와 부하들을 기리는 무덤과 사당이 존재한다. 어청도가 전설 속의 '전횡도'였는지는 알 수 없지만 중국과 빈번한 교류가 있었음은 어렵지 않게 짐작해 볼 수 있다. 안타까운 것은 1970년대 이후 어청도에서는 치동묘에서 풍어제를 올리지 않으며 사당에 모셔져 있는 장군의 영정도 도굴꾼들에게 도난을 당했다는 사실이다.

군사시설을 조심할 것

최근에 공사를 해서 길이 잘 정비되어 있고, 안내 표지판도 꼼꼼하게 갖춰져 있다. 섬 안에 멧돼지와 같은 유해 동물은 없다. 조난을 당할 정도로 산세가 깊지도 않다. 단 섬 곳곳에 군사시설과 장비들이 배치되어 있기 때문에 사진 촬영과 SNS 게재 시 주의할 필요가 있다.

어청초등학교 연리지

초등학교 정문에는 독특한 모양의 향나무 두 그루가 있다. 나무들이 연리지같이 서로에게 붙어서 연결되어 있는 모양새다. 자세히 들여다보면 나무끼리 물리적으로 붙은 연리지는 아니다. 모양새가 연리지와 비슷하다는 것일 뿐. 어청도를 배경으로 촬영되었던 TV 프로그램 〈섬총사〉에서는 이 연리지를 배경으로 황봉학 시인의 시 〈연리지〉가 소개되었다. 이곳을 방문하기 전에 한번 읽어보면 감회가 남다를 것 같다.

영화와 방송에 등장한 섬

앞서 언급한 TV 프로그램 〈섬총사〉 시즌 1에 등장하였다. 어청도는 11월 6일 방영된 25회부터 12월 18일 방영된 31회까지 총 7편의 프로그램 배경이 되었다. 최근에는 KBS 〈6시 내 고향〉 '섬섬옥수 어청도' 편(2019년 11월 6일 방송)에 배우 이덕화의 여행기로 소개됐다.

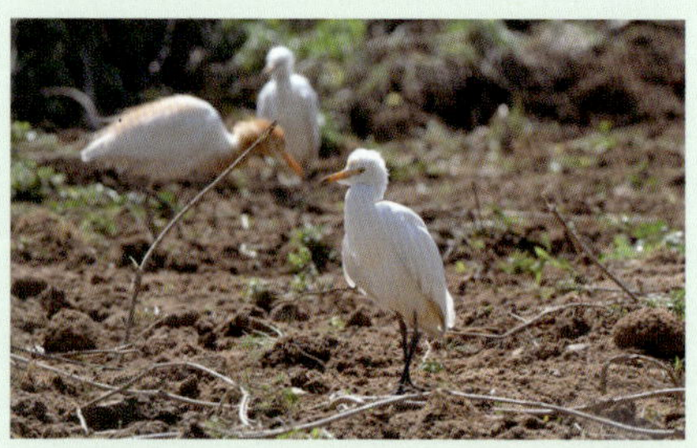

탐조
섬을 관조하는 또 다른 방법

우리나라에서는 아직 생소하지만, 해외에서는 야생의 조류와 그 서식지를 관찰하는 탐조 관광이 아웃도어 액티비티의 하나로 정착했다. 대한민국의 섬은 동남아에서 동북아로 이동하는 철새들의 중간 경유지 역할을 한다. 따라서 탐조를 하기에 더할 나위 없는 환경을 갖췄다. 철새는 계절에 따라 찾아오는 새를 가리킨다. 여름 철새는 남쪽이 고향이고 여름에 우리나라를 들렀다가 추워지면 고향으로 되돌아간다. 겨울 철새는 북쪽이 고향이고 추운 겨울을 우리나라에서 보내고 돌아간다. 그러니 여름 철새가 날아오는 봄(4, 5월)과 겨울 철새가 이동하는 가을(9, 10월)에 탐조가 용이하다. 팔색조와 후투티를 비롯해서 남반부에서만 관찰된다는 군함조와 검은머리멧새 같은 희귀조도 종종 관찰된다.

나그네 새의 중간 기착지, 어청도

"우리 섬에는 새 보러 아주 오만 데서들 다 와. 거시기 뭐냐 유럽, 미국에서도 오고 심지어 아프리카랑 그린란드에서도 온다니까." 어청도는 군산에서 74km 거리에 배로 2시간 40분이 걸리는 먼바다에 위치한 섬이다. "외국에서 새를 보러 여기까지 온다고요?" "그럼 한 번 들어오면 일주일에서 열흘씩 있다가 나가." 국내에 '등대가 아름다운 섬'쯤으로 알려진 어청도는 해외에선 탐조 관광의 명소로 더 유명하다. 어청도에서 발견되는 새들은 주로 나그네 새들이다. 지구의 남반부와 북반부를 오고 가는 장거리 여행자들이다. 이 새들의 최종 목적지는 우리나라가 아니다. 최종 목적지에 도착하기 전 이곳에 잠시 들러서 기력을 회복하고 다시 떠나가는 계절의 진객들이다. 봄에 발견되는 새들은 번식을 위해서 남반구에서 출발한 녀석들이다. 황해를 따

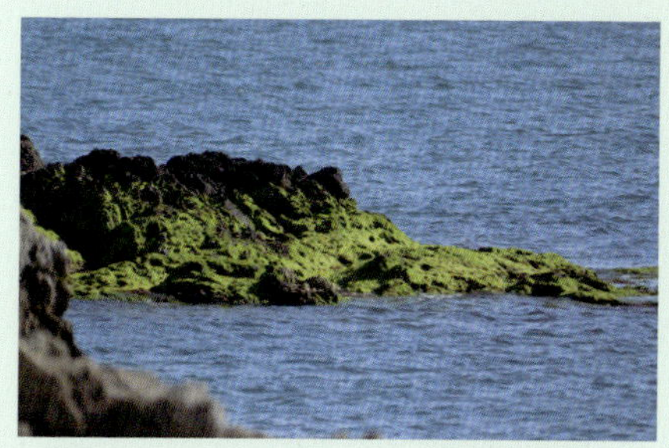

라서 북상하다가 우리나라의 서해 먼 섬들, 가거도, 어청도, 백령/소청도를 중간 경유지로 삼는다. 새들이 섬에 머무는 기간은 짧게는 2일에서 일주일 사이다. 먼 길을 날아오느라 기력을 소진해서 섬에서 죽음을 맞이하는 경우도 있다. 힘이 빠진 새들은 멀리서 봐도 어깨가 축 처져 있다. 이때는 주로 마을주변, 밭과 습지 등 사람과 가까운 낮은 곳에 머물며 먹이를 사냥하고 휴식을 취한다.

봄, 탐조 시즌이 열리다

앞서 언급했듯, 어청도에서도 탐조하기 좋은 시기는 4월에서 5월, 그리고 9월에서 10월 사이의 간절기다. 이때가 되면 300명 남짓한 주민이 살고 있는 이 작은 섬에 지구 각지에서 탐조객들이 몰려들기 시작한다. 이들이 섬에 들어와서 장기간 머무는 이유는 간단하다. 이곳이 중간 경유지인 까닭에 새롭게 도착하고 떠나는 새들이 계속 바뀌기 때문이다. 오늘 보였던 새가 내일이면 안 보이고, 어제 못 본 새가 새롭게 등장하니 시즌 중에는 도무지 발길

이 떨어지지 않는다. 무엇이 들어 있는지 모르는 초콜릿 박스를 매일 열어보는 느낌이랄까? 어쩌면 매일 나오는 어종이 바뀌는 황금어장에 도착한 낚시꾼의 느낌일지도 모르겠다. 예년 같으면 외국에서 온 탐조 팀들도 심심치 않게 보였겠지만, 코로나로 출입국이 꽉 막힌 올해에는 내국인들로 섬이 북적인다. 헨리크Henrik는 UN에 근무하는 아내와 함께 한국에서 거주하는 덴마크 출신의 스위스 국적자로, 이날 섬에 같이 들어온 유일한 외국인이었다. 이번이 벌써 4번째 방문이라고 했다.

탐조 포인트 중 한 곳인 어청도초등학교 인근에서 만난 헨리크는 스위스에서 보기 힘든 새를 봤다며 흥분상태였다. "Bluechin! Bluechin!" 파란턱새를 봤다는 것 같은데, 확인 결과 그 새의 정식 영문명은 'Bluethroat', 우리나라에서는 '흰눈썹울새'로, 북한에서는 '푸른턱울타리새'로 불린다. 탐조인이라면 누구나 한 번쯤 마주하고 싶은 희귀조다. 영국의 환경운동가 나일 무어스Nial Moores는 2002년 어청도에서 228종의 조류가 서식하는 것을 확인하고 국제조류보호협회에 소개했다. 이때부터 본격적으로 섬이 외부에 알려지기 시작했다. 그는 어청도를 '마법의 섬'이라고 표현했다. 조류의 밀집도가 가거도와 함께 한반도에서 가장 높은 지역이었으며 특히 희귀종으로 분류된 24종의 철새들도 관찰되었기 때문이다.

눈으로 찍고 마음에 저장하라

대구경 망원렌즈를 장착한 카메라와 삼각대는 탐조인들의 필수품처럼 여겨진다. 황로나 해오라기 같은 큰 새들은 멀리서도 눈에 잘 띄고 사진을 촬영하는 것도 어렵지 않다. 반면 크기가 작고 움직임이 빠른 딱새나 까치류의 새들은 포착하기가 쉽지 않다. 사람이 다가서면 날아가버리기 일쑤고 잡목 사이를 수시로 들락거려서 사진에 담아내기가 여간 어려운 것이 아니다. 섬에서 만난 한국야생조류보호협회의 윤순영 이사장이 알려주는 탐조의 기술은 다음과 같다. '먼저 관찰자가 되어라.' 그는 새의 움직임을 지켜보는 것이 사진을 찍는 것보다 중요

하다고 했다. 따라가서 쫓아버리지 말고 다가올 때까지 기다릴 것, 그러니 결국 사진은 새가 허락해줘야 찍을 수 있는 것이라 했다. 그는 탐조를 처음 시작하려는 초보자들을 위한 조언도 빼놓지 않았다. '카메라보다 쌍안경과 조류도감을 먼저 준비할 것!' 수만 마일을 날아오는 새를 관찰하다 보면 생명의 경이로움을 느끼게 된다. 이들의 생태를 살피다 보면 자연스럽게 이들의 서식환경에 관심을 갖게 될 수밖에 없다. 윤 이사장을 비롯해서 새를 관찰하는 탐조인들이 유독 습지 보존과 같은 환경 문제에 예민하고 큰 목소리를 내는 것도 같은 맥락일 것이다.

어청도의 주민과 마을 분위기도 서해의 여느 섬들과는 퍽 달라 보인다. 나일 무어스는 그가 기고한 글에서 처음 방문한 당시 섬의 분위기를 이렇게 전하고 있다. "여러 섬 중에서 외국 탐조인들이 섬 주민들로부터 단체로 환영을 받았던 첫 섬이다. 마을 주민들은 사냥을 하지 않고 농작물에는 농약을 치지 않는다." 선착장 앞에서 매표소를 겸하는 신흥상회의 사장님은 영어 회화책을 손에서 놓지 않는다. 다분히 '점빵'다운 분위기의 가게 안에서는 매일같이 피자, 빵, 그리고 향긋한 드립 커피를 만들어 낸다. 마을 민박집에는 외국인 탐조객을 위해

방 안에 침대를 놓았고, 식당들은 좌식 테이블을 입식으로 바꾸고 있다. 이런 마을 주민들의 노력과 개방성이 섬을 세계적인 탐조의 명소로 만들어가고 있다.

탐조관광을 즐기려면

쌍안경은 10*42구경의 밝은 렌즈가 장착되어 있는 것을 준비하는 것이 좋다. 10은 배율이고 42는 렌즈의 구경이다. 가벼운 조류도감 책을 한 권 준비해서 발견한 새를 확인하고 기록하는 것으로 탐조의 첫발을 떼는 것이 좋겠다. 사진을 찍는다면 망원렌즈를 준비해야 한다. 150~600mm의 망원렌즈와 크롭보디의 카메라를 조합으로 준비하는 것이 장비에 대한 비용과 무게 부담을 줄일 수 있다. 낚시꾼들은 바닷속의 물고기와 물때를 보고, 등산객들은 탐방로에서 마주하는 나무와 야생화에 관심을 갖는다. 우리가 하늘을 나는 새에게도 관심을 기울인다면 육해공을 아우르며 섬 탐방의 즐거움을 누릴 수 있을 것이다.

취재 협조 사단법인 한국야생조류보호협회 윤순영 이사장, Henrik Thorlund, 박대용, 백원희 님
참고 한국야생조류보호협회(www.kwildbird.com), 새와 생명의 터(www.birdskorea.org)

5 | 전남의 섬 여행

섬들의 고향, 남도의 바다에 닿다

아웃도어의 천국

전라남도 여수시 남면

큰 섬
여의도의
10.67배

27.5km²
금오도 면적

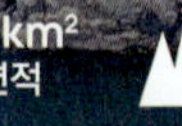
382m
최고봉(대부산)

1,515명
인구(마을 4곳)

3.47km²
안도 면적

205m
최고봉(상산)

405명
인구(마을 1곳)

금오도·안도

뭐 하고 놀까 | 비렁길 걷기 · 자전거 타기 · 카누 체험 · 폐교에서 캠핑하기

차도선
저속 ···> 12노트

한려 페리 7

212톤

정원 **230**명

탑재차량 **23**대

일반항로
운항률 76%

백야도 선착장　개도　함구미 선착장　직포 선착장

12km/**40**분 소요

수역: 남해 서부/전남 동부 남해 앞바다

섬에 들어가면 항상 한가하고 여유로울 거라는 생각은 오산이다. 섬에 들어가서 오히려 더 바빠지는 경우가 있다. 가볼 곳, 즐길 것, 먹고 마실 것으로 가득한 곳에 도착했다면 활동적이고 호기심으로 가득한 당신은 섬 안에서 더 분주한 시간을 보낼 가능성이 높다. 금오열도의 대장 섬이자 여수에서 가장 큰 섬인 금오도가 바로 그런 곳이다. 섬 전체가 다도해 해상국립공원으로 지정되어 빼어난 풍광을 자랑한다. 섬 북쪽에 해발 381m의 대부산이 떡하니 자리 잡고 있지만 사람들은 등산보다는 서쪽의 둘레길로 향한다. 남해안에서 가장 아름다운 걷기길인 비렁길이 있기 때문이다.

강원도에서는 강물이 깎아놓은 절벽 낭떠러지를 '뼝대'라고 부른다. '비렁'은 파도가 깎아놓은 절벽을 일컫는 이 지역 사투리다. 인위적으로 선을 긋고 뚫은 길이 아니다. 섬사람들이 낚시를 다니고 마을을 넘어다니는 길을 자연스럽게 이어 붙여서 만들어졌다. 바다의 풍광 못지않게 둘레길에서 만나는 숲은 더 인상적이다. 반질반질 기름이 맺혀 흘러내릴 것 같은 동백나무 잎으로 가득한 숲길은 햇살조차 들어오지 못하는 터널을 만들어놨다. 나무 사이로 간간이 바다를 보여주며 감질나게 하는 것이 아니라 빼곡하게 들어서서 완전히 시야를 차단한다. 터널 안에서는 콧속으로 짙은 숲 내음이 들어오는데 멀리서는 파도소리가 들려오는 인지부조화를 경험하게 된다. 바닥에는 커다란 집게발을 번쩍 들어올린 붉은색 농게들이 바다와 숲의 경계

를 부지런히 휘젓고 돌아다닌다. 숲길이 지루해질 때쯤 비렁길은 사람들을 탁 트인 해안 절벽 위에 올려놓는다. 길을 걷는 동안 냉탕과 온탕을 오가듯 드라마틱한 반전이 계속된다.

섬의 동쪽에는 해안선을 따라 길게 이어진 종주도로가 만들어져 있다. 다리로 연결되어 있는 이웃 안도까지 이어진다. 이 길은 드라이브는 물론이고 자전거 타기 좋은 코스로 알려져 있다. 좌측으로는 바다 건너 돌산도가 병풍같이 둘러싸며 훌륭한 배경이 되어준다. 섬에서 섬으로의 여행, 다리 건너 들어간 안도에서는 에메랄드빛의 안도 해변과 동쪽 끝, 동고지 마을까지 한적한 섬마을 풍경과 마주한다.

금오도와 안도는 맛있는 섬이다. 식객들이 사랑하는 남도의 섬답게 해산물과 푸성귀로만 22첩 반상을 만들어 올리는 해물한정식도 이곳에서만 맛볼 수 있는 별미다. 어디 이것뿐인가? 해풍 맞고 자란 쌉쌀한 방풍나물로 지져내는 방풍전은 금오도 막걸리와 환상의 조합이다. 막걸리 식초로 무쳐내서 새콤달콤한 서대회무침은 고소한 참기름까지 한 병 있으면 밥공기는 순식간에 동이 난다. 아침에 해장으로 먹는 맑은 쏨뱅이탕까지 더 이상 무슨 말이 필요할까?

금오도 휴양마을에는 카약체험장이 있다. 노를 저어서 맞은 편 무인도인 수향도까지 다녀오는 것도 특별한 경험이다. 국립공원지역이지만 섬에는 2곳의 바닷가 캠핑장이 있다. 저녁 물때에 맞춰 방파제로 나가서 이번에는 낚싯대를 기울인다. 갈치, 전갱이들이 제법 손맛을 느낄 만큼 올라온다. 걷고 달리고 노 젓느라 바쁜 시간이었지만 저녁이 되어도 금오도에서의 하루는 쉽게 끝나지 않는다.

 ## 들어가기

금오도를 운항하는 배편은 상당히 복잡하다. 섬 안에 선착장이 6곳, 안도까지 포함하면 모두 8곳의 선착장이 있다. 여수여객터미널, 백야도, 돌산 신기항 3곳에서 배가 출항하고 선사는 신안해운과 한림해운 두 곳이다. 총 4개의 항로가 있는데 출발지와 선사에 따라서 중간 경유지와 도착 지점이 바뀐다.

선사	출발지	도착항	소요시간	편도 요금	일 운항횟수
신안해운	여수여객터미널	송고, 함구미	1시간 30분 (함구미)	15,150원	평일 2회, 주말 3회
	백야도 선착장	함구미, 직포	40분 (함구미)	7,500원	4회
한림해운	여수여객터미널	여천, 유송,우학,안도	1시간 (여천)	13,200원	2회
	돌산도 신기항	여천	25분 (여천)	5,600원	9회

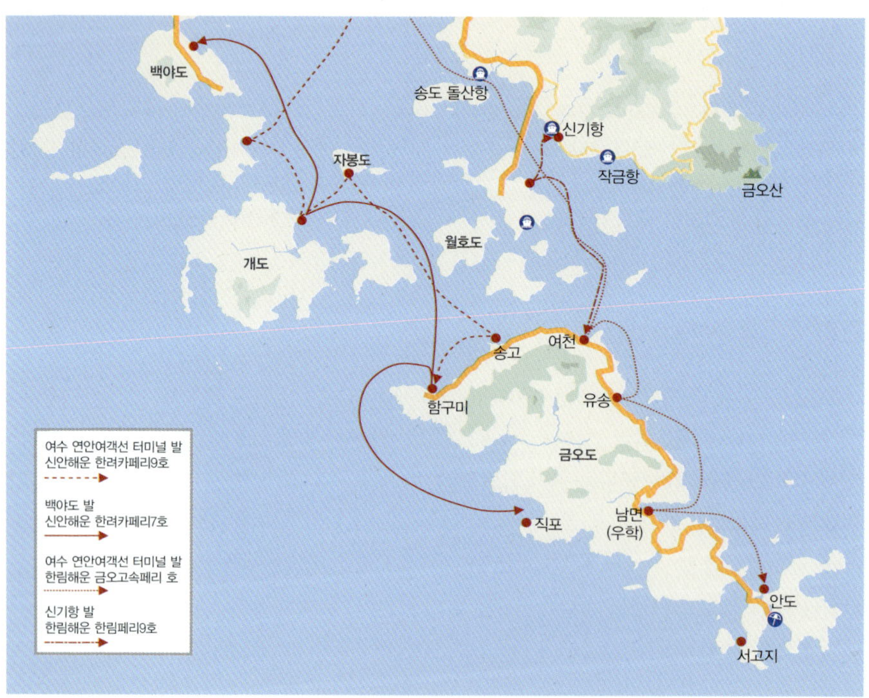

출발 백야도 여객터미널
여수시 화정면
격포항 길 51-3(주차 무료)
☎ 061-686-6655
선사 (주)신아해운
☎ 061-665-0011
www.sinahaewoon.co.kr
할인 여수시민 50% 요금 감면
예매 한국해운조합
여객선예매(홈페이지, 앱)

백야도-금오도 운항시간표

왕 편	백야도 출항시간	복 편	금오도 출항시간
백야도 → 금오도	07:30(함구미)	금오도 → 백야도 (함구미)	08:30
	10:00(함구미)		12:25
	13:20(함구미, 직포)		14:45
	15:50(함구미, 직포)		16:35

※하절기 기준

여행 상황에 따른 출발지

CASE 1 차량을 갖고 들어간다면?

IN/OUT 신기항. 신기항이 금오도와 가장 가까운 출발지다. 요금도 가장 저렴하고 배편도 가장 많다. 가장 경제적인 대안이다. 중소형 승용차는 편도 13,000원이다. 자전거는 3,000원의 운임을 받는다. 신기항(여수시 돌산읍 신기길 90, 한림해운 ☎ 061-666-8092) 인터넷 예매는 불가하고 현장에서 당일 선착순으로 발권한다. 주차료는 무료다.

CASE 2 차량을 선착장에 놓고 섬에 들어가서 비렁길을 걷고 싶다면?

1구간부터 시작해서 완주를 목적으로 한다면 함구미로 들어가는 것이 좋다. 선착장에서 바로 비렁길 1구간이 시작된다. 백야도에서 함구미로 들어오는 것이 좋겠다. 만약 1, 2 구간을 건너뛰고 비렁길 중에서 가장 인기 있는 3구간만 걷고 싶다면 직포에서 내리면 된다. 직포에서 바로 3구간이 시작된다.

CASE 3 함구미에서 안도까지 당일치기 자전거로 종주여행을 하고 싶다면?

IN/OUT을 모두 여수연안여객터미널로 하면 된다. 들어갈 때는 신안해운을 이용해서 함구미로 들어가고 나올 때는 안도에서 한림해운의 마지막 배편을 타고 여수로 되돌아오면 된다. 여수터미널에서 신안해운 첫 배는 하절기 06:10에 출발한다. 함구미 도착은 07:40, 안도에서 여수행 마지막 배는 16:00에 출발한다. 섬에서 약 8시간의 여정이 생긴다. 09:50에 두 번째 배로 들어가도 섬에서 약 5시간 정도의 일정이 생긴다.

CASE 4 대중교통을 이용해서 여수까지 왔다면?

배 시간만 맞는다면 여수연안여객터미널에서 출발하는 것이 좋겠다. 여객선 요금과 운항 거리는 신기항과 백야도가 더 저렴하지만 여수시내에서 각 항구까지 대중교통을 이용해서 다시 이동해야 하는 번거로움이 따른다. 여수시내에서 백야, 신기까지 버스로 1시간 정도 소요된다.

일정

자동차를 타고 들어가서 한 바퀴 휙 돌아보고 나올 것이 아니라면 최소 1박 2일 이상 머물러야 걷고 자전거 타고 낚시도 즐기면서 금오도와 안도를 돌아볼 수 있다. 1일 차에는 비렁길 걷기, 2일 차에는 자전거 타기, 3일 차에 아침 일찍 출발해서 당일 개도를 둘러보고 나오는 일정으로 안내한다.

1일 차	10:00	10:40	12:30	13:30	14:00~16:10	18:00~
	백야도 출항	금오도 도착	점심 식사	숙소체크인	비렁길 3구간 탐방	식사 후 낚시

2일 차	10:00	10:30~14:00	15:30	16:00~17:00	18:00~
	아침 식사	자전거 종주	점심 식사	카약 체험	식사 후 낚시

걷기

금오도의 비렁길은 함구미에서 장지까지 모두 5개의 구간으로 나누어져 있고 총 연장은 18.5km다. 그중 가장 인기 있는 구간은 3코스 직포에서 학동 코스다. 3코스가 인기 있는 까닭은 풍광이 좋기도 하지만 바다로 불쑥 튀어나온 매봉 둘레길을 따라가기 때문에 직포까지 자가용으로 이동 시 출발지로 되돌아가기에 용이하다는 점도 빼놓을 수 없다. 거리는 3.5km, 소요시간은 1시간 30분으로 안내되어 있지만 실제로는 2시간가량 소요된다. 직포 해변에서 선착장 쪽으로 약 200m 정도 내려가면 마지막 화장실이 나오고 바로 비렁길로 진입하는 계단을 따라가게 된다. 하늘이 보이지 않을 정도로 울창한 동백나무 숲길을 약 1km가량 따라가게 된다. 갈바람통 전망대에 도착하면 비로소 시야가 트이며 섬 서측의 해안 절벽이 눈앞에 펼쳐진다. 다시 숲길과 절벽 길을 번갈아가며 2km 걸어가면 다시 절벽 위에 세워져 있는 데크에 도착한다. 이곳에서 벼랑 위에 얹혀 있는 길을 따라가면 좁고 깊은 해식 협곡 위에 놓여진 출렁다리(비렁다리)를 건너서 3코스 종착지인 학동에 도착하게 된다.

자전거

금오도에는 일주도로가 없고 섬 동측에 해안을 따라가는 종주도로가 있다. 함구미에서 라이딩을 시작하면 바다를 왼쪽으로 끼고 달리게 된다. 왕복 이차선의 도로가 말끔하게 포장되어 있어 로드자전거로 달리기에도 좋다. 단, 일주도로가 만들어져 있는 안도의 경우 섬의 동측 몽돌해변에서 안도해변까지 구간이 비포장 임도이기 때문에 안도까지 완주하려면 산악자전거를 준비해야 한다. 금오도 종주도로는 여천, 여남, 심포를 거쳐서 안도대교까지 연결된다. 코스가 단순하기 때문에 길이 헷갈리지도 않는다. 단, 마을에서 마을로 넘어갈 때마다 고개를 한 번씩 오르고 내려야 한다. 중급자 이상에게는 고저가 다이내믹한 코스겠지만 초보자들이 도전하기에는 무리가 따른다. 출발지로부터 13km 지점 남면여객터미널을 지나서 500m 정도 오르막길을 오르면 작은 삼거리에 도착한다. 메인도로는 우회전해야 하지만 좌측 길로 따라 들어가면 미포마을을 지나서 다시 종주도로와 만나게 된다. 오르막길을 하나 피해 갈 수 있는 우회도로다. 안도로 진입하면 포구를 지나서 몽돌해변 쪽으로 시계 반대 방향으로 돈다. 해변 끝 부분에 임도 진입로가 보인다. 2.5km 길이의 안도 상산길 탐방로 표지를 따라가면 된다. 임도는 차량 통행이 가능할 정도로 잘 정비되어 있다. 임도를 빠져나오면 안도해변 사거리에서 동고지길을 따라서 동고지 마을로 들어갈 수 있고, 되돌아나오면 안도여객터미널에서 종주 라이딩이 마무리된다.

금오도 지도

송고항, 시공간 캠핑장
여천항
START 함구미
함구미 선착장
대부산
금오도 캠핑장/카약 체험장
수향도
비렁길 1코스
도포해수욕장
옥녀봉
2코스
하나로마트
직포항
학동
우학항
자전거 우회도로
3코스
심포항
4코스
안도대교
FINISH 안도터미널
동고지마을
망산
창지항
안도해변
5코스
안도오름 전망대
몽돌해변
비포장 구간
남고지
직포방파제
START 직포해변
화장실, 데크길 입구
FINISH 학동
갈바람통 전망대
매봉
학동방파제
비렁다리
걷기 코스
자전거 코스

200m
100m
0m
0.0km   1.0km   2.0km   3.0km   4.0km
START 직포해변
1 화장실/데크길 입구   2 갈바람통 전망대   3 비렁다리
FINISH 학동
0:05   0:30   1:40   2:10

200m
150m
100m
50m
0m
비포장 구간
0.0km 2.0km 4.0km 6.0km 8.0km 10.0km 12.0km 14.0km 16.0km 18.0km 20.0km 22.0km 24.0km 26.0km
START 함구미
4 송고항   5 여천항   6 하나로마트   7 안도대교   8 비포장도로 시작   9 안도오름 전망대   10 동고지마을
FINISH 안도터미널
0:10   0:20   0:50   1:50   2:20   2:40   3:08   3:30

걷기

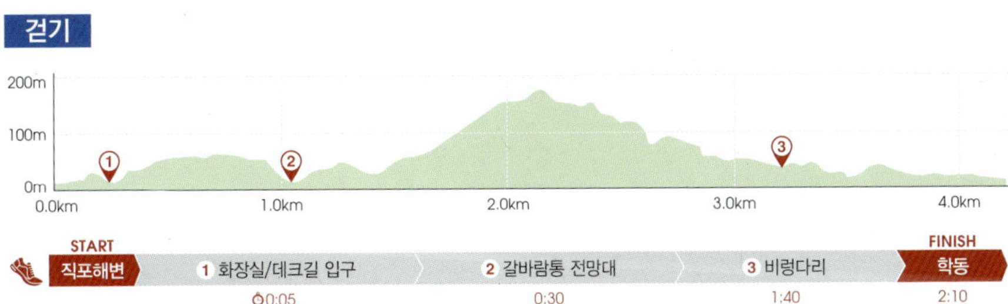

자전거

섬에 대한 짧고 얕은 지식

미리보기

금오도 비렁길은 연간 30만 명이 방문하는 인기 관광지가 되었다. 탐방로 정비도 잘 되어 있어 초보자가 이용하기에 부담이 없

다. 코스 종료 지점마다 매점과 식당이 자리 잡고 있어 보급이나 식사를 해결하는 것이 어렵지 않다. 단 비수기 평일에는 휴무하는 곳이 많다. 이 시기에는 식수와 행동식을 미리 준비하는 것이 좋다.

섬 안에서 이동하기

금오도는 면 소재지이기 때문에 공영버스(남면 버스 ☎ 061-665-9544)가 운행한다. 비렁

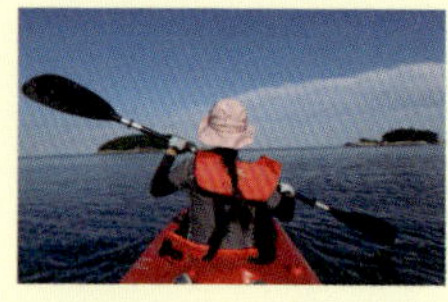

길 구간의 각 코스 종료 지점마다 버스 시간표가 안내되어 있다. 섬이 길고 크기 때문에 여러 가지 액티비티를 즐긴다면 대중교통을 이용하는 것은 번거롭다. 필자가 답사한 섬 중에서 차량을 갖고 들어간 유일한 섬이 이곳이다. 비렁길 3구간의 경우 트레킹을 종료하고 차량을 주차한 직포로 도로를 따라서 걸어가면 2km 거리다. 택시(남면 택시 ☎ 061-666-2651)를 불러서 타고 가면 약 8,000원의 요금이 나온다.

섬의 맛

금오도를 대표하는 맛 중 하나는 방풍나물이다. 면역을 높이고 풍을 막아주는 나물은 원래 한약재로 쓰였다. 금오도가 전국 생산량의 80%를 차지한다. 봄이 제철인 나물은 밑반찬으로 무쳐 먹고 식당에서는 전으로 만들어서 판매한다. 섬에는 방풍 짜장면을 판매하는 곳도 있다. 바람기를 잡아준다는 속설도 있는데 그 이유는 모르겠다. 안도를 대표하는 음식은 회정식이다. 제철 횟감을 메인으로하고 낙지, 소라, 배말, 고둥, 군소, 전복 등으로 푸짐하게 한 상 차려낸다. **백송식당**(여수시 남면 안도 안길 18, ☎ 061-665-9391), **제일식당**(여수시 남면 안도해변 길47, ☎ 061-652-5640) 등이 유명하다. 대부분 4인 기준으로 한 상이 차려지며 1인당 30,000원이다. 회정식이 금오도라고 없는 것은 아니다. **우리식당**(여수시 남면 금오로 868, ☎ 061-665-5045)에서도 맛깔스러운 회정식을 맞볼 수 있다. 반나절 전에는 미리 예약해야 한다. 인원 구성이 4인에서 모자랄 시에는 2인 80,000원에 음식 구성을 높여서 상차림을 준비해주기도 한다. **할매맛집**(여수시 남면 금오로 874, ☎ 061-666-6933)은 간을 잘 맞추는 식당이다. 짠맛의 '맛있다'와 '짜다' 사이의 경계를 정확하게 알고 조리하는 듯하다. 메뉴는 서대회무침(12,000원/1인)과 쏨뱅이 지리탕(15,000원/1인) 두 개뿐이다. 서대회를 밥에 비벼 먹으라고 참기름 한 병을 떡하니 올려주는 모습도 박력 있다.

어디서 잘까

금오도는 섬 전체가 국립 공원지역으로 지정되어 있다. 해변이나 비렁길 데크에서 비박은 불가하다. 관리공단에서 운영하는 야영장도 없다. 대신 섬에는 폐교를 리모델링한 캠핑장이 두 곳 있다. **시공간**(여수시 남면 솔고지길 105, ☎ 010-8654-1585, 1박 40,000~45,000원)은 송고항 인근에 위치하고 있다. 펜션과 캠핑장을 같이 운영한다. 소나무와 해변 조망

이 좋다. 전기, 숯불, 온수 샤워가 가능하고 깔끔하게 관리되고 있다. 특히 해변 쪽 소나무 아래 조성된 데크는 호텔 정원을 연상시킨다. 인근 방파제로 나가서 낚시를 하기에도 좋은 위치다. 낚싯대를 대여(15,000원)해주고 채비도 갖춰준다. 안도에는 마을협동조합에서 운영하는 **안도기러기캠핑장**(여수시 남면 안도해변길 65, 061-662-6664, andocamping. nammyeon.kr, 야영데크는 50,000~60,000원)위치하고 있다. 별도의 숙박동과 어린이놀이터가 구비되어있다. 두 곳 모두 입지상 백패킹보다는 오토캠핑이 어울리는 장소다.

영화와 방송 그리고 책에 등장한 섬

금오도는 그 뛰어난 경관 탓에 많은 영화들의 배경이 되었다. 〈혈의 누〉(2005), 〈인어공주〉(2004), 〈도희야!〉(2014), 〈하늘과 바다〉(2009), 〈김복남 살인사건의 전말〉(2010) 등이 이곳에서 촬영되었다. 〈김복남 살인사건의 전말〉의 경우 영화의 클라이맥스인 절벽 추락 신이 비렁길1구간 미역바위에서 촬영되었다. 영화 전편에 흐르는 불편하고 잔인한 상황들은 섬의 아름다운 풍경과 대비되며 더욱 극적으로 연출되었다. 영화 〈혈의 누〉의 배경이 되는 가상의 섬, 동화도는 금오도를 배경으로 촬영되었다. 여행을 다녀온 뒤 영화 속에서 배경의 위치를 알아맞히는 것도 소소한 즐거움이다.

황장목의 섬

조선시대에는 궁궐의 건축재와 왕족의 관을 만드는 품질이 좋은 소나무를 '황장목'이라 불렀다. 육지에서는 일반인들이 베어갈 수 없도록 황장금표라는 표식을 세우고 관리했다. 황장목이 심어져 있는 산을 '황장봉산'이라 불렀고 이를 어기면 처벌을 받았다. 이런 황장봉산은 울진의 금강송 숲같이 주로 산세가 험준한 내륙에 지정되었다. 숲이 우거져 검게 보인다 해서 '거무섬'으로도 불렸던 금오도는 섬 중에서는 드물게 황장봉산으로 지정되었다. 이런 연유로 1885년 봉산 지정이 해제되어 사람이 살아도 된다는 허민령이 반포되기 전까지는 사람의 출입이나 거주가 허락된 섬이 아니었다. 육지에서의 거리나 섬의 크기에 비해 사람이 살기 시작한 것은 불과 100여 년 남짓한 시간이 흘렀을 뿐이다. 비렁길에서 마주치는 숲길이 그렇게 울창했었던 것도 이런 이유 때문일지 모른다.

2 | 자네 섬 막걸리 한 잔 마셔 볼랑가?
막걸리의 섬

개도

뭐 하고 놀까 | 둘레길 걷기 · 양조장 방문하기 · 주막에서 한 잔

중간 크기 섬
여의도의 3.67배

9.49 km²
면적

337 m
최고봉(봉화산)

684명
인구(마을 6곳)

차도선
저속 ···▶ 12노트

한림페리5

221톤

정원 258명

탑재차량 23대

일반항로
운항률 76%

6km/20분 소요
백야도 선착장

개도 화산 선착장

7km/25분 소요

금오도 함구미 선착장

수역: 서해 남부/전남 동부 남해 앞바다

"뭔 일로 왔당께요?" 주조장 마당에서 고추 빻는 걸 기다리던 할매들이 불쑥 들어선 외지인을 보고 던진 말이다. "주조장 구경 왔습니다." "자네 섬 막걸리 한번 마셔 볼랑가?" 안주인인 듯한 할매 한 분이 일어나서 묵은 김치 한 접시에 막걸리 한 병을 내어준다. 단도직입적이다. 플라스틱 의자 위에 조촐한 술상이 차려졌다.

아직 더위가 가시지 않은 8월 말, 둘레길에서 잡초들과 사투를 벌이다 돌아온 터라, '벌컥벌컥' 잘도 들어간다. 탄산감이 살아 있는 서울 막걸리와 달리 막 따른 섬 막걸리는 목젖을 때리는 타격감 없이 부드럽게 술술 들어간다. 굳이 비교해 보자면 장수막걸리보다는 지평막걸리 쪽이다. 그리고 은은한 단맛이 돈다. 누군가는 밀키스나 암바사 같은 우유탄산 음료 맛이라는 표현을 썼다. 고소한 전어보다는 새콤달콤한 서대회 무침과 잘 어울릴 것 같은 술이다. 이 부드러움과 단맛은 도대체 어디서 오는 것일까?

하루키는 스코틀랜드 아이레이 섬을 여행하며 쓴 책,《위스키 성지 여행》에서 '술은 그곳의 자연과 사람들의 모습이 담겨 있는 액체'라고 했다. 여수반도와 돌산도가 두 팔 벌려 바다를 끌어안아 두 손이 맞잡히는 지점에 개도가 있다. 수십 개의 섬들이 떠 있는 금오열도를 품은 여수 앞바다는 우락부락 거칠지 않고 부드럽다. 섬 막걸리는 이 바다의 잔잔한 모습을 닮아 있다. 같은 막걸리라도 진중한 듯 묵직하게 보디감이 살아 있는 산골의 막걸리와는 아예 다른 술이다. 불쑥

찾은 외지인에게 막걸리 한 상 차려줄 달달한 인심까지 더해졌으니 그 달콤한 여운이 오래 남는다.

개도는 넓고 높은 섬이다. 섬에는 300고지가 넘는 봉화산과 천제산이 우뚝 솟아 있다. 이 모습이 개의 두 귀가 쫑긋하게 서 있는 것처럼 보여 '개섬'으로 불렀다는 이야기도 있다. 산이 높으니 골도 깊고 흐르는 물도 많을 것이다. 그 사이에 자리 잡은 화산마을은 분지 속에 파묻히듯 아늑하다. 제법 넓은 논에서 벼 이삭들이 익어가고 있다. 물과 쌀이 넉넉하니 척박한 섬에서는 꿈도 못 꿀 주조장도 자리 잡았을 것이다. 다만 현재 개도 막걸리는 원료로 섬 쌀이 아니라 수입산 미분을 사용한다.

주조장을 둘러봤으니 이제 주막으로 갈 차례다. 이 섬에서 유명한 주막집은 산속이 아닌 바닷가에 자리 잡고 있다. 간판은 식당이지만 모두들 막걸리에 같은 안주를 먹고 있으니 주막으로 불러도 무방하겠다. 육지 막걸리에는 파전이 붙박이 안주지만 이곳의 대표 메뉴는 게 튀김이다. 달큼한 기름의 맛이야 파전과 다를 바 없지만 씹힐 때마다 껍질째 아삭거리는 식감이 재미있는 안줏거리다. 그것도 양념 반, 프라이드 반이다. '프라이드만 먹으면 심심할 것 같아서 내가 개발해봤어.' 주인장의 걸쭉한 입담까지 더해지니, 식당 안은 웃음소리가 끊이지 않는다.

현재 여수의 섬에는 다리가 놓이고 있다. 같은 화정면이자 막걸리로 유명한 낭도에는 이미 다리가 놓였다. 백야, 제도, 개도, 월호, 화태, 돌산을 연결하는 다리도 몇 년 안에 완공될 예정이다. 섬의 한적함을 간직한 개도의 모습을 보기 위해 서둘러야 할 이유다.

개도로 들어가는 선착장은 여수연안여객터미널, 백야도 선착장 2곳에서 출발한다. 백야도에서 개도로 들어가는 배편은 신아해운과 태평양해운의 배가 번갈아 가며 하루 11회 출항한다. 성인 편도 요금은 4,500원이다. 하절기 기준 시간표는 아래와 같다.

*이웃 제도와 월호도를 연결하는 연륙교는 2027년도에 완공 예정이다.

백야도 → 개도 화산	06:40(태평양)	10:00(신아)	14:20(태평양)
	07:00(태평양)	10:40(태평양)	15:10(태평양)
	07:30(신아)	11:55(태평양)	15:50(신아)
	08:25(태평양)	13:20 (신아)	

*신아해운은 개도를 거쳐 금오도로 운항한다.

첫 배로 들어가서 막배로 나오면 섬에서 8시간의 여정이 생긴다. 금오도에서 돌아올 때 당일로 개도를 들른다면 배 시간표는 아래와 같다. 여기서는 금오도에서 2박 2일을 보내고 3일 차에 개도를 방문하는 일정으로 안내한다. 금오도와 백야도, 여수를 오고 가는 신아해운의 차도선 중 개도를 경유하는 배편은 다음과 같다.

백야도행	금오도 출항시간	여수행	금오도 출항시간
금오도(함구미) → 개도	08:30	금오도(함구미) → 개도	07:50
	12:25		16:30
	14:45		
	16:35		

당일	07:50	08:20	08:30~12:30	13:30	13:50
	금오도 출항	개도 도착	둘레길 트레킹, 식사	개도 출발	백야도 도착

걷기

이곳 둘레길의 명칭은 개도사람길이다. 1코스는 화산 선착장-호령마을 4.5km 구간이고, 2코스는 호령마을-배성금 3.14km다. 지도에는 없지만 3코스 배성금-정목 3.6km도 존재한다. 둘레길 전용구간과 일반 차도 구간이 혼재되어 있는 코스다. 둘레길을 완주할 사람은 1, 2, 3 코스를 순서대로 따라서 섬을 한 바퀴 돌면 된다. 여기서는 차량 이동 없이 반나절 정도면 섬 남쪽을 돌아볼 수 있는 변형 구간으로 안내한다. 화산 선착장에서 시계 반대 방향으로 500m 정도 이동하면 둘레길 초입에 도착한다.

바로 연이어 화산 전망대와 여석 전망대를 지나간다. 해발 50m 정도의 완만한 산길이다. 3km 정도 걸으면 산길에서 빠져 나와서 도로를 따라 여석 선착장에 도착한다. 이곳에서 800m 정도 이동하면 삼거리에 도착한다. 직진하면 호령해변을 지나 2코스로 접어 든다. 좌회전하면 화산마을 쪽으로 연결된다. 주조장은 마을로 들어가는 삼거리 코너 길가에 자리 잡고 있다. 계속 직진해서 별촌 방파제에서 좌회전하면 화산 선착장으로 되돌아간다.

걷기길 난이도 **50점**	이동거리 **8.1Km**(중)
상승고도	158m(하)
최고지점	71m(하)
소요시간	4시간 33분

개도 지도

걷기

미리보기

개도사람길을 탈 때 미리 알아야 할 사항들이 있다. 첫째, 1코스 여석전망대에서 길이 헷갈린다. 임도에서 전망대로 내려갔다가 다시 올라오는 것이 맞다. 전망대에서 좌측으로 안내표지판이 서 있다. 길인 줄 알고 따라 들어가면 점점 수풀이 우거지면서 아예 길이 없어져 버린다. 꽤나 고생한 구간이다. 둘째, 개도에는 멧돼지가 많다. 둘레길 중간중간 멧돼지들이 파헤쳐놓은 구덩이들이 많이 보인다. 주의가 필요하다. 셋째, 둘레길 제초작업이 거의 안 되어 있다. 이웃 금오도 비렁길에 비해서 인지도 

가 떨어지는 탓에 찾는 사람들이 드물어서 더 상태가 안 좋다. 8월 말에 방문했을 당시 1코스는 그런대로 괜찮았지만 2코스는 수풀이 너무 우거져서 아예 진입을 포기했다. 마을 사람들도 제초를 잘 못하니 10월 넘어서 오는 게 좋다고 말한다.

섬의 맛

개도에서는 막걸리도 배를 타고 여행을 다닌다. 개도를 들락거리는 차도선 앞쪽에는 거의 예외 없이 개도 막걸리 박스가 실려 있다. 인근의 금오도, 하화도를 비롯해서 여수 일대까지 꽤나 찾는 사람이 많은 막걸리다. **개도 주조장**(여수시 화정면 개도리 682, ☎ 061-666-8607). **갯마을식당**(여수시 화정면 개도리 714-13, ☎ 010-4137-2225)은 SBS TV 예능 프로그램 〈미운 우리 새끼〉(2018년 9월 23일 방송)에 나오면서 유명세를 탄 곳이다. 임원희와 김민교가 막걸리와 식사를 위해서 들렀던 식당이다. 밑반찬들은 막걸리와 잘 어울리고 게튀김도 맛있다. 10첩 반상이 깔리는 백반(10,000원)이 대표 메뉴다. 꽃게튀김(中 25,000원).

백패킹 명소

개도는 막걸리의 섬이지만 최근에는 백패킹의 명소로 알려지기 시작했다. 캠핑 성지로 여겨지는 장소는 섬의 남단, 개도사람길3코스가 지나가는 청석포해수욕장이다. 해변 서측으로 갯바위가 넙적하게 자리잡고 있어 백 패커 들은 이 바위 위쪽에 자리를 잡는다. 바위로 내려가는 데크길 입구는 '여수시 화정면 신흥길 102-35'를 네비에 찍고 찾아가면 된다. 화산선착장에서 2.4km 거리다. 암반 위라 팩을 사용할 수 없고 주변의 돌멩이를 이용해서 텐트를 고정한다.

포트 해밀턴을 향하여

영국군이 다녀간 섬

전라남도 여수시 삼산면 거문도리

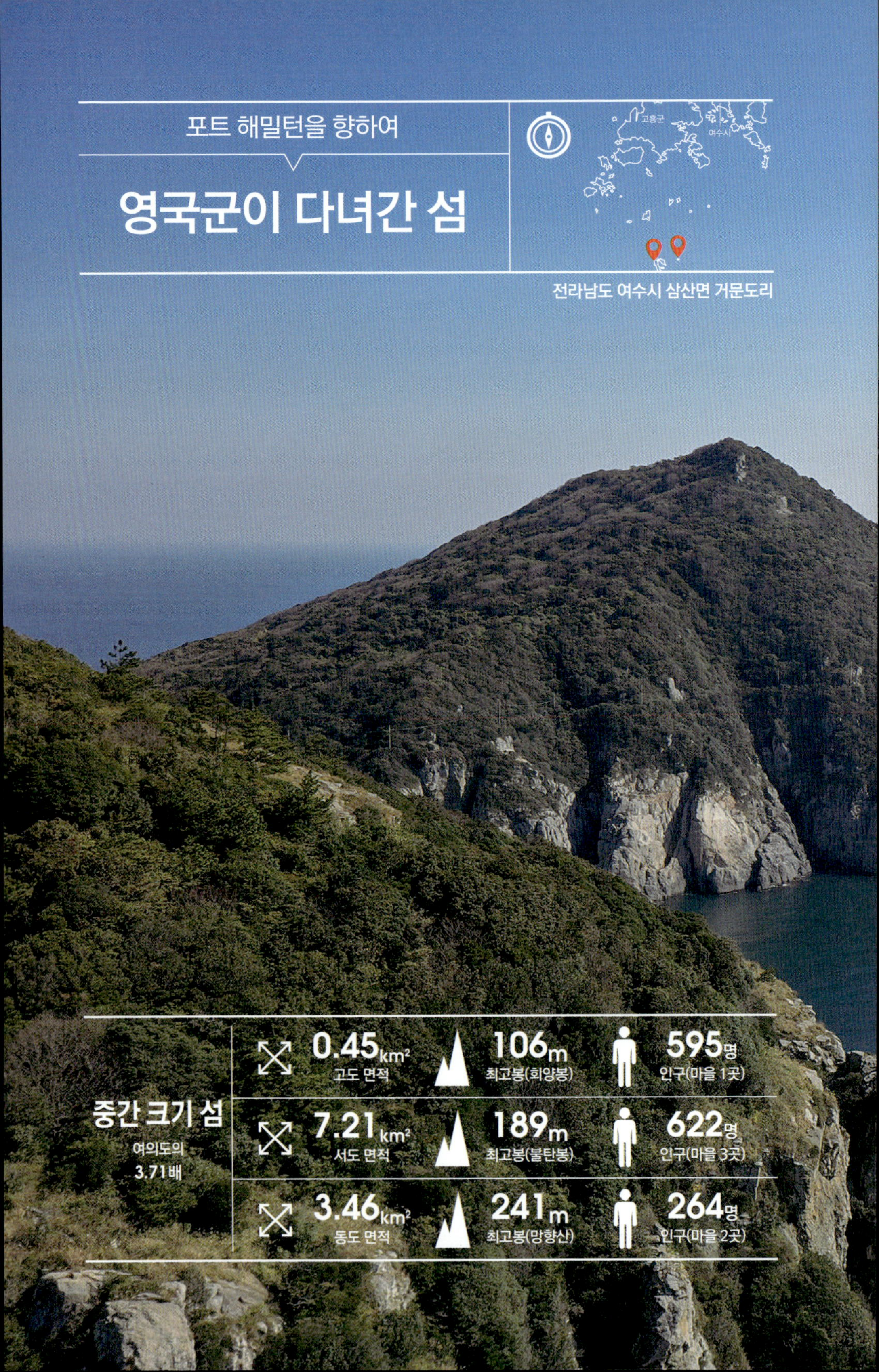

중간 크기 섬
여의도의
3.71배

0.45 km²
고도 면적

106 m
최고봉(회양봉)

595 명
인구(마을 1곳)

7.21 km²
서도 면적

189 m
최고봉(불탄봉)

622 명
인구(마을 3곳)

3.46 km²
동도 면적

241 m
최고봉(망향산)

264 명
인구(마을 2곳)

거문도·백도 3

불탄봉 트레킹 · 거문도 등대 탐방 · 백도 유람선 타기

초속쾌선
고속 ⸱⸱⸱▶ 35노트

하멜호

590톤

정원 432명

탑재차량 0대

항로
운항률 70%

✈ 95km / 2시간 5분 소요

여수여객터미널 나로도　　　손죽도　초도　　　　　　　동도고도(선착장)

수역: 남해 서부/전남 동부 앞바다　　　남해 서부/남해 서부 동쪽 먼바다

섬은 땅의 끝이 아니라 시작이 되는 관문이다. 섬을 여행하다 보면 이웃 나라들과 교류의 흔적들을 심심치 않게 찾아 볼 수 있다. 서해의 먼 섬들은 대부분 중국과 교역했던 흔적이 남아 있다. 어장이 풍부하거나 교통의 요충지에는 어김없이 일제 침탈의 흔적들이 남아 있다. 섬에 설치된 등대 대부분은 항로를 개척하기 위해서 이 시대에 만들어진 것이고 적산가옥의 흔적도 어렵지 않게 발견할 수 있다.

거문도는 1885~1887년 러시아의 남하정책을 견제하는 영군 해군에 의해서 점령당했다. 우리는 이를 거문도 점령사건이라 배웠다. 당시 조정은 한 달이 넘도록 이를 알지 못했고 관련국 중에서도 가장 늦게 사실을 파악한다. 외세가 우리의 섬을 자기 집 안방같이 드나들던 시절이다. 이 답답한 역사를 뒤로 하면 이 섬은 관광객에게 꽤나 흥미로운 곳이다. 대부분 외지인들은 이 섬에 도착해서야 거문도가 고도, 동도, 서도 3개 섬으로 이루어져 있다는 사실을 알게 된다. 가장 작은 섬인 고도를 동도와 서도가 방파제처럼 에워싸고 있다. 천연의 요새이자 항구다. 영국인들은 고도항을 자신들의 제독의 이름을 붙여 포트 해밀턴Port Hamilton이라 불렀다.

현재 세 섬은 모두 다리로 연결되어 있다. 동도와 서도 사이에는 거문대교가 놓였고 고도와 서도는 삼호교로 이어져 있다. 고도에는 영국과 일본의 흔적들이 남아 있다. 선착장 주변에는 적산가옥 거리가 있고 거문초등학교 위쪽에는 영국군에 의해 우리나라에 최초로 만

들어진 테니스 코트가 남아 있다. 고도 회양봉 산자락에는 영국군 묘
지가 있다. 주둔 기간 동안 9명의 수병이 사고로 죽었는데 현재는 3
명의 묘지가 남아 있다. 이역만리 먼 바다를 건너와서 허락받지 않은
남의 나라, 그것도 남해의 외딴 고도에서 죽어간 어린 수병의 묘지
앞에 서면 만감이 교차한다. 면사무소로 들어가면 당시 영국군들이
찍었던 섬 주민들의 사진이 전시되어 있다. '우리 할아버지들이 여기
이렇게 찍혀 나왔네요.' 민박집 사장님의 설명처럼 흑백사진 속 당시
섬의 풍경들은 너무 오래되어 오히려 낯설게 느껴진다.

거문도를 둘러보는 가장 좋은 방법은 불탄봉에서부터 거문도 등대
가 있는 수월봉까지 트레킹을 하는 것이다. 서도의 최고봉에는 원래
이름이 없었다. 언젠가 산봉우리에 불이 난 뒤로부터 주민들은 이곳
을 불탄봉이라 부른다. 고도에서 과거의 역사를 되짚어 봤다면 서도
에서는 거문도의 풍경을 감상하며 걸으면 된다. 사방이 탁 트인 능선
을 따라가는 등산로는 경쾌하기 이를 데 없다. 오른쪽으로 힐끔힐끔
내려다보이는 해안 절벽의 경관에 취하고 살랑살랑 간질이듯 춤추
는 갈대 숲을 헤치며 남쪽을 향해 내려간다. 남쪽 끝이 가까워질수록
다가오는 등대의 모습이 시시각각 변해간다. 목넘이를 지나 등대로
들어가는 길은 동백 터널이다. 성미 급한 꽃들은 11월부터 꽃망울을
터트린다. 빨간 지붕과 흰색건물이 푸른 바다를 배경으로 우뚝 서 있
는 등대에 도착하는 순간, 거문도 여행의 클라이맥스를 맞이한다.

배편

여수연안여객터미널에서 거문도로 들어가는 배편이 있다. 선사는 ㈜케이티 마린이다. 하루에 두 번 배편이 있다. 요금은 성인 편도 36,100원이고 2시간 20분 소요된다. 여수에서 출발한 배는 고흥군 외나로도항을 경유하게 된다. 외나로도항에서 출발하면 요금과 시간이 단축된다. 이 점을 참고해서 출발지를 선택하는 것이 좋겠다. 고흥 녹동항에서는 차량을 운반하는 차도선이 초도를 거쳐서 거문도까지 운항한다. 07:00에 출발해서 3시간 소요된다.

왕 편	백야도 출항시간	복 편	금오도 출항시간
여수 → 거문도	07:30 13:10	거문도 → 여수	10:20 15:40

출발 여수연안여객터미널
　　　여수시 여객선터미널길 17(주차 1일 5,000원) | ☎ 1666-0920
선사 ㈜케이티마린 여수지점 061-810-3331
할인 전남 섬여행 반값 운임 지원 50%
예매 한국해운조합 여객선예매(홈페이지, 앱)

일정

섬을 찾는 관광객들은 대부분 1박 2일로 일정을 잡는다. 13:10 배로 들어가면 거문도에 15:15에 도착한다. 하절기라면 도착 후 30분만에 백도행 유람선이 출발한다. 동절기에는 일몰 시간에 걸리기 때문에 유람선은 다음 날 아침 일찍 출발하는 것이 보통이다. 동절기에 들어갔다면 첫날 불탄봉을 트레킹할 시간이 부족하다. 첫날은 고도 일대를 둘러보고 2일 차 유람선 관광 후에 불탄봉 트레킹과 거문도 등대를 다녀오면 배 시간이 맞는다.

1일 차	13:10	15:15	16:00	16:00~18:00	20:00
	여수 출항	거문도 도착	숙소 체크인	고도 관광	저녁 식사 마침
2일 차	07:30~10:10	11:00	11:00~15:00	15:40	17:45
	백도 유람선 관광	숙소 체크아웃/식사	불탄봉 트레킹	거문도 출발	여수 도착

백도유람선 운항 항로

'백도를 못 보고 갔다면 거문도를 보지 못한 것과 같다'고 말할 정도로 백도 유람은 거문도 관광의 꽃이다. 우리나라 무인군도 중에서 가장 아름다운 섬이라는 데에는 이견이 없다. 39개의 무인도로 이루어져 있는 군도다. 무인도와 암초를 세어보니 모두 99개라 일 백百에서 한 획을 빼서 흰 백白이 되었다는 설이 있고 섬이 흰색을 띤다고 백도라 불린다는 설도 있다. 군도는 크게 상백도와 하백도로 나누어진다. 형제바위, 물개바위, 신선바위, 곰바위에서부터 남근바위와 성모마리아상까지 기기묘묘한 모양의 기암괴석들이 유람 내내 끊임없이 펼쳐진다. 유람선은 먼저 상백도를 시계 방향으로 돈 뒤에 하백도를 시계 반대 방향으로 한 바퀴 돌고 출발지로 되돌아간다.

유람선 타기

백도유람선(☎ 010-2608-0383)은 여객선이 도착하는 여객터미널이 아닌 삼호교 하단 거문도항쪽에서 출발한다. 터미널에서 남쪽으로 약 600m 지점에 위치한다. 요금은 성인 35,000원이다. 백도 관광은 약 2시간 40분 소요된다. 백도가 거문도로부터 28km 떨어진 지점에 위치하다 보니 왕복에 2시간 소요되고 실제 유람은 40분 정도 걸린다. 일몰 시간에 따라 오후에 출발할 수도 있고 아침 일찍 출항하는 경우도 있다. 비수기에는 단체승객이 없으면 운항을 안 하는 경우도 있으니 미리 전화로 확인해보는 것이 좋겠다.

물개바위

시루떡바위

남근바위

③ 섬을 알차게 누비는 방법

걷기

1일 차(고도)

여객선이 도착하는 고도는 거문도 3개의 섬 중에서 가장 작지만 가장 많은 사람들이 모여 살고 있는 거문도의 중심이다. 식당과 숙박업소들도 대분 이곳에 위치하고 있다. 선착장을 따라서 남쪽으로 걸어 내려오다 보면 적산가옥 거리에 도착한다. 부분 부분 리모델링을 했지만 일본풍이 남아 있는 가옥들이 몇 채 남아 있다. 시계 반대 방향으로 돌아서 거문초등학교로 올라가면 산 중턱에 해밀턴 테니스장이 보인다. 우리나라 테니스의 발원지인 셈이다. 돌담길을 따라 올라가면 거문도 역사공원 안에 있는 영국군 묘지에 도착한다. 화강암 묘비와 나무 십자가가 세워져 있는데 이곳에 묻힌 영국군 3인의 묘비다. 회양봉 전망대에서는 거문대교가 조망된다. 다시 항구로 되돌아 나와서 삼신면사무소로 향한다. 이곳에서 당시 영국군에 의해서 촬영되었던 흑백사진들을 살펴볼 수 있다.

2일 차(불탄봉-거문도 등대)

거문도 등대로 이동하는 방법엔 두 가지가 있다. 등산로를 따라 이동하면 5.7km 거리가 된다. 산행이 부담스러운 사람은 해안도로를 따라서 '목넘이'까지 이동하면 된다. 2.7km 거리다. 불탄봉 트레킹을 위해서는 삼호교를 건너서 우측 덕촌마을 쪽으로 올라간다. 방파제가 나오기 전 등산로 들머리가 보인다. 이곳에서부터 불탄봉 정상까지 약 1km 거리를 능선을 따라서 가파르게 치고 올라간다. 불탄봉 정상에서는 맞은 편 고도의 전경이 한눈에 펼쳐진다. 이곳에서부터는 탁 트인 능선을 따라서 진행한다. 갈대밭과 동백터널 그리고 돌탑을 번갈아 통과하며 비로봉, 전수월산을 넘어간다. 등산로는 목넘이에서 해안도로와 만나며 끝난다. 목넘이에서 등대까지는 1.5km 거리다. 차량으로는 진입 불가이기 때문에 택시로 온 사람들도 이곳에서부터는 도보로 이동해야 한다. 목넘이는 서도와 수월봉을 연결해주는 갯바위 지대다. 마치 소매물도에서 등대섬으로 연결되는 열목개가 떠오르는 경관이다. 등대로 가는 길은 동백나무가 지천이다. 1905년에 세워진 등대는 이제 은퇴했고 2006년에 세워진 육각형 기둥 34m 높이의 새 등대가 가동되고 있다. 등대 옆의 수향정에서는 남쪽의 망망대해를 바라보며 잠시 숨을 돌리기 좋다.

거문도 지도

걷기

1일차	START 면사무소 입구	1 테니스장	2 영국군 묘지	3 회양봉 전망대	4 적산가옥	5 삼산면사무소	FINISH 면사무소 입구
		0:10	0:22	0:40	0:47	0:55	1:05

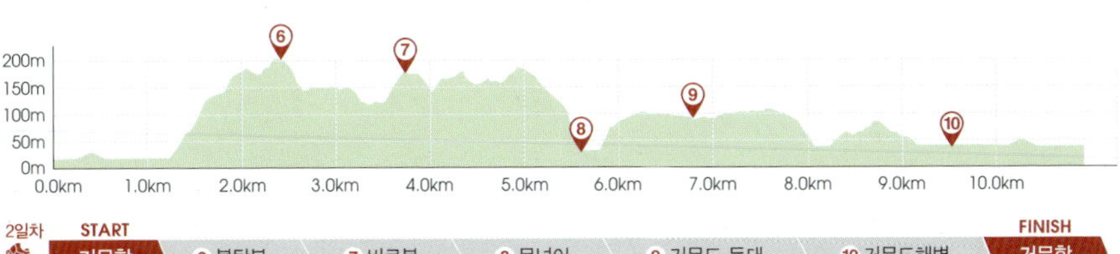

2일차	START 거문항	6 불탄봉	7 비로봉	8 목넘이	9 거문도 등대	10 거문도해변	FINISH 거문항
		0:42	1:06	2:00	2:25	3:25	3:45

섬에 대한 짧고 얕은 지식

미리보기

거문도에서 백도까지는 배로 1시간 거리다. 그것도 육지와 가까운 내해가 아닌 먼바다를 헤치고 가야 한다. 배도 작은 편이라 비위가 약한 사람들은 미리 멀미에 대비하는 것이 좋겠다. 섬이 육지와 멀리 떨어져 있는 까닭에 멧돼지 같은 맹금류는 보이지 않는다. 대신 불탄봉 등산로 주변에는 뱀 주의 표지가 있다. 평돌이 많이 깔려 있는 돌산이 아니라 뱀이 많아 보이지 않지만 하절기 등산 시에는 주의하는 것이 좋겠다.

섬 안에서 이동하기

거문도에는 2019년까지 공영버스가 없었다. 대신 택시 두 대가 운영 중이었다. 고도에서 거문도 등대 입구인 목넘이까지는 2.7km 거리라 도보로 이동해도 되고 택시요금도 편도 8,000원 정도여서 부담이 없다. 문제는 서도 북쪽에 위치한 녹산등대 입구까지는 편도 5.6km

거리라 도보로 이동하기에는 체력이 부담스럽고 택시를 이용하기에는 요금이 부담스러웠다. 탐방구간은 고도와 서도의 남쪽에 치우칠 수밖에 없었다. 2020년부터 거문도에도 공영버스가 운행하기 시작했다. 여객터미널이 기점이고 삼호교를 건너서 서도 북쪽 녹산등대 입구를 지나 거문대교를 건너서 동도 죽촌마을(종점)까지 하루 5회(기점 출발 시간 08:00, 10:10, 14:20, 16:00, 20:00) 운행한다. 이제 버스를 이용해서 서도 북쪽과 동도를 돌아볼 수 있게 되었다.

섬의 맛

6월부터 남해에서 잡히기 시작하는 갈치는 가을철에 절정을 맞이한다. 이 계절에 거문도를 방문했다면 가장 흔하게 보이는 생선은 갈치다. 그물로 잡은 먹갈치가 아니라 낚시로 잡은 은갈치다. 거문도에서는 제주도와 마찬가지로 갈치를 회로 먹을 수 있다. 삼호교 초입에 위치한 **강동횟집식당**(여수시 삼호교길 29, ☎ 061-666-0034)은 현지인들이 즐겨 찾는 곳이다. 갈치 철이면 은빛 비늘이 살아 있는 갈치회(30,000원)와 갈치조림(15,000원/1인)을 맛볼 수 있다. 메뉴에는 없지만 장어두루치기(40,000원)도 일품이다. 공조시설이 없어서 장어구이 대신 개발한 메뉴라고 하는데 담백한 맛이 일품이다. 아침 식사(백반 12,000원)도 가능하고 미리 예약하면 도시락도 준비해준다. 불탄봉 트레킹을 하면 점심 먹을 시간이 애매해지는데 이때 이용하면 좋다. 거문도를 대표하는 또 다른 맛은 바로 해풍 쑥이다. 선착장 앞에서 쑥 가공식품을 판매하는데 해풍 쑥이 나오는 시기는 봄철이다. 선착장 인근 **섬마을횟집**(여수시 삼산면 거문길 84, ☎ 010-4025-3939)에서는 쑥막걸리와 쑥전(10,000원)을 맛볼 수 있다. 트레킹 이후 뒤풀이하기에 좋은 곳이다. 쑥막걸리는 거문도 쑥을 첨가해서 만든다. 양조장은 여수 돌산도에 위치한다. 쌉쌀한 쑥 향이 독특한 술이다.

어디서 잘까

섬 전역이 다도해해상국립공원으로 지정되어 있어 캠핑은 불가하다. 선착장이 있는 고도에 식당과 숙소들이 모여 있다. **대흥민박슈퍼**(여수시

삼산면 거문리 129번지, ☎ 061-666-8016, 40,000원/1박, 2인 1실 기준)는 1층에 슈퍼를 운영하고 2층에 민박을 한다. 방 컨디션은 깔끔하다. 이곳 사장님은 직접 작성한 거문도 안내도로 투숙객들에게 섬에 대한 오리엔테이션을 해준다. 방문객의 평가가 좋은 곳이다.

등대 스테이

우리나라의 등대 중 거문도 등대를 포함해서 부산 가덕도 등대, 제주 산지 등대 총 3곳에서 등대 숙박을 할 수 있다. 거문도 등대의 경우 여수지방해양수산청 홈페이지에 접속해서 해운/안전 메뉴〉등대체험숙소로 들어가면 등대 숙소를 신청할 수 있고, 전화로도 문의 가능하다(☎ 061-666-0906). 부엌이 딸린 20평 숙소에서 하루 묵어갈 기회가 주어진다. 신청 자격은 초중고생을 동반한 3인 이상 8인 이하 가족이다. 1박 2일간 사용할 수 있으며 반려견 동반은 불가하다. 이용일 2주 전에 신청하면 복수 신청 시 추첨해서 결과를 1주 전에 알려준다.

울릉도와 거문도 어부들

동해의 고도 울릉도와 남해의 고도 거문도, 전혀 상관없을 것 같은 두 섬 사이에 어떤 인연이 있었던 것일까? 섬에서 구전되는 이야기와 서적 그리고 언론에 보도된 내용들을 종합하면 대략 이렇다. 거문도와 초도의 어부들은 봄이 되면 동남풍과 구로시오 해류를 타고 울릉도로 들어가서 조업을 했다. 뱃길로 보름에서 한 달이 걸리는 여정이었다. 이들은 울릉도와 독도의 바다에서 해산물을 잡아 건조시키고 울릉도의 나무로 새 배를 만들어서 겨울이 오기 전 북풍을 타고 고향으로 되돌아 왔다. 이는 독도 영유권을 주장하는 데 주효한 사료가 된다. 1900년도에는 울릉도에서 일본을 등에 업고 횡포를 일삼은 친일세력을 울릉도 주민과 당시 조업을 온 거문도 어부들이 힘을 합쳐서 처단했다는 이야기도 전해진다. 동쪽과 남쪽의 두 끝 섬은 이렇게 보이지 않는 해류와 해풍으로 연결되어 있었다.

영화와 방송에 등장한 섬

거문도에는 인어의 전설이 전해져 온다. 서도의 북쪽 녹산등대 탐방로 입구에 있는 인어해양공원에는 4.5m의 청동 인어상이 세워져 있다. 거문도에서는 인어를 '신지끼'라고 부른다. 서도 해안에는 신지끼라는 작은 암초가 있는데 여인의 모습을 한 인어가 자주 나타난다는 이야기가 전해진다. 태풍이 올라올 때면 돌멩이를 던져서 어부들에게 바다로 나가지 말라고 경고를 주었다고 한다. 거문도의 인어는 사람을 홀리는 것이 아니라 사람을 살리는 존재였던 것이다. 2015년 여수시에서는 이 전설을 바탕으로 웹 드라마 〈신지끼〉를 제작하고 2016년 국제웹영화제에서 수상을 하기도 했다. 22분 분량의 4부작으로 발표되었다. 여수관광 유튜브 채널에서 볼 수 있다.

하화도

4

작고 예쁜 꽃섬으로 놀러 가요

아래 꽃섬

뭐 하고 놀까 | 걸어서 섬 한 바퀴 · 숨어있는 야생화 찾아보기 · 선착장에서 소일거리 찾기

아주 작은 섬
여의도의 0.2배

0.6km² 면적

118m 최고봉(봉화산)

50명 인구(마을 1곳)

차도선
저속 ··· 13노트

태평양 3호

242톤

정원 **249**명

탑재차량 **27**대

일반항로
운항률 93%

10km / 50분 소요

백야도 선착장 · 제도 · 화산 여석 모전 · 하화도 · 상화도

수역: 서해 남부 / 전남 동부 남해 앞바다

꽃과 섬. 예술과 섬만큼이나 여행의 상상력을 자극하는 두 단어다. 울긋불긋한 꽃들이 만개하고 은은한 향기로 가득한 섬은 모든 여행자들이 꿈꾸는 이상향이다. 현실에서 이런 낙원을 찾는다는 것은 말처럼 쉽지 않다. 섬에 거주하는 주민들이야 계절에 따라 피고 지는 꽃을 항상 보겠지만 평생에 한 번, 어쩌다 한 번 섬을 찾는 외지인들이 이 타이밍을 맞추는 것은 어쩌다 올려다본 밤하늘에서 별똥별이 떨어지기를 기대하는 것과 같다. 계절의 흐름이 들쭉날쭉한 요즘 같은 시절이라면 작정하고 개화시기에 여행 일정을 맞추기란 훨씬 더 어려운 일이다. 이제는 현지에서도 타이밍을 놓치기 일쑤다. 2019년 합천 황매산 철쭉축제는 개화가 늦어지는 바람에 낭패였고, 위도 상사화 축제는 꽃 몽우리가 드문드문 올라와서 행사가 취소되었으니까.

여수 여자만 입구에는 꽃섬이 두 곳 있다. 위 꽃섬 상화도와 아래 꽃섬 하화도다. 이름에서부터 노골적으로 꽃섬이라고 육지 사람들을 유혹한다. 관광객들이 즐겨 찾는 섬은 아래 꽃섬, 하화도다. 2008년 5.7km의 둘레길인 꽃섬 길이 조성되면서부터 유명세를 타기 시작했다. 선착장의 모습은 외지인들의 기대와는 좀 다르다. 꽃이 지천으로 널려 있을 것 같은 꽃섬에 들어왔지만 정작 꽃밭은 보이지 않는다. 잔망스

럽게 노란 봉우리를 한꺼번에 터트리는 개나리, 화르르 피어났다가 꽃비를 흩뿌리는 벚꽃놀이에 익숙한 사람들에게는 카메라를 들이댈 곳이 마땅치 않다. 하화도는 꽃밭이 잘 만들어져 있는 축제의 섬이 아니다. 섬 곳곳에 1년 내내 자생하는 꽃이 끊임없이 피고 진다고 해서 붙여진 이름이다. 섬에서 꽃구경을 하기 위해서는 속도를 늦추고 시야를 낮추며 걸어야 한다.

섬의 야영장 쪽으로 걸어 올라가니 노란 산국이 바람에 흔들리며 피어 있다. 11월, 육지는 기온이 영하로 내려가기 시작했는데 남도의 섬에는 여전히 꽃이 피어 있다. 있는 듯 없는 피어 있는 고들빼기도, 10월에 모두 꽃 몽우리를 떨궜을 줄 알았던 구절초도. '거 봐, 여기가 꽃섬이 맞지?' 하고 말하듯 산책로에 고개를 내밀고 있다. 막산 전망대를 지나 꽃섬 다리를 건너가니 섬의 남쪽 해안 절벽을 따라가기 시작한다. 작고 낮은 섬이지만 길에서 바라보이는 풍광만큼은 여느 둘레길 못지않다. 누군가는 꽃섬 길을 금오도 비렁길의 미니어처라고 불렀다던가.

백야도로 되돌아가는 다음 배를 타기 위해서 이곳에 머물러야 하는 시간은 4시간 남짓, 섬을 둘러보는 데는 3시간이 걸린다고 했다. 시 짓골로 내려가서 여유도 부려보고 뭐 놓치고 가는 건 없는지 구석구석 돌아봤지만 섬 완주는 2시간 만에 끝나버린다. 아침부터 서둘렀던 여정에 갑자기 여유가 생겼다. 작은 꽃섬과 배편이 만들어준 쉼표다. 갑자기 시간이 남아도는 사람들은 제각각 소일거리를 찾아 나선다. 식당에서 막걸리를 한 잔하기로 의기투합하는 사람도 있고 마을회관 나무 밑에서 햇살을 쬐기로 한 사람도 있다. 하화도에서의 꽃놀이는 울긋불긋한 화려한 색감을 자랑하는 유채색 풍경화를 관람하는 것과 다르다. 사군자를 그린 수묵화같이 시간의 여백이 덧입혀지면서 완성된다.

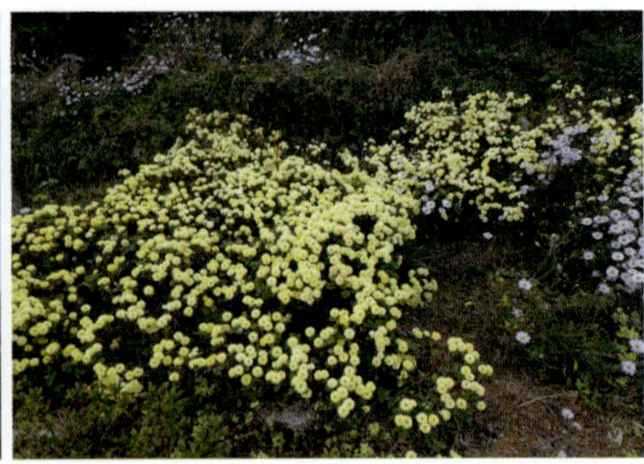

배편

백야도 선착장에서 태평양해운의 차도선이 하루에 4번 하화도로 운항한다. 과거에는 백야-제도-화산(개도)-여석(개도)-모전(개도)-하화-상화-사도-낭도 순으로 들어갔다가 다시 되돌아 나왔다. 이제는 낭도에 다리가 놓인 까닭에 백야에서 출발해서 하화, 상화도까지만 들어갔다가 되돌아 나온다. 따라서 백야도에서 출발해서 오전에 하화도, 오후에 사도를 돌아보는 일정은 이제 불가해졌다. 하화도에서 사도로 넘어가는 배편이 하루 1회 있으나, 시간상 당일 백야도나 낭도로 되돌아 올 수 없다. 사도에서 1박을 하던지 아니면 사도는 낭도에서 들어가는 것으로 따로 일정을 세워야 한다. 백야도에서 하화도까지는 50분 소요되며 요금은 7,000원이다.

백야도 출항	하화도도착	하화도 출항	백야도 도착
08:30	09:15	07:30	08:15
11:55	12:45	09:30	10:20
14:00	14:54	13:05	13:55
15:10	16:00	16:10	17:00

출발 백야도 여객터미널 | 여수시 화정면 격포항길 51-3(주차 무료) | ☎ 061-686-6655
선사 (주)태평양 해운 | ☎ 061-662-5454 | 태평양해운.com
할인 여수시민 50% 요금 감면
예매 당일 선착순 현장 발권

여수연안여객 터미널에서도 하화도와 사도를 운항하는 배편이 있다. 여수-둔병노선이다. 1일 1회 낭도와 여수를 왕복 운항한다. 여수에서 하화도까지는 1시간 30분 소요되고 편도 요금은 10,200원이다.

항차	낭도 출	사도	상화도	하화도	모전	여석	백야	여수 착
1	07:00	07:10	07:20	07:30	07:40	07:50	08:10	08:50

항차	여수 출	백야	여석	모전	하화도	상화도	사도	낭도 착
2	14:00	14:45	15:05	15:15	15:20	15:30	15:40	16:00

일정

백야도에서 첫 배로 출발하면 하화도에 09:15에 도착한다. 13:05 배를 타기 전까지 4시간의 시간이 생긴다. 하화도를 한 바퀴 걸어서 돌아보기에 충분한 시간이다. 이곳 캠핑장에 베이스캠프를 차리고 주변의 섬을 돌아보는 1박 2일의 여정을 잡아도 좋다.

당일	08:30	09:15	09:30~13:00	13:05	13:55
	백야도 출항	하화도 도착	섬 트레킹	하화도 출항	백야도 도착

걷기

난이도가 무난하고 산책로 정비도 잘되어 있다. 초보자도 산책 삼아 걷기에 좋은 코스다. 시계 반대 방향으로 걷기 시작하면 600m 지점에 있는 야영장에 도착한다. 야영장 이용은 무료다. 화장실, 개수대, 샤워장이 갖춰져 있다. 온수 사용은 불가하고 샤워장은 여름 시즌에만 오픈한다. 하트 조형물이 있는 지점에서 협곡 사이의 해식 동굴인 큰물이 조망된다. 섬 서쪽 끝 막산 둘레를 한 바퀴 돈다. 남쪽부터 데크 길을 따라간다. 막산 전망대에서는 장구도가 내려다보이고 꽃섬 다리로 불리는 출렁다리

를 건너간다. 남쪽 해안 절벽을 따라서 깻넘, 큰산, 순넘밭넘 전망대가 이어진다. 순넘밭넘 전망대 인근에 구절초 공원이 있다. 가을에는 구절초, 봄에는 유채꽃이 식재된다. 시짓골 전망대에서는 해안의 갯바위로 한 번 내려갔다가 되돌아 올라온다. 남측 전망대에서는 멀리 나로도에서부터 가까운 개도까지 조망된다. 섬의 남쪽 끝인 낭끝전망대를 찍고 마을로 되돌아 나오게 된다.

걷기길 난이도 **40**점	상승고도	305m(중)
이동거리 **5.4**Km(하)	최고지점	114m(하)
	소요시간	2시간

선착장에서 만나는 먹거리

인구가 50명에 불과한 작은 섬이지만 관광객들이 찾기 시작하면서 민박, 식당, 매점들이 선착장 주변에 들어서 있다. 대부분 민박집과 식당을 같이 운영한다. 선착장 맞은 편의 **와쏘식당**(☎ 061-655-5496)은 식당, 민박, 슈퍼를 같이 운영한다. 선착장 주변에서 소일거리를 찾는 사람들의 아지트가 된다. 하화도는 '정구지('부추'의 사투리)'로도 유명하다. 부추전(11,000원)에 이웃 개도막걸리나 낭도막걸리(3,000원)를 마시며 배편을 기다리기에 좋다. 바로 맞은 편에는 부녀회에서 운영하는 **식당**(☎ 061-665-4807)이 있다. 이곳에서는 백반, 서대회, 매운탕 등의 식사가 가능하다.

상화리 사무소
상화도
정강산
상화도 방파제
상화도 선착장
START·FINISH
하화도 선착장
캠핑장/화장실
화정호
하트 조형물
시짓골 전망대
큰산 전망대
장구도
막산 전망대
꽃섬다리
깻넘 전망대
갈대 군락지
피아노 조형물

걷기

200m
150m
100m
50m
0m
0.0km 0.5km 1.0km 1.5km 2.0km 2.5km 3.0km 3.5km 4.0km 4.5km 5.0km
START
하화도 선착장
1 캠핑장/화장실
0:10
2 하트 조형물
0:20
3 꽃섬다리
0:37
FINISH
하화도 선착장
2:00
6 피아노 조형물
1:40
5 시짓골전망대
1:20
4 갈대 군락지
1:00

한국에는 백악기 공원이 있다

공룡들의 마지막 놀이터

전라남도 여수시 화정면 사도리

아주 작은 섬

여의도의
0.03배

0.06km² 사도 면적

49m 최고봉

18명 인구(마을 1곳)

0.03km² 추도 면적

42m 최고봉

7명 인구(마을 1곳)

사도·추도

5

 뭐 하고 놀까 | 걸어서 섬 한 바퀴 · 추도 들어가보기 · 섬 밥상 맛보기

영화 〈쥬라기 공원〉의 촬영지는 하와이 오아후 섬O'ahu I.이다. 화산섬이 만들어내는 독특한 풍경은 2억년 전 중생대 원시 자연의 모습을 완벽하게 재현해내며 흥행에 큰 역할을 했다. 영화 속에 등장했던 공룡들은 CG가 만들어낸 가상의 이미지였지만, 촬영 장소였던 쿠알로아 랜치Kualoa Ranch는 이후 세계적인 관광지로 거듭났다. 우리나라에는 영화가 아닌 실제로 공룡이 서식했던 흔적이 남아 있는 섬들이 있다. 모래(沙)섬과 미꾸라지(추鰍)섬으로 불리는 사도와 추도가 그 주인공이다. 이 일대의 섬에서는 총 3,546점의 공룡 발자국 화석이 발견되었다. 그중 사도에서 755점, 추도에서 1,759점이 나왔다. 추도에는 길이 84m의 공룡 보행렬이 있다. 세계에서 가장 긴 공룡 발자국의 자취다. 발자국 모양으로 추정해보면 사도에는 티라노사우루스나 벨로시랩터 같은 육식 공룡들이, 추도에서는 이구아노돈 같은 초식 공룡들이 살았던 것으로 보인다. 사도는 아주 작은 섬이다. 이웃 하화도의 1/10 크기에 불과하다. 추도는 사도의 절반만 하다. 이토록 작은 섬에 거대한 공룡들의 발자취가 수도 없이 찍혀 있다는 사실이 얄궂고도 기묘하다.

놀라움을 더하는 건 화석들의 나이다. 사도에서 발견된 가장 젊은 화석은 6,500만 년 전으로 추정된다. 6,500만 년은 중생대 백악기에서 신생대로 넘어가면서 공룡들이 멸종한 시기와 일치한다. 공룡들은 멸종하는 마지막 순간까지 이 지역에서 활동했다. 백악기 공룡의 발자취를 찾아가는 길, 사도 선착장 앞에는 커다란 티라노사우루스가 세워져 있다. 두들겨보면 통통 소리가 나는 FRP 재질의 조형물엔 나름의 디테일이 깃들어 있다. 선착장 맞은 편으로는 직선거리로 700여m 떨어져 있는 추도가 바라보인다. 매년 음력 정월 대보름, 2월 보름 등 연 5회에 걸쳐서 바다 갈림 현상, 즉 모세의 기적이 일어난다. 이때를 제외하고는 사선을 이용해서 두 섬을 오고 가야 한다. 먼저 도착한 추도는 조용하기 이를 데 없다. 집은 여러 채 보이지만 대부분 주민들은 육지로 나가서 살고 이 섬에는 할머니 한 분만 살고 있다. 무인도 같은 유인도랄까? 아니면 1인도一人島라고 하는 게 맞을까? 제일 먼저 눈에 들어오는 것은 평돌을 이용해서 어른 키보다 높게 쌓은 돌담이다. 치밀하게 맞물려

바람 한 점 못 빠져나갈 것 같은 모양새다. 작은 협곡을 넘어 맞은 편으로 넘어가니 상상도 못한 풍경이 펼쳐진다. 좌우 절벽은 파도에 씻겨나가면서 겹겹이 쌓인 퇴적층이 드러나 있고 아래쪽으로 넓게 깔린 마당 바위에는 바다를 향해 걸어간 듯한 공룡 발자국들이 남아 있다. 한 공간 안에 억겁의 세월이 수직으로, 또 수평으로 쌓여 있다. 과거의 시간이 현재의 시간 속에 입체적으로 각인되는 모습이다. 시간이 뒤엉키는 장소는 사도에도 있다. 사도와 중도 사이의 해변에는 보행렬이 남아 있는 퇴적암 위로 공룡 알같이 생긴 화산탄들이 널려 있고, 증도해변에는 나무가 화석으로 변한 규화목이 자리한다. 이곳은 그 자체로 공룡 시대의 저장고다. 쥬라기 공원은 미국의 하와이에 있지만 백악기 공원은 한국 사도와 추도에 있다.

 **들어가기**

낭도에서 사도로 오가는 배편은 하루 4번 있다. 첫 배는 07:00에 출항하고 10분이면 도착한다.

낭도 출발	사도 도착	사도 출발	낭도 도착
07:00	07:10	09:05	09:15
08:30	08:40	12:45	12:55
12:10	12:20	15:35	15:45
15:00	15:10	15:40	15:50

사도에서 추도까지는 사선으로 5분 소요된다. 배는 **추도관광**(☎ 010-9622-0019, 왕복 10,000원/1인)에서 운영하는데, 식사를 하는 민박집을 통해 예약하거나 선장에게 직접 전화 문의할 수 있다.

당일	12:10	13:20	13:30~14:30	14:40~15:40	15:40	15:00
	사도 도착	점심 마침	추도 트레킹	사도 트레킹	사도 출발	낭도 도착

섬에 대한 짧고 얕은 지식

미리보기

작고 낮은 섬이라 길을 잃어버릴 일도 없고 힘에 부칠 일도 없다. 다만 주의해야 할 것이 딱 하나 있다. 바로 공룡 발자국이다. 추도와 사도의 공룡 발자국들은 대부분 이암 퇴적층에 남겨져 있다. 진흙, 뻘이 굳어서 만들어진 이암은 화강암 같이 단단한 돌과 비교할 수 없을 정도로 무르다. 풍화와 침식 그리고 사람의 발길에 의해서 훼손된다. 특히 사람이 없는 추도의 경우에는 관광객들이 부주의하게 발자국을 마구 밟고 다녀서 발자국 흔적들이 점점 희미해지고 있다는 우려의 목소리가 몇 년 전부터 나오고 있는 실정이다. 심지어 장비를 이용해서 퇴적층을 떼어가는 일도 벌어진다고 한다. 이 지역의 공룡 발자국 화석들은 천연기념물 제 434호로 지정되어 있고, 남해안의 다른 지역과 함께 '한국 백악기 공룡해안'이라는 주제로 세계자연유산으로 등재하기 위한 노력도 진행되고 있다. 각별한 주의가 필요한 까닭이다.

섬의 맛

사도는 불과 10여 가구가 거주하고 있는 섬이라 매점과 식당은 없다. 마을 주민들은 대부분 민박을 치는데 미리 식사를 예약하면 준비해준다. 사도는 섬마을 백반이 맛있기로 소문난 곳이다. 꼭 한번 먹어보자. **안나네민박**(여수시 화정면 낭도리 115-2, ☎ 061-666-9196, 10,000원/1인, 카드 불가)도 맛있는 섬 밥상으로 알려진 집이다. 섬으로 들어가기 전에 전화를 해놓으면 도착시간에 맞춰서 식사를 차려준다. 부엌 식탁에는 파전, 양념게장, 고둥무침, 갓김치, 생선구이, 해물된장찌개가 한 상 가득이다. 갯내음 물씬 풍기는 만찬이다. 하이라이트는 문어장이다. 수많은 섬을 다녀봤어도 문어장은 여기서 처음 먹어봤다. 꾸덕꾸덕하게 말린 문어에 양념이 배어 들어 식감과 맛이 독특하다. 갓 지은 잡곡밥을 밥통째 내어준다. 이제껏 맛본 섬 밥상 중 다섯 손가락 안에 꼽힌다. 섬에는 혼자 사는 할머니들이 많아서 술을 안 가져다 놓는 집들이 많다. 막걸리로 유명한 낭도가 지척에 있지만 반주 한 잔 곁들이지 못한 것은 아쉬운 일이다.

걷기

추도

돌담을 요새같이 쌓아 올린 추도의 마을은 선착장 바로 앞에 있다. 고양이 한 마리, 강아지 한 마리가 주변을 기웃거리고 가끔 할머니가 밖을 내다볼 뿐 섬은 조용하다. 추도의 담장은 넓적한 평돌을 쌓아 올려 만들었다. 차별 침식에 깎여나간 해안 절벽 퇴적층의 모습과도 닮아 있다. 둥근 호박 돌을 쌓아서 만든 사도의 돌담과는 차이가 있다. 이 옛 담장길은 등록문화재 제 367호로 지정되어 있다. 동쪽으로 이동하면 낮은 돌계단길이 나온다. 침식 지형과 공룡 보행렬을 탐방할 수 있는 지역이다. 누군가는 이 지형을 보고 시루떡을 쌓아 놓은 것 같다고도 하고 변산의 채석강처럼 책을 쌓아 놓은 것 같다고도 말한다. 서쪽의 암석지대에도 공룡 보행렬이 남아 있다. 섬을 둘러보는 데는 1시간이면 충분하다.

사도

사도는 중도와 증도, 장사도까지 3개의 섬과 연결되어 있다. 섬은 낮고 포근하다. 야자나무와 꽃들이 피어 있는 모습은 제주도를 닮아 있다. 시계 반대 방향으로 돌면 해변을 따라서 걷게 된다. 공룡체험교육장과 공룡화석지를 지나면 약간 고도를 올려서 시루섬이 보이는 전망대에 도착한다. 사도교를 건너서 중도로 들어가고 다시 양면해변을 지나서 증도에 도착한다. 부지불식간에 3개의 섬을 걷게 된다. 사도교 주변으로는 해변에 화산탄들이 몽돌 굴러다니듯 쌓여 있다. 양면해변은 중도와 증도를 연결하는 얇은 모래톱이 만들어 놓은 가늘고 긴 해변이다. 10m 남짓한 모래를 사이에 놓고 동쪽 바다와 서쪽 바다가 맞닿아 있다. 경남 통영의 비진도 모습이 떠오르는 풍경이다. 증도에서는 눈을 크게 뜨고 다녀야 한다. 거북이를 닮은 거북바위, 용암이 바다로 흘러내려가면서 굳어버린 용미암, 화석이 된 나무, 규화목, 사람의 얼굴을 닮았다는 얼굴바위에서 고래바위에 이르는 '숨은 그림 찾기' 놀이가 한창이니 말이다. 특히 거북바위는 이순신 장군이 거북선을 만드는 데 영감을 주었다고 전한다.

사도·추도 지도

사선 이동
START·FINISH
사도 선착장
START·FINISH
추도 선착장
사도–추도 바다 갈라짐 길
공룡 발자국, 연흔
1
화장실
공룡교육체험장
5 화장실/샤워장
공룡 발자국
2
3 추도분교
사도해변
4 산책로 종점
낭도해변
공룡화석지
7 사도교
공룡화석/화산탄
시루섬 전망대
6
8 양면해수욕장, 화장실
중도
양면해수욕장
시루섬
9 거북바위
장사도
증도
얼굴바위
10
용미암, 규화목

200m
150m
100m
50m
0m
0.0km 0.2km 0.4km 0.6km 0.8km 1.0km 1.2km 1.4km 1.6km
1   2   3   4
추도
START
추도 선착장
1 공룡 발자국, 연흔
2 공룡 발자국
3 추도분교
4 산책로 종점
FINISH
추도 선착장
0:14   0:22   0:34   0:38   0:45

200m
150m
100m
50m
0m
0.0km 0.5km 1.0km 1.5km 2.0km 2.5km 3.0km
5   6   7   8   9   10
사도
START
사도 선착장
5 공룡교육체험장
6 시루섬 전망대
7 사도교
0:05   0:18   0:23
FINISH
사도 선착장
10 용미암/규화목
9 거북바위
8 양면해수욕장/화장실
1:10   0:45   0:35   0:30

걷기

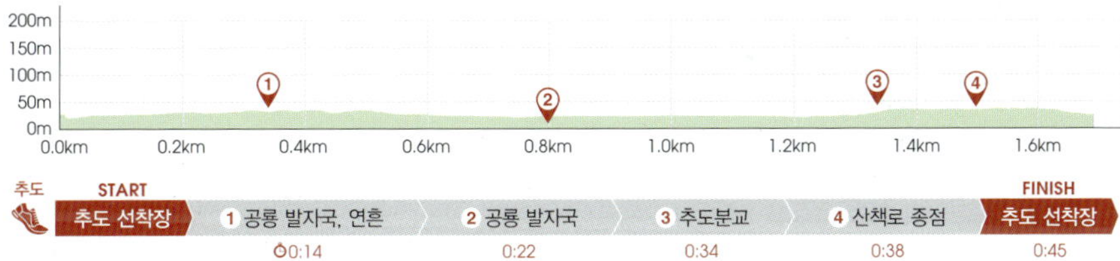

다도해해상국립공원의 베이스 캠프, 여수

여수는 다도해해상국립공원이 끝나고 한려해상국립공원이 시작되는 지점에 위치한다. 남도 섬 여행의 정중앙에 자리 잡은 셈이다. 이 책에서는 거문도, 금오도, 개도, 하화도, 사도·추도 여행의 출발지가 된다. 거문도로 들어가는 배편은 여수연안여객터미널에서 들어가는 것이 가장 좋고 나머지 섬들은 백야도와 신기 선착장에서 출발하는 것이 최단 거리가 된다. 최단 항로와 별도로 여수 여객터미널에서 출발하는 노선도 있다. 도시는 북쪽의 여수엑스포장이 위치하고 있는 여수 신항과 연안여객터미널이 위치하고 있는 남쪽의 구항으로 구분된

당신이
여수에 하루 먼저
도착했다면

다. 여수종합버스터미널과 여수KTX 엑스포 역이 여수항 인근에 위치하고 있어
대중교통으로 이동하기에 편리하다.

목적지	최단 출발지	여수 도심에서 거리	여수여객터미널
금오도	신기항	22km	노선 있음
개도	백야도	30km	노선 있음
거문도	고흥(외나로도항)	79km	노선 있음
하화도	백야도	30km	노선 있음
사도	백야도	30km	노선 있음

반나절 둘러 볼 만한 곳

여수에서 가장 유명한 섬은 동백섬으로 알려진 오동도일 것이다. 0.12㎢ 넓이의 아주 작은 섬이다. 여수 엑스포 역에서 직선거리로 불과 1.5km 떨어진 곳에 위치하고 있다. 약 1km 길이의 오동도 방파제로 육지와 연결되어 있다. 섬의 모양이 오동 잎을 닮아서 오동도로 불리지만 섬 안에는 3,000그루가 넘는 동백나무로 가득해서 동백섬으로 불린다. 방파제를 운행하는 동백열차(편도 1,000원)를 타고 들어가도 되고 입구 쪽에 거치되어 있는 공용 자전거를 빌려 타고 방파제 구간을 달려도 좋다. 물론 걷기에도 좋은 길이다. 섬 안쪽으로 들어가면 동

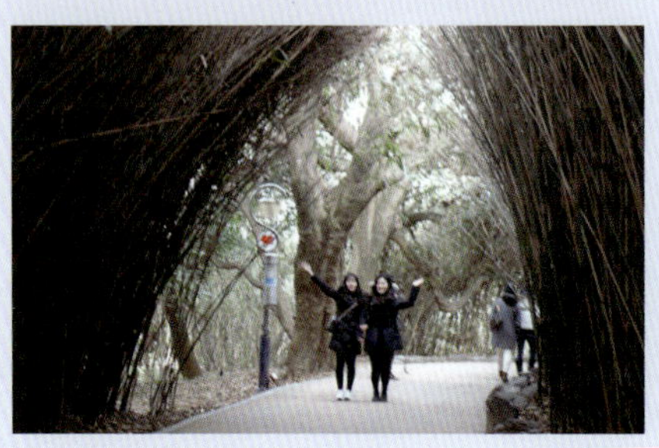

백 시즌에 꽃길을 걸을 수 있다. 오동도 산책을 마치고 되돌아나오면 오동도 공영주차타워가 보인다. 이곳에서 **여수해상케이블카** 출발지인 지산 탑승장으로 연결된다. 케이블카는 이곳에서 출발해서 바다 건너 돌산도의 돌산탑승장까지 1.5km 구간을 운행한다. 이용요금은 일반 케이블카(8인승)는 성인 왕복 16,000원이고 바닥이 투명한 크리스털 케이블카(6인승)는 왕복 23,000원이다. 주중에는 10:00~21:00, 주말에는 10:00~21:30까지 운행한다(☎ 061-664-7301, yeosucablecar.com).

어디서 잘까

여수는 엑스포가 열리면서 대거 숙박시설들이 들어섰다. 도미토리를 이용하는 게스트하우스부터 5성급 호텔까지 다양한 숙소를 고를 수 있다. **호텔 마띠유**(여수시 오동도로 20, ☎ 061-662-3131)는 구 여수관광호텔이 리모델링하여 재오픈한 곳이다. 3성급 호텔로 숙박비는 100,000원 이하의 중간 가격대다. 부티크 호텔로 꾸며져 있어 갤러리에 들어온 듯 아기자기한 인테리어가 돋보인다. 여수 엑스포 역과 오동도 중간 지점에 위치하고 있어 시내를 둘러보기에 좋은 위치다. 기차역에서 도보로 10분 거리다. 객장 내의 식음료 영업장의 음식도 정갈하다. **여수소풍하우스**(여수시 종고산길 56번지, ☎ 010-9251-1315)는 종고산 끝자락에 자리 잡은 펜션이다. 여수 엑스포장이 내려다보이는 고지대에 자리 잡고 있어 주야간 경관이 좋다.

저녁 먹을 곳

항구도시인 여수는 당연히 해산물 요리가 발달하
였다. 활어회가 아닌 선어회(숙성회) 문화가 발달
했다는 것이 다른 지역과 차이점이다. **희망선어**(여
수시 동문로 10-10, ☎ 061-662-7114)는 관광
객들보다 현지인들에게 더 사랑 받는 식당이다. 선
어회(中 70,000원)를 시키면 삼치, 병어 민어를 메
인으로 한 상 거하게 차려진다. 멍게, 조개탕, 굴, 새
우 가리비, 전 같은 사이드 음식도 20여 종류가 나
온다. 뭐 하나 버릴 것 없이 맛깔스럽다. 사장님 혼
자 이 많은 음식을 쓱싹 차려내는 것이 신기할 정도
다. 선어를 찍어 먹는 양념장도 일품이다.

구백식당(여수시 여객터미널길 18, ☎ 061-662-
0900)은 서대회무침(13,000원)과 금풍생이구이
(15,000원)이 유명한 노포다. 막걸리 식초로 무쳐
내는 서대회의 감칠맛은 별미이고 흰쌀 밥과 비벼
먹어도 궁합이 참 좋다. 금풍생이는 여수와 고흥에
서 주로 잡히는 생선으로 잔가시가 없어 구워먹어
야 제 맛이 나는 생선이다. 중소벤처기업부 인증 백
년가게다.

아침 먹을 곳

연안여객터미널이 위치하고 있는 구항 주변에는
배 시간에 맞춰 아침 일찍부터 식당들이 문을 연
다. 제철 생선구이나 조림을 메인으로 하는 백반
(8,000원)을 주로 시켜 먹는다. 맛은 어느 곳이나
대동소이하다. 여수의 8미 중 하나로 꼽히는 것은
장어탕이다. 추어탕과 마찬가지로 간 것, 통 중에서
선택할 수 있다. **자매식당**(여수시 어항단지로 21,
☎ 061-641-3992)은 여수에서 장어탕으로 유명
한 식당 중 한 곳이다. 특히 장어가 한 마리 통째로
들어가 있는 통장어탕(16,000원)이 유명하다. 뚝
배기에 걸쭉하게 끓여져 나오는 장어탕을 한 그릇
비우고 나면 전날 숙취 해소는 물론이고 몸이 보신
되는 느낌이다.

이토록 아기자기한 섬이라니
향긋한 쑥 내음 따라
고흥군
여수시
전라남도 고흥군 봉래면 사양리
아주 작은 섬
여의도의
0.058배
0.17 km²
면적
83 m
최고봉(당산)
32 명
인구(마을 1곳)
일반선
저속 ⋯ 5노트
쑥섬호
5톤
정원 12명
탑재차량 0대

쑥섬 (애도) 6

 **뭐 하고 놀까** | 걸어서 섬 한 바퀴 · 쑥으로 만든 쑥떡과 미숫가루 맛보기

일반항로

✈ **0.4km/5**분 소요

나로도항 선착장 •┄┄┄┄┄┄┄┄┄┄➤• 쑥섬 선착장

수역: 남해 서부/전남 동부 남해 앞바다

전남 고흥반도의 끝자락에 외나로도라는 섬이 붙어 있다. 내나로도를 한 번 거쳐야 들어갈 수 있는 땅끝 마을이다. 서울 사람들에게는 아주 멀리 있는 곳, 나로도 우주센터가 위치해서 종종 로켓을 쏘아 올리는 곳 정도로 알려져 있으나 내게는 캠핑과 줄돔, 그리고 섬사람들의 친절로 기억되는 곳이다. 10여 년 전 우리 가족의 첫 번째 야영 장소가 바로 나로우주해수욕장이었다. 왜 이곳까지 찾아왔는지는 정확히 기억나지 않는다. 그저 안 가본 곳, 낯선 장소를 첫 번째 들살이의 무대로 삼고 싶었으리라. 엉성한 텐트 하나에 의지해서 처자식을 데리고 시작한 4일간의 야영 생활은 그렇게 호락호락하지 않았다. 그때 친절함을 베풀었던 이곳 사람들의 호의가 있었기에 자칫 고행길로 끝날 뻔했던 첫 캠핑은 모두가 만족하는 추억이 될 수 있었다. 거의 매일 민생고를 해결하기 위해서 드나들었던 곳은 외나로도항 수협공판장이었다. 이곳에서 만난 공판장 이모님은 마치 처갓집에 내려온 사위를 대하듯이 살갑게 맞아주고 아낌 없이 퍼주셨다. 회라고는 광어와 우럭밖에 몰랐던 아이들은 자연산 줄돔회와 아나고의 맛을 여기에서 배워갔다. 연고 하나 없는 곳이지만 맛있는 횟감과 반겨주는 이모님 그리고 순박한 사람들

의 미소로 항상 다시 가보고 싶고 또 그리운 곳이다.

쑥섬은 그 외나로도항 바로 맞은편, 속된 말로 엎어지면 코 닿을 거리에 있는 아주 작은 섬이다. 한적한 외나로도에서도 한적한 곳, 있는지 없는지 존재감조차 없던 이 섬이 몇 년 전부터 주민들과 쑥섬 지킴이의 노력으로 아기자기하고 예쁜 섬으로 변해가고 있다. 이 섬에는 다른 곳에서는 흔하디 흔하게 볼 수 있는 출렁다리와 산책로 데크가 없다. 대신 당산으로 올라가는 숲길은 울창한 난대림이다. 이곳의 육박나무는 뿌리가 뽑혔으나 죽지 않았고, 구실잣밤나무는 아이들의 그네 놀이터였다. 나무 하나 하나 이름을 붙이고 자세한 설명을 붙여놓았다. '숨어 있는 코알라가 보이는 나무!', '하는 일이 쭉쭉 잘될 푸조나무', '후박나무가 기울어져 있는 이유'와 같은 식이다. 풀 한 포기, 나뭇가지 하나, 줄기의 혹에도 일일이 이름과 사연을 붙여놨다. 이곳에 살고 이곳을 아끼지 않으면 절대로 보이지 않을 것들이다. 산책길 중간에 설치한 나무 테이블과 의자에는 다른 손님을 위해서 깨끗하게 사용해 달라는 의미로 작은 빗자루와 쓰레받기가 놓여 있다.

외나로도항이 내려다보이는 당산 능선에는 '별 정원'이 꾸며져 있다. 붉은 꽃 양귀비와 수레국화가 피어 있다. 대단한 경관을 기대하고 이곳을 찾는다면 실망할지도 모르겠다. 기암괴석과 출렁다리 같은 화려한 볼거리는 없지만 소박함과 진심 그리고 아기자기함이 묻어 나오는 곳이다. 쑥섬은 일본의 아오시마 같은 고양이의 섬으로도 불린다. 섬에는 주민보다 많은 40여 마리의 고양이들이 살고 있다. 이들은 섬의 주인이라도 되는 듯 여유롭게 선착장 주변을 어슬렁거린다. '길냥이'들과 주민들의 공존이 자리 잡아가는 모양이다. 앞으로 쑥섬이 어떻게 더 예뻐질지 궁금하다. 이제 외나로도를 찾을 이유가 하나 더 생겼다.

배편

나로도 여객터미널에서 쑥섬으로 가는 배편이 있다. 왕복 8,000원이고 섬까지 5분 소요된다. 하루9번 배가 운행하는데, 손님이 많을 때는 시간과 상관없이 수시로 배가 운항한다. 왕복 요금에는 뱃삯 2,000원, 입도비 6,000원이 포함돼 있다. 섬에서 사용할 수 있는 천 원짜리 쿠폰도 제공해 준다. 되돌아오는 배는 나로도 출발 10분 뒤다.

오전	나로도 출항시간	오후	나로도 출항시간
	07:30		13:00
	08:50		14:00
나로도 → 쑥섬	10:00	나로도 → 쑥섬	15:00
	11:00		15:30
	12:00		17:00(주민, 숙박자)

출발 나로도 연안여객터미널
　　　고흥군 봉래면 나로도항길 120-7(주차 무료) | ☎ 061-640-4090
선사 힐링파크 쑥섬쑥섬 | ☎ 010-8672-9222 | www.ssookseom.com **할인** 없음
예매 한국해운조합 여객선예매(홈페이지, 앱), 20인 이상 단체고객의 경우 전화 예약(☎ 010-2504-1991), 매월 20일 정기휴일

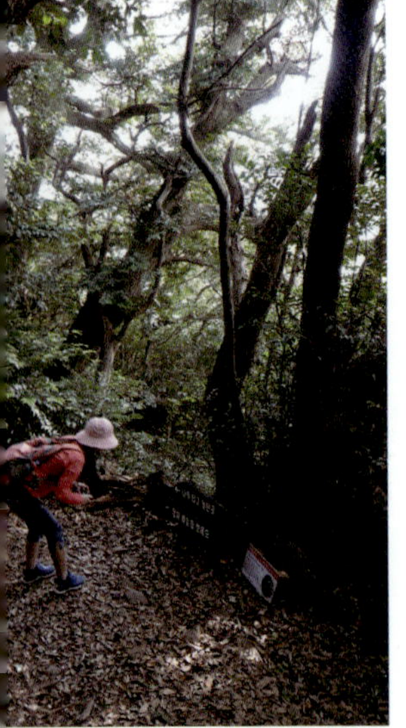

일정

휴식 시간 포함해서 2시간이면 섬을 둘러보는 데 충분하다. 반나절 여행지로 좋은 코스다. 외나로도와 고흥의 주요 관광지를 연계해서 여행 계획을 세우면 좋겠다. 인근의 **나로도우주센터 우주과학관**(고흥군 봉래면 하반로 490, ☎ 061-830-8700)은 자녀를 동반한 가족에게 추천한다. 매주 월요일 휴무이고 개관 시간은 10:00~17:30이다. 항구에서 자동차로 15분 거리다. 봉래산 100년 편백숲은 우주센터로 가는 길에 들머리가 있다. 봉래산 주차장(고흥군 봉래면 예내리 산 212-21)에서 출발하는데 우측으로 가면 편백나무 숲만 다녀오게 된다. 좌측 길로 들어가서 정상까지 찍고 한 바퀴 순환하면 거리는 6.5km, 약 2시간 30분 정도 소요된다. 100년이 넘은 삼나무, 편백나무 숲이 숨겨져 있는 곳이다. 쑥섬에서 트레킹이 짧았다면 추천한다. 뒤에 나오는 연흥도를 돌아보는 일정과 연계해서 계획을 세워도 좋겠다.

당일	07:30	07:35	07:40~09:50	10:00	10:05
	나로도 출항	쑥섬 도착	섬 트레킹	쑥섬 출항	나로도 도착

걷기

쑥섬의 둘레길을 몬당길이라 불린다. '몬당'은 언덕의 이 지역 사투리다. 선착장에 도착해서 시계 방향으로 돌기 시작한다. 약 100m 이동하면 갈매기를 닮은 건물이 보인다. 섬의 유일한 공용 화장실이자 무인 카페가 있는 곳이다. 이곳에서 헐떡길이라 불리는 경사로를 따라서 3분 정도 올라가면 마을 당숲으로 진입한다. 독특한 모양의 나무를 구경하고 사연이 적힌 표지판을 읽느라 속도가 나지 않는 구간이다. 남쪽 끝에 도착하면 엄남방파제가 바라보이는 환희의 언덕에 도착한다. 다시 방향을 북쪽으로 틀어서 부지불식간에 나지막한 당산을 넘어가면 사방이 탁 트인 작은 개활지에 도착한다. 이곳이 쑥섬의 '별 정원'이다. 능선을 따라 내려가면 북쪽 끝자락에서 갈림길이 나온다. 오른쪽으로 내려가면 성화등대에 들렀다가 되돌아 나오게 된다. 해안선을 따라 선착장으로 되돌아가게 되는데 늦겨울에 이곳은 동백꽃 만발한 꽃길이 된다.

허기를 달래려면

섬 안에 식당은 물론이고 매점도 없다. 둘레길 초입 갈매기 모양을 닮은 건물에 무인 카페가 운영되고 있다. 유일한 공중화장실도 이곳에 있다. 물과 캔커피, 유자차 등을 판매한다. 결제는 현금으로 돈 통에 넣거나 계좌 이체하면 된다. 돌아갈 배를 기다리면서 선착장 정자에 앉아 있으면 들고 나는 배 시간에 맞춰서 섬 할매들이 쑥으로 만든 먹거리들을 들고 나온다. 쑥떡(3,000원), 쑥차(2,000원)가 향그럽다. 나로도항까지 왔으면 회 한 접시는 먹고 가야 한다. 외나로도 회센터에서는 다른 곳보다 저렴하게 고급 어종을 맛볼 수 있다. 줄돔은 씨알이 작은 것으로 고르면 주머니 사정에 부담이 없다. 작더라도 차진 식감이 일품이다. 하절기의 아나고회 역시 나로도에서 빼놓을 수 없는 맛이다. 잘게 썰어져 나온 횟감을 초장에 찍어 먹으면 고소함의 극치다. 센터에서 횟감을 고르면 인근에 자리값(상차림 3,000원/1인, 매운탕 5,000원)을 받는 식당으로 안내해준다.

걷기

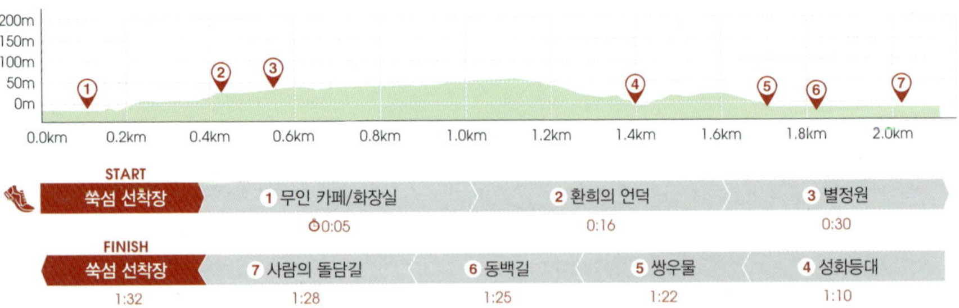

섬에서 지켜야 할 것

섬이 고즈넉하고 둘레길도 편안해서 주의를 기울여야 할 특이사항은 없다. 대신 섬에 들어갈 때 지켜야 할 몇 가지 사항을 안내한다. 고양이의 섬인지라 외부 반려동물의 출입은 불가하다. 쑥섬에는 개, 무덤, 찻길 3가지가 없다. 섬에서 야영이나 취사는 물론이고 음료를 제외한 음식물 반입도 자제하는 것이 좋다. 쓰레기는 되가져가야 한다.

전라남도 고흥군 금산면 신전리

7

자연 속 예술 체험

지붕 없는 미술관

연홍도

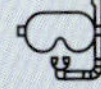

뭐 하고 놀까 | 걸어서 섬 한 바퀴 · 섬 미술관 관람하기

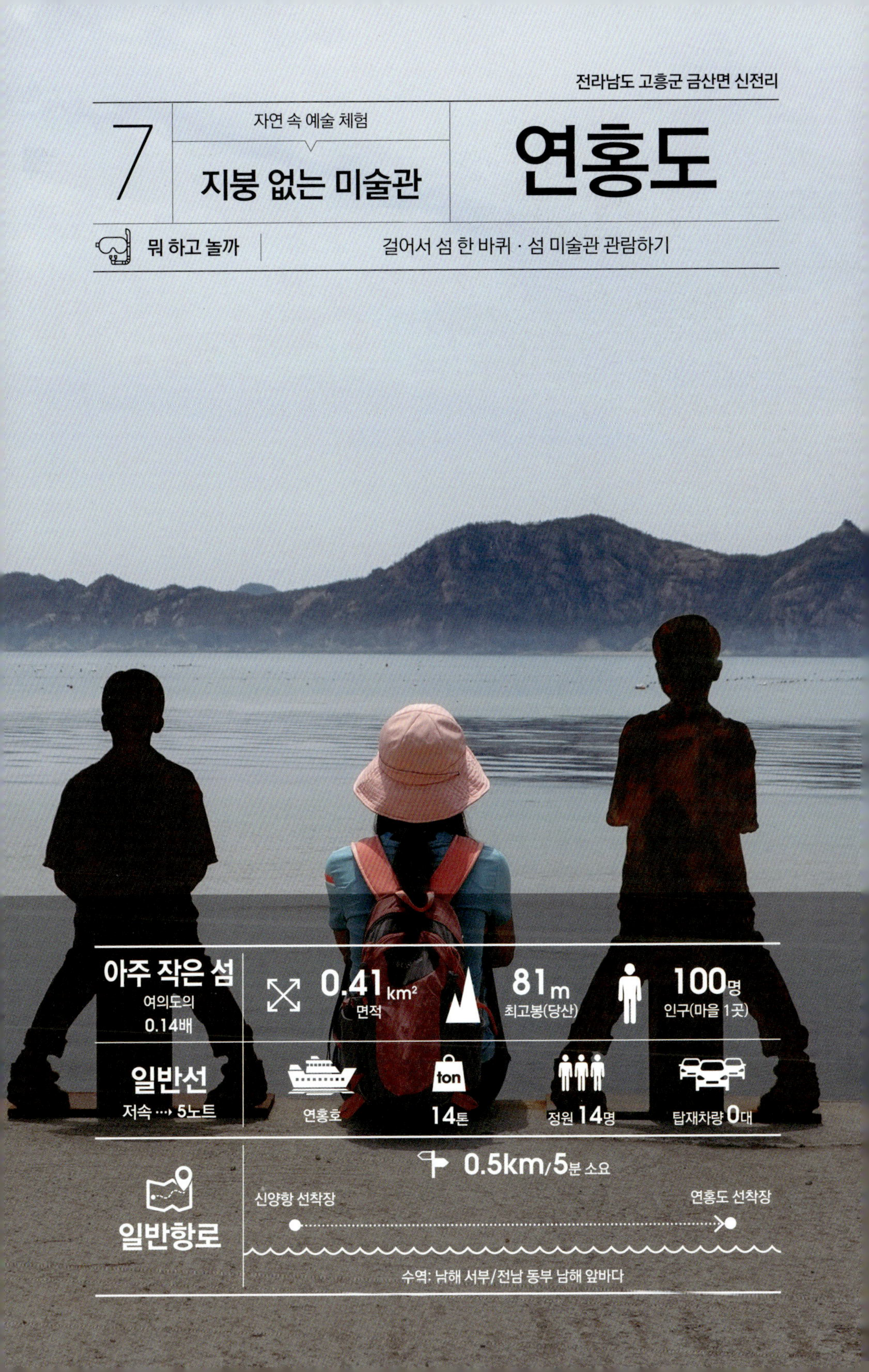

아주 작은 섬 여의도의 0.14배	0.41km² 면적	81m 최고봉(당산)	100명 인구(마을 1곳)
일반선 저속 ···› 5노트	연홍호	14톤	정원 14명 / 탑재차량 0대

일반항로

0.5km/5분 소요

신양항 선착장 ······› 연홍도 선착장

수역: 남해 서부/전남 동부 남해 앞바다

'예술의 섬'이란 말을 들으면 반사적으로 떠오르는 곳은 일본의 나오시마 섬이다. 한 번 가본 적도 없고, 주입식으로 암기한 일도 없건만 언제부터인가 자연스레 그리 여겨진다. 머릿속에 그려지는 섬의 이미지는 뚜렷하다. 짙푸른 바다를 배경으로 덩그러니 놓여 있는 샛노란 호박 하나. 구사마 야요이라는 작가의 작품인데, 고백하자면 이 작가에 대해 더 이상은 아는 바가 없다. 그저 '예술'과 '섬'이라는 단어의 오묘한 울림이 어디선가 마주쳤던 사진 한 장의 이미지와 결합되어 깊게 남아 있을 뿐이다.

고흥반도의 끝자락에 연결된 섬, 거금도의 서쪽에 연홍도라는 작은 섬이 있다. 지붕 없는 미술관, 한국의 나오시마로 알려진 곳이다. 섬에는 폐교된 연홍분교장을 개조한 연홍미술관이 있다. 미술관 관장의 노력과 지역 예술가들의 후원으로 2006년 개관하였다. '예술의 섬 가꾸기' 사업으로 세워 놓은 다양한 조형물도 눈에 띈다. 거대한 뿔소라 조형물이 자리 잡고 있는 선착장에 도착하면 관람이 시작된다. 연홍도의 섬 길 안내도는 트레킹 코스가 아니라 관람을 안내하는 팸플릿이다.

섬에서의 공간감은 다분히 상대적이다. 여의도 1/10 크기의 분명 작은 섬이지만, 이곳을 오기 전 쑥섬을 다녀왔기에 꽤나 넓게 느껴진다. 쑥섬보다 3배 크고 사람도 3배 더 많이 사는 섬이라서다. 미술관은 동쪽의 선착장 반대편 서쪽에 있다. 좁고 긴 섬이라 걸어서 횡단하는 데 5분도 안 걸릴 거리다. 시간이 촉박한 사람들이야 미술관만 빨리 보고 나가야겠지만 전시회를 설계한 큐레이터의 의도대로 따라가며 천천히 관람을 즐기는 게 가장 좋다. 섬의 남쪽 '아르끝'이라

는 곳으로 향한다. '아르'는 아래라는 이 지역 방언이다. 마을 담장에 피어난 패랭이꽃, 양식장 사이를 빠져나가는 유람선의 모습, 휴일 오후 소소한 섬마을의 소경들이 눈에 들어온다. 아르끝을 지나 미술관이 가까워지면 바다를 배경으로 한 조형물들이 보이기 시작한다. 주제는 사람이다. 자전거를 타는 사람, 사진을 찍는 사람, 굴렁쇠를 돌리는 아이들의 모습이 득량만을 배경으로 세워져 있다. 방파제 한쪽에는 아이 네 명이 바다를 보며 서 있다. 맞은편으로는 금당도가 바라보인다. 복개산과 부채바위가 손에 잡힐 듯 다가온다. 득량만의 잔잔한 바다와 그 위에 펼쳐져 있는 금당도의 풍경은 이미 배경이 완성되어 있는 캔버스다. 어떤 작가가 작업을 해도 작품으로 만들어줄 것 같은 마법의 도화지 같달까.

어쩌면 연홍도는 절묘한 위치 덕에 예술의 섬이 될 수 밖에 없는 운명을 타고났는지 모른다. 국내 작가의 회화 작품이 주를 이루는 이곳 미술관에서는 관람객들을 상대로 큐레이션에 한창이다. 현대미술은 어렵다. 누군가의 해설이 보태지지 않으면 잘 이해가 되지 않는다. 점 하나 찍은 위치에 따라 작가의 의도가 달라지기 때문이다. 신은 득량만에 연홍도라는 작은 점을 하나 찍었다. 그 덕분에, 이곳의 풍경은 누군가의 해설 없이도 모두가 이해할 수 있는 작품이 됐다.

배편

거금도 신양항에서 연홍도로 들어가는 배편이 있다. 왕복 5,000원이고 5분 소요된다. 배삯은 왕복 요금 2,000원과 탐방비 3,000원이 포함된 금액이다. 하루 7회 운항된다. 연홍도에서 되돌아 나오는 배는 신양항 출발 5분 뒤다. 하계(4~9월) 운항 시간표는 아래와 같다.

오전	신양 출항시간	오후	신양 출항시간
	07:55		12:30
	09:45		14:30
신양 → 연홍	11:00	신양 → 연홍	16:00
			18:00/ 17:30(동계)

출발 신양항 선착장 | 고흥군 금산면 신촌리 1421-5(주차 무료) | ☎ 010-5064-0661
선사 연홍호 | ☎ 010-8585-0769
할인 없음
예매 현장 선착순 발권, 매월 마지막 월요일 정기휴일

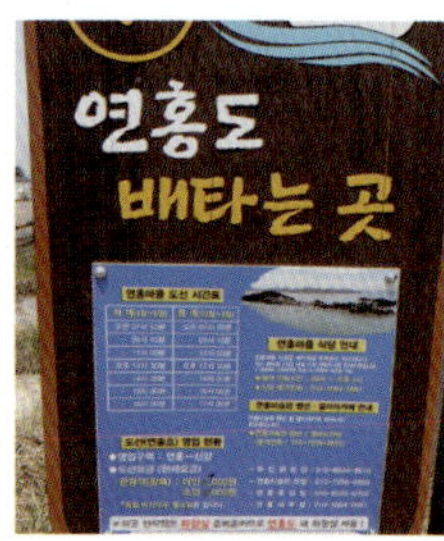

일정

섬을 둘러보는 데 휴식 시간 포함해서 2시간이면 충분하다. 역시 반나절 여행지로 좋은 코스다. 섬 안에는 마을에서 운영하는 식당과 미술관에서 운영하는 숙소가 있으니 밤을 지새울 수도 있다. 고흥에 늦게 도착했다면 마지막 배로 들어가서 노을 지는 바다와 한적한 섬을 전세 낸듯 돌아보고, 다음 날 오전에 나오는 일정으로 계획을 세워도 좋다.

당일	12:30	12:35	12:35~14:35	14:35	14:40
	신양항 출항	연홍도 도착	섬 트레킹	연홍도 출항	신양항 도착

걷기

선착장에 도착하면 시계 방향으로 걷기 시작한다. 100m 정도 내려와서 안내 표지를 따라서 마을 길로 접어든다. 50m 정도 올라가면 마을회관 맞은편으로 좌회전해서 직진한다. 도로는 800m 지점에 끝나고 야자수 매트가 깔려 있는 산책로로 접어들게 된다. 마을 당산을 돌아서 남쪽 아르끝에 도착한다. 이곳을 돌아서 북쪽으로 올라오면 다시 섬의 서쪽 해안도로와 만난다. 그 코너 지점에 마을기업쉼터가 있다. **연홍공방**(☎ 010-4656-1533)이라 쓰여 있는 상점에서는 작가들이 만든 수제 작품들을 판매도 하고 캔들, 부자 만들기 체험도 가능하다. 이곳을 지나서 미술관 쪽으로 올라가면 해안을 따라서 설치되어 있는 조형물들을 감상하며 걸을 수 있다. 맞은편으로는 금당도가 바라보이는 가장 아름다운 산책로 구간이다. 연홍미술관은 정원도 아름답다. 의자와 정자 같은 휴게 시설이 설치되어 쉬어가기에 좋다. 미술관 관람은 무료이고 매주 월요일에 휴관한다. 한 달에 한 번 주기로 작가와 작품들이 교체되며 전시된다. 장르는 서양화에서부터 한국화, 도자기에 이르기까지 다양하다. 입구에서 연간 기획 전시 일정을 안내하고 있다. 미술관을 지나 섬의 북쪽으로 향한다. 마을에서 벗어나며 다시 숲길로 접어든다. 산책로는 '좀바끝'에서 끝난다. 섬에서 많이 잡히는 쏨뱅이가 잘 잡히는 포인트를 의미한다. 이곳을 되돌아 나오면 예술의 섬 관람은 마무리된다.

연홍도 지도

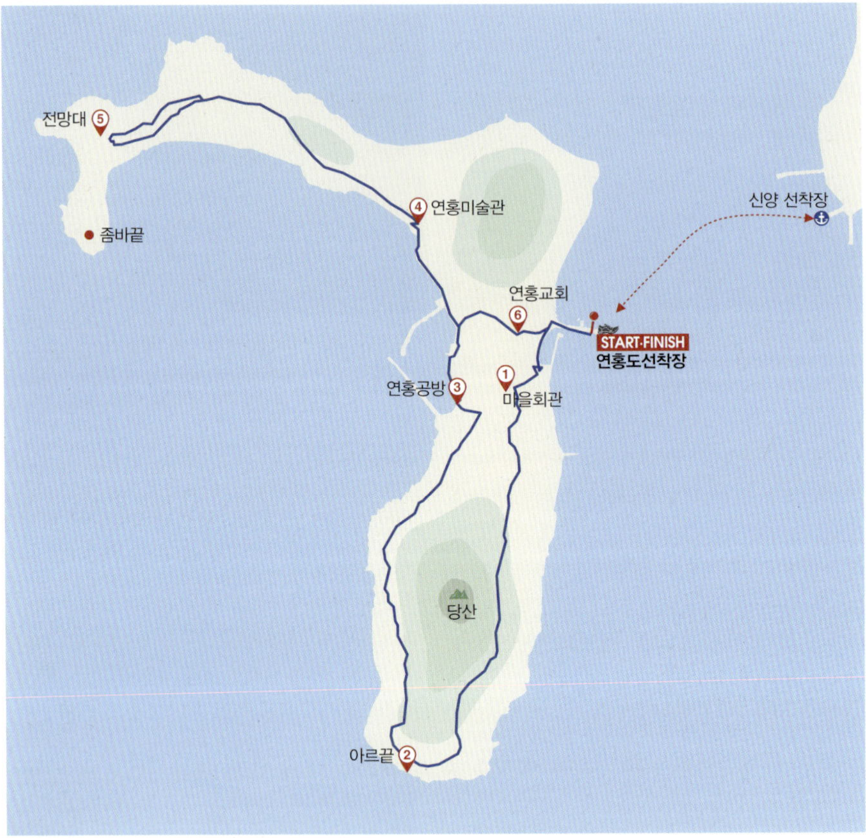

걷기

START 연홍도 선착장	1 마을회관	2 아르끝	3 연홍공방	4 연홍미술관	5 전망대	6 연홍교회	FINISH 연홍도 선착장
	0:05	0:32	0:46	1:00	1:40	1:57	2:00

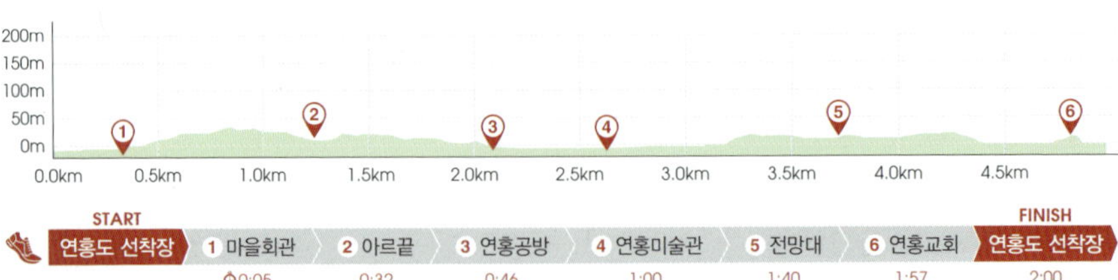

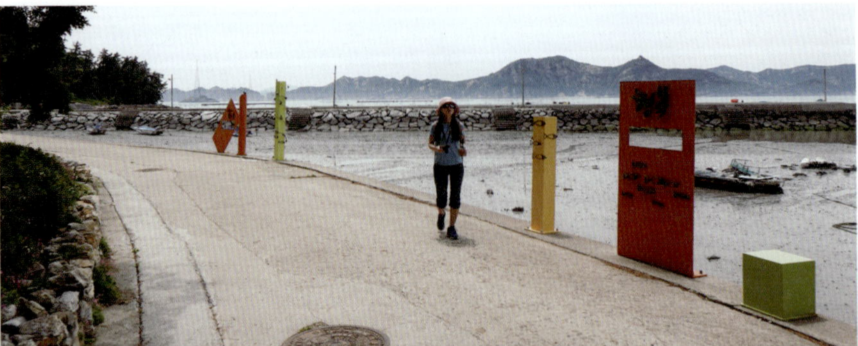

섬에 대한 짧고 얕은 지식

섬의 맛

연홍도에는 마을 부녀회에서 운영하는 **연홍마을식당**(☎ 061-843-0661)이 있다. 2시간 전에 미리 예약해야 한다. 평일에는 단체만 받고 주말에는 개인 예약도 받는다. 쫌벵이탕(30,000원/2인), 백반(10,000원/1인, 2인 이상 주문 가능) 등을 선보인다(항시 운영되지 않는다. 방문 시 운영여부는 미리 전화로 확인하는 것이 좋다). 미술관 옆에는 분위기 있는 갤러리 카페가 있다. 이곳에서 커피 한 잔(아메리카노 4,000원)의 여유를 가져보는 것도 좋다. 고흥에서 거금도로 들어가기 위해서는 녹동항을 거치게 된다. 녹동항에는 장어탕 집들이 모여 있다. 이곳에서는 이웃 여수와는 또 다른 스타일의 장어탕을 선보인다. **득량식당**(고흥군 도양읍 목넘가는 길 20, ☎ 061-841-2082)은 2대째 오로지 장어탕(14,000원)을 만들어 내는 집이다. 걸쭉하지 않고 담백하게 끓여 내는 맛이 일품이다. 마치 서울식 추탕을 먹는 느낌과도 비슷하다. 담아내는 밑반찬들도 맛있다.

어디서 잘까

섬 안에 별도의 야영장은 없다. 단, 미술관의 허락을 받으면 앞마당에 텐트를 칠 수 있다. 미술관 옆에는 숙박객을 위한 **게스트하우스**(고흥군 금산면 연홍길 94, ☎ 010-7256-8855)를 운영한다. 마을에서 운영하는 **연홍 큐브 펜션**(☎ 010-5064-0661, 60,000원/2인, 평일 기준)도 있다. 원통형의 독채 숙소로 이루어져 있다.

전라남도 신안군 임자면

깨알 같은 재미가 있는 곳

모래의 섬

큰 섬
여의도의
14배

40.87 km²
면적

320 m
최고봉(대둔산)

1,666 명
인구(마을 22곳)

섬 접근성
361km

고속버스터미널 ———— 버스 349km ———— 지도 —— 자전거 or
농어촌버스 12km —→ 임자(진리)

임자도

뭐 하고 놀까 | 자전거 타고 섬 한 바퀴 · 대광해변에서 물놀이 · 썰물 때 용난굴 찾기

소요시간 1박 2일	왕편 버스 4시간 30분	자전거	복편 버스 4분 30분
13시간 **5**분	총 **4**시간 **30**분	총 **4**시간 **5**분	총 **4**시간 **30**분

"너희는 멀미 나서 어떻게 배를 타고 다니니?" 임자도가 육지와 연결되기 전 먼저 다리가 놓였던 이웃 수도 사람들이 임자도 사람들에게 던지는 농담이었다. 2020년 지도와 수도가 임자2교로 연결되고 2021년 3월 수도와 임자도 사이에 임자1교가 개통되면서 섬은 마침내 육지와 연결되었다.

임자荏子는 깨알을 뜻한다. 모래밭에서 잘 자라는 들깨가 많아서 붙여진 이름이라는데 어쩌면 깨알의 모습이 모래 알갱이를 닮아서 이렇게 불렸던 것인지도 모르겠다. 임자도에서는 모래가 섬의 풍경과 삶의 방식을 지배한다. 모래의 섬 임자도를 대표하는 풍경은 광활한 모래사장을 품고 있는 대광해변이다. 간조 시 최대 폭이 300m에 달하는 모래사장이 12km 길이로 펼쳐진다. '명사30리해변'으로 불리기도 하는데 단일 해변으로는 국내 최대 규모다. 모래 입자가 치밀하고 단단해 경비행기가 착륙할 정도라는데 백령도의 사곶해변과 비교되기도 한다. 해변 입구에는 달리는 말의 조형물이 일렬로 세워져 있다. 해변 일부가 승마공원으로 사용되고 있기 때문이다. 단단한 지반

탓에 산악자전거를 타고 오는 동호인들은 승마 대신 자전거를 타고 광활한 해변을 달리는 해방감을 즐기기도 한다.

섬이 외부 관광객들에게 알려지는 데는 봄철에 열리는 튤립축제가 한몫을 단단히 했다. 대광해변 인근의 축제장은 4월이면 수백만 송이의 튤립으로 가득 찬다. 임자도에서

튤립축제가 열리는 까닭은 습한 모래 토질을 좋아하는 튤립의 생태 때문이다. 튤립은 짧은 한철 임자도를 수놓고 사라지지만 일 년 내내 섬을 뒤덮고 있는 것은 대파다. 대파 역시 튤립과 마찬가지로 사질토를 좋아하기 때문에 임자도는 일찌감치 국내 최대의 대파 산지로 이름을 올렸다. 대파밭이 섬의 절반 이상을 차지하고 있어 하절기에 섬을 찾으면 끝없이 펼쳐진 대파밭의 장관을 볼 수 있을 것이다. 뭍에서는 파를 키우지만 바다에서는 새우를 잡는다. 바닷속 모래밭은 임자도의 3미味 민어, 병어, 새우의 산란 장소다. 섬 북쪽 끝자락에 자리 잡고 있는 전장포항은 새우젓으로 유명하다. 특히 5월과 6월에 잡은 새우를 염장해서 만드는 새우젓을 오젓과 육젓이라 부르는데 이때 담근 새우젓을 최고로 친다. 포구 인근에는 새우젓을 저장하기 위해서 쓰였던 토굴들도 존재한다. 현재 4개의 토굴이 남아 있고 가장 긴 것은 길이가 100m에 달한다. 토굴 안에서는 삼복더위에도 서늘한 동굴의 기운을 느낄 수 있을 정도다.

섬의 남쪽으로 가면 은동, 어머리, 용난굴해변까지 3곳의 아담한 해변들이 모여 있다. 이 중 어머리해변 끝자락에는 용난굴이라는 독특한 해식지형이 있다. 높이 5m, 폭 2m, 길이 50m의 동굴은 용이 승천했다는 전설을 품고 있다. 막혀 있는 굴이 아니라 반대쪽 해변으로 뚫려 있다. 물이 빠져야만 들어갈 수 있는 불편한 접근성과 반대편에서 빛이 들어오는 구조 탓에 아주 독특한 분위기를 풍긴다. 임자도에서 찾아다녔던 깨알 같은 재미들도 이곳에서 대단원의 막을 내린다.

임자도는 동측으로 증도를 마주 보고 있다. 증도는 짱뚱어 그리고 염전으로 가득한 뻘의 섬이다. 두 섬을 한 번에 돌아본다면 신안의 대표적인 모래 섬과 뻘 섬의 극명한 대비를 체감할 수 있을 것이다. 비슷비슷해 보이는 섬일지라도 그곳을 구성하는 입자에 따라서 그곳에 사는 사람들의 생활방식과 보이는 풍광은 큰 차이를 보인다.

교통편

과거 임자도는 지도 점안선착장에서 배를 타고 수도를 거쳐서 30분가량 들어가야 하는 섬이었다. 지도와 수도가 임자2대교(1.135km)로 연결되고, 2021년 3월 수도와 임자도가 임자1대교(0.75km)로 연결되면서 임자도는 육지와 완전히 연결되었다. 연륙교와 연도교를 합친 총 길이는 5km에 달한다. 왕복 2차선, 속도 제한 60km의 구간인데 특이 사항은 좌우측 노견으로 자전거 통행이 가능하다는 점이다. 자전거 통행이 불가한 천사대교와 대비된다. 서울센트럴터미널에서 지도터미널까지 하루 2번 고속버스가 운행한다. 지도에서 임자(진리)까지는 12km 거리고 이 구간은 농어촌버스나 택시를 이용해야 한다. 성인 편도 요금은 39,600원이고 영광, 해제를 경유한다.

서울	영광	해제	지도		해제	영광	서울
			도착	출발			
08:20	11:40	12:20	12:30	10:00	10:10	10:50	12:10
17:00	20:20	21:00	21:10	14:00	14:10	14:50	18:10

일정

섬까지 이동 시간이 길기 때문에 1박 2일 일정으로 계획을 잡는 것이 좋다. 하절기라면 1일 차에는 대광해변에서 물놀이를 즐기고, 2일 차에는 섬을 일주하는 라이딩을 한다. 이웃 증도와 연계해서 여행 계획을 세우는 것도 방법이다.

1일 차	12:30	13:00	17:00	19:00
	지도 도착	점심식사	해변 물놀이	저녁식사
2일 차	09:00~12:15	14:00	18:10	
	자전거 라이딩	지도 출발	서울 도착	

자전거

섬이 크고 일부 구간에서 비포장 임도를 통과하기 때문에 산악자전거를 이용해서 섬을 돌아보는 것이 훌륭한 대안이 된다. 임자도는 1004섬 자전거 코스 중 제 3코스가 조성돼 있다. 진리선착장에서 시작해서 반시계 방향으로 섬을 일주하는 코스다. 추가로 고려해야 할 점은 용난굴 탐방을 위한 물때다. 썰물 때가 가까우면 시계 방향으로 돌아 용난굴을 먼저 보는 식으로 코스를 조정하면 된다. 시작점은 구 선착장이 되는데 고속버스가 정차하는 진리마을에서 1km 정도 떨어져 있다. 마을을 벗어나면 전장포 길을 따라 이동하게 된다. 신안자전거길 안내 표지판을 따라서 이동하면 된다. 섬의 동측은 서측과 달리 뻘밭으로 이뤄져 있는데 자전거길은 일반 공도를 벗어나서 이곳의 염전지대를 통과하도록 안내되고 있다. 섬 북측에 위치한 삼학산을 지나 전장포해변까지 이동한다. 이곳에서부터 주변은 온통 대파밭으로 변한다.

전장포항에서 800m 정도 북쪽 솔개산으로 이동하면 산자락에 위치한 토굴 입구에 도착한다. 이곳에서 왔던 길로 되돌아 나오다가 도찬리마을에서 서측 해변으로 진입한다. 이곳에서부터는 해변도로를 따라서 대광해변 입구까지 이동하게 되는데, 하우리항을 지나면 조무산 임도로 진입한다. 이 코

스의 최대 업힐 구간을 통과하게 된다. 임도를 빠져나오면 저동저수지를 지나서 다시 대둔산 임도를 넘어간다. 은동해변을 지나 어머리해변에 도착하게 되는데 용난굴을 찾아가려면 서쪽의 첫 번째 해변 진입로로 들어가지 말고 동측 끝의 진입로로 들어가야 한다. 용난굴은 용난굴해변에서는 진입할 수 없으니 참고한다. 육암리를 지나서 출발지였던 진리로 되돌아오면 라이딩은 마무리된다.

솔개산 토굴
전장포항
도찬리 마을
대광해수욕장
튤립축제장
야영장
대태이도
삼학산
배미골 저수지
육타리도
두순재뒷산
두리대섬
염전지대
점암 선착장
항우리항
벙산
임자도
수도
지도
재원도
진리
조무산 임도 구간
불갑산
START·FINISH
진리 선착장
삼각산
안산
감정산
대둔산
은동해변
대둔산 임도 구간
어머리해변
용난굴
용난굴 해변
사옥도

자전거

200m
150m
100m
50m
0m
0.0km 5.0km 10.0km 15.0km 20.0km 25.0km 30.0km 35.0km 40.0km

START
진리 선착장
1 진리
2 솔개산토굴
3 전장포항
0:04
0:42
1:00

FINISH
진리 선착장
6 용난굴
5 은동해변
4 대광해수욕장 튤립축제장 야영장
4:35
3:25
3:04
1:45

섬에 대한 짧고 얕은 지식

섬의 맛

임자면사무소 맞은편에 있는 **나들목맛집**(신안군 임자면 진리265-26, ☎ 061-275-2350)은 임자도에서 가장 유명한 식당이다. 전복 요리가 주 전공인데 그중에서도 전복톳밥(16,000원/1인, 2인 이상 주문 가능)이 대표 메뉴다. 전복과 톳이 들어간 영양밥이 제공되는데 섬 음식답지 않게 간이 세지 않고 담백하다. **부두식당**(신안군 임자면 임자로2, ☎ 061-275-2566)은 진리선착장 앞에 위치한 식당이다. 섬 안에서 거의 유일하게 아침식사가 가능하다. 백반, 육개장(9,000원)이 주력 메뉴다.

어디서 잘까

고속버스가 정차하는 대광해변 입구와 진리마을에 숙박업소와 식당 등의 편의 시설이 모여있다. 그중 진리에 위치하고 있는 **임자만났네**(신안군 임자면 진리길 44, ☎ 061-275-0306)는 마을에서 운영하는 협동조합이다. 비수기 주중 4인실은 50,000원의 요금을 받는다. 카약, 갯벌, 후리그물질 같은 다양한 체험프로그램도 운영하고 있다. 마을 중심지에 있어 식당·매점 등의 편의시설을 이용하기에 편리하다. 체험프로그램과 요금은 홈페이지(https://imjalove.imweb.me)를 참고하면 된다.

대광해변 야영장과 승마체험

대광해변 입구에서는 야영장이 운영되고 있다. 야영장의 면적은 3,400평에 달하며 예약 없이 노지 형태로 운영된다. 개수대와 샤워시설이 있으며, 해수욕장이 개장하는 시기에만 운영된다. 해수욕장은 매년 7월 초에서 8월 중순까지 열리는데 별도의 이용 요금은 없다. 주차 요금은 1일 5,000원으로 종량제 봉투 2매와 샤워장 이용권 2매를 지급한다. 샤워장 이용 요금은 1회에 1,000원이고 온수 샤워는 불가하다. 전반적으로 그늘이 없어 하절기 타프 설치는 필수다. 임자해변에서는 승마 체험도 가능하다. 조련사가 고삐를 쥐고 가는 승마 체험은 20,000원이고 레슨은 50,000원, 모두가 꿈꿔보는 해변 외승은 100,000원이다. 단, 외승의 경우 경험이 풍부한 중급자 이상만 체험이 가능하다. 문의 전화는 070-8285-2450이고 주소는 신안군 임자면 대기리 산 140이다.

한국의 붉은 산토리니

전라남도 신안군 흑산면 홍도리

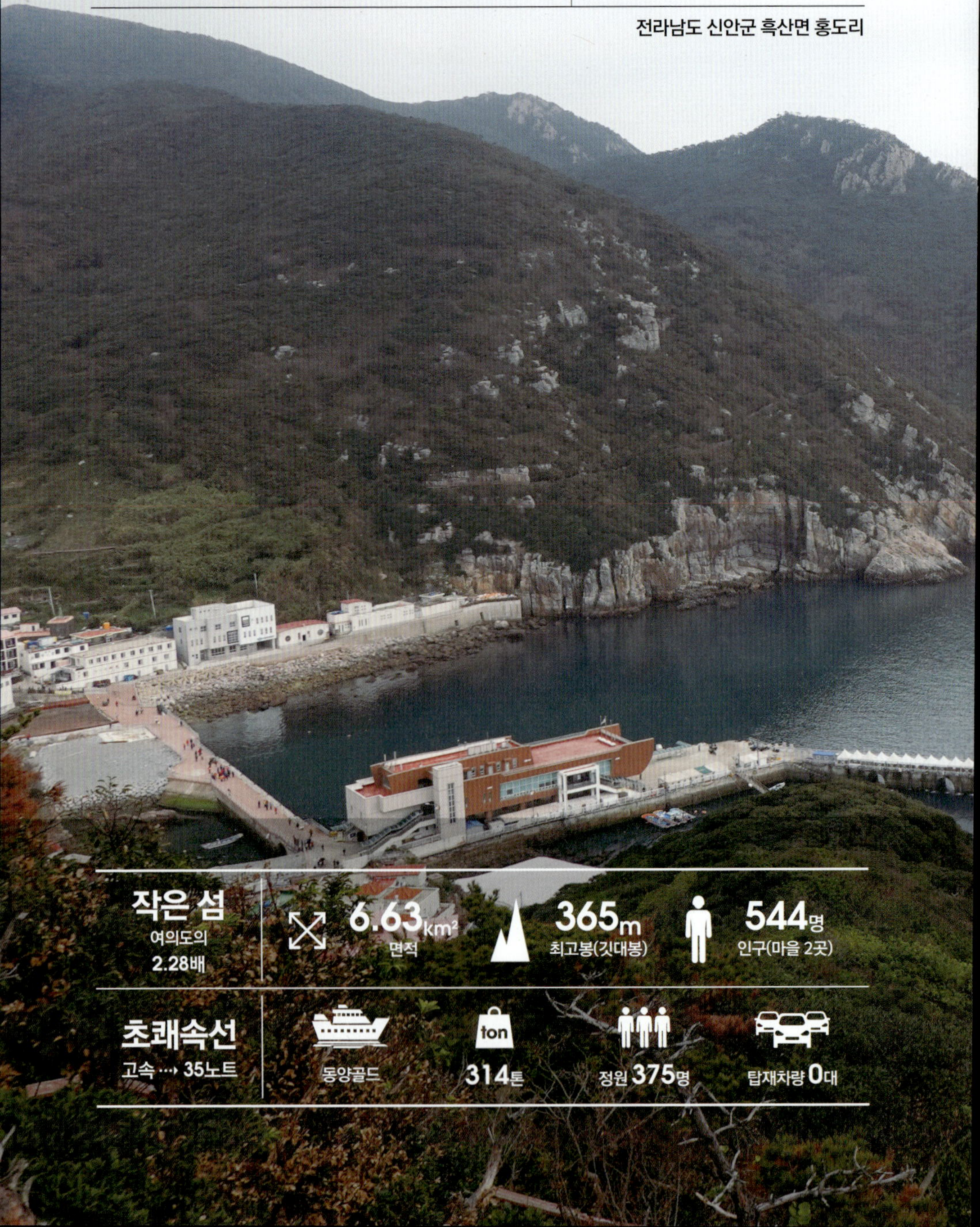

작은 섬
여의도의
2.28배

↗ **6.63**km²
면적

▲ **365**m
최고봉(깃대봉)

👤 **544**명
인구(마을 2곳)

초쾌속선
고속 ⋯ 35노트

동양골드

314톤

정원 **375**명

탑재차량 **0**대

9

홍도

 **뭐 하고 놀까** | 깃대봉 등반 · 홍도 유람선 타기 · 해녀촌에서 한 잔 하기

130km/2시간**30**분 소요

일반항로
운항률 74%

목포여객터미널 · 비금도초 · 흑산 · 홍도 선착장

수역: 서해 남부/전남 중부 앞바다

서해 남부/북쪽 먼바다

'홍도~야, 우지 마~라~ 오빠가~ 있~다아~.' 목적지가 가까워지자 행락객들의 노랫소리가 들려오기 시작한다. 사실 이 노래는 1930년 신파악극 〈사랑에 속고 돈에 울고〉의 주제가다. 홍도는 극중 기생으로 등장하는 여주인공의 이름이다. 이 홍도가 그 홍도는 아니라지만 뭐 어떻겠는가. 한국에서 가장 아름다운 섬으로 들어간다는 설렘으로 사람들은 이미 흥에 겨웠다. 여객선이 도착하는 1구 마을의 모습은 다른 섬마을 풍경과는 사뭇 다르다. 바닷바람을 피해서 나지막한 집들이 모여 있는 어촌의 풍경 대신 산비탈까지 빼곡하게 흰색 건물들이 들어차 있다. 밀려드는 관광객을 수용하기 위한 숙박업소다. 홍도는 제주도, 마라도에 이어 우리나라에서 관광객이 가장 많이 찾는 섬으로 다섯 손가락 안에 든다. 해안 절벽 위까지 주택이 들어찬 그리스의 산토리니 섬이 떠오르는 풍경이다.

관광지로 유명한 탓에 사람들은 홍도를 작고 예쁜 섬이라고 생각한다. 홍도는 예쁘기도 하지만 제법 크고 높은 섬이다. 홍도는 인천 대이작도의 두 배가 넘는 크기고 섬의 북쪽에는 해발 365m의 깃대봉이 우뚝 서 있다. 섬 산 중에서는 드물게 가거도의 독실산, 울릉도의 성인봉, 사량도의 지리산과 함께 산림청 선정 100대 명산으로 이름을 올렸다. 1구에서 깃대봉 정상으로 오르는 길은 이리저리 돌아가지 않고 한 번에 능선으로 치고 올라간다. 꽤나 오르막이 길게 이어지는 구간이지만 잘 정비된 등산로와 동백나무, 후박나무, 소사나무로 울창한 숲은 산행의 고됨을 털어준다. 깃대봉 정상에 오르면 동쪽

으로는 흑산도가 바라보이고 남쪽으로는 가거도와 만재도까지 조망된다. 이 능선을 따라서 계속 직진하면 섬 북쪽에 있는 2구 마을과 홍도 등대로 갈 수 있다. 1구에 숙소가 있는 관광객들은 대부분 정상에서 회귀한다.

홍도는 아름다운 섬이지만 섬 안에서는 그 진가를 제대로 알아보기 힘들다. 홍도는 바깥에서 봐야 더 예쁜 섬이기 때문이다. 금오도의 비렁길같이 해안 절벽을 따라가는 탐방로가 없기 때문에 섬의 바깥쪽 풍경을 보기 위해서는 유람선 관광을 해야 한다. 당일 치기로 방문하는 관광객들이 깃대봉 등산은 안 해도 유람선 관광은 꼭 하고 가는 이유다. 유람선을 타고 홍도 33경이라 불리는 기암괴석을 따라 탐방에 나선다. 시계 방향을 따라서 남문바위, 기둥바위, 대문바위부터 시작해서 원숭이를 닮은 바위, 부부를 닮은 바위, 공작새를 닮은 바위까지 소나무 분재와 어우러지는 거대한 수석 박물관에 들어온 듯하다. 해설사의 설명에 귀 기울이고 약간의 상상력까지 발휘하면 즐거운 선상 유람을 즐길 수 있다.

먼바다에 떠 있는 작은 섬은 밤에 외로울 것 같지만 홍도는 밤이 와도 활기차다. 어두워지면 선착장 주변의 해녀촌이 불을 밝힌다. 10여 곳의 가게들이 거의 비슷한 해산물 구성으로 늦은 밤까지 영업한다. 한 접시 시키면 해삼, 전복, 소라, 뿔소라가 손질되어 나오는데, 오독오독 씹히는 식감이 일품이다. 먼바다에서 잡히는 해산물은 그 단단함이 연안의 그것과는 차원이 다르다. 관광의 섬 홍도에는 노래방은 물론이고 나이트 클럽도 두 곳이나 있다. 섬의 화려한 나이트라이프가 궁금하다면, 한 번쯤 찾아가보시라.

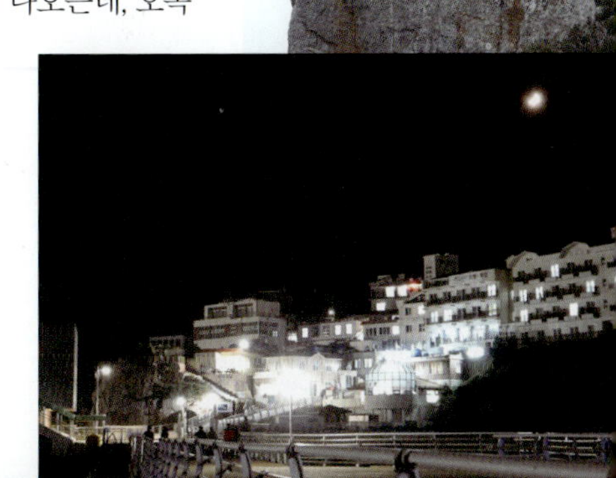

배편

목포연안여객터미널에서 홍도로 운항하는 배편이 있다. 남해고속훼리와 동양
고속훼리의 쾌속선이 번갈아 가며 오전, 오후 2차례 운항한다. 비금도초-흑
산-홍도 순으로 기항하며 2시간 40분 소요되고 요금은 성인 편도 46,000원
이다. 동절기 기준 시간표는 아래와 같다.

왕 편	목포 출항시간	복 편	홍도 출항시간
목포 → 홍도	07:50	홍도 → 목포	10:30
	12:30/13:00(하계)		15:10/15:40(하계)

출발 목포연안여객터미널 | 목포시 해안로 182(주차 5,000원/1일) | ☎ 1666-0910
선사 (주)동양고속훼리, ☎ 061-243-2111~4 | www.ihongdo.co.kr
예매 한국해운조합 여객선예매(홈페이지, 앱)

일정

홍도를 찾는 관광객들은 단체 여행객들이 주를 이룬다. 1박 2일 일정으로 홍도
와 흑산도를 돌아보는 여행 상품들이다. 이 경우 아침 배로 들어와서 반나절 유
람선 관광을 하고 오후에 빠져나가서 흑산도에서 1박을 하게 된다. 개별 여행
이라면 홍도에서 1박하는 것을 추천한다. 첫날 깃대봉 다녀오고, 둘째 날 둘레
길 걷고 유람선 관광을 하면 얼추 출항 시간이 된다.

1일 차	13:00	15:20	16:00	16:00~18:00	18:30~19:30	20:00~
	목포 출항	홍도 도착	숙소 체크인	깃대봉 등산	저녁 식사	해녀촌

2일 차	09:30~11:00	11:00~12:00	12:00~14:40	15:40	18:00
	둘레길 탐방	해녀촌 식사	유람선 관광	홍도 출발	목포 도착

섬에 대한 짧고 얕은 지식

섬의 맛

관광객들이 많이 찾는 섬답게 주민들의 장사 솜씨가 아주 능수능란하다. 섬에서 1박을 하게 되면 해산물, 회, 매운탕을 결국 한 번씩은 먹고 나가게 된다. 저녁 식사로 많이 선택하게 되는 메뉴는 매운탕(40,000원/2인)이다. 주로 우럭이 들어가는데 먼바다에서 잡힌 놈들이라 탱탱한 식감이 일품이다. 주변 바다에서는 12월에는 감생이가, 6, 7월에는 돌돔이 주로 올라온다. 저녁 식사를 마치면 해녀촌으로 이동하게 된다. 거의 자정 무렵까지 운영하는데 싱싱한 뿔소라, 전복, 소라, 해삼이 들어가는 모둠 한 접시(30,000원)면 술안주로 손색이 없다. 손바닥만 한 크기의 자연산 섭은 칼칼한 탕(20,000원)이나 라면(15,000원/2인)으로 아침에 해장으로 먹으면 좋다. 유람선 관광이 마무리될 때쯤에 횟감을 파는 횟배가 다가온다. 모둠 구성 한 접시(30,000원)를 선상에서 맛볼 수 있다.

어디서 잘까

관광객들은 대부분 1구 마을에 묵는다. 주민 대부분이 식당과 민박업에 종사하고 있어 성수기가 아니라면 방을 구하는 것이 어렵지 않다. **천사호텔**(신안군 흑산면 홍도1길 65-1, ☎ 061-246-3758, 60,000/1박)은 숙소도 깔끔하고 방에서 바라보이는 항구의 풍경도 좋다. 1층은 식당으로 운영한다. 섬 전체가 국립공원지역이고 야영장도 없어 캠핑은 추천하지 않는다.

홍도에서 유람선 타기

홍도 유람선의 운항 거리는 약 20km다. 2시간 정도 소요되고 성인 요금은 28,000원이다. 항구에서 출발해서 시계 방향으로 돌면서 유람을 하게 된다. 홍도 33경이라 불리는 기암괴석을 찾아가며 섬 주변을 돈다. 유람선이 운항하는 시간은 철저하게 여객선이 들어오는 시간에 맞춘다. 오전 배로 나가는 사람을 위해서는 아침에 출발하고, 오후 배로 나가는 사람을 위해서는 점심 무렵 출발하는 식이다. 다수의 배가 수시로 운항하기 때문에 자리가 없어 배를 못 탈 일은 없겠다. 당일치기로 왔다면 선착장에 위치한 유람선 매표소에서 발권하면 되고, 1박을 한다면 숙소를 통해서 예매하는 것이 좋다(약간의 에누리를 기대할 수 있다).

② 섬을 알차게 누비는 방법

걷기

1일 차(선착장–깃대봉–선착장)

선착장에서 내리면 북쪽의 흑산초등학교 홍도분교장으로 이동한다. 학교를 지나자마자 첫 번째 갈림길에 도착하는데 우측 길은 해안 데크를 따라서 발전소까지 다녀오는 산책로다. 오르막 방향으로 직진하면 전망 데크를 지나서 등산로로 진입한다. 등산로는 지그재그를 그리며 능선을 향해서 직진한다. 해발 365m 깃대봉의 고도에 비해서 꽤나 수월하게 올라간다. 등산로 중간에는 구실잣밤나무의 가지가 서로 연결되어 있는 연리지, 바다 쪽으로 뚫려 있는 숨골재, 과거 숯을 만들었던 가마터 등이 있다. 정상 데크에 도착하면 탁 트인 주변 풍광을 감상할 수 있다. 내려오는 길에는 노을 전망대가 있다. 서쪽 방향으로 위치하고 있어 1구 마을을 배경으로 노을을 감상할 수 있다.

2일 차(발전소–몽돌해변–일출전망대)

1구 마을 주변을 둘러보는 둘레길이다. 홍도분교 장에서 우측 데크로 진입하면 마을 동측의 발전소까지 길이 나 있다. 약 600m 거리고 왔던 길로 돌아 나와야 한다. 학교를 지나서 서쪽으로 넘어가면 홍도 유일의 몽돌해변에 도착한다. 마을 위 언덕길을 따라가면 국립공원탐방안내소와 홍도공소를 지나서 일출전망대로 올라가는 오르막길이 시작된다. 동백나무 숲길을 지나 통신탑을 지나가면 일출전망대에 도착한다. 1구 마을이 동쪽에서 바라보는 자리다. 전망대에서 내려오면 당집과 관리사무소, 그리고 난 전시장을 지나서 선착장으로 돌아 나오게 된다.

홍도 지도

몽돌해변
홍도해변
데크길 종점
탐방 안내소
START·FINISH
홍도탐방지원센터
선착장
당집
동백나무 숲길
일출 전망대
홍도 등대
2구 마을
석화굴
깃대봉 정상
숯 가마터
숨골재
노을 전망대
연리지
등산 등산로 둘레길 갈림길
START·FINISH
선착장
횟배 만나는 장소
노적봉
요술동굴
봉황새동굴
실금리굴
걷기 코스
유람선 운항코스

걷기

300m
200m
100m
0m
0.0km 0.5km 1.0km 1.5km 2.0km 2.5km 3.0km 3.5km 4.0km
등산 START
선착장
1 등산로 둘레길 갈림길
2 연리지
3 숨골재
4 깃대봉 정상
5 노을 전망대
FINISH
선착장
0:04 0:20 0:35 0:50 1:36 2:02
200m
150m
100m
50m
0m
0.0km 0.5km 1.0km 1.5km 2.0km 2.5km 3.0km 3.5km
START
선착장
6 데크길 종점
7 몽돌해변
8 탐방안내소
9 일출 전망대
10 당집
FINISH
선착장
0:20 0:42 0:54 1:17 1:31 1:40

우리나라에서 가장 늦게 해가 지는 곳

최서남단의 섬

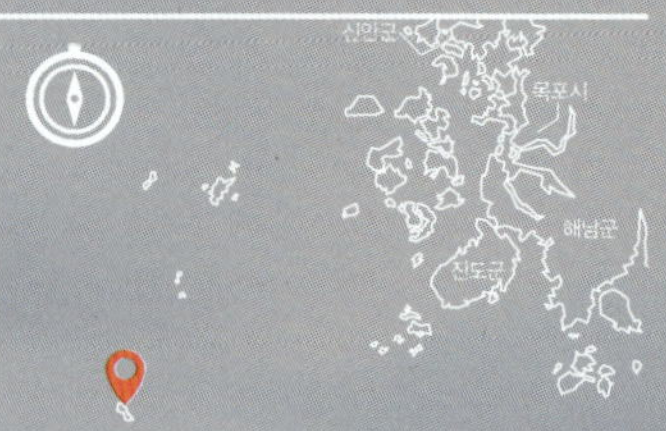

전라남도 신안군 흑산면 가거도리

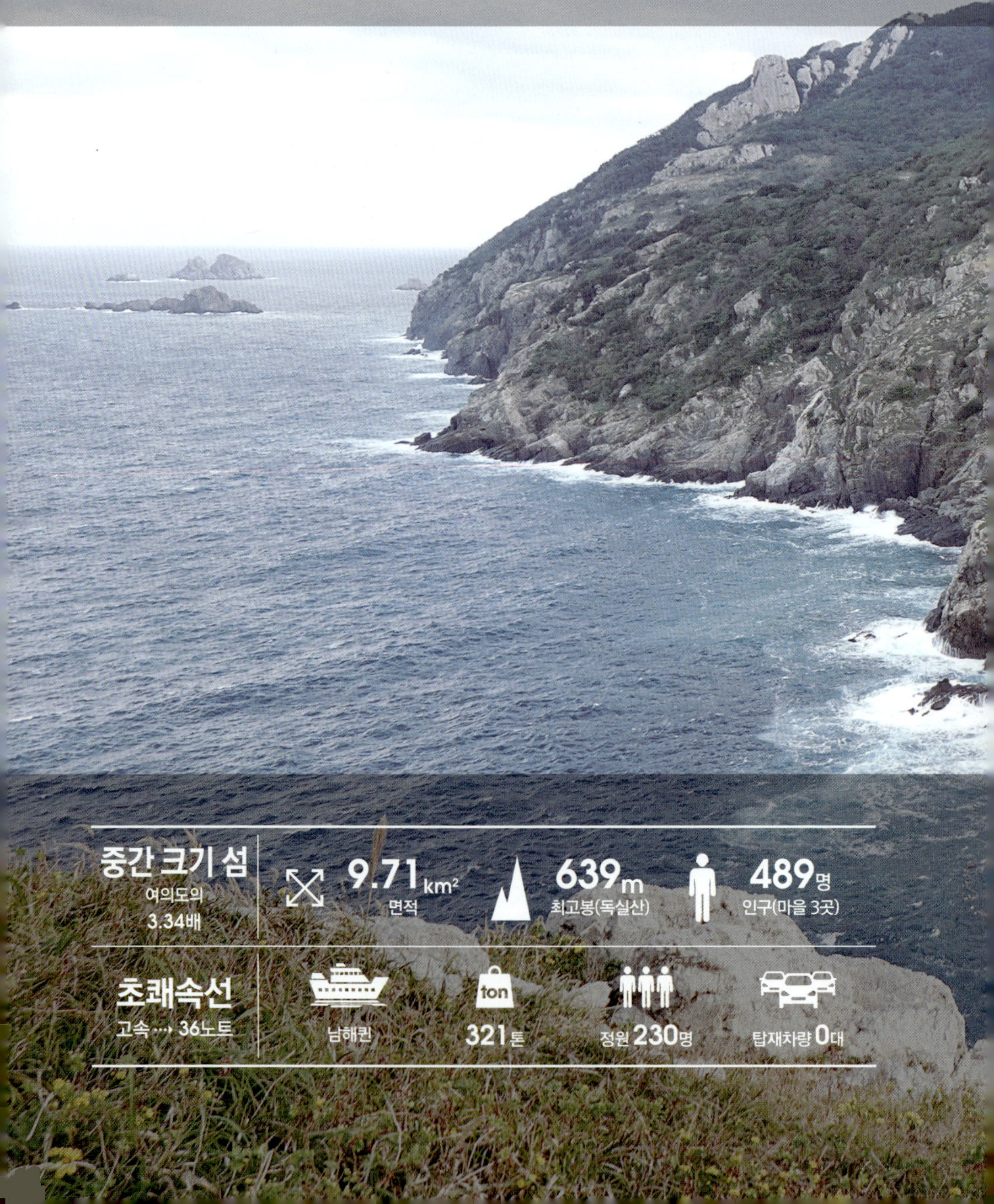

중간 크기 섬
여의도의 3.34배

9.71 km² 면적

639m 최고봉(독실산)

489명 인구(마을 3곳)

초쾌속선
고속 ···› 36노트

남해퀸

321톤

정원 230명

탑재차량 0대

가거도

10

뭐 하고 놀까

독실산 등반 · 섬등반도 · 등대 탐방

217km / **4**시간 소요(완행) / **3**시간 **10**분 소요(직행)

일반항로
운항률 74%

목포여객터미널　　비금도초　　다물 흑산　　상,하,중태도　　가거도 선착장

수역: 서해 남부/전남 중부 앞바다　　서해 남부/남쪽 먼바다

원도遠島, 혹은 절해고도. 육지에서 멀리 떨어져 있는 섬을 말한다. 우리나라에는 3대 원도가 있다. 서해 최북단의 백령도, 동해의 울릉도, 서남해의 가거도가 바로 그들이다. 백령도는 우리나라에서 봤을 때 먼 섬이지 북한의 해주반도와 가까운 섬이다. 분단이 만들어놓은 원도다. 묵호항에서 울릉도까지 항로는 157km, 목포에서 가거도까지 항로는 217km다. 그것도 작년 말까지는 바로 가는 배편이 없었다. 비금도초, 흑산, 상태, 중태, 하태를 들렀다가 되돌아 나올 때는 만재도까지 찍고 나오는 바람에 가는 데 4시간, 오는 데 5시간이 넘게 걸렸다. 이런 수고를 감수하고라도 섬을 찾겠다면 호기심이나 모험심을 뛰어넘는 강렬한 욕구, 그러니까 이 나라의 땅끝을 한 번 밟아보고야 말겠다는 일종의 사명감이 필요하다.

가거도항에 도착하면 가장 먼저 눈에 들어오는 것은 공사 중인 방파제다. 1979년 시작된 방파제 공사는 거의 30년 동안 진행되었다. 가거도는 서해로 올라오는 태풍을 직격으로 맞는 길목에 위치한다. 만들어 놓으면 부서지곤 해서 공사를 재차 반복하고 있다. 2012년 태풍 볼라벤은 다시 한 번 치명적인 타격을 가했다. 결국 방파제를 보호하는 64톤짜리 테라포트 2,000여 개가 유실되었고 지금도 항구 안쪽으로 공깃돌처럼 날아온 테라포트들이 방치되어 있다. 이제는 아예 콘크

리트를 부어서 거대한 벽을 쌓는 공사가 진행되고 있다.

섬의 산은 해발고도가 대개 수십 m부터 300m 사이에 분포한다. 100m이하라면 걷기 좋은 나지막한 섬, 300m가 넘어가면 꽤나 산세가 험한 곳이라고 생각하면 된다. 가거도의 독실산은 해발 639m다. 비슷한 면적의 대청도 삼각산 높이의 2배에 이른다. 이쯤 되면 섬 위에 산이 솟아있는 것이 아니라 섬 전체가 하나의 산으로 이루어져 있다고 봐도 좋다(우리나라에는 이런 섬이 하나 더 있는데, 동해의 화산섬 울릉도다. 참고로 성인봉의 높이는 986m다). 덕분에 선착장 주변을 제외하고 평지는 거의 없다.

독실산은 그 높이만큼이나 독특한 식생을 보인다. 등산로의 바위들은 온통 이끼로 덮여 있다. 정상으로 올라갈수록 건조해지는 육지의 산과 달리 이곳 이끼들은 위로 올라갈수록 더욱 짙게 껴 있다. 시공간이 뒤틀리듯 상하가 바뀐 모양새다. 독실산에는 산거머리가 존재

한다. 습도 70%, 기온이 25도를 넘으면 활동을 시작하는데 국내에서
유일하게 이 지역에서만 발견된다. 산 상층부는 천연의 혼효 난대림
이 존재하지만 7부 능선 언저리까지는 후박나무가 분포된 단순림으
로 구성되어 있다. 먹고살기 팍팍하던 시절 후박나무 껍질이 한약재
로 비싸게 팔리면서 섬 주민의 주요 소득원이 되었던 까닭이다.

가거도 제일의 경관으로는 섬등반도를 친다. 섬의 서쪽, 사정없이 몰
아치는 매서운 서풍을 맞받아내는 지점에 독실산 줄기 하나가 구불
구불하게 기어 내려가 있다. 그 날카로운 능선 위에 올라서서 온몸으
로 바람을 맞고 있으면 의식은 또렷해지고, 세포 하나하나 감각이 깨
어나기 시작한다. 자연에의 경외감이 밀려오는 순간이다. 당신이 지
금 무기력하거나 무료하다면 가거도에 한번 가보시라. 거친 야생의
자연 속에서 삶의 의미를 되새겨 보게 될 지도 모른다.

배편

목포연안여객터미널에서 가거도로 운항하는 배가 출항한다. 선사와 터미널은 홍도와 동일하다. 남해고속이 짝수날 완행과 매일 직행을 운항하고 동양고속 훼리가 홀수날 완행을 운항한다. 2019년까지는 하루에 한 번 08:10 배가 출항했다. 2020년부터 중간에 기착 없이 섬으로 들어가는 직행편 운항이 추가되었다. 운항시간이 1시간 단축되었다. 성인 편도 요금은 72,300원이다. 하절기 기준 시간표는 아래와 같다.

왕 편	목포 출항시간	복 편	가거도 출항시간
목포 → 가거도	08:10(완행)	가거도 → 목포	07:40(직행)
	14:40(직행)		13:00(완행)

일정

직항편이 추가되었으나 관광객 입장에서 보면 시간이 참 애매하다. 직항으로 들어가면 섬에 18:00에 도착한다. 직항은 다음 날 07:40에 출발하니 1박 2일이면 잠만 자고 나와야 한다. 2박 이상 계획하지 않는다면 직항편은 의미가 없다. 직항은 섬 주민들을 위한 것으로 보면 된다. 완행으로 들어갔다가 다음 날 나오면 첫날 오후, 둘째 날 오전시간이 생긴다. 여기에서는 2박 3일의 일정으로 코스를 소개한다.

1일 차	08:10	12:20	13:30	13:40~18:20	20:00
	목포 출항	가거도 도착	식사 후 대리-항리 이동	독실산 산행, 등대 탐방	식사 마침
2일 차	07:20~08:40	09:30	10:30	10:00~17:00	20:00
	섬등반도 탐방	아침식사	항리-샛개재 이동	샛개재-대풍리-대리 트레킹	식사 마침

대중교통이 없는 섬에서의 동선

가거도는 섬이 크고 길은 험한 반면 대중교통은 없다. 섬등반도, 등대, 독실산 등의 관광 명소가 상하좌우로 흩어져 있어 숙소 선정과 이동 계획을 잘 세우고 움직여야 한다. 가거도에는 3곳의 마을이 있다. 여객선이 도착하는 1구가 남쪽의 대리마을이고 서북쪽의 2구 항리마을은 섬등반도와 가깝다. 동북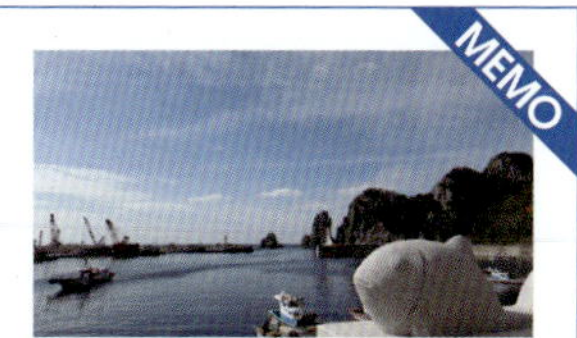쪽의 3구 대풍마을은 가거도 등대와 빈지박 전망대와 가깝다. 필자는 항리마을에서 1박을 하며 첫날 독실산 정상과 등대를 다녀왔고 둘째 날 대리마을에서 1박을 하며 대풍마을과 빈지박 그리고 달뜬여까지 섬을 종주했다. 차량 이동은 2번 있었는데 1일 차 대리에서 항리까지, 2일 차 항리에서 샛개재까지 민박집에서 픽업해주었다.

1일 차(향리마을-독실산-등대-향리마을)

의외의 사실이지만 독실산 정상까지는 사실 차량으로 이동할 수 있다. 정상에 군사시설이 있어 임도가 포장되어 있기 때문이다. 단 차량 이동 시에는 운임을 지불해야 한다. 대리마을에서 포장 임도를 따라 걸어가면 독실산까지는 약 4km 거리다. 향리에서 올라가면 2.7km 거리가 된다. 가장 짧은 코스지만 당연히 길은 가장 험하고 가파르다.

독실산 등산로에는 지점 표시석이 세워져 있다. 워낙 인적이 드문 곳이라 조난당할 수 있기 때문에 표시석을 보면서 등산로를 확인해야 한다. 향리에서 출발하면 94번 표시석부터 시작해서 87번 지점까지 올라갈수록 숫자가 줄어든다. 능선에 올라서면 북측 등대 방면과 남측 정상 방면의 갈림길이 나온다. 정상을 찍고 등대로 내려 가려면 정상까지 약 400m 거리를 다녀와야 한다. 정상에서의 조망은 의외로 호방하지 않다. 주변 군사시설 때문이다. 차라리 등대 쪽으로 하산하는 길에서 만나는 480번 조망대에서의 경관이 더 장쾌하다. 갈림길에서 표시석은 33번이고 능선을 따라 하산할수록 36, 49, 51로 숫자가 점점 증가한다. 53번 지점에서 우측으로 내려가면 등대 방향이고 좌측으로 가면 독실산 산허리를 감아서 다시 향리마을로 연결되는 길이다. 등대로 포장도로를 따라서 내려갔다가 이 지점으로 되돌아 올라와야 한다. 이 길은 지도에서 보면 언뜻 둘레길처럼 보이지만 실상은 그렇지 않다. 고도표를 보면 알겠지만 거의 산 하나를 다시 넘어가는 난이도다. 오히려 독실산 정상보다 더 가파르게 올랐다가 내려간다.

2일 차(샛개재-빈지박-대풍마을-달뜬여-대리마을)

샛개재는 삼거리다. 바닷가 쪽의 가거도 길을 따라가면 향리마을로 들어가고 산쪽으로 올라가면 독실산 정상 입구를 지나서 3구 대리마을을 지나 전날 다녀온 등대까지 연결된다. 지금은 차량이 다닐 수 있게 포장이 되어 있지만 이 길은 일반도로가 아닌 임도다. 불과 몇 년 전까지 이 길은 없었다. 3구로 가려면 산길을 넘어가든가 아니면 배를 타야 했다.

출발지로부터 3.6km 지점 대풍마을이 내려다보이는 언덕에서 우측으로 빈지박으로 들어가는 등산로가 있다. 편도 800m의 거리를 왕복해야 한다. 향리마을의 섬등반도같이 땅줄기 하나가 바다를 향해서 삐죽 나와 있다. 깎아지른 듯한 절벽 길을 따라가면 방목된 흑염소들이 놀고 있는 동쪽의 땅끝, 빈지박에 도착한다. 대풍마을을 들렀다가 다시 왔던 길로 돌아 나오면 샛개재 도착 800m 지점에서 좌측으로 등산로 입구가 나온다. 마을 사람들이 과거 대리와 대풍리 사이를 오고 가던 옛길이다. 이 길을 따라가면 대리마을 우측의 달뜬목을 찍고 동계 해수욕장을 거쳐서 대리마을로 돌아 나오게 된다.

가거도 지도

검은여
가거도 백년등대
섬등반도/등대 갈림길
대풍마을
빈지박
480조망대
독실산 정상/등대 갈림길
독실산 정상
1일차
START·FINISH
향리마을
독실산/대풍마을 갈림길
섬등반도 탐방로
협곡몽돌해변
대리-항리 도로구간
등산로 갈림길
2일차 START
샛개재
2일차 FINISH
대리마을
달뜬여
동계해변
밖녹섬

걷기

600m
500m
400m
300m
200m
100m
0.0km 1.0km 2.0km 3.0km 4.0km 5.0km 6.0km 7.0km 8.0km 9.0km
1일차 START
향리마을
1 독실산 정상/등대 갈림길
2 독실산 정상
3 480 조망대
4 섬등반도/등대 갈림길
5 가거도 백년등대
FINISH
향리마을
1:28 1:49 2:22 3:02 3:20 4:40

400m
300m
200m
100m
0m
0.0km 2.0km 4.0km 6.0km 8.0km 10.0km 12.0km 14.0km
식사
2일차 START
샛개재
6 독실산/대풍마을 갈림길
7 빈지박
8 대풍마을
9 등산로 갈림길
10 달뜬여
FINISH
대리마을
0:40 1:53 2:37 5:10 5:54 7:08

미리보기

1일 차에 항리에서 독실산과 등대를 한 번에 다녀오려면 상당한 체력과 시간이 필요하다. 12:30에 첫 배가 도착하면 점심식사를 하고 아무리 빨라도 14:00가 다 되어서야 산행을 시작할 수 있다. 답사한 계절은 10월 말, 해는 18:30 쯤 넘어가는데 산행시간은 부지런을 떨었어도 4시간 30분이 소요되어 일몰 전에 간신히 숙소에 도착할 수 있었다. 해가 짧아지는 시간에는 자칫하면 산중에서 해가 지고 조난을 당할 수도 있다. 비상시 도움을 청할 수 있게 민박집에 미리 행선지를 알리고 전화번호를 저장해둬야 하며, 무리한 산행은 시도하지 말아야 한다. 복귀 시 자신이 없으면 등산로로 진입하지 말고 포장도로를 따라 이동하며 픽업을 요청해야 한다. 독실산에는 지점 표시석 이외에도 등산로에 로프를 걸어 놓아 산길을 안내하고 있다.

독실산 산거머리

우리나라에는 4종류의 거머리가 서식하는 것으로 알려져 있는데, 논과 같은 습지를 제외하고 산중에 거머리가 서식하는 지역은 가거도가 유일하다. 난대림으로 우거진 독실산의 독특한 식생을 반영하는 현상이다. 누군가에게는 아주 흥미로운 사실이겠지만 여행자에게는 진저리가 나는 소식일지도 모른다. 산거머리는 습도와 온도가 올라가는 한여름 장마철에 주로 활동한다. 당신이 후자에 속한다면 이 기간을 피해서 방문하면 된다.

섬 안에서 이동하기

가거도에는 공영버스나 택시가 없다. 도보로 이동하거나 민박집의 트럭을 사용하는 방법이 유일하다. 가거도의 민박집 식당에 음식 메뉴판과 함께 차량 픽업 서비스에 대한 요금표가 같이 붙어 있는 까닭이다. 항리 60,000원, 독실산 정상 80,000원, 등대 120,000원 등으로 이어지는 식이다. 단체가 아닌 개인의 경우 상당히 부담되는 가격인데, 섬에서는 나름의 이유가 있다. 일단 대리-항리 구간을 제외하고는 나머지 길은 도로가 아닌 임도다. 도로 폭이 좁고 경사가 가팔라서 주민들도 운행을 꺼린다. 차량이 고장 날 경우 육지로 보내면 왕복 배삯만 300,000원이 넘게 들어간단다. 이런저런 위험 수당이 붙어 있는 가격인 셈이다. 2구나 3구 쪽의 관광지를 답사할 때 가장 좋은 방법은 민박집을 아예 그쪽에 잡는 것이다. 항리, 대풍리에 민박을 잡으면 들고 날 때 무료로 픽업서비스를 요청할 수 있기 때문에 시간과 비용을 줄일 수 있다.

섬의 맛

대부분의 민박집들은 1구 대리마을에 모여 있다. 가거도는 당일치기로 방문할 수 없기 때문에 1층 식당, 2층 민박집으로 운영한다. 식사는 민박집에서 해결해야 한다. 백반(9,000원)과 횟감(40,000~50,000원)을 판다. 민박집의 바깥양반들은 대부분 어업에 종사하기 때문에 제철 생선으로 차려진 밥상을 받을 수 있다. 가을철 주로 나오는 어종은 갈치, 조기, 고등어다. 2일 머무는 동안 점심 갈치조림, 저녁 조기탕, 아침 고등어구이의 구성이 반복되었다. 낚시꾼들의 성지인 까닭에 민박집에서 오늘 잡은 횟감용 생선이 있다고 하면 일단 주문해서 맛보는 것이 좋다. 대리마을과 달리 항리와 대풍마을은 10여 가구가 남짓 모여 사는 아주 작은 마을이다. 대리를 떠나서 이곳을 방문하면 중간에 점심 먹을 식당이 없다. 민박집에 요청해서 그쪽 마을에서 식사를 차려줄 수 있는 집을 소개받거나, 여의치 않다면 주먹밥이라도 싸달라고 해서 들고 가야 끼니를 거르는 일이 없겠다.

어디서 잘까

2구 항리마을에 민박집 2곳, 3구 대풍마을에 민박집 1곳이 있다. 요금은 2인실 50,000~70,000원 선이다. **다희네**(010-9213-5514)는 항리마을에서 숙박과 식사를 동시에 해결하기에 좋다. 물 좋은 제철 생선과 집 반찬으로 내어놓는 상차림이 맛깔스럽다. 섬 여행에 조언도 아끼지 않는 데다 매우 친절하다. **섬누리스테이**(☎ 061-246-3418)는 구舊 섬누리 민박의 새 이름이다. 과거 식사를 스스로 해결해야 했으나 식사를 제공하는 민박 형태로 바뀌었다. 3구에는 **고승호 이장님 댁**(☎ 010-9604-0005)에서 민박 손님을 받는다. 어업으로 일손이 바쁜 시즌이나 사모님이 육지로 나갈 경우 운영을 안 하는 경우도 있으니 미리 숙박, 식사, 픽업 여부를 확인해봐야 한다. 1구 대리마을에서는 선택의 폭이 넓다. **가거도중앙식당민박**(☎ 061-246-5467)은 선착장 맞은편에 위치해 있고 숙소도 깔끔하다.

영화와 방송 그리고 책에 등장한 섬

2007년 개봉한 영화 〈극락도 살인사건〉의 배경이 되었다. 영화는 섬에서 발생한 의문의 살인사건에 대한 진상을 찾아가는 스릴러물이다. 초반부에 형사들이 배를 타고 사건 현장인 섬으로 들어가는 장면이 나오는데, 이곳이 바로 가거도의 항리마을이다. 항리마을은 영화의 주 무대다. 인적이 드물고 거친 자연의 풍광이 고립된 섬 생활을 사실적으로 표현했다.

탐조 관광

육지와 너무 멀어서 있는지조차 몰라 유배마저 안 보냈던 섬, 가거도. 6·25전쟁도 모르고 지나갔다는 일화가 있을 만큼 인적은 뜸하지만, 여름과 겨울을 보내기 위해 이동하는 철새들에게는 인기 있는 경유지다. 탐조 관광으로 이름난 어청도보다 더 많은 200여 종 이상의 철새가 관찰되는 곳이다. 실제로 봄, 가을에는 육지에서 만날 길 없는 생경한 모습의 철새들을 탐조할 수 있다.

순례자의 섬

전라남도 신안군 증도읍 병풍리

작은 섬

여의도의
0.8배

0.64 km²
소약도 면적

40 m
최고봉(추정)

14 명
인구(마을 1곳)

0.35 km²
소기도점 면적

71 m
최고봉(범바우산)

7 명
인구(마을 1곳)

0.36 km²
대기도점 면적

89 m
최고봉(추정)

84 명
인구(마을 1곳)

뭐 하고 놀까 | 걸어서 섬 한 바퀴

차도선
저속 ⋯› 12노트 | 더존페리 5호 | 170톤 | 정원 100명 | 탑재차량 27대

일반항로
⊤ 26km/55분 소요

수역: 서해 남부/전남 중부 서해 앞바다

'두려워하지 마라. 이제부터 너는 사람을 낚을 것이다. 그들은 배를 저어다 뭍에 대어 놓은 다음, 그 모든 것을 버리고 예수님을 따랐다.' 루카복음 5장 10~11절 중. 베드로, 요한, 야고보는 예수의 제자가 되기 전 갈릴래아 호수에서 물고기를 잡던 어부들이었다. 순례는 성지나 성인의 무덤같이 종교적인 의미가 있는 곳을 찾아다니며 참배하는 행위를 말한다. 순례길 중에서 가장 널리 알려진 것은 '산티아고 순례길'일 것이다. 12제자 중 한명인 성 야고보의 무덤이 있는 스페인의 도시 산티아고 데 콤포스텔라로 가는 800km의 여정이다. 순례자들은 왜 이 긴 길을 걸으려 할까? 각자의 사연이 있겠지만 순례의 궁극적인 목적은 구원받기 위해서다. 신도들은 신을 통한 속죄와 구원을 염원할 것이고 무신론자들은 순례의 과정을 통해 내면으로부터의 성찰을 갈구할 것이다.

신안군 기점, 소악도에 특별한 둘레길이 하나 생겼다. 예수의 12제자를 상징하는 12곳의 예배당을 따라 걷는 '12사도 순례길'이 바로 그것이다. 길은 2020년 2월 처음 열렸다. 순례길이라니, 의아한 생각도 들겠지만 증도면은 유서 깊은 기독교의 고장이다. 이 지역에 복음을 전파한 문준경 전도사는 오늘날 '섬 교회의 어머니'로 불린다. 그는 일제시대때 신사참배 거부로 고문을 당했고, 6·25 전쟁 때 인민군에게 체포되어 순교했다. 지금도 주민의 90%가 성결교 교인이니 이곳에 순례길이 만들어진 것은 어찌 보면 자연스러운 일이었을지도 모른다.

소악도 선착장에 도착하면 가장 먼저 유다 타태오의 집에 도착한다. 타태오는 절망하는 사람들의 수호성인으로 추앙된다. 그 때문일까? 이곳을 만든 손민아 작가가 예배당에 붙인 부제는 '칭찬의 집'이다. 하얀색의 예배당은 불과 두 평 남짓 되는 아담한 규모로 자리한다. 두 사람이 들어서면 꽉 차는 실내에는 촛대 하나가 세워져 있고, 바다가 보이는 작은 창이 나 있다. 흡사 바다를 응시하며 참회하는 고해성사실 같다. 강영민 작가의 시몬의 집이 다음 행선지다. 낮은 언덕 위에 자리 잡은 예배당은 문이 없이 앞뒤가 뚫려 있다. 빈 공간 사이로 바다가 바라보인다. 바다를 품은 작품을 만들고 싶었던 모양이다.

이렇듯 각 예배당은 국내외 작가들이 참여해 만들어졌다. 12사도의 의미를 되새기고 작가들의 의도를 살펴보며 걷는 것은 꽤 흥미진진한 일이다. 평범한 섬에 작은 예배당들이 들어서니, 한 번쯤 걸어보고 싶은 매력적인 둘레길이 됐다. 순례길을 더 특별하게 만들어주는 것은 섬과 섬을 연결해주는 노두길이다. 돌을 쌓아서 섬과 섬을 연결한 노두길은 물때에 따라 하루 2번씩 잠겼다 나타나기를 반복한다. 순례길이 놓여 있는 진섬, 소악도, 소기점도, 대기점도는 서로 노두길로 연결되어 있다. 밀물 때 섬에 갇힌 순례자들은 썰물 때가 되면 마치 모세의 기적이 일어나듯 갈라진 바닷길을 통해 다시 다음 섬으로 순례를 이어간다. 육지의 시간에 길들여진 이들은 이곳에서 바다의 시간에 지배당한다. 낯설고 아름다운 경험이다.

① 들어가기

기점도, 소악도로 직행하는 배편은 압해도 송공선착장에서 출항한다. 현재 하루 4회 배편이 운항된다. 소악도까지 성인 편도 요금은 5,500원이고 대기점도까지는 6,000원이다. 증도 버지항에서는 하루 1회, 지도 송도 선착장에서는 하루 4회 병풍도까지 배편이 있다. 선사는 정우해운(☎ 061-247-2331)이다. 병풍도는 대기점도와 노두길로 연결되어 있어 걸어서 이동이 가능하나 3km를 추가로 걸어야 한다.

송공	소악	소기점	대기점	병풍	소악	송공
06:50	07:29	07:45	07:52	07:59	08:25	09:02
09:30	10:09	10:25	10:32	10:39	토·일 11:50	11:42
12:50	13:29	13:45	13:52	13:59	14:25	15:02
15:30	16:18	16:25	16:32	16:39	17:05	17:42

출발 압해도 송공항 선착장
신안군 압해읍 압해로 1846-1(주차 무료) | ☎ 061-279-4222
선사 (유)해진해운 | ☎ 061-279-4222 **예매** 선착순 현장 발권

12km 내외의 평지 코스라 빠른 걸음으로는 3~4시간 정도면 모두 둘러볼 수 있다. 단 일정 계획을 세울 때 가장 먼저 고려해야 할 것은 노두길이 물에 잠기는 물때표다. 물때는 국립해양조사원 홈페이지(www.khoa.go.kr)에서 확인 가능하다. 만조시간을 중심으로 앞뒤로 1시간 30분씩 총 3시간 동안은 노두길을 건널 수 없기 때문에 이 시간을 고려해서 입도/출도하는 선착장을 정하고 일정을 세워야 한다.

당일	09:30	10:09	~12:30	~15:00	12:30~15:30	15:30~16:40	16:32
	송공 출항	소악 도착	소악 걷기	점심 소기점 걷기	만조(14:00)	대기점 걷기	대기점 출항

험난한 도로 사정

차도선이 운항되고 있어 차량을 갖고 들어갈 수 있지만 섬 안의 길이 비좁다. 실제로 답사 당일 승용차 한 대가 방향을 틀다가 길 옆으로 빠져서 오도가도 못하는 상황이 발생하였다. 걷거나 자전거 타기 좋은 섬이지 드라이브하기 좋은 섬은 아니다. 노두길 이용 시에는 완전하게 물이 빠진 다음 건너가야 한다. 의외로 물살이 세고 파래 등이 끼여 있어 길이 미끄러울 수 있다.

섬 안에서 이동하기

대기점도 2번 안드레아 집 근처에 전기자전거 대여소가
있다. 1일 대여요금은 5,000원이다. 섬에서 운영하는 공
용버스(승합차)가 있다. 대기점도항으로 배가 들어오는 시
간에 맞춰서 대기한다. 요금은 1,000원이고 게스트하우
스를 이용하거나 코스를 역으로 타고 싶은 사람을 위해서
소악도 쪽으로 운행한다. 그 외 시간에 이용을 하고 싶다면
마을 사무장(☎ 010-9089-5324)께 문의하면 된다.

식사와 숙소는 어떻게 할까?

숙소와 식당은 극히 제한적이다. 대기점도 이웃 섬인 병풍도로 올라가야 그나마 선택의 폭이 넓어진다. 출발지인 소악도
선착장 주변에 커피와 음식을 제공하는 식당들이 서너 곳 모여있다. 이곳을 벗어나게 되면 소기점도에 위치한 **'순례자의
섬 게스트하우스&카페'**(신안군 증도면 병풍리 1125, ☎ 061-262-0024)가 거의 유일한 숙소가 된다. 과거 도미토리 형
태의 침실이 운영되었으나 현재는 독립형 객실을 사용할 수 있다. 카페와 식당도 함께 있는데 가정식백반(10,000원), 김
전(10,000원) 같은 음식을 맛볼 수 있다. 비교적 신축건물이라 시설은 깔끔한 편이다. 소악도에서 소기점도로 넘어가는
노두길 맞은편에 위치하고 있다.

마태오의 집

베드로의 집

걷기

순례길은 대기점도에서 출발해서 소기점도를 거쳐서 소악도에서 끝난다. 소악도와 연결되어 있는 진섬을 포함, 총 5개의 작은 섬을 둘러보는 코스다. 순방향으로 걸어도 되고 역방향으로 걸어도 된다. 결정은 물때가 한다. 답사 당일 만조가 14:00이었다. 노두길은 12:30부터 15:30까지 물에 잠긴다. 진섬-딴섬-소악-소기점을 돌아본 뒤 점심식사를 하며 노두길이 열리기를 기다렸다가 13:30 대기점도로 들어가서 1시간가량 순례길을 걷고 마지막 배를 타고 송공항으로 되돌아 나왔다. 섬이 작고 순례자의 길이라는 안내 표지가 곳곳에 있어 길을 따라가는 데 큰 문제는 없다. 단 한 곳에서 길이 헷갈린다. 대기점도에서 5번 필립의 집을 지나서 4번 요한의 집으로 가려면 삼거리에서 우회전해야 한다. 요한의 집에서 3번 야고보의 집으로 가려면 갔던 길을 되돌아 나와서 삼거리에서 직진해야 한다. 소악, 소기점도는 거의 평지 구간이고 대기점도에 해발 20m 정도의 낮은 언덕 구간이 있다.

상승고도	238m(중)
최고지점	21m(하)
소요시간	6시간 5분

가롯 유다의 집

시몬의 집

작은 야고보의 집

필립의 집

토마스의 집

소악도 지도

걷기

천사의 섬을 달리다

대통령의 고향

전라남도 신안군 하의면·신의면

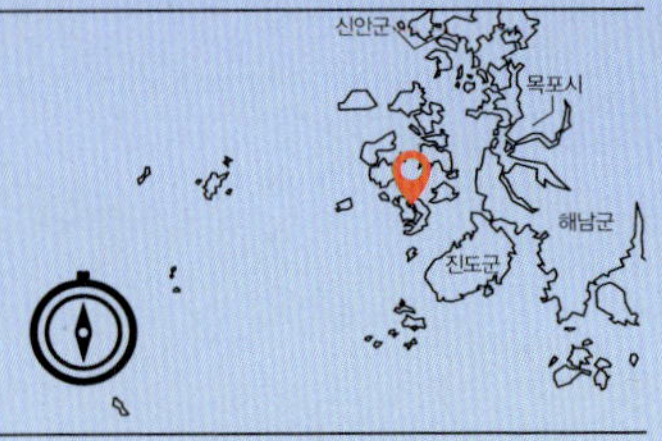

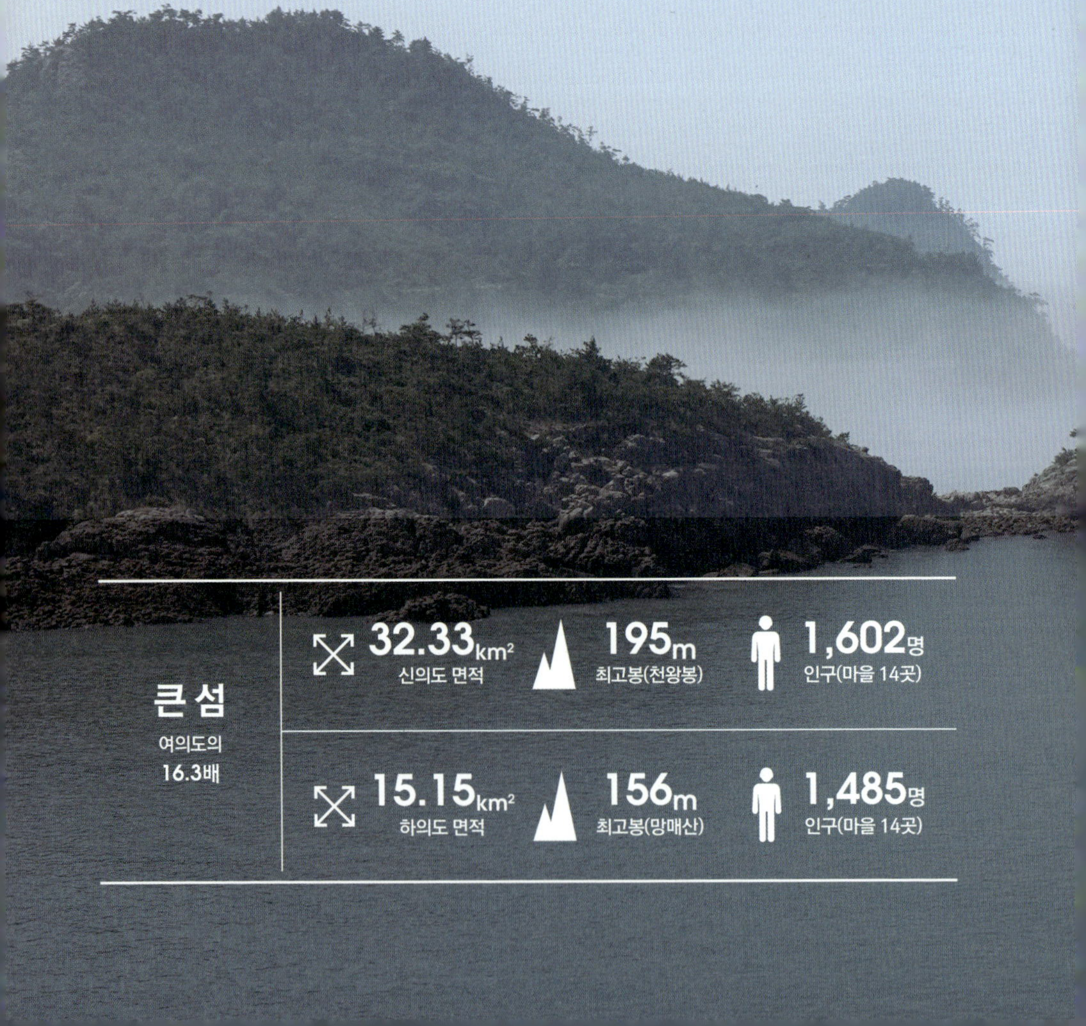

큰 섬

여의도의 16.3배

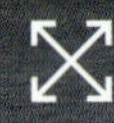

32.33km² 신의도 면적	195m 최고봉(천왕봉)	1,602명 인구(마을 14곳)
15.15km² 하의도 면적	156m 최고봉(망매산)	1,485명 인구(마을 14곳)

뭐 하고 놀까 | 자전거 타고 섬 한 바퀴·황성금리 해변에서 물놀이

차도선
저속 ⋯▸ 16노트

천사1호

364톤

정원 **264**명

탑재차량 **43**대

일반항로
운항률 94%

54km/**2**시간 **30**분 소요

목포항　　안좌(복호)　장산(북강)　옥도　장병　하의(웅곡)

수역: 서해 남부/전남 중부 서해 앞바다

우리나라에서는 두 명의 대통령이 섬에서 태어났다. 거제도의 김영삼 대통령과 하의도의 김대중 대통령이 바로 그분들이다. 섬은 예나 지금이나 변방이다. 인구·교육·인프라 모든 면에서 육지에 비해 열세인 곳이다 보니 이런 곳에서 불쑥불쑥 큰 인물들이 나온다는 것은 참으로 미스터리한 일이 아닐 수 없다. 혹자들은 그 이유를 풍수에서 찾으려 하기도 한다. 김대중 대통령의 생가는 하의도의 북쪽 후광리에 위치하고 있다. 막상 이곳을 방문하면 너무나 평범한 시골 마을의 풍광에 맥이 빠져버리고 만다. 풍수가가 아닌 일반인의 눈에는 배산임수의 명당이라고 하기에는 기맥을 찾아볼 만한 번듯한 산세조차 보이지 않기 때문이다. 다만 섬 남서쪽에 위치한 큰 바위 얼굴의 전설만이 이곳에서 큰 인물이 나올 것이라는 스토리텔링을 간직하고 있다.

상황이 이렇다 보니 섬 인물론의 이유를 '섬 사람 특유의 기질'에서 찾는 것이 더 타당해 보이기도 한다. 육지와 단절된 환경에서 거친 바다와 함께 생활해야 하는 사람들은 강인할 수밖에 없다. 아니 강인해야 살아남을 수 있었다.

하의도는 조선시대부터 일제시대에 이르는 약 300년간 억울하게 빼앗긴 토지를 되찾기 위한 농민 토지탈환운동이 진행되었던 지역이다. 조선 왕조, 대한제국, 일제, 미군정을 거쳐 1957년까지 계속된 이 투쟁의 역사는 하의3도 농민운동기념관에 고스란히 담겨 있다. 섬에서 더 이상 물러설 곳이 없다는 절박감이 그들을 300년간의 투쟁으

로 몰아 넣었을 것이고 그들의 기질이 당시 하의초등학교를 다니던 김대중 대통령에게도 전달되었을 것이다. 하의도는 2017년 삼도대교가 개통되면서 이웃 신의도와 연결되었다.

신의도는 원래 상태도와 하태도의 두 섬으로 나누어져 있었으나 간척사업을 통해서 하나의 섬으로 합쳐졌다. 하의도는 비금도초, 흑산, 홍도로 이어지는 신안군의 가장 인기 있는 섬 여행 관광루트에서 살짝 비켜나 있다. 따라서 관광객이 많이 찾는 섬은 아니다. 대신 오지의 투박하고 날것 같은 모습들이 살아 있다. 섬의 일주도로에서 바라보이는 주변의 풍광들은 결코 예사롭지 않다. 하의도의 경관 포인트들은 섬의 서쪽 해안도로를 따라서 위치하고 있다. 동측 해안선과 달리 서측에는 섬의 해안선을 따라 테두리 따기를 한 것같이 바다에 바짝 붙어 해안도로가 만들어져 있다. 이 길 위에서는 개도, 능산도, 장대도, 장도까지 서쪽 바다에 흩뿌려져 있는 다도해해상국립공원의

섬들이 마주 보인다. 다리 건너 국내 최대의 천일염 생산지인 신의도로 들어선다. 이곳에서는 섬의 남동 측 주변을 유심히 살펴봐야 한다. 섬 남측 끝자락에는 황성금리해변이 위치하고 있는데 이곳은 한국의 하롱베이로 불린다. 백사장의 폭은 300m에 불과하고 인적조차 드문 해변이지만 이곳이 특별한 이유는 백사장에서 마주 보이는 경관 때문이다. 해변은 폭 10km의 좁은 해협을 사이에 두고 진도의 세방낙조전망대와 마주 보고 있다. 우리나라 최고의 낙조 포인트의 경관을 방향만 바꿔서 마주 보는 셈이다. 주지도, 혈도, 송도, 양덕도, 광대도의 모습과 마주하게 되는데 기기묘묘한 모양의 섬들이 어울려 절경을 이룬다. 물개 모양의 광대도, 토끼 같은 양덕도… 그중에서도 솥뚜껑을 뒤집어 놓은 듯한 주지도의 모습은 압권이다. 최고 권력자의 출생지를 보고 싶은 호기심에서 시작된 여정은 신들이 빚어 놓은 선경 속에 들어서며 마무리된다.

배편

하의도로 들어가는 배편은 목포연안여객선과 안좌도 복호여객선터미널에서 출발한다. 목포에서는 신안교통재단(061-240-8136)의 천사1호가 운항한다. 안좌도(복호)-장산도-옥도-장병도-하의도 순으로 기항한다. 주중 3회 운항하며 편도 운임은 11,850원이고 2시간30분 소요된다. 신진해운(☎ 061-244-0522)의 쾌속선 퍼스트엔젤호도 1일 2회 운항한다. 하의도까지 소요시간은 1시간 15분이고 편도 요금은 28,500원이다.

목포발 배편	목포 출항	안자(복호) 경유	하의(웅곡) 도착	하의(웅곡) 출발	안좌(복호) 경유	목포 도착
천사1호	05:30	06:30	08:00	07:25	–	09:00
퍼스트엔젤	06:00	–	07:15	08:10	09:40	10:40
천사1호	12:00	13:00	14:30	14:40	16:10	17:10
퍼스트엔젤	14:00	–	15:15	15:25	–	17:00
천사1호	17:30	18:30	20:00	20:00	21:30	22:30

출발 목포연안여객터미널
　　　전남 목포시 해안로 182(주차 5,000원/1일) | ☎ 1666-0910
선사 신안교통재단 061-240-8136
예매 한국해운조합 여객선예매(홈페이지, 앱)

일정

섬을 자전거로 둘러보는 데는 최소 6시간 정도 소요된다. 하루 전에 목포에 도착해서 1박하고 첫 배를 이용해서 입도한다면 당일치기로 여행을 마치고 되돌아길 수도 있디. 오후 배로 늦게 들어와서 섬에서 일박 후 다음 날 라이딩을 마치고 목포로 되돌아가는 것도 방법이다. 인근의 퍼플섬 여행을 추가하는 여정으로 계획해도 좋다. 퍼플섬이 있는 안좌도로 오고 가는 배편은 P.279를 참고한다.

1일차	12:00	14:30	19:00
	목포 출항	하의도 도착	식사, 숙소 체크인
2일차	09:00~15:00	17:30	19:50
	자전거 라이딩	상태 출항	목포 도착

자전거

하의도와 신의도의 면적은 여의도의 16배에 달한다. 얼추 인천시 옹진군의 백령도와 비슷한 크기다. 섬이 크고 관광 포인트들이 흩어져 있는 까닭에 여행 루트를 잡기가 쉽지 않다. 도보 여행을 하기에는 너무 섬이 크고 자가용을 갖고 들어와도 중간중간 임도 구간이 존재하기 때문에 SUV가 아니라면 섬을 구석구석 돌아보기 어렵다. 따라서 산악자전거가 훌륭한 섬 여행의 수단이 된다. 신안군에서는 8개 코스로 이루어진 1004섬 자전거길을 만들어 놓았는데, 이 중 하의·신의도 코스는 제8코스에 해당한다. 두 곳의 섬을 일주하는 전체 길이는 78km에 달하지만 배 시간을 잘 맞추면 출발지로 되돌아올 필요 없이 하의웅곡 출발–상태신의 종료로 48km 종주 코스로 라이딩을 끝낼 수 있다. 하의도 웅곡 여객터미널에서 출발해서 김대중 대통령 생가를 지나 섬을 시계 반대 방향으로 돈다. 섬의 동측에서부터는 바다와 맞붙은 해안도로가 남쪽 끝까지 길게 이어진다. 중

간에 100m, 900m 길이의 비포장 구간도 지나간다. 해안도로는 하의도 유일의 모래 해변인 모래구미해변과 큰 바위 얼굴이 새겨져 있는 죽도를 지나서 삼도대교로 연결된다. 다리를 건너면 좌회전하지 말고 우회전해서 성금리해변을 다녀와야 한다. 약 4km를 들어갔다가 다시 되돌아 나와야 하지만 그럴 만한 가치가 충분하다. 특히 물놀이가 가능한 여름철이라면 더욱 그렇다. 메인 도로로 되돌아 나온 다음에는 500m 정도 주행하다가 우회전해서 노은리 마을 쪽으로 진입한다. 이곳에서부터 구만리로 연결되는 길이 7km의 해안 임도가 시작된다. 황금성리해변에서 보고 나왔던 해안 절경을 따라가는 신의도에서 가장 아름다운 길이다. 이 구간은 해오름전망대에서 절정을 맞이한 다음 다시 도로와 만나서 신의 동리선착장까지 연결된다.

허기를 달래려면

하의도를 대표하는 음식으로는 낙지연포탕을 꼽을 수 있다. 신안의 뻘 낙지가 유명한 것은 널리 알려진 사실인데 이 지역에서는 차가운 냉 연포탕을 맛볼 수 있다. 여름철에 방문했다면 추천한다. 하의중고등학교 인근에 식당들이 모여 있다. 그중 **연꽃섬식당**(신안군 하의면 곰실길 11-15, ☎ 061-275-3500)은 현지인들이 애용하는 음식점이다. 낙지연포탕은 싯가고 백반은 10,000원이다. 일찍 문을 열기 때문에 아침식사도 가능하다.

하루 묵어간다면

하의도 웅곡선착장 인근과 신의도 동리선착장 인근에 식당과 민박집들이 모여 있다. 숙소 선택의 폭이 넓지는 않다. **혜원민박**(신안군 신의면 신의로 691, ☎ 061- 271-3518)은 식당과 민박을 같이 운영하고 있다. 숙박비는 1박에 40,000원이다. 하의도 김대중 대통령 생가 인근에 **하의도 유스호스텔**(신안군 하의면 후광길 239-16, ☎ 061-245-8808)이 위치하고 있다. 하의선착장에서 3km 떨어진 곳

에 위치하고 있으나 시설은 이 지역에서 가장 좋다. 1박 요금은 50,000원이고 신안군문화관광홈페이지에서 체험관광 → 숙박예약 메뉴로 들어가면 예약할 수 있다.

하의도·신의도 지도

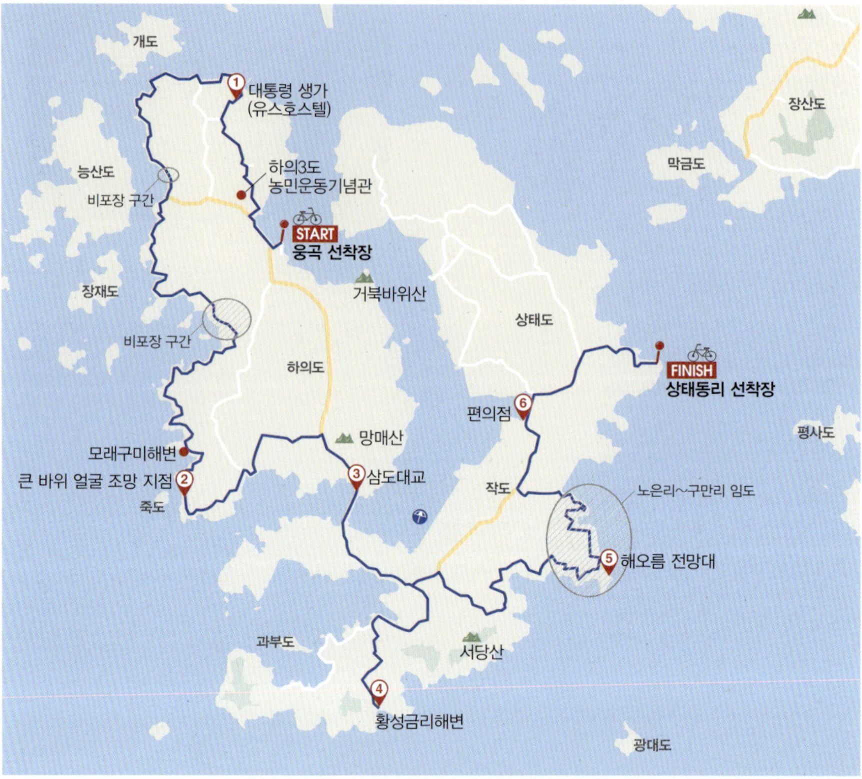

자전거

START
웅곡 선착장 → 1 대통령 생가 0:18 → 2 큰 바위 얼굴 조망 지점 1:49 → 3 삼도대교 2:13

FINISH
상태동리 선착장 5:45 ← 6 편의점 5:35 ← 5 해오름 전망대 4:16 ← 4 황성금리해변 2:45

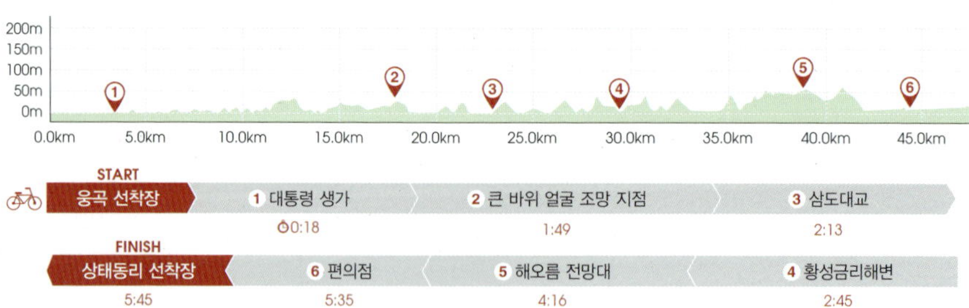

하의도·신의도 배편 운항 항로

하의도와 신의도 주변의 항로는 복잡하게 얽혀 있다. 이 항로들을 이해하면 좀 더 효율적인 섬 여행 계획을 세울 수 있다. 목포연안여객터미널에서는 하의도 웅곡항과 신의도 상태동리 선착장으로 운항하는 배편이 있다. 따라서 하의 IN, 신의 OUT으로 일정을 잡으면 출발지로 되돌아갈 필요가 없다. 상태신의선착장에서는 하루 3편 신안교통재단(061-240-8136)의 차도선이 목포로 출발한다. 요금은 성인 편도 10,800원이고 목포까지 두 시간 소요된다.

퍼플섬도 한 번에 같이 여행하고 싶다면

안좌도 퍼플섬이 하의 신의도와 가까운 거리에 위치하고 있다. 목포발 하의(웅곡)선착장행 차도선은 하루 3번 안좌(복호) 선착장을 경유한다. 퍼플섬을 들렸다가 하의도로 넘어갈 때 이용하면 된다. 신의도 상태(동리)발 목포행 차도선은 안좌도를 경유하지 않는다. 이때는 상태(동리)-장산(축강), 장산(북강)-안좌(복호) 순으로 1회 환승해서 이동할 수 있다. 이렇게 하면 하의신의도와 퍼플섬을 한번에 둘러보는 여행 일정을 세울 수 있다. 복호선착장에서 퍼플섬주차장까지는 약 10km 거리다.

상태(신의) 출항	장태(축강) 도착	축강-북강	장태(북강) 출발	안좌(복호) 도착
07:50	08:20		09:05	09:25
12:40	13:10	차량, 자전거 이동 6.4km	13:15	13:35
17:10	17:40		15:40	16:00
			20:55(야간)	21:15

퍼플섬

전라남도 신안군 안좌면

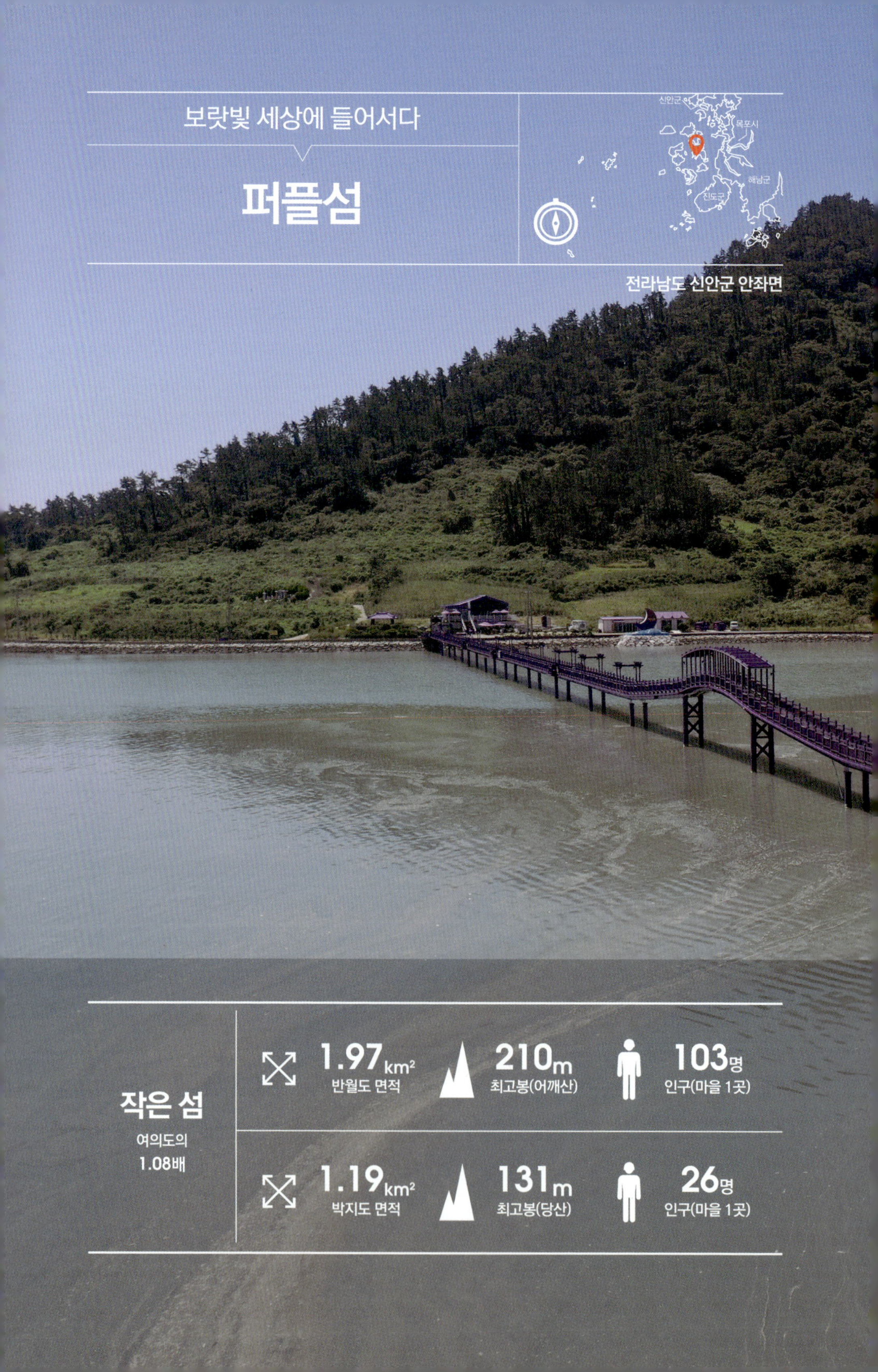

작은 섬
여의도의
1.08배

1.97 km²
반월도 면적

210 m
최고봉(어깨산)

103 명
인구(마을 1곳)

1.19 km²
박지도 면적

131 m
최고봉(당산)

26 명
인구(마을 1곳)

 뭐 하고 놀까 | 보라섬에서 인생샷 찍기·걷거나 자전거 타고 섬 한 바퀴

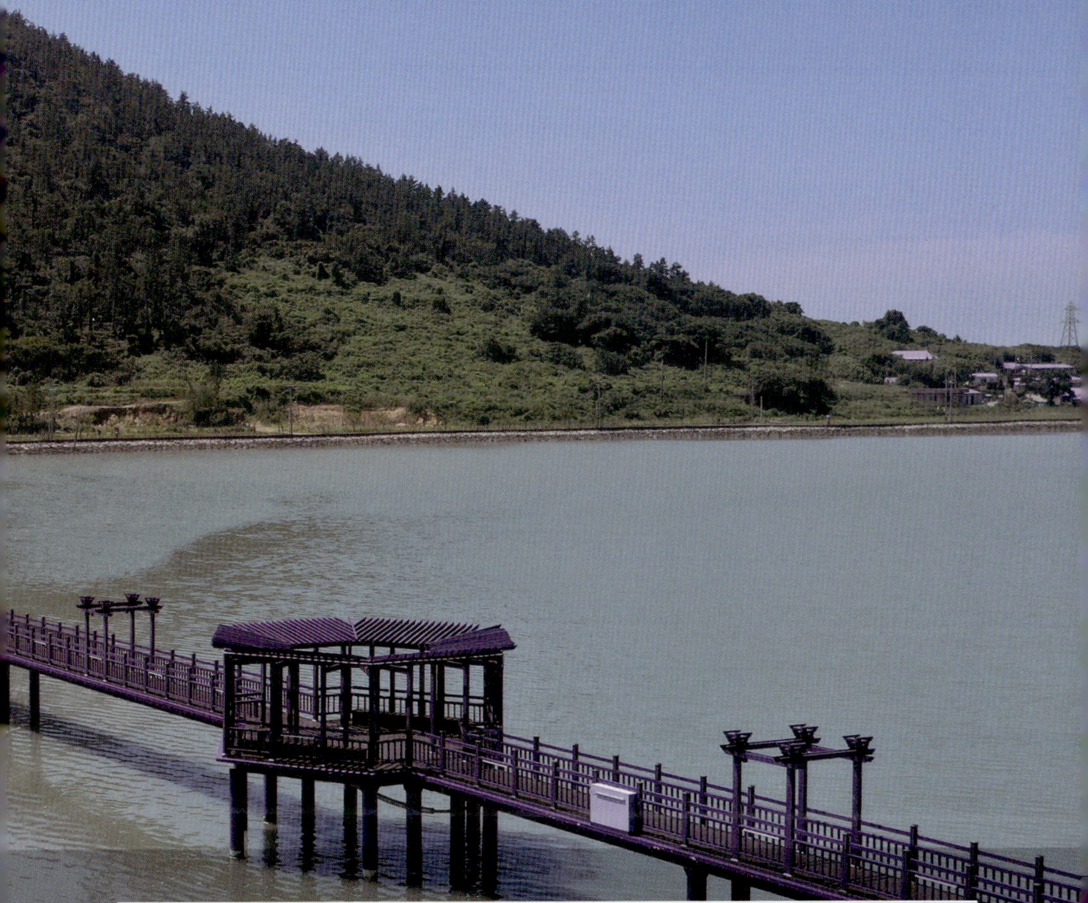

섬 접근성
50km

목포버스터미널		읍동	두리마을
	2004번 버스 45km	마을버스 5km	

소요시간
총 **6**시간 **24**분

왕편	걷기	복편
버스 1시간 30분 마을버스 12분	**3**시간	마을버스 12분 버스 1시간 30분
총 **1**시간 **42**분		총 **1**시간 **42**분

각자 고유한 색으로 표현되는 섬이 있다. 해 질 무렵 붉은 색 노을로 물드는 홍도, 안개 속에서 홀연히 나타난 푸른 섬 어청도, 하얀색 기암괴석으로 가득한 백도가 이런 곳들인데 최근에 반월도와 박지도가 '퍼플섬'으로 새롭게 이름을 올렸다. 두 섬에는 다른 곳들과 달리 인위적으로 보라색이 입혀졌다. 섬으로 들어가는 목교, 마을의 지붕, 도로의 포장, 공중전화부스에 이르기까지 섬 안에 있는 모든 인공구조물들에는 예외 없이 보라색이 칠해져 있다.

마을 동산에 위치한 라벤더 꽃밭과 산책로 중간중간에 수줍게 피어 있는 제비꽃 같은 야생화에서만 자연적인 보라빛을 발한다. 섬 전체를 대상으로 일사불란하게 '보라'라는 컬러 아이덴티티를 부여한 셈인데 그 결과는 놀라울 정도다. 목포에서 압해도와 암태도 그리고 팔금도를 거쳐야 닿을 수 있는 안좌도, 그곳에서 다시 목교를 건너가야 만날 수 있는 이 외진 섬들은 아무도 찾지 않는 곳이었다. 홍도나 백도 같은 기암괴석이나 어청도 같은 스토리와 멋진 등대조차 없는 이곳이 보라색 옷을 맞춰 입으면서 주말에만 수천 명이 찾아오는 명소로 발돋움하였다.

반월도로 들어가는 목교가 시작되는 곳은 단도다. 380m의 문브릿지를 통해서 두 섬은 서로 연결된다. 보랏빛의 목교가 주는 첫인상은 단정함과 세련됨이다. 이 작은 낙도와는 어울릴 것 같지 않은 세련됨과 이국적인 분위기가 섬을 한 바퀴 돌아 나오는 내내 이어진다. 보랏빛 테마파크에 입장한 듯한 기분이다. 관광객들도 보랏빛 옷을 빌

려 입거나 혹은 보랏빛 양산을 쓰면서 섬의 풍경 속 한 모퉁이를 차지한다. 섬 안에서는 먹고 마시는 것에도 보랏빛이 돈다. 마을식당에서 판매하는 백반에는 비트즙을 넣어 보라색을 내는 양배추 절임이 올라가고 카페에서는 블루베리 스무디를 판다. 식당에서 사용하는 식기류도 보라색으로 소위 깔 맞춤을 했다.

반월도를 한 바퀴 돌면 퍼플교를 통해서 다시 박지도로 건너간다. 노두길을 건너 다음 섬으로 넘어가는 12사도길과 달리 이곳에서는 보랏빛 목교가 섬과 섬을 연결해주는 징검다리 역할을 한다. 바가지 모양의 섬, 박지도는 반월도보다 더 작고 아담하다. 섬의 해안선을 따라서 만든 일주도로가 험한 오르막 한 곳 없이 편안하게 이어진다. 퍼플섬이 인기를 끌게 된 요인 중에는 아담한 섬의 크기와 해안도로의 존재도 한몫을 한다. 두 섬을 합쳐도 여의도 크기밖에 되지 않는 작은 섬은 걸어서 한 시간 내외면 해안길을 따라 섬을 한 바퀴 완주할 수 있으니 반나절 여행지로 딱이다. 거기에 보라색 섬을 배경으로 한 인생사진은 덤이 될 것이다. 이 섬에 대한 평가에는 호불호가 갈리기도 하지만, 섬 부자 우리나라에도 이런 곳이 한 두 개쯤 있어도 괜찮을 듯싶다. 아직까지는 어색함보다는 신선함으로 다가오기 때문이다. 보라색은 가시광선 영역 안에서 볼 수 있는 색상 중에서 가장 파장이 짧은 색이다. 파장이 짧을수록 품고 있는 에너지는 더 크다. 하늘이 파란색을 띠고 있는 이유는 파장이 짧아 대기 중에서 가장 크게 산란하기 때문이다. 에너지가 더 센 보라색은 대기를 통과하지 못하고 미리 산란되어 없어져 버린다. 대기가 희박했던 태초에 하늘과 바다는 모두 보랏빛이었을지도 모른다. 섬에서 봤던 보라색이 어색하지 않았던 이유도 어쩌면 이 때문일지도 모를 일이다.

① 들어가기   교통편

퍼플섬은 육지와 다리로 연결된 섬이다. 목포와 압해도가 압해대교로 연결되었고 다시 암태도와 압해도가 천사대교로 연결되어 있다. 암태도는 팔금도와 중앙대교로, 팔금도는 안좌도와 신안1교로 연결되어 있다. 4개의 섬을 건너뛰어서야 반월도로 들어가는 입구에 도착하는 셈이다. 퍼플섬 안으로 차량 진입은 불가하고 목교를 통해서 보행자와 자전거만이 출입할 수 있다. 목포버스터미널에서 51km 거리로 승용차로 1시간 10분가량 소요된다. 박지도로 들어가는 퍼플교에서 여정을 시작하려면 '안좌면 소곡리599-4(두리 마을)'를 목적지로 잡아야 하고 반월도로 들어가는 문브릿지로 가려면 '안좌면 소곡리 780-4'를 내비게이션에 찍고 가야 한다. 두 지점 간의 거리는 800m 정도 된다.

목포에서 버스로 퍼플섬 가는 법

목포에서 안좌도 읍동까지 : 목포버스터미널에서 2004번 공영버스가 안좌도로 연결된다. 압해-암태-팔금-안좌 순으로 정차하는데 안좌도에서는 읍동을 거쳐 복호선착장까지 운행한다. 목포터미널에서 첫 차는 07:20에, 막차 는 19:45에 출발하고 약 1시간 간격으로 차편이 있다 공영버스는 퍼플섬 입구인 두리마을까지 운행하지 않기 때 문에 읍동정류소에서 하차 후 마을버스나 택시로 1회 환승해야 한다. 1시간 30분 정도 소요된다.

목포 출발	07:20	09:10	10:15	11:15	12:30	14:20	16:00	17:00	18:00	19:45
읍동 도착	08:50	10:40	11:45	12:45	14:00	15:50	16:30	17:30	19:30	21:15
읍동 출발	07:25	08:30	09:40	12:10	14:10	15:10	16:40	18:15	19:05	20:25

안좌도 읍동에서 두리마을까지 : 읍동 정류소(탑마트)에서 두리마을까지 하루 8회 마을버스가 운행한다. 두리까 지 12분 소요된다. 마을버스 이용이 헷갈린다면 택시를 이용하면 된다. 읍동에서 두리까지는 9,000원 정도 요금 이 나오고, 복호에서 출발하면 14,000원 정도 요금이 나온다. 안좌개인택시(061-261-4110), 남아택시(061-261-5402).

*공영버스와 마을버스 운행시간표는 신안군문화관광홈페이지 https://www.shinan.go.kr/home/tour의 교통 정보 → 대중교통안내에서 최신정보를 확인할 수 있다.

읍동 출발	두리 도착	읍동 출발	두리 도착
07:30	07:42	14:03	14:15
08:53	09:05	15:23	15:35
10:03	10:15	17:33	17:45
11:43	11:55	18:20	18:45

일정

섬이 작기 때문에 당일 일정으로 둘러보면 충분하다. 대중교통을 이용해서 움직인다면 목포를 베이스캠프 로 삼아 하루 전날 도착해서 1박 2일 일정으로 움직이면 좋다. 자가용으로 이동한 경우 1일 차는 안좌도·팔 금도, 2일 차는 자은도·암태도를 둘러보는 것이 좋다.

당일	07:20	08:50	09:05	10:00~13:40	14:10	15:40
	목포 출발	읍동 도착	두리 도착	퍼플섬 돌아보기	읍동 출발(버스)	목포 도착

자전거/걷기

반월도 둘레길의 길이는 5.7km이고 박지도 둘레
길의 길이는 4.2km다. 두 섬을 모두 합쳐봐야 둘
레길의 총 길이가 10km에 불과하다. 여기에 반월
도로 들어가는 문브릿지가 380m, 반월도와 박지
도를 연결해주는 퍼플교가 915m, 박지도와 두리
마을로 연결되는 목교가 547m가 되니 총 이동거
리는 12km 정도가 된다. 걸어서는 세 시간 정도
소요되고 자전거를 타면 한 시간이면 충분하다. 섬
을 일주하는 해안도로가 잘 만들어져 있고 경사도
가 거의 없다. 섬 안에서 이동하는 차량도 거의 없
기 때문에 걷거나 자전거를 타기에 더할 나위 없이
좋은 환경이다. 중간에 마을식당에서 식사도 해야
하고 마을카페에서 차도 한잔 마셔야 하니 자전거
로는 3시간 내외, 걷기로는 4~5시간 정도라고 생
각하면 된다. 둘레길을 모두 걷는 것이 부담스럽다
면 두 섬 중 한 곳만 둘러봐도 되고 더 짧게 돌아보
려면 목교들만 이어서 잠시 둘러보고 나와도 된다.
큰 섬인 반월도에서는 자전거를 빌려 타고, 박지도
에서는 걷는 식으로 둘러봐도 좋다. 자전거길과 걷
기길은 대부분 같은 길을 공유한다. 길을 헷갈릴 만
한 곳도 없다. 단, 박지도에서 라벤더 정원으로 올
라가는 곳에서 자전거는 잠시 세워 두고 다녀와야
한다. 자전거길은 전 구간 포장도로다.

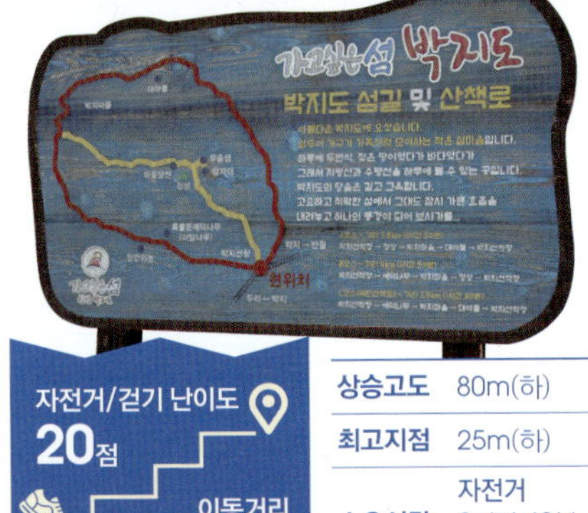

상승고도	80m(하)
최고지점	25m(하)
소요시간	자전거 2시간 40분 걷기 4시간

구대리 선착장
START·FINISH
단도 매표소 주차장
두리마을 주차장
안도 매표소
문브릿지(380m)
퍼플교(547m)
두리 선착장
6
자전거 대여소
1 반월 선착장
박지 선착장
반월 마을카페 3
자전거 대여소
퍼플교(915m)
당산
라벤더 정원 5
박지도
반월도
4
견산
박지 마을식당&호텔
반월 마을식당
반월도 당숲
2
푸른섬
노루섬

자전거/걷기

200m
150m
100m
50m
0m
1
2
3
4 5
6
0.0km 1.0km 2.0km 3.0km 4.0km 5.0km 6.0km 7.0km 8.0km 9.0km 10.0km 11.0km 12.0km

START
단도 매표소 주차장
1 반월 선착장
0:18
2 반월 마을식당
0:42
3 반월 마을카페(자전거 대여소)
1:18

FINISH
단도 매표소 주차장
6 자전거 대여소
2:40
5 라벤더 정원
2:32
4 박지 마을식당&호텔
2:22
2:11

퍼플섬 둘러보기(입장료 및 자전거 대여)

퍼플섬으로 들어가려면 5,000원(성인)의 입장료를 내야 한다. 보라빛 옷을 입고 있으면 입장료가 무료다. 매표소 맞은편에는 보라색 의류나 양산을 빌려주거나 머플러나 모자를 판매하는 곳이 있다. 여기서 소품을 구매하거나 의상을 대여하면 입장료는 무료. 섬 안에는 두 곳의 자전거 대여소가 있다. 퍼플교 양쪽 끝에 있는데, 대여 요금은 한 시간에 성인 5,000원이다(**박지마을 자전거** ☎ 061-271-3330, **반월마을 자전거** ☎ 061-271-5600). 외부 자전거 반입도 가능하며, 목교를 건너갈 때는 자전거에서 내려서 통과해야 한다.

섬의 맛과 숙소

반월도에는 **마을식당**(☎ 010-2755-0935)과 카페가 위치하고 있고 박지도에는 **마을식당**(☎ 061-271-3330)과 마을호텔이 함께 자리 잡고 있다. 식당 두 곳은 모두 섬의 남쪽 끝자락에 자리 잡고 있다. 전화로 예약하면 픽업 서비스를 해준다. 조기매운탕 1인분에 15,000원이고 생선구이와 간장게장을 중심으로 차려진다. 단품 메뉴로는 낙지연포탕과 초무침이 있는데 가격은 계절별로 변동된다. 여름철엔 재료 수급으로 맛보기가 어렵다. 박지도 식당은 마을 호텔과 같이 운영되고 있다. 비수기 기준 4인실은 50,000원이고 화장실은 공용으로 사용한다. 성수기에는 10,000원이 추가된다. 애완동물은 반입 금지.

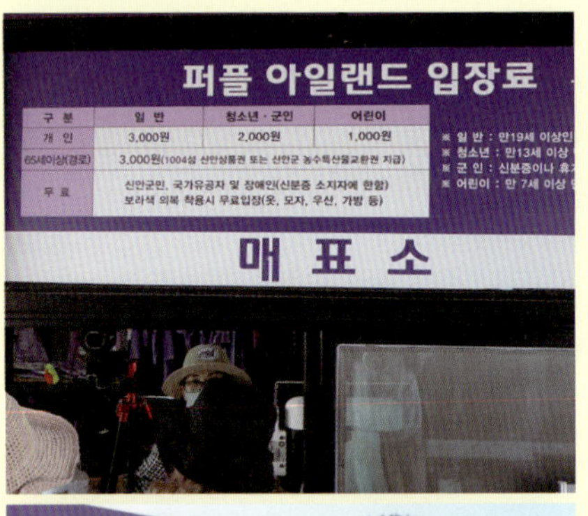

보라색에 관하여

보라색이 지니고 있는 함의는 실로 다양하다. 가톨릭에서는 참회와 보속을 의미한다. 이런 연유로 예수의 부활을 준비하는 대림절과 사순절 시기에는 사제가 보라색 제의를 착용한다. 중세시대 서양에서 보라색은 부와 권력을 상징했다. 보랏빛 염료를 채취하기 어려워 부자와 권력자들만 주로 사용할 수 있었던 까닭이다. 이 연장선에서 자주정은 고귀함을 상징하는 보석으로 인식되었다. 또 파랑과 빨강이 섞여서 만들어지기 때문에 남성과 여성을 모두 아우르는 색으로 성적 다양성을 의미하기도 한다.

암태도 파마 머리 벽화

천사대교를 건너 암태도로 진입하면 남북으로 갈라지는 기동삼거리에 도착하게 된다. 신안섬 여행의 인증샷 명소가 이곳에 존재한다. 동백꽃으로 파마를 한 할머니와 할아버지 벽화다. 이 벽화의 주인공은 실제로 이 집에 거주하는 손석심 할머니와 문병일 할아버지다. 파마 머리 역할을 하는 애기동백나무는 원래 한 그루밖에 없었다. 지역 화가가 할머니 한 분만 그리려고 했지만 할아버지의 요청으로 동백나무를 제주도에서 한 그루 더 공수해 와 현재와 같은 모습의 벽화가 완성되었다는 후일담이 전해진다.

무한의 다리

자은도 북측 둔장해변에 놓여진 길이 1004m, 폭 2m의 인도교다. 2019년에 개통되어 자은도의 새로운 관광명소로 떠오르고 있다. 섬의 이름은 신안군 1도 1뮤지엄 아트 프로젝트에 참여한 조각가와 건축가에 의해서 붙여졌다. 섬과 섬을 연결한다는 연속성의 의미를 담고 있다. 다리는 구리도와 고도 그리고 할미도까지 3곳의 무인도를 연결해준다. 썰물 때는 드러난 뻘 밭 속에 살고 있는 짱뚱어와 칠게들을 관찰할 수 있으며 밀물 때는 바다 위를 걸어 다니는 듯한 착각을 불러일으킨다. 별도의 입장료는 징수하지 않는다. 특히 썰물 때가 되면 뻘에 반영되는 노을의 모습이 아름다워 일몰 사진 명소로도 유명하다.

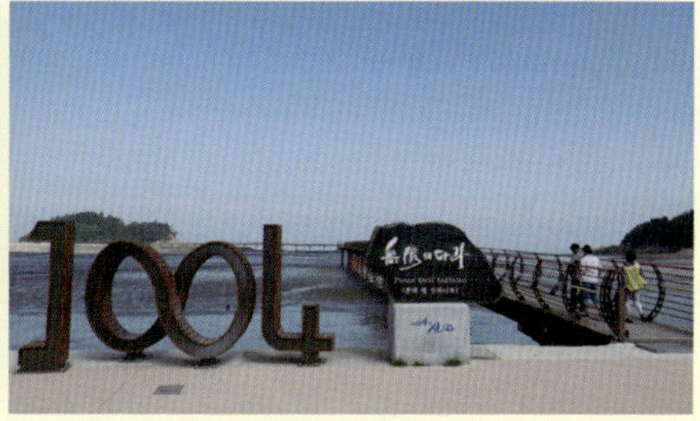

자은도의 맛

숙자네 식당(신안군 자은면 구영2길 54-3, ☎ 061-271-3844)은 자은면 소재지에 위치하고 있다. 관광객보다는 현지인들이 즐겨 찾는 로컬 식당이다. 이 집의 대표 메뉴는 인근 바다에 잡아 올린 바다장어로 만든 장어탕(15,000원). 장어 뼈로 우려낸 육수에 꽤나 튼실한 살점들이 푸짐하게 들어가 있다. 공깃밥이 아닌 찰솥밥이 나와서 몸보신이 되는 느낌이다. 반찬들도 정갈하고 맛있다.

다도해해상국립공원이 시작되는 해상관광 1번지, 목포

다도해해상국립공원은 서남해안 지역에 흩어져 있는 우리나라 최대 면적의 국립공원이다. 신안군 홍도에서 시작해서 여수 돌산도까지 포함된다. 지자체 중에서 가장 많은 섬을 갖고 있는 곳은 '1004섬' 신안군이다. 목포에서는 신안의 대표적인 섬으로 떠나는 배가 출발한다. 여기서는 가거도, 홍도, 기점도/소악도, 하의도/신의도, 반월도/박지도까지 5곳의 출발지가 목포와 인근 선착장이다. 목포는 여객터미널이 위치한 항만 지역의 구 도심과 동쪽의 신시가지로 구분된다. 시내 관광지와 오래된 노포들은 대부분 구도심 쪽에 위치하고 있으며 KTX가 정차하는 목포역도 구도심과 가깝다. 고속버스가 도착하는 종합버스터미널은 신도심 쪽에 위치하고 있다. 여객터미널까지 버스로 30여 분 소요된다.

당신이
목포에 하루 먼저
도착했다면

목적지	출발지
가거도	목포여객터미널
홍도	목포여객터미널
하의도·신의도	목포여객터미널
반월도·박지도	목포여객터미널, 목포북항, 목포버스터미널
소악도·기점도	압해도 송공선착장 (목포에서 24km)

목포에서 출발하는 첫 배를 타려면

홍도로 출발하는 첫 배는 07:50에, 가거도로 출발하는 첫 배는 08:10에 목포여객터미널에서 출발한다. 두 곳 모두 두 시간 이상 배를 타고 들어가야 하는 먼 섬이라 1박 2일의 일정이라면 대부분 아침 배를 타고 출발하는 계획을 세운다. 오후 배를 타고 들어가면 해질 무렵 도착하기 때문에 하루를 날리기 때문이다. 수도권 거주자가 배 시간을 맞추려면 새벽에 출발하거나 하루 전날 먼저 도착해 있어야 한다. 서울에서 심야고

속버스를 타고 이동하는 방법도 있다. 강남고속버스터미널에서 자정 즈음 막차가 출발한다. 평소에는 한 4시간가량 걸리는 구간이지만 새벽에는 3시간 30분이면 도착한다. 목포에 도착하면 04:00쯤 된다. 참 애매한 시간이다. 이때 여행자들은 인근 찜질방을 이용하기도 한다. **대송한방건강랜드**(목포시 영산로 585, ☎ 061-285-3102, 사우나 9,000원, 찜질방 13,000원)는 터미널에서 600m 떨어져 있는 아파트 단지 안에 위치한다. 시설이 꽤 크고 깔끔하다. 이곳에서 잠시 휴식을 취한 뒤에 여객터미널로 이동하면 된다. 여객터미널까지 택시로는 20분 소요된다. KTX 서울-목포 구간은 22:25에 막차가 출발하고 약 2시간 30분 정도 소요된다.

어디서 잘까

목포에 하루 먼저 도착했다면 여객터미널 인근 숙소에 묵는 게 좋다. 터미널 인근에는 다수의 숙박 업소가 영업 중이다. 대부분 모텔급 숙소로 1박 50,000원 선이다. 모텔에 묵는 것이 꺼려진다면 구도심에 위치한 게스트하우스를 이용하는 것도 좋겠다. **등대게스트하우스**(목포시 노적봉길 6 3층, ☎ 010-8340-8004)는 1, 2인실을 운영 중이다(30,000원/1인실, 60,000원/2인실). 화장실은 방 안에 있고 공용 주방이 있다. 목포역 인근에 위치해 오가기에 편리하다. 주차도 무료다. 가족 단위 여행객이라면 **마리나베이호텔**(전남 목포시 해안로249번길1, ☎ 061-247-9900)을 추천한다. 여객터미널까지 도보로 오갈 수 있고, 객실에서는 항구가 보인다. 한국관광공사 공인 숙박업체인 '여행자의 방'에 등록된 업체다. 요금은 평일 80,000원부터 시작한다.

저녁 먹을 곳

항구 주변의 구도심에는 오랜 시간 자리를 지켜온 목포의 노포들이 다수 영업하고 있다. 단 이 식당들은 21:00시 이후 대부분 문을 닫는다. 늦은 시각에 도착하면 식사를 해결할 곳을 찾기가 애매하다. 물론 신도심 평화광장 쪽의 업소들은 여느 도시와 마찬가지로 늦은 시간까지 영업하지만 여객터미널에서 차로 20분 정도 이동해야 되는 번거로움이 따른다. 저녁 시간에 맞춰 도착했다면 선택의 폭이 넓어진다. 목포진역사공원 인근에는 민어의 거리가 있다. 이 중 **영란횟집**(목포시 번화로 42-1, ☎ 061-243-7311)이 유명하다. 여름이 제철인 민어회(50,000원)의 맛도 맛이지만 딸려 나오는 진한 매운탕이 일품이다. 21:00가 넘어서 도착했다면 식사 해결할 곳을 찾기가 만만치 않다. 목포역 인근에는

늦게까지 영업하는 해장국집이 한 곳 있다. **서울순대**(목포시 수문로 43-1, ☎ 061-242-7548)는 순대집이지만 뼈다귀해장국(12,000원)을 더 잘한다. 여기에 목포 생막걸리 한 잔 곁들이면 아쉬운 대로 저녁식사를 해결할 수 있다. 그래도 한 잔 더 생각나는 분들은 목포해양대학 인근의 포장마차촌으로 가시라. 이곳에는 젊은 취향의 술집들이 새벽까지 영업한다. 목포대교가 마주 보이는 장소에 자리 잡고 있어 야경이 좋은 곳이다. 스타보드, 끝집, 신비포차 등이 유명하다.

아침 먹을 곳

목포에서 아침이나 점심을 해결한 만한 메뉴 중 하나는 백반이다. **돌집**(목포시 번화로 67, ☎ 061-243-3586)에서 조기찌개백반(15,000원/1인)을 시키면 조기찌개를 기본으로 하는 15첩 반상이 깔린다. 푸짐한 밥상이 좋은 곳이지만 08:00부터 영업하기 때문에 홍도, 가거도 첫 배를 탈 때는 시간이 맞지 않는다. 더 이른 시간에 영업하는 곳을 찾는다면 목포역 인근의 해장국 골목으로 가야 한다. **해남해장국**(목포시 삼학로 18번길 2-2, ☎ 061-243-0268)은 04:00부터 영업한다. 돼지 뼈다귀가 푸짐하게 들어가 있는 뼈해장국(13,000원)이 이 집의 대표메뉴다. 담백한 국물이 특징이다. 어쩌다 보니 해장국집만 소개한 셈인데, 아쉬워하지는 마시라. 섬에 들어가면 삼시세끼를 해산물로 먹게 될 터이니.

조도군도 제일의 아름다움

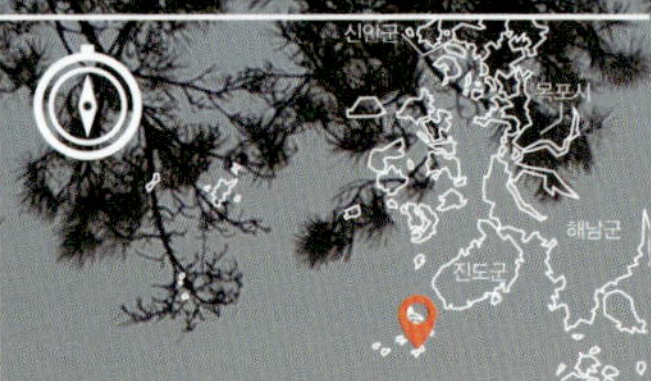

전라남도 진도군 조도면 관매도리

작은 섬
여의도의
1.37배

 **4.00**km² 면적

 **279**m 최고봉(돈대봉)

 **220**명 인구(마을 3곳)

차도선
저속 ···▶ 15노트

 새섬두레호

 **562**톤

 정원**236**명

 탑재차량**65**대

관매도

14

 뭐 하고 놀까 | 걸어서 섬 한 바퀴 · 관매 8경 구경하기 · 자전거 타기

26km / **1**시간 **15**분 소요

일반항로
운항률 83%

진도 팽목항 — 하조도 창유항 — 관매도 선착장

수역: 서해 남부/전남 남부 서해 앞바다　　서해 남부/남쪽 먼바다

새 떼가 날아와 앉아 섬이 된 곳, 조도군도鳥島群島에는 유인도 35개를 포함해서 모두 154개의 섬으로 이루어져 있다. 군도는 서해와 남해가 만나는 진도 앞바다, 그러니까 신안의 홍도에서 시작해서 여수의 돌산도까지 이어지는 다도해해상국립공원의 중심에 둥지를 튼다.

군도에서 가장 크고 사람이 많이 사는 대장 섬은 하조도지만, 가장 아름다운 섬으로는 관매도를 꼽는다. 관매도觀梅島. 매화를 보는 섬이라는 이름이 붙어 있지만 섬 안에 매화가 흐드러지게 피는 모습을 보기는 힘들다. 일제강점기에 붙여진 이름과 현실이 상충하는 모양새인데, 이른 봄이면 순백의 꽃잎으로 뒤덮이는 섬진강 매화마을의 풍경을 기대하고 왔다가는 실망하게 될지도 모른다. 매화나무 대신 관광객들을 맞아주는 것은 관매해변의 아름드리 소나무들이다. 300년 전에 방풍림으로 조성되었다는 곰솔 숲의 나무들은 해송 숲으로 유명한 안면도 못지않게 높고 울창하다. 이 숲이 관광객들에게 더 구미가 당기는 이유는 국립공원 야영장이 숲속에 위치하고 있기 때문이다. 이곳에서 캠핑을 하는 사람은 이 섬의 제1경인 곰솔 숲을 지붕 삼고 관매해변을 앞마당 삼아 하룻밤을 묵어가는 호사를 누리는 셈이다.

여의도 크기만 한 작은 섬이지만 관매 8경으로 불리는 명소들이 섬

구석구석에 흩어져 있다. 대부분 해안가에 있는 해식 지형인데 그중에는 꽁돌과 남근바위라는 독특한 모양의 바위가 있다. 남근바위는 관매도의 동북쪽 방아섬 위에 있다. 선녀들이 내려와서 방아를 찧고 올라갔다는 전설이 있다. 방아섬은 물이 빠지면 본섬과 연결된다. 사실 남근을 닮은 바위들은 유람선 관광에서 빠지지 않고 등장하는 레퍼토리 중 하나인데 해안가가 아닌 정상에 우뚝 서 있는 모습은 처음 본다. 안내표지판에는 '방아섬이 있는 관매도와 여성의 기운을 가진 하조도 신전리 간에 혼인을 하면 파경에 이른다'는 설명이 적혀 있다. 신전리가 왜 여성의 기운을 지녔는지 궁금한 사람은 위성지도를 통해서 한번 확인해보시라. 꽁돌은 관호 마을 뒤쪽 해안가에 놓여 있다. 꽁돌은 공깃돌의 전라도 방언이다. 하늘에서 떨어진 공깃돌이라는데, 정말이지 손자국이 선명한 집채만 한 바위가 덩그러니 놓여 있다. 섬이 품어내는 기묘한 풍광이다.

섬을 둘러보는 방법은 다양하다. 첫 번째 방법은 국립공원 탐방코스 안내도에 나와 있는 코스를 따라가는 것이다. 해발 220m의 돈대산의 능선을 따라서 섬을 밟아보는 것이다. 능선 위에 올라서면 새 떼같이 내려앉

은 조도군도의 섬들이 펼쳐져 있는 다도해의 풍광이 한눈에 들어온
다. 등산이 부담스러운 사람들은 마을 안쪽과 곰솔 숲을 연결한 마실
길을 따라 걸으며 관매도의 근경을 살펴보면 된다.

마을의 돌담길, 아직도 사용하고 있는 마을의 우물, 바람을 막아주는
돌담인 관호 마을의 우실, 천연기념물 212호로 지정된 800년 묵은
후박나무 두 그루가 여행자를 반겨준다. 3월 하순부터 4월까지는 마
을에서 조성한 유채꽃밭의 꽃들이 만개하며 섬이 노랗게 물든다. 관
매마을에는 국립공원관리공단에서 운영하는 자전거 대여소가 있다.
자전거를 빌려서 마실길을 따라 라이딩을 하는 것도 관매도를 탐험
하는 데 빼놓을 수 없는 즐거움이다.

배편

진도에 다리가 놓이기 전, 섬사람들이 육지로 나가는 방법은 목포로 가는 배편뿐이었다. 다도해의 여러 섬을 들렀다가 가기 때문에 무려 7시간이나 걸리는 여정이었다. 현재도 이 항로는 운영되고 있다. 해광운수(☎ 061-283-9915)의 섬사랑 10호가 하루에 한 번 목포에서 출발한다. 관매도로 가는 최단 항로는 진도 팽목항에서 출발한다. 선사는 에이치엘해운(☎ 061-544-0833)의 한림페리11호와 서진도 농협의 새섬두레호 두 곳이다. 한림페리는 팽목-창유-라베-관사-소마-모도-관매 순으로 기항하기 때문에 1시간 50분 소요된다. 새섬두레호는 팽목-창유-관매 순으로 기항해서 1시간 20분 소요된다. 성인 편도 요금은 12,100원이다. 하절기(3~10월) 주중에는 1일 2회, 주말에는 4회, 동절기(11~2월)는 2회 배편이 운항된다.

	팽목 출항		관매 출항	
하절기 (주중)	한림페리	09:50	새섬두레	13:30
	새섬두레	12:10	한림페리	14:20
동절기	한림페리	09:30	새섬두레	12:00
	새섬두레	10:30	한림페리	13:40

	팽목 출항		관매 출항	
하절기 (주말)	한림페리	07:00	한림페리	08:20
	한림페리	10:00	한림페리	11:30
	새섬두레	12:10	새섬두레	13:30
	한림페리	13:30	한림페리	15:00

출발 진도팽목항 진도항대합실 | 진도군 임회면 진도항길 101(주차 무료) | ☎ 1688-2240
선사 서진도 농업협동조합 | ☎ 061-544-5353 | 서진도농협.com
예매 한국해운조합 여객선예매(홈페이지, 앱)

일정

섬이 높고 넓지는 않지만 불가사리 같은 부정형의 모양이라 경로를 잡기가 까다롭다. 일주코스도 없고 종주코스도 없다. 더구나 관매 8경으로 불리는 명승지들이 동서남북 끝자락에 흩어져 있어 답사하는 데 의외로 시간이 많이 걸리는 섬이다. 당일 관호마을 쪽의 하늘다리나 벼락바위 중 한 곳을 선택해서 둘러보고 등산파는 돈대산 정상 코스로, 걷기파는 마실길을 둘러보면 하루가 저물게 된다. 다음 날 방아섬을 둘러보고 되돌아오면 얼추 배 시간이 맞는다.

1일 차	10:30	11:50	13:00	13:30~18:00	20:00
	팽목 출항	관매 도착	숙소 도착/식사	벼락바위·꽁돌·돈대봉 탐방	식사 마침
2일 차	09:00	09:00~11:00	11:30	12:00	13:30
	식사 마침	자전거 타기, 방아섬 탐방	선착장 이동	관매 출항	팽목 도착

걷기, 등산

1일 차(선착장–관호마을–벼락바위–돌담길–우실–꽁돌–돈대봉–샛배쉼터–관매마을)

관매도는 선착장을 중심으로 동쪽의 관매마을과 서쪽의 관호마을로 나누어져 있다. 해안도로를 따라서 관호마을로 이동하면 마을회관을 지나서 벼락바위로 가는 탐방로 입구가 나타난다. 이 탐방로는 엉골잔등이라 불리는 능선을 따라가다가 관매 7경인 다리여와 8경인 벼락바위를 찍고 해안 암릉 구간을 따라서 마을로 되돌아오는 왕복 4km 코스다. 능선 위에서는 병풍도와 맹골군도가 자리 잡은 조도군도의 서쪽 망망대해가 시원하게 펼쳐지고 해안 구간에서는 기암괴석으로 가득한 바위 사이를 헤치고 전진하는 아주 흥미진진한 코스다. 특히 다리여 부근에서는 맞은 편 하늘다리가 조망되어 트레킹의 재미를 더한다. 마을로 되돌아와서는 관호마을의 돌담길을 걸어 올라가서 언덕 위에 세워진 우실에 도착한다. 꽁돌은 이곳에서 빤히 바라보인다. 꽁돌이야 멀리서도 보이지만 돌묘는 눈에 잘 들어오지 않는다. 우실 전망대에서 돈대산 정상으로 올라가는 등산로가 시작한다. 관호마을 쪽에서 등산을 시작하면 급하게 올라가서 관매 마

을 쪽으로 완만하게 내려오게 된다. 벼락바위 구간이 워낙 재미있었던 탓인지 돈대봉 능선 코스는 상대적으로 밋밋한 느낌이다. 섬의 최고봉을 한번 찍어봐야겠다는 의지가 없다면 하늘다리 쪽의 탐방로를 답사하는 것이 더 좋겠다.

상승고도	671m(중)
최고봉 (돈대봉)	220m(중)
소요시간	4시간 30분

자전거, 걷기

2일 차(국립공원관리소–방아섬 왕복)

섬의 북서쪽에는 방아섬과 독립문바위가 있다. 두 곳 모두 물이 빠진 다음 진입하는 것이 좋으므로 물때를 보고 답사 일정을 첫날 오후 또는 이튿날 오전 중 하나로 결정한다. 곰솔 숲에서 방아섬 탐방로 입구까지는 1.5km다. 걸어가도 좋고 관리소에서 자전거를 빌려서 타고 가도 된다. 단, 탐방로 시작점에서는 자전거를 세워놓고 진입해야 한다. 벼락바위 코스나 돈대산 코스보다 길이 완만하고 정비도 잘 되어 있다. 왕복 6km 거리로, 자전거 이동 시 1시간 30분이고 도보 이동 시 2시간 정도 걸린다. 아침부터 서두르지 않으면 독립문바위까지 보고 오기에는 배 시간이 빡빡하다.

상승고도	157m(하)
최고지점	47m(하)
소요시간	1시간 40분

전남의 섬 여행 — 관매도

각흘도 선착장
독립문바위
10 방아섬
9 탐방로 시작점
2일차 START·FINISH
1일차 FINISH
국립공원관리소
1일차 START
선착장
관매도해수욕장
송도
8 관매도 후박나무
7 샛배쉼터
항도
능선길, 해안길 갈림길
1
전망대
신의도
엉골잔등
2
4
우실
다리여 벼락바위
3
5
꽁돌 돌묘
6 돈대산 정상
바위사잇길
할미중드랭이굴
하늘다리
형제도

200m 150m 100m 50m 0m
0.0km 1.0km 2.0km 3.0km 4.0km 5.0km 6.0km 7.0km 8.0km 9.0km 10.0km
1 2 3 4 5 6 7
1일차 START
선착장 1 갈림길 2 엉골잔등 3 다리여 벼락바위 4 바위사잇길 5 꽁돌/돌묘 6 돈대산 정상 7 샛배쉼터 국립공원관리소
FINISH
0:25 0:55 1:15 1:30 2:25 3:20 4:10 4:30

200m 150m 100m 50m 0m
0.0km 0.5km 1.0km 1.5km 2.0km 2.5km 3.0km 3.5km 4.0km 4.5km 5.0km 5.5km 6.0km
8 9 10
2일차 START
국립공원관리소 8 관매도 후박나무 9 탐방로 시작점 10 방아섬 국립공원관리소
FINISH
0:23 0:31 1:05 1:40

관매도 지도

걷기

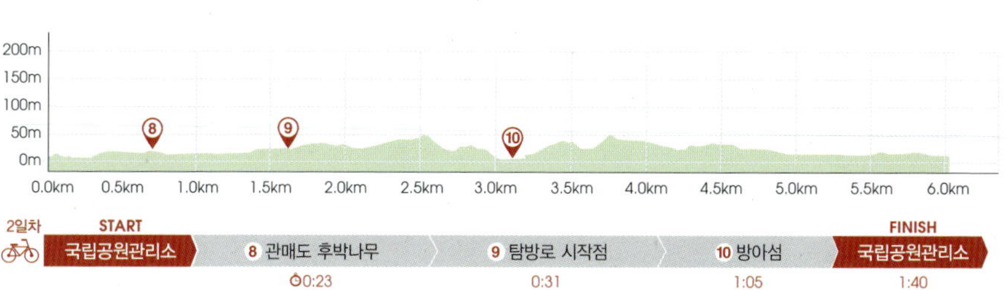

미리보기

능선을 따라 이동하는 돈대산 코스나 벼락바위코스는 제법 터프한 구간이다. 초행길에 매화가 피는 작고 예쁜 섬을 상상하며 우습게 알고 덤볐다가는 제법 고행길이 될 수도 있다. 등산로도 국립공원 구역 치고는 아주 매끄럽지 않다. 마을 사람들의 표현에 의하면 '길이 좀 거시기하다'고 할까. 벼락바위에서 관호마을까지 해안 코스에서는 길을 잘 찾아야 한다. 갑자기 바윗돌로 막혀 있는 구간과 만나게 되는데 자세히 살펴보면 바위 사이에 한 사람이 간신히 지나갈 수 있는 비좁은 틈이 있다. 관리사무실에서 스프레이로 중간중간 화살표 표시를 해놨으니 이걸 보고 따라가면 된다.

섬의 맛

이제까지 섬의 맛을 대표하는 것은 대부분 해산물들이었지만 이 섬에서는 다르다. 관매도를 대표하는 특산품은 해조류, 톳이다. 마을의 주된 수입도 톳 양식에서 나온다. 이 일대의 해역은 물살이 세기로 유명하다. 거친 바다에서 자란 해조류들은 상품으로 취급 받는다. 민박집이나 식당에서 백반을 먹을 때 빠지지 않고 등장하는 것이 톳무침이다. 파르스름한 빛이 도는 것은 생물이고 검은색이 돌면서 꼬독꼬독한 식감이 나는 것은 말린 톳이다. 마을에는 톳으로 만든 짜장면을 파는 **관매도 짜장집**(진도군 조도읍 관매도관호길 61, ☎ 010-2845-2344)이 있다. 톳짜장(8,000원)과 톳칼국수, 톳전, 톳튀김을 맛볼 수 있다. 쑥 또한 놓칠 수 없는 별미다. 섬에는 쑥밭이 도처에 널려 있다. 그것도 해풍에 '상채기' 나지 말라고 망으로 덮어놓고 애지중지 키운다. 2~5월 사이에 많이 나는데 이때 섬을 방문하면 아침으로 쑥국을 맛볼 수 있는 확률이 높다. 해풍 쑥은 향이 진하고 잎사귀와 줄거리의 부드러운 식감이 일품이다. 특히 마을에는 할매들이 담근 쑥막걸리(10,000원/1병, 2ℓ)를 식당과 점방에서 판매한다. 역시나 기대와 다르지 않게 걸쭉하고 묵직한 보디감이 일품이다. 아스파탐 같은 합성감미료를 쓰지 않기 때문에 감칠맛은 빠져 있는 투박스러운 막걸리다. 여름 성수기를 제외하면 관광객이 그다지 많지 않아 식당들이 문을 닫는 경우가 많다. 입도 전에 식사할 곳을 미리 알아보고 예약을 해놔야 낭패를 보지 않는다.

어디서 잘까

섬 전체가 다도해상국립공원으로 지정되어 있지만 국립공원관
리공단에서 운영하는 야영장이 있어 캠핑이 가능하다. 관매마을
곰솔 숲에 야영장이 있다. 구획이 없는 노지형 야영장이다. 화장실
과 개수대가 있고 샤워장은 없다. 샤워장은 마을의 유료시설을 이
용해야 한다. 예약 없이 선착순으로 운영되며 이용요금은 없다. **다
도해국립공원관리공단 관매도 분소**로 문의(☎ 061-542-1430)
할 수 있다. 마을에서 운영하는 숙소는 두 곳 있는데, 관매마을에
는 해변에 위치한 **관매사랑펜션**(진도군 조도읍 관매도길 37-1,
☎ 010-6822-8498, 100,000원/1박)이 있다. 취사가 가능하
고, 1층엔 마을에서 운영하는 식당이 있다. 관호마을에는 **팽나무
골 민박**(진도군 조도읍 관매도관호길 78-41, ☎ 010-3613-
3975)이 있다. 마당이 있는 독채로 3개의 방이 있어 가족 단위
의 여행객이 이용하기에 좋다. 반려견 동반도 가능하다. **돌담민박**
(진도군 조도읍 관매도길 62-1, ☎ 010-9825-5052, 60,000
원/1박)은 마을 부녀회장님이 운영하는 민박집이다. 깔끔하게 관

리되어 있다. 사장님 일정이 맞으면 투숙객에게 식사를 제공해주
기도 하는데 집밥 같은 섬 백반(10,000원/1인)을 맛볼 수 있다. 그 맛이 궁금한 사람은 한번 문의해보시라.

자전거 대여

관매마을 국립공원관리사무소 관매도 분소 인근에 자전거 대여소가 있다. 자전
거 대여소는 관리사무소에서 운영한다(5,000원/1인). MTB를 빌려주는데 바닷
가 인근의 공용 자전거들이 그렇듯이 상태가 썩 좋지는 않다. 마을 주변을 돌아보
는 마실 라이딩용으로 적합하다.

세월호와 진도 팽목항, 그리고 관매도

관매도는 2010년 국립공원 명품마을 1호로 지정되었다. 현재 17곳
으로 늘어난 명품마을 사업의 원조 격인 셈이다. 이후 섬은 밀려드는
관광객들로 즐거운 비명을 지르던 시절이 있었다. 일년 만에 관광객이
10배로 늘어나고 마을 소득도 풍족해졌다. 2014년 4월 16일 08:50
경, 세월호가 조도 인근 해상에서 침몰하면서 모든 것은 정지해버렸
다. 관광객의 발길은 뚝 끊어졌고 진도는 통곡의 섬이 됐다. 아무 잘못
없는 진도가 직격탄을 맞았지만 섬사람들은 아무런 원망도 않는다. 여
객선의 출항지인 진도 팽목항에는 아직도 아이들의 귀환을 기원하는

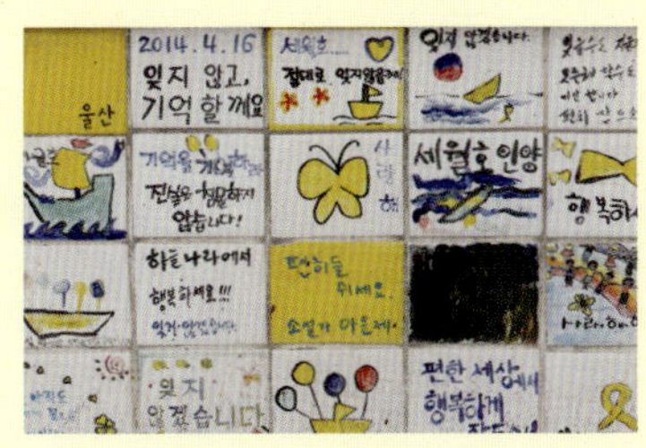

노란 리본들이 매달려 바닷바람에 펄럭이고 있다. 관매도 벼락바위를 향해서 가는 길에 만난 마을 주민이 이야기를 들려
준다. '엉골잔등으로 향하는 능선에 올라서면 맞은 편으로 병풍도가 보일 거요. 바닷가에 흰 등대가 하나 서 있는데 그쪽

방향이 세월호가 침몰한 지점이오. 있을 수 없는 일이 일어나 버
렸지.' 능선에 올라서니 병풍도가 손에 잡힐 듯이 다가온다. '이
렇게 가까운 곳이었는데 왜 구하지 못했을까?' 다시 마음이 먹
먹해진다. 진도는 이제 조금씩 트라우마를 벗어나고 있다. 다시
관광객들이 찾아와서 북적거리는 활기를 되찾았으면 좋겠다.
다크투어리즘을 이야기하려는 것이 아니다. 진도에는 관매도라
는 아름다운 섬이 있고, 본섬 또한 다양한 명소들을 간직한 매력
적인 곳이기 때문이다.

다도해해상국립공원의 중심, 진도

진도는 서해와 남해가 만나는 경계에 자리 잡고 있다. 1984년 진도대교가 개통하면서 육지와 연결되었지만 면적으로는 제주도와 거제도에 이어서 우리나라에서 3번째로 큰 섬이다. 소백산맥의 지맥이 침강하면서 만들어진 섬이다. 동쪽의 첨찰산이 최고봉을 이루고 있고, 과거에는 호랑이가 살았을 정도로 산

당신이
진도를 그냥 지나치기
아쉽다면

세가 깊다. 읍내는 섬 중심에 위치하고 있지만 남쪽에 자리 잡은 진도 팽목항에서 다도해해상국립공원에 속해 있는 섬으로 들어가는 대부분의 배편이 출항한다. 진도대교 건너 해남우수영에서는 추자도를 거쳐서 제주도로 들어가는 여객선이 출발한다. 섬 안에는 진도 8경으로 불리는 명승지들이 존재하며 팽목항을 중심으로 귀경길에 반나절 정도 둘러볼 만한 곳들은 다음과 같다.

운림산방과 첨찰산 상록수림

조선시대 남종화의 대가 소치 허련이 말년에 기거했던 화방인 **운림산방**(진도군 의신면 운림산방로315, ☎ 061-540-6286). 화가의 생가이자 작업실이었던 이곳은 오늘날 국가명승지 제80호로 지정됐다. 허련은 홍길동전을 쓴 소설가 허균의 후손으로 유배지 진도에서 태어났다. 그는 추사 김정희에게 서화를 배웠다. 추사는 '압록강 동쪽으로 소치를 따를 화가가 없다'고 말할 정도로 찬사를 아끼지 않았던 제자였다. 추사가 죽은 후 고향 진도로 돌아온 소치는 첨찰산 인근에 집을 짓고 화실을 만들었다. 아침, 저녁으로 피어 오르는 안개가 운림을 만든다 하여 운림산방이란 이름으로 불리게 되었다. 안쪽으로 들어서면 첨찰산을 배경으로 운림지가 눈에 들어온다. 운림지를 마주 보는 곳에 화실이 위치하고 있고 그 뒤편에 그가 머물던 고택이 있다. 화가가 꾸며놓은 산방은 그 자체가 한 폭의 그림같이 아름답다. 산방의 왼쪽으로는 쌍계사가 위치하고, 오른쪽으로는 진도역사관과 소치기념관이 자리 잡고 있다. 입장료는 성인 2,000원이고 입장시간은 하절기 17:30, 동절기 16:30까지다. 매주 마지막 주 토요일에는 남도예술은행 토요 그림 경매도 열린다. 자세한 내용은 **전남문화예술재단**(☎ 061-287-5206, www.nartbank.com)에 문의해 보자.

쌍계사 상록수림

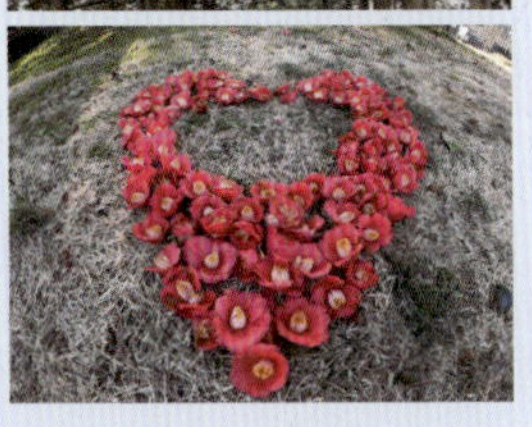

운림산방을 둘러봤다고 바로 되돌아 나가면 안 된다. 왼쪽에 위치한 쌍계사로 들어가는 입구에서부터 첨찰산 정상으로 오르는 심선암골 계곡 주변에 천연기념물 107호로 지정된 상록수림이 자리 잡고 있다. 동백나무, 후박나무, 가시나무 같은 상록수와 낙엽수림 그리고 덩굴식물이 뒤엉켜 원시의 숲을 이루고 있다. 일명 쌍계사 상록수림으로도 불린다. 485m의 첨찰산 정상으로 올라갈 것도 없이 쌍계사 옆을 흐르는 계곡으로 다가서면 서늘한 기운과 함께 코끝으로 짙은 숲 내음이 가득 들어온다. 계곡을 따라 올라가는 돌바닥의 탐방로는 가파르지 않고 초반에 완만하게 올라간다. 특히 여름철 더위를 피해 걸으며 산림욕하기 좋은 장소다.

명량대첩의 무대 울돌목

진도대교는 길이 484m로 우리나라 최초로 놓여진 사장교(주탑을 세우고 케이블로 상판을 고정시킨 다리)다. 육지와 진도를 연결하는 진도대교가 놓여진 해협이 명량대첩이 일어났던 울돌목이다. 이순신 장군은 '필사즉생, 필생즉사 必死則生必生則死' 각오로 이곳에서 13척의 배를 이끌고 133척의 왜군을 무찔렀다. 울돌목은 우리나라에서 가장 물살이 빠른 곳으로 알려져 있다. 해협이 좁아지며 들고나는 물살이 절벽에 부딪히며 회오리가 치는 곳이다. 바다가 우는 소리가 들린다고 해서 울돌목, 명량이라는 이름이 붙여졌다. **울돌목물살체험장**(진도군 군내면 진도대로 8459-13)에는 이순신 장군의 동상과 판옥선 그리고 10m 길이의 유리 바닥으로 만들어진 물살체험장의 시설이 설치되어 있다.

섬의 맛

워낙 수도권에서 멀리 떨어져 있는 지역이라 관매도만 둘러보고 나가기에는 아쉽다. 관매도에서 12:00 배를 타고 나오면 점심시간을 좀 넘겨서 팽목항에 도착한다. 식사를 해결해야 하는데 인터넷에 올라오는 진도의 맛집들은 대부분 해물백반집들이다. 이미 삼시세끼를 먹고 나왔기에 내키지가 않는다. 관매도 치안센터장께 소개받은 식당을 한 곳 알려드린다. **굴포식당**(진도군 임회면 백동리68, ☎ 061-543-3380) 은 현지인들이 즐겨 찾는 식당이다. 메뉴는 단 하나 복탕(14,000원)이다. 새끼 복, 졸복으로 탕을 끓이는데 맑은 지리탕이 아니고 장어탕같이 걸쭉하게 만들어낸다. 어죽 같은 느낌이 나기도 하고 고사리가 들어 있어 육개장을 먹는 것 같기도 하다. 참기름과 파 다대기를 넣어서 뜨끈한 국물을 먹으면 몸보신이 되는 느낌이다. 식당에 들어서면 웃음이 먼저 나온다. 본업은 슈퍼. 점방같이 붙어 있는 방이 홀이다. 식당 간판에는 신동슈퍼라는 별칭이 나란히 표시되어 있다. 식사를 마치고 나오면 바닷가 쪽에 운치 있는 휴게공간이 만들어져 있다. 커피 한 잔하기 좋은 자리다.

진도 읍내에는 **신호등회관**(진도군 진도읍 남동1길66, 0507-1413-4449)이 전국구 맛집으로 소문났다. 대표메뉴는 꽃게살비빔밥(15,000원) 꽃게 살만 발라내어 빨간 양념장과 버무려 내놓는다. 따뜻한 밥한 공기에 김까지 넣어서 비벼먹으면 순식간에 한 그릇 뚝딱이다.

세방낙조와 홍주

식사를 하고 나오면 귀경하는 이동 경로상 세방낙조 전망대를 들러보면 좋다. 일몰 때가 아니어도 좋다. 조도군도의 섬뿐만 아니라 멀리 신안의 섬들이 병풍처럼 늘어선 비경을 마주할 수 있다. 탁 트인 주변 풍광은 우리나라 낙조전망대 중 단연 으뜸이다. 내비게이션으로 검색하면 낙조전망대가 2곳 나온다. 한 곳은 도로변에 있는 **세방낙조휴게소**(진도군 지산면 가학리 산27-3)와 인근 산 정상에 있는 전망대다. 아래쪽 풍경이 더 시원스럽다. 섬에 들어가기 하루 전에 진도에 도착했다면 노을시간에 맞춰서 이곳은 꼭 가보시라. 진도의 홍주는 세방낙조의 색깔을 닮았다. 홍주는 지초라는 약초를 넣어서 만들기에 술이 붉은빛을 띤다. 알코올 40%는 '루비콘', 35%는 '아라리'라는 브랜드로 판매한다. 군 내에는 대여섯 곳의 양조장이 있고 개인들이 만들어 파는 상표 없는 홍주도 있다. 사실 홍주는 독한 맛 때문에 호불호가 갈리는 술이다. 이곳에서는 홍주를 베이스로 식초를 비롯한 여러 첨가물을 넣어 도수 13%의 달큰한 칵테일도 만들어 판다(8,000원/1병, 1일 30병 한정 판매). 어르신들보다는 젊은 취향을 고려한 맛이다. 홍주의 색을 바라보노라면 세방낙조 노을빛을 담지 않았나 싶다. 서포리에서 전망대까지 이르는 803번 지방도는 한국의 아름다운 길로 선정된 드라이브의 명소다. '시낙 드라이브 코스'로 불리기도 한다.

6 경남의 섬 여행

어머니 품처럼 포근한 한려해상의 섬으로

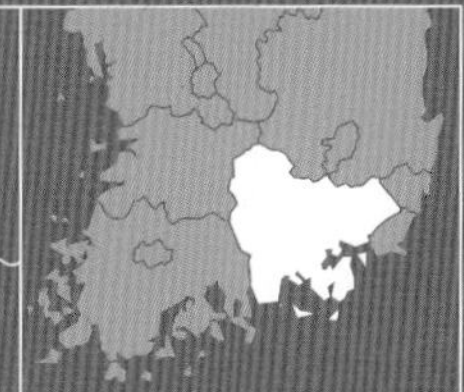

꽃보다 아름다운

수국 만발한 불심의 섬

경상남도 통영시 욕지면 연화리

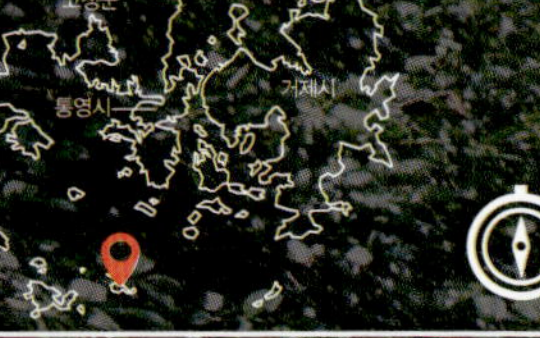

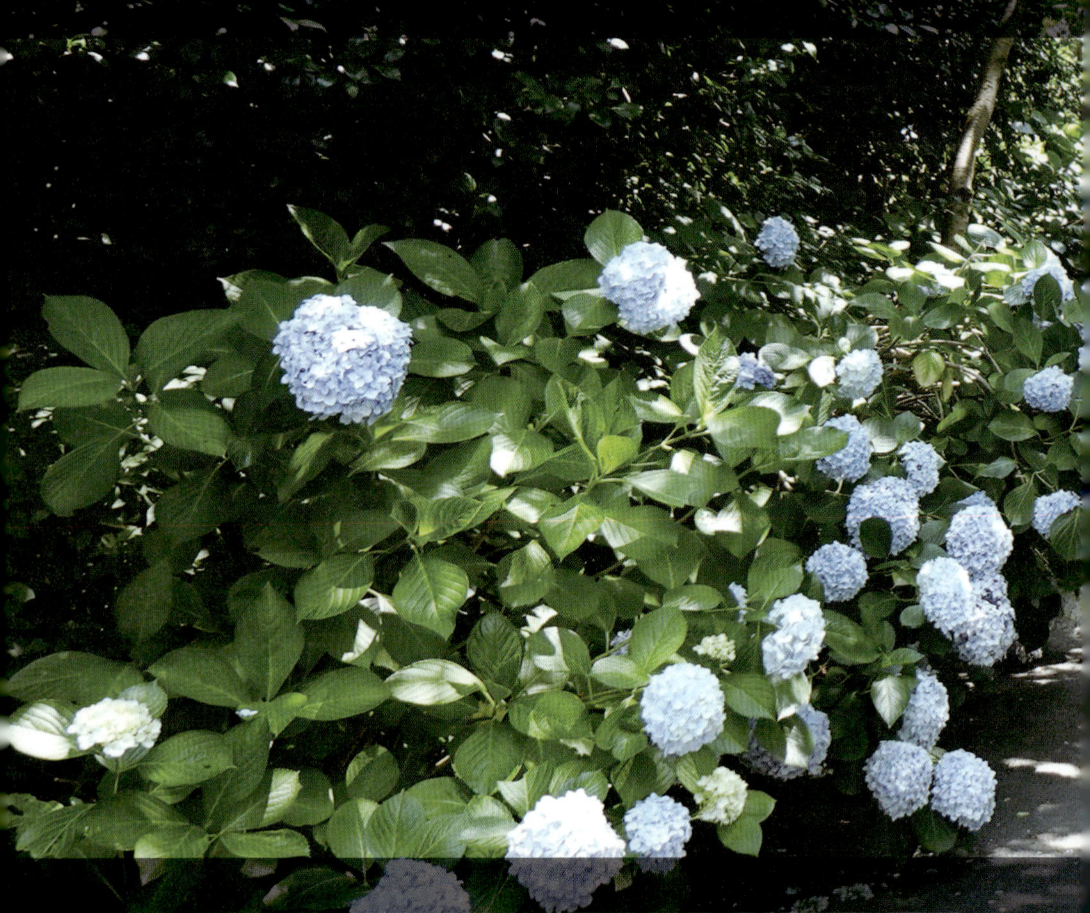

작은 섬 여의도의 0.59배	**1.72km²** 면적	**215m** 최고봉(연화봉)	**188명** 인구(마을 2곳)
차도선 저속 ··· 14노트	가자바다로	**426톤**	정원 **448명**
			탑재차량 **40대**

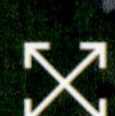

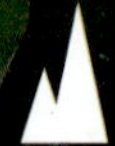

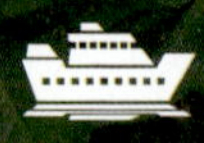

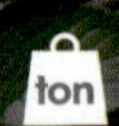

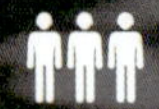

연화도

 뭐 하고 놀까	연화 수국길 걷기 · 용머리 전망대 · 출렁다리 둘러보기

✈ **25km/50분** 소요

일반항로
운항률 91%

통영항 ●··▶ ◉ 연화도 선착장

수역: 남해 동부/경남 서부 남해 앞바다

'불심의 섬'이라 불리는 연화도. 그 모습마저 연꽃을 닮아 있다. 불교에서 연꽃은 단순한 꽃이 아니라 부처, 극락세계를 상징하는 아이콘이다. 늪과 같이 더러운 곳에서도 깨끗한 꽃을 피워내는 처염상정處染常淨의 모습, 꽃이 열림과 동시에 열매가 맺히는 개화즉과開花卽果의 성질, 오랜 시간이 지나도 썩지 않고 씨가 발아하는 불생불멸不生不滅의 영원함은 불교의 교리 그 자체다. 섬은 그 모습에서뿐만 아니라 불교와 관련된 다양한 사연들을 품고 있다. 연화봉 정상에서 용머리로 내려가는 능선에는 연화도인의 토굴이 있다. 연화도인은 500여 년 전 연산군의 숭유억불 정책으로 한양에서 이 섬으로 피신한 승려로, 토굴 속에서 수행하다 깨우침을 얻어 도인이 되었다고 전한다. 그 후 이곳으로 들어온 사명대사도 토굴 아래 움막을 짓고 수행하여 큰 깨달음을 얻었다. 대사는 이곳으로 찾아온 세 여인-누이 보운, 대사를 사랑했던 보월, 그리고 대사가 출가 전 약혼했던 여인 보련-을 모두 출가시킨다. 섬에서 득도한 세 비구니는 자운선사라 불렸다. 이들은 임진왜란이 일어날 것을 예측하고 이순신 장군에게 거북선 건조와 남해의 지리, 기상에 대한 지식을 나누어 주었다고 한다.

6, 7월 장마철이 되면 이곳에는 연꽃 대신 수국이 만발한다. 수국은 암술과 수술이 퇴화해서 수정을 못하는 중성화다. 수국은 피어나면

서 흙의 산도에 따라서 꽃의 색깔이 변하고 그 색깔에 따른 꽃말이
달라지는 아주 독특한 꽃이다. 산도를 측정하는 리트머스 시험지 같
은 존재랄까? 산도가 중성이면 흰색을 띄는데 이때 꽃말은 '변덕'이
다. 분홍은 '처녀의 꿈', 산성인 땅에서 피는 파란색 꽃은 '무정과 거
만', 알칼리성을 띠는 땅의 보라색 꽃은 '진심'을 뜻한다. 이렇게 시시
각각 색깔이 변하는 수국은 불교에서 출가 전 세파에 흔들리는 중생
의 모습으로 비쳐지기도 한다. 수국은 종종 부처님 머리를 닮은 꽃,
불두화와 비교되기도 한다. 비슷한 모양의 중성화지만 부처 탄신일
인 4월 초파일 즈음에 꽃을 피우고 흰색을 띄는 것이 다르다. 연화사
일주문에서 경내로 들어가는 길에는 파란색 수국들이 만개해 있다.
웅장한 천왕문을 지나 도착한 대웅전에는 보랏빛 도는 수국들이 피
어 있고 연화봉 능선을 넘어 보덕암으로 내려가는 길가의 수국은 온
통 분홍빛이다.

남쪽의 쪽빛 망망대해 한편에는 멀리 땅줄기 하나가 구불거리며 바
다로 뻗어 있다. 용머리다. 선사들은 이곳에서 어떤 깨달음을 얻었을
까? 연화좌 위에 올라서서 바다를 내려다보는 해수관음상은 알 듯
모를 듯 오묘한 표정이다. 수국 구경을 마친 중생들은 이제 용머리를
향해 걸어간다. 섬의 동쪽으로 이동할수록 그 형상은 더 뚜렷해진다.
출렁다리를 건너 전망대에 올라서면 용머리는 손에 잡힐 듯 가까워
진다. 사량도의 옥녀봉, 소매물도에서 바라본 등섬과 함께 통영 8경
으로 치는 절경이다. 연화사의 수국과 함께 시작했던 연화도에서의
트레킹은 이곳에서 대단원을 마친다.

수국은 물을 좋아하는 꽃이다. 건조해지면 시들었다가도 물을 주면
금방 생기를 되찾는다. 사랑을 갈구하는 연인들의 모습과도 닮아 있
다. 흐리거나 비를 흩뿌리는 날에는 섬 여행을 꺼리게 되지만, 여기
에 피어난 수국들은 오히려 더욱 싱싱해진다.

① 들어가기

배편

연화도로 들어가는 배편이 통영연안여객터미널과 중화선착장 두 곳에 있다. 연안여객터미널에서는 욕지도를 운항하는 배가 연화도를 경유한다. 55분 소요되고 요금은 11,600원이다. 평일 하루 3회, 주말 하루 5회 운행한다. 연화도와 가장 가까운 선착장은 중화다. 이곳에서는 욕지해운의 차도선이 1일 1회 운항한다. 편도 요금은 7,100원이고 40분 소요된다. 과거 삼덕(당포)에서 욕지로 가는 배가 연화도를 경유했으나 이제는 욕지도로 직행한다.

왕편	통영 출항 시간	복편	연화도 출항 시간
	06:55		09:00
통영 → 연화	11:00	연화 → 통영	13:25
	15:00		17:05

출발 통영항여객선터미널 통영시 통영해안로234 1666-0960
선사 ㈜대일해운 055-641-6181
예매 한국해운조합 여객선예매(홈페이지, 앱)

섬의 맛

고등어의 고향, 욕지도와 이웃한 섬이라 이곳에서도 계절 불문 고등어회를 맛볼 수 있다. **네바위횟집**(통영시 욕지면 본촌길13, ☎ 055-642-6715)은 선착장 인근 횟집이다. 고등어회(中 50,000원)와 회덮밥(15,000원) 등 식사가 가능하다. 여름철 고등어는 가을보다 고소함은 떨어지지만 더 부드럽다. 야외 테이블이 있어 반려견 동반 시에도 눈치가 덜 보인다. 연화초등학교 맞은편에는 식혜(2,000원)와 꼬마김밥(2,000원)을 파는 작은 가게가 있다. 트레킹 후 갈증과 허기를 달래기에 좋다.

일정

여정에 연화봉을 포함할 경우 약 4시간 30분, 오르지 않을 경우 3시간 30분 정도 소요된다. 오전 배로 들어와서 당일로 둘러볼 수 있는 코스다. 선사의 정규 시간표에는 17:05에 마지막 배가 나가지만 수국이 만개하는 시즌 주말에는 1시간 정도 연장 운항한다.

당일	06:55	07:45	08:00~12:00	12:30	13:20	13:25	14:15
	통영 출발	연화 도착	종주트레킹	차량 복귀	식사	연화 출발	통영 도착

알고 보면 더 재밌다, TV 속 연화도

KBS TV 드라마 〈연애의 발견〉 3회(2014년 8월 25일 방영)에 연화도가 등장한다. 주인공 여름(정유미)은 친구들에게 "통영에 연화도라는 아주 예쁜 섬이 있대" 하며 함께 여행하기를 제안한다. 여름과 태하(문정혁)의 연애는 바로 이곳에서 시작된다. 둘은 수국이 필 무렵 연화사와 출렁다리, 그리고 연화봉을 둘러본다. 여기서 유의할 것 2가지. 극중에서 밤을 지새우는 연화초등학교는 본래 숙박이 불가한 곳이고, 주인공들이 바라봤던 연리지 나무는 섬에 없다.

걷기

섬에 일주도로가 없다. 따라서 서측 선착장에서 동측 동구마을까지 종주한 뒤에 출발지로 되돌아와야 한다. 종주하는 방법은 2가지가 있다. 첫째는 선착장에서 우회전해서 냉동창고까지 이동한 다음 연화봉으로 올라서 능선을 타고 동구마을까지 갔다가 돌아올 때는 연화사를 들르는 코스다. 왕복 9km 거리다. 둘째는 바로 연화사를 들렀다가 보덕암을 찍고 능선을 따라서 동구마을까지 갔다가 오는 것이다. 왕복 8km 거리다. 여기에서는 좀 더 쉬운 두 번째 코스로 안내한다. 연화사의 수국길은 일주문에서부터 시작되어 보덕암과 해수관음상이 있는 섬의 남측까지 계속된다. 연화사에서 보덕암으로 가기 위해서는 연화봉의 능선을 넘어가야 한다. 오르막이 지속되고 해수관음상을 들렀다가 다시 능선으로 올라와야 하기 때문에 꽤나 힘에 부치는 구간이다. 능선을 따라서 600m 정도 내려가면 다시 도로와 만나게 된다. 도로를 따라서 1km가량

이동하면 출렁다리 입구에 도착한다. 이곳에서 큰 바위전망대–출렁다리–용머리 전망대 순으로 돌아보고 용머리해변으로 내려와서 동구마을에 도착하면 종주가 완료된다.

대중교통으로 이동하는 방법

동구마을에서 선착장까지 되돌아가려면 다시 약 3km를 걸어가야 한다. 평소 40분 정도 걸리는 거리지만 수국이 만발할 여름 시즌에는 땡볕의 고행길이 된다. 출렁다리 입구에서 선착장을 오고 가는 셔틀버스가 부정기로 운행한다. 주민들에게 시간을 문의해야 한다. 마을 주민들 편의를 위해 운행하는 승합차도 수시로 오고 가니 이를 이용해도 된다. 요금은 3,000원이다.

우도 방파제
우도 보행교
반하도
반하도 보행교
START 선착장
연화항
① 연화사
수국길
연화봉 등산로
연화도인
토굴터
② 등산로 갈림길
④ 해수관음상
③ 보덕암
연화봉
FINISH
출렁다리 입구
⑤
⑦ 용머리해변
출렁다리
⑥ 용머리 전망대

걷기

200m
150m
100m
50m
① ② ③ ④ ⑤ ⑥ ⑦
0.0km 0.5km 1.0km 1.5km 2.0km 2.5km 3.0km 3.5km 4.0km 4.5km 5.0km
START 선착장 ① 연화사 ② 등산로 갈림길 ③ 보덕암 ④ 해수관음상 ⑤ 출렁다리 ⑥ 용머리 전망대 ⑦ 용머리해변 FINISH 출렁다리 입구
0:14 0:30 0:40 0:42 1:19 1:36 2:08 2:24

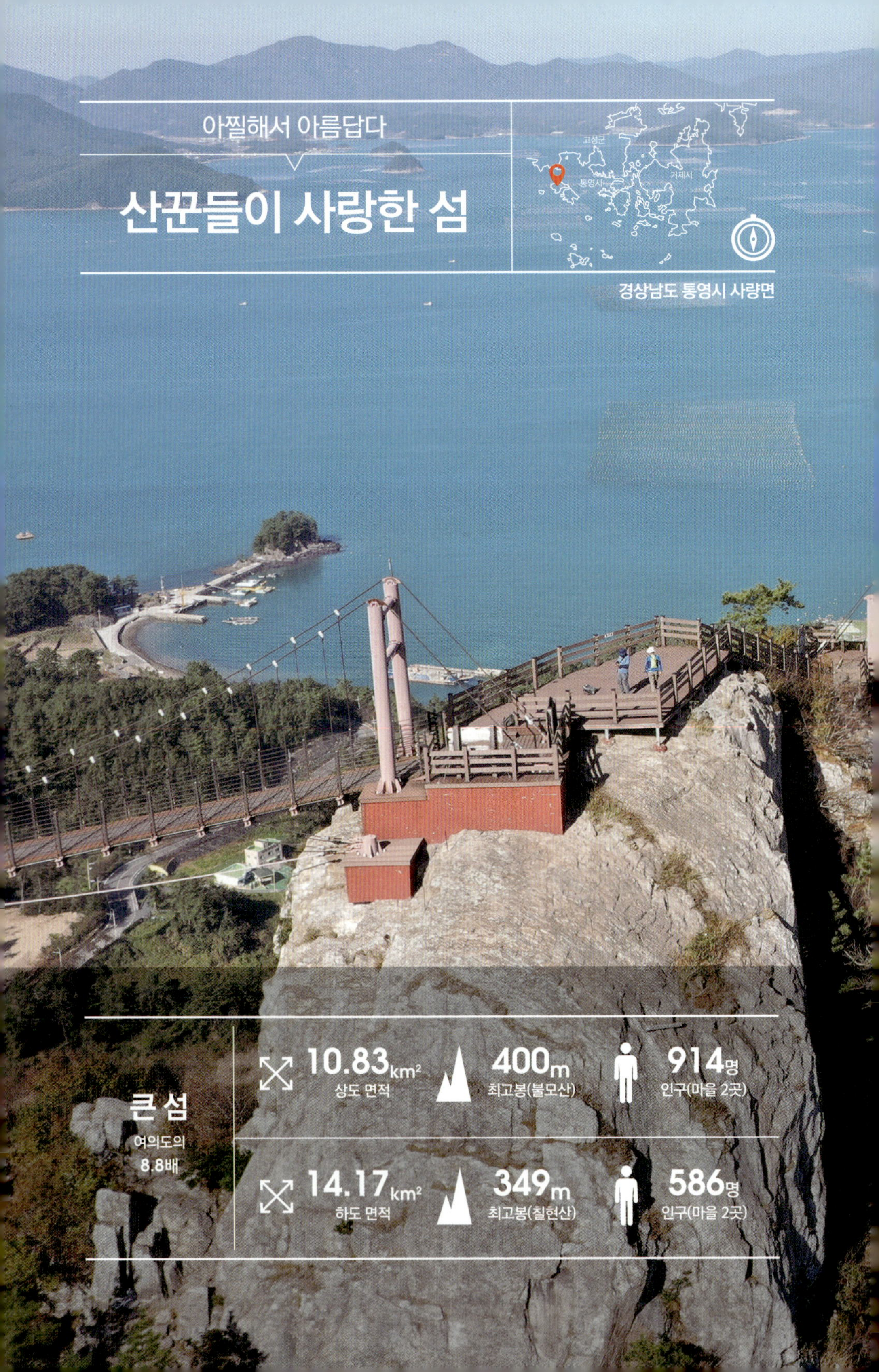

산꾼들이 사랑한 섬

큰 섬
여의도의
8.8배

10.83 km² 상도 면적	400m 최고봉(불모산)	914명 인구(마을 2곳)
14.17 km² 하도 면적	349m 최고봉(칠현산)	586명 인구(마을 2곳)

사랑도

2

 뭐 하고 놀까

차도선
저속 ⋯ 13노트
사랑호
377톤
정원 420명
탑재차량 41대
17km/35분 소요
가오치 선착장
사랑도 금평항
일반항로
운항률 97%
수역: 남해 동부/경남 서부 남해 앞바다

아찔함, 이 한 단어로 사량도 등산 코스를 표현할 수 있다. 육지에서 산을 좀 탔다고 하는 사람들도 이곳의 능선 위에 올라서면 오금이 저려오고 두 다리가 후들거린다. 옥녀봉에서 시작해서 가마봉, 불모산, 촛대봉, 사량도 지리산으로 이어지는 능선은 날카롭기가 마치 칼끝에 올라선 것 같다. 해발 400m 이하의 봉우리들이라 섬 산을 우습게 보고 찾아왔다가는 중도에 산행을 포기하고 돌아가기 일쑤다. 사량도 지리산은 산림청 선정 100대 명산에 들어가는 우리나라의 대표적인 섬 산행지다. 아찔함 하나만으로는 이곳을 명산이라 칭할 수 없다. 두 발은 칼끝 같은 능선 위에 올라서 있지만 그곳에서 펼쳐지는 주변의 풍광은 역설적으로 평온하기 그지 없다.

육지와 가까운 바다를 내해內海 혹은 평수平水구역이라 부른다. 파도가 일지 않는 평온한 바다를 말한다. 통영과 남해군의 사이, 한려해상국립공원 한복판에 자리 잡은 사량도 주변의 바다는 파도 하나 없는 고요한 호수 같다. 날카로운 능선과 평온한 바다가 만들어내는 절묘한 풍광은 이곳을 연간 20만 명이 방문하는 대표적인 섬 산행지로 만들었다.

사량도는 두 개의 섬으로 이루어져 있다. 2015년 사량대교가 놓이면서 윗섬과 아랫섬이 연결되었다. 산행을 하는 등산객들은 윗섬으로 가고 물고기를 잡으러 온 낚시꾼들은 아랫섬으로 향한다. 섬을 일주

하는 도로가 매끈하게 뚫려 있는 까닭에 두 섬이 연결된 이후에는 자전거 동호인들도 섬을 찾기 시작했다. 금평항 진촌마을에서 등산을 시작하면 첫 번째 봉우리까지 가파르게 치고 올라간다. 등산로는 객을 이리저리 돌리지 않고 한 번에 능선 위에 올려놓는다. 그야말로 단도직입적이다.

등산로의 들머리는 이미 지나왔지만 산행은 이제부터다. 옥녀봉에서 바라보이는 진촌마을의 풍경은 이곳 등산로의 제 1경이라 칭할 만하다. 맞은 편 아랫섬 칠현산의 봉우리들이 든든한 방파제같이 마을을 감싸고 있고, 두 섬을 연결하는 사량대교의 흰색 주탑은 이곳의 뾰족한 산봉우리를 닮아 있다. 청명한 가을 햇살을 받은 바다는 눈이 시리도록 맑은 옥빛을 띤다. 능선 위에 위태롭게 올려놓은 등산로 데크와 로프 구간, 그리고 암릉 구간을 두 발로, 때로는 네 발로 걸어서 등산로의 제2경 출렁다리에 도착한다. 이곳에 다리가 놓인 것은 2013년이다. 다리가 없던 시절에는 어떻게 이 구간을 돌파했는지 가늠조차 되지 않는다. 섬에 놓인 출렁다리만 놓고 보면 이곳의 스릴감이 으뜸이다. 가마봉으로 오르는 암릉에는 철제 계단이 놓여 있다. 경사도 70도는 훌쩍 넘어가는 이 구간은 계단을 오르는 것인지 사다리를 잡고 오르는 것인지 구분조차 되지 않는다. 중국 오지에서나 경험해 볼 법한 잔도가 떠오르는 구간이다.

사량도 지리산은 원래 지이망산智異望山으로 불렸다. 지리산을 닮은 산이 아니라 지리산이 보이는 산이다. 지리산이 보일 법한 북서쪽으로는 신수도와 창선도, 사천과 하동의 산자락들이 겹겹이 둘러가며 희뿌연 실루엣을 이룬다. 어디가 섬이고 어디가 육지인지 구분이 가지 않는 풍경이다. 지리산을 지나 내지로 내려오면 강렬했던 산행은 종료된다. 사량도 등산에서 필요한 것 중 4할은 체력이고, 나머지는 담력이다.

배편

입도하는 배는 통영 미수항, 통영 가오치항, 사천 삼천포항, 고성 용암포항 등 4곳에서 출항한다. 가오치항에서 사량도 금평항으로 들어가는 배편은 아래와 같고, 고성과 삼천포항 그리고 미수항에서 출발하는 배편은 p.320에서 다시 설명한다. 계절 구분 없이 하루 6회의 배편이 있고 성인 편도 요금은 7,800원이다. 만약 통영에서 가오치항까지 가려거든 다음과 같은 방법을 따른다. 통영 신도심의 고속버스터미널에서 가오치항까지 12km이고 택시로 이동 시 요금은 12,000원 정도 나온다. 구도심에서 가오치항까지는 670번 버스가 운행하며 1시간 정도 걸린다. 출항 시간에 맞춰 5회 운행하며 서호시장(08:00, 10:00, 12:00, 14:00, 16:00 출발)-중앙시장- 버스터미널-가오치 순으로 이동한다. 동절기에는 감차된다. 자세한 문의는 부산, 통영교통 ㈜통영영업소(☎ 055-645-2080)로 할 수 있다.

오전	가오치 출항시간	오후	가오치 출항시간
가오치 → 사량도 (금평, 덕동)	07:00	가오치 → 사량도 (금평, 덕동)	13:00
	09:00		15:00
	11:00		17:00

출발 가오치여객터미널
　　　통영시 도산면 도산일주로 542-55(주차 무료) | ☎ 055-647-0147
선사 사량수산업협동조합 | ☎ 055-642-6016 | www.saryang-suhyup.co.kr
예매 한국해운조합 여객선예매(홈페이지, 앱)

선착장 근처의 먹거리

여객선터미널이 있는 진촌마을이 섬에서 가장 번화하고 식당과 숙소가 모여 있다. **계절음식점**(통영시 사량면 진촌1길 54, ☎ 055-641-8091)은 현지인들이 추천하는 식당이다. 봄이나 가을에 섬을 찾았다면 제철 멍게비빔밥(15,000원)이 좋다. 향긋한 갯내음이 물씬 풍긴다.  밑반찬으로 나오는 굴무침과 톳도 깔끔하고 가리비가 들어간 해물된장국도 담백하다. 이웃의 **금평반점**(통영시 사량면 진촌1길 36, ☎ 055-642-6024)은 낙지 한 마리가 통으로 들어가는 계절짬뽕(12,000원)으로 유명하다.

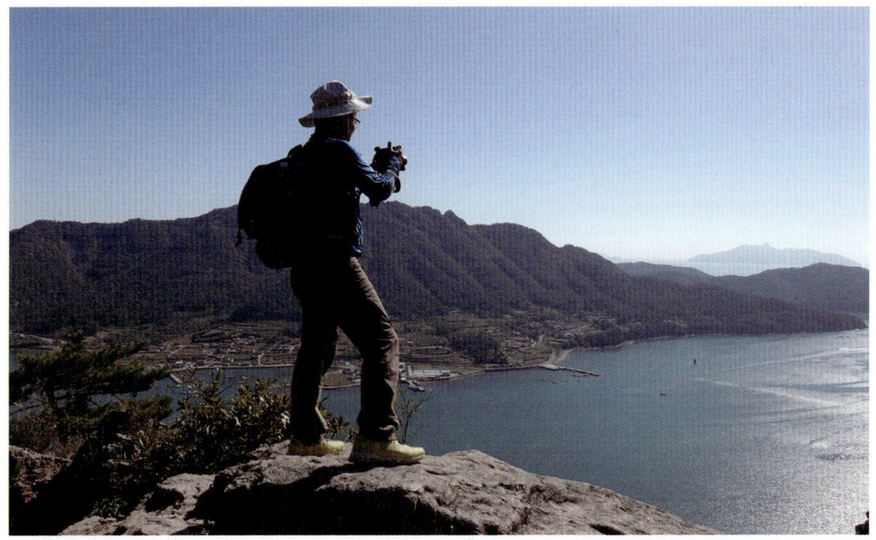

일정

사량도 종주산행은 5시간 정도 소요된다. 등산객 대부분은 인근 통영이나 사천에 하루 전날 도착해서 1박을 하고 오전 배로 입도해서 마지막 배로 돌아가는 일정으로 움직인다.

당일	11:00	11:35	12:20	12:20~17:25	17:40	18:30
	가오치 출항	사량도 도착	점심 식사	종주 산행	사량도 출발	삼천포 도착

섬 안에서 이동하는 법

공영버스를 운행한다. 요금은 카드, 현금 1,000원이며, 배 시간에 맞춰 선착장에 대기한다(1일 7회 운행). 진촌마을이 기·종점이며(진촌 출발: 6:50, 7:50, 9:50, 11:50, 13:50, 15:50, 17:50) 오후에는 진촌-대항-답포-내지-돈지-사금-옥동-진촌 순으로 돈다(오전과 상이). 문의는 신흥여객자동차 통영영업소(☎ 055-645-6331)로 할 수 있다. 콜밴(1호 ☎ 010-4558-1229, 2호 ☎ 010-8517-5334)도 운행한다. 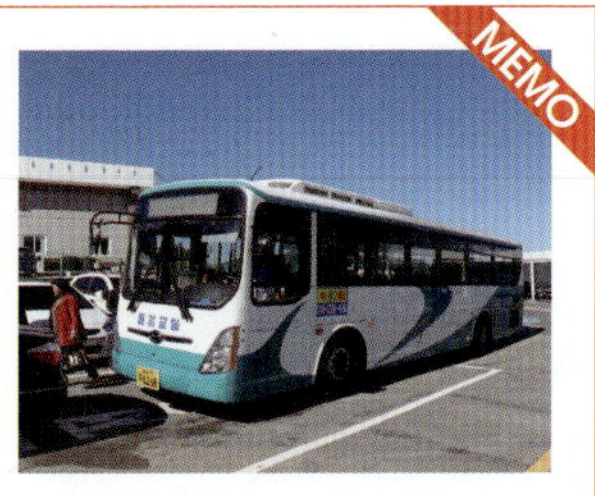

등산

금평선착장으로 들어가서 내지선착장으로 나오는 코스로 소개한다. 금평선착장에서 서쪽으로 이동하면 사량면사무소를 지나가게 된다. 이곳에서 좌회전하면 KT지사가 나오는데 바로 옆으로 등산로 들머리가 있다. 출발지로부터 800m 거리다. 이곳에서부터 옥녀봉까지는 1km 거리고 지그재그로 난 산길을 따라 오르게 된다. 이 구간에는 암릉이 없고 옥녀봉부터 암릉 구간이 반복된다. 옥녀봉에서 400m를 전진하면 출렁다리 2개가 연속으로 이어져 있는 구간에 도착한다. 이곳에서 다시 400m를 올라가면 가마봉이다. 종주코스 중간에는 대항마을과 내지마을 쪽으로 하산하는 갈림길이 나온다. 체력과 일정에 맞춰서 등산코스를 조정하면 된다. 이곳에서 달바위산을 지나서 지리산까지는 2.7km 거리가 된다. 지리산을 지나면 돈지/검북개 갈림길에 도착한다. 내지선착장에서 나오려면

검북개 방향으로 이동해야 한다. 이곳에서 해안도로까지 1.3km 거리가 되는데 하산 길이 꽤나 험하다.

험한 등산길, 무리하지 않을 것

체력과 담력 두 가지가 모두 필요한 등산코스다. 무리한 산행은 지양해야 한다. 중간에 더 이상 산행이 어렵다고 판단되면 중간 갈림길에서 가까운 마을 방향으로 하산해서 버스나 콜밴으로 되돌아오는 것이 좋겠다. 종주코스가 험해서 일단 진입하면 나오는 것도 쉽지 않다.

사량도 지도

등산 FINISH
내지선착장
등산로 들머리 7
등산로 들머리
돈지 검북개 갈림길
돈지
사량대교
내지마을 갈림길
사량도 지리산
대항마을 갈림길
달 바위산 5
가마봉 4
옥녀봉
출렁다리
3
2
등산로 들머리 1
대항선착장
고동산
최영 장군 사당
등산 START
진촌마을
금평선착장
덕동여객선터미널
옥동선착장
칠현산

400m
300m
200m
100m
0m
0.0km 1.0km 2.0km 3.0km 4.0km 5.0km 6.0km 7.0km 8.0km
1 2 3 4 5 6 7

등산
START 진촌마을 금평선착장
1 등산로 들머리 0:18
2 옥녀봉 1:20
3 출렁다리 1:40
4 가마봉 2:10
FINISH 내지선착장 5:10
7 등산로 들머리 5:00
6 사량도 지리산 3:45
5 달바위산 2:54

가 마 봉
해발 303.0

등산

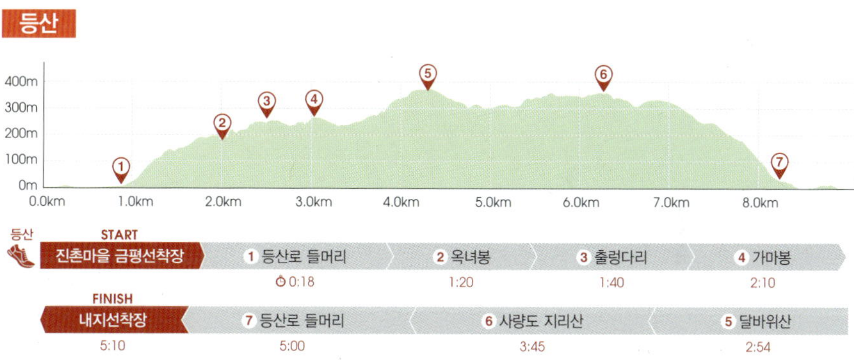

항로

사량도에는 여객선이 정박하는 선착장이 상도에 2곳, 하도에 2곳이 있다. 통영 가오치항, 사천 삼천포항, 고성 용암포항 3곳에서 배가 출항한다. 출발지에 따른 도착지, 소요시간, 요금은 아래와 같다.

선사	출발지	도착항	소요시간	편도요금	운항횟수
사량수협	통영 가오치항	상도 금평/하도 덕동	35분(금평)	7,800원	6회(항시)
삼천포해운	사천 삼천포항	상도 내지항	50분	7,000원	2회(동계)
풍양카페리	고성 용암포항	상도 내지항	20분	6,000원	12회(동계)

CASE 1 차량을 갖고 들어간다면?

IN/OUT 용암포. 고성 용암포가 사량도와 가장 가까운 출발지다. 요금은 삼천포에서 출발하는 것과 동일(차량 2000cc 미만의 경우 편도 10,000원)하지만 배편이 가장 많고 항로가 가장 짧다. 풍양카페리(☎ 055-673-0529, www.pysnt.com).

CASE 2

대중교통을 이용해서 통영에 도착했다면?

가오치항 IN/삼천포 OUT. 통영에서 1박을 하는 관광객이라면 당연히 구도심에서 머무를 것이다. 사량도는 윗섬과 아랫섬 두 개의 섬으로 이뤄져 있다. 사량도 지리산 등산이 목적이라면 윗섬으로 들어가야 한다. 가오치항으로 들어가서 등산 들머리를 진촌에서 시작해서 날머리를 내지로 한다.

등산 후 수도권으로 귀경한다면 다시 통영으로 되돌아갈 필요 없이 내지에서 삼천포로 나가서 버스터미널로 이동하는 것이 시간을 절약할 수 있는 방법이다. 내지에서 삼천포로 출항하는 배편은 하절기의 경우 16:20이 마지막이다. 시기에 따라서 운항시간이 변동되니 선사 홈페이지에서 확인한다. 문의처는 삼천포해운(☎ 1688-2054, 대일해운 삼천포.com).

근대 어촌의 발상지

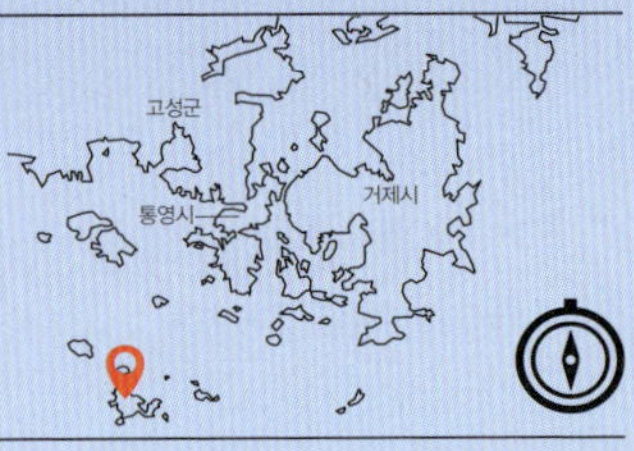

경상남도 통영시 욕지면

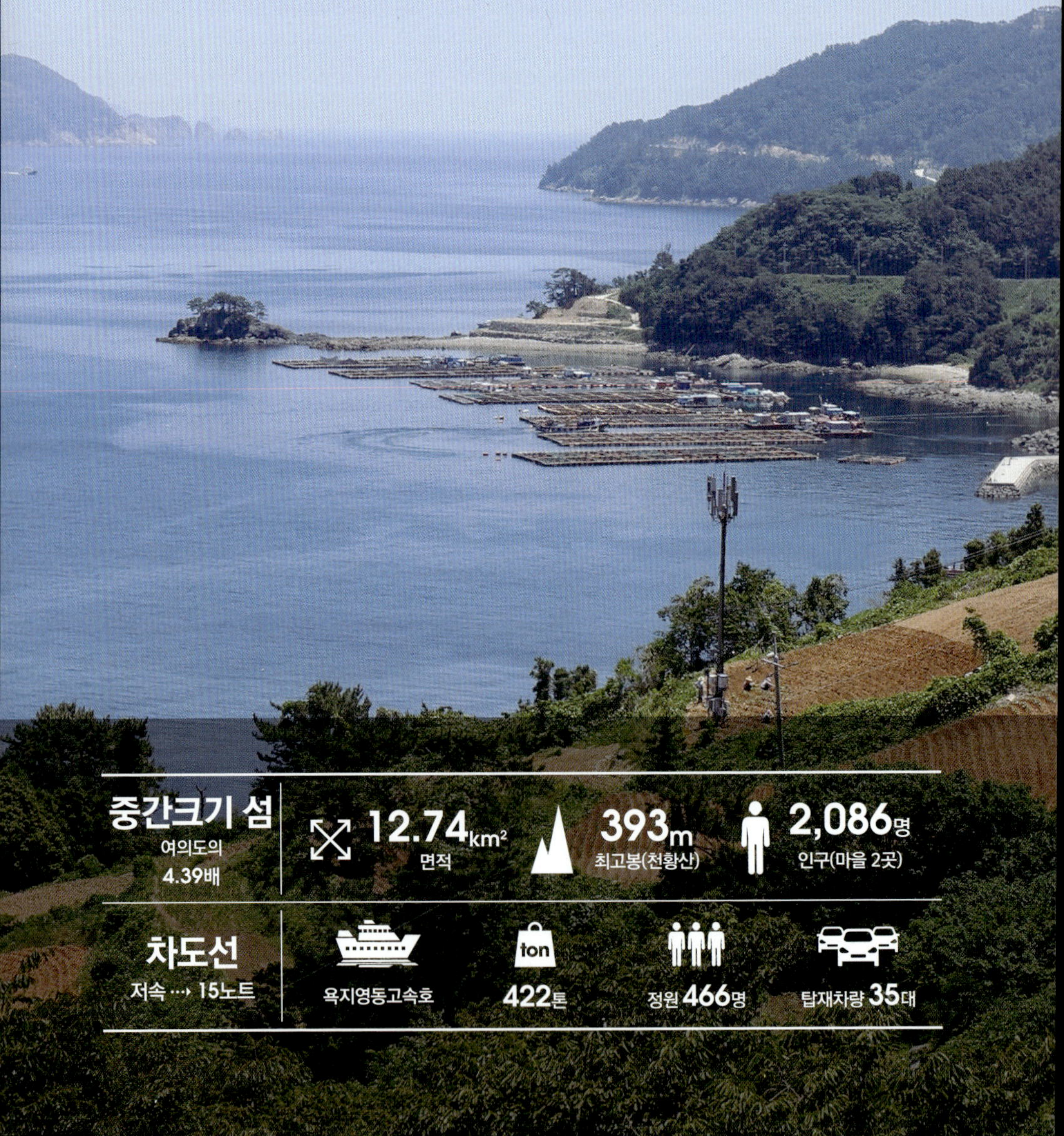

중간크기 섬
여의도의
4.39배

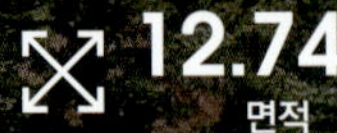
12.74km²
면적

393m
최고봉(천황산)

2,086명
인구(마을 2곳)

차도선
저속 ⋯ 15노트

욕지영동고속호

422톤

정원 **466**명

탑재차량 **35**대

욕지도

3

 **뭐 하고 놀까** | 자전거 타고 섬 한 바퀴 · 제철 고등어회 맛보기

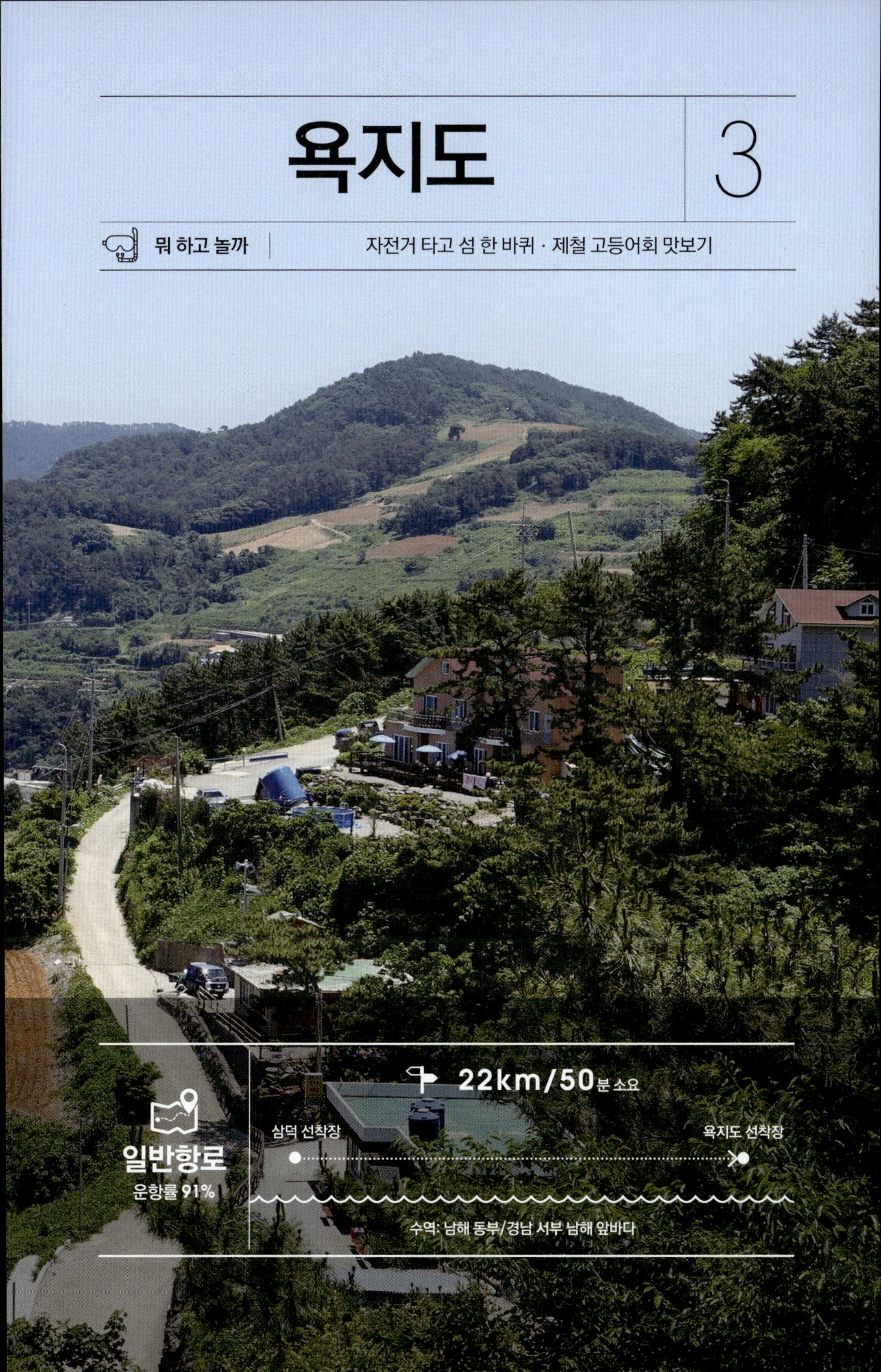

　　"자전거를 타려면 욕지도, 등산을 하려면 사량도로 가시오." 몇 해 전 통영에서 만난 누군가에게 들은 선문답 같은 이야기다. 그는 출렁다리 이야기도 빼먹지 않았다. 사량도 출렁다리는 산꼭대기로 올라가야 되지만, 욕지도 출렁다리는 도로 옆 해안 절벽에 있어 자전거를 타고 가야 둘러보기 좋을 거라고. 통영의 섬에는 출렁다리가 많이 놓였다. 2011년 연화도를 시작으로 2012년 욕지도, 2013년 사량도, 2014년 연대도와 만지도까지 매년 다리가 하나씩 놓인 셈이다. 어쩌다 보니 섬 관광의 아이콘이 출렁다리가 된 셈인데, 뭐 어쩌겠는가. 다리 개통 이후에 관광객이 눈에 띄게 늘었다고 하니 좋은 일이려니 싶다.

욕지도라니, 지명 한번 독특하다. 한자로 풀이하면 '알고자 하는欲知' 섬이다. 욕지도를 비롯, 이 주변 섬 이름은 모두 '욕지연화장두미문어세존欲知蓮華藏頭尾問於世尊'이라는 불경 구절에서 유래되었다. 해석하면, '극락세계를 알고자 하면 그 처음과 끝을 부처에게 물어보라'는 뜻이다. 욕지도는 극락의 세계를 알고자 하는 섬, 두미도는 극락의 처음과 끝 섬, 세존도는 부처의 섬, 연화도는 극락의 섬이 되겠다. 과거 욕지도 주변 바다는 물고기로 가득한 풍요로운 어장이었다. 멸치를 비롯해서 도다리, 참돔, 가자미, 고등어, 갈치, 삼치가 계절이 바뀔 때마다 번갈아가며 몰려들어 연중 파시가 열렸다. 한때 섬에는 20,000명에 달하는 사람들이 거주했고 '자부랑개'로 불리던 자부마을에는

1900년대 40여 개의 술집과 식당, 여관, 이발소 등이 생겨나 성업했으니, 이곳을 우리나라 근대 어촌의 발상지로 여겨도 좋을 것이다. 얼마나 흥청거렸던지, 술집 한 곳마다 여성 종업원이 4~5명 정도 고용될 정도였다. 심지어는 게이샤를 고용한 명월관이란 업소가 큰 인기를 끌어 육지의 한량들이 원정까지 올 정도였다고 하니 당시 분위기가 짐작될 것이다.

다양한 어종이 나왔던 욕지도에서 과거와 현재를 관통하는 물고기는 단연 고등어다. 자부랑개에는 '간독'이라는 시설이 재현되어 있다. 고등어를 염장하던 장소다. 욕지도 앞바다에서 고등어는 사라졌지만 이제는 가두리 양식장에서 키워서 판다. 섬을 일주하다 보면 바닷가에 원형으로 생긴 시설이 떠 있는 것을 볼 수 있는데 이게 다 고등어 양식장이다. 고등어, 삼치, 갈치는 성질이 급해 잡자마자 죽어 버린다. 도심 횟집의 활어조 안에서 헤엄치는 고등어들은 대부분 욕지도에서 양식한 놈들이다. 좁은 가두리에서 키워진 고등어는 활어조 안에서도 일정 기간 생존할 수 있다.

사량도에서 옥빛을 머금었던 바다는 욕지도에서 짙푸른 감청색을 띤다. 육지와 가까운 내해內海가 끝나고 외해外海가 시작되는 지점에 섬이 위치한 까닭이다. 일주도로에서 바라보이는 풍광은 가슴이 탁 트이도록 호방하다. 자전거나 자동차로 섬을 한 바퀴 돌아보고 자부랑개의 사연을 들어본 다음 아찔한 출렁다리를 걸어보고 선착장에서 고등어회를 맛본다면, 욕지도를 '알고자 하는' 마음은 어느 정도 채워질 것이다.

 **들어가기**

욕지도로 들어가는 배는 통영연안여객터미널과 삼덕항 2곳에서 출항한다. 통영에서는 대일해운에서 연화도를 경유해 욕지도로 들어가는 배가 하루 5회 운항되고 소요시간은 1시간 20분, 요금은 편도 12,400원이다. 삼덕항에서는 영동해운의 차도선이 평일 4회, 주말 8회 직항으로 운영된다. 소요시간 55분, 요금은 7,600원이다. 참고로, 욕지항에는 선착장이 2곳 있다. 욕지여객터미널이 있는 동측에서는 통영을 오고 가는 여객선이 정박하고, 서측 영동해운매표소에서는 삼덕과 욕지를 오고 가는 배가 정박한다. 출발지와 선사에 따라 선착장이 다르다.

오전	삼덕 출항 시간	오후	삼덕 출항 시간
삼덕 → 욕지도	06:35	삼덕 → 욕지도	11:50
	08:00		13:10
	09:10		14:35
	10:30		15:45

출발 삼덕욕지여객터미널 | 통영시 산양읍 삼덕리 372-10(주차 무료)
☎ 055-649-2542
선사 영동해운 | ☎ 055-643-8973 | www.yokjido.co.kr
예매 한국해운조합 여객선예매(홈페이지, 앱) 2일 이후 항차부터 예약 가능

욕지도를 자전거로 돌아보는 거리는 26km이고 실주행 시간은 3시간 30분 정도다. 사량도와 마찬가지로 관광객들은 대부분은 통영에 하루 전날 도착해서 1박을 하고 오전 배로 입도해서 오후 배로 되돌아가는 일정으로 움직인다. 섬에서 되돌아가는 배는 16:35에 마지막으로 출발한다. 욕지도와 연화도를 묶어서 1박 2일의 일정으로 계획을 세워도 좋겠다.

당일	10:30	11:25	12:00	12:00~15:20	16:30	16:55	17:50
	삼덕 출항	욕지 도착	점심 식사	종주 라이딩	고등어회	욕지 출발	삼덕 도착

허기를 달래려면

여객선터미널이 있는 동촌, 서촌에 식당과 민박집이 모여 있다. 마을 안쪽의 **한양식당**(통영시 욕지면 서촌윗길 183-3, ☎ 055-642-5146)은 꽤나 유명한 섬 중국집이다. 09:30~14:30까지, 점심시간에만 영업하는데 휴일에는 대기를 해야 할 정도로 인기다. 짜장면(7,000원)과 짬뽕(10,000원)을 주로 선뵌다. 고구마는 욕지도의 특산물인데, 출렁다리 입구 **고메원도넛**(☎ 055-649-5989)에서는 고구마 무스를 넣어 만든 고구마도넛(3,000원/1개)을 판다. 물오른 가을 고등어도 놓칠 수 없다. 선착장 인근 **해녀김금단포차**(통영시 욕지면 욕지일주로 91-5, ☎ 010-3633-5136)는 제주도에서 시집 온 해녀 내외가 운영하는 횟집이다. 이곳에서 맛보는 고등어회(中 45,000원)는 육지 것과는 찰기와 선도가 완전히 다르다. 자색의 고구마 막걸리를 곁들여도 좋다.

❷ 섬을 알차게 누비는 방법

자전거

고도표를 보면 알겠지만 라이딩 내내 해발 고도 100m 내외의 언덕을 오르내리기를 반복하게 된다. 초보자가 도전하기에는 무리가 있고 중급자 정도가 한나절 돌아보기에 좋은 코스다. 전 구간 포장도로라 로드자전거로 들어와도 좋다. 단 라이딩 중간에 출렁다리가 있는 비렁길 왕복 2km구간을 걸어야 하기 때문에 클릿슈즈를 신는 것은 추천하지 않는다. 선착장을 벗어나서 시계 반대 방향으로 돌기 시작한다. 출발지에서 700m 정도 올라가면 자부랑개에 도착한다. 마을 안쪽 길로 들어서면 1900년대 근대 어촌마을을 재현해놓은 풍경과 마주한다. 일본인이 운영했던 목욕탕에서부터 명월관 터와 간독까지 300m 정도 되는 거리를 걸어가게 된다. 마을 입구에 할매 바리스타들이 운영하는 커피숍도 있다. 섬의 서쪽으로는 한려해상국립공원에 흩뿌려져 있는 섬들을 바라보며 달리게 된다. 일주도로에는 전망대가 3곳 있다. 가장 북쪽의 대송 솔구지 전망대를 시작으로 서쪽의 유동노을 전망대, 남쪽의 삼여 전망대까지 섬의 서측 지역을 한 바퀴 돌게 된다. 동쪽으로 삐죽튀어 나온 반도로 들어가는 길은 다시 되돌아 나와야 하는 외길이다. 삼거리에서 우회전해서 500m 정도 올라가면 도로

옆으로 출렁다리 가는 길이 나온다. 이곳에서 자전거를 잠시 세워 두고 욕지도 비렁길을 따라간다. 고래강정과 두 곳의 전망대를 지나가면 펠리컨바위로 넘어가는 출렁다리에 도착한다. 넓적한 마당바위는 위에서 보면 펠리컨이 날아가는 모습을 닮았다고 해서 이런 이름이 붙여졌다. 도로로 나가서 자전거를 세워둔 곳으로 되돌아오면 왕복2km의 거리가 된다. 다시 자전거를 타고 직진하면 동쪽 끝 통단해변에 도착하고 왔던 길로 되돌아 나와서 출발지로 되돌아간다.

대송 솔구지 전망대
2
도동해변
흰작살해변
자부랑개
1
7 통단해변
덕동해변
START·FINISH
선착장
비렁길 진입로
5
비렁길
진입로
노적해변
유동노을 전망대
3
전망대
6 펠리컨바위
유동해변
삼여 전망대
4

자전거

200m
150m
100m
50m
1
2
3 4
5 6
7
도보이동구간
0.0km 2.0km 4.0km 6.0km 8.0km 10.0km 12.0km 14.0km 16.0km 18.0km 20.0km 22.0km 24.0km 26.0km

START
선착장
1 자부랑개
2 대송 솔구지 전망대
3 유동노을 전망대
0:08
0:42
1:15

FINISH
선착장
7 통단해변
6 펠리컨바위
5 비렁길 진입로
4 삼여 전망대
3:20
2:50
2:13
1:46
1:24

섬에 대한 짧고 얕은 지식

욕지도 관광모노레일

2019년 12월, 욕지도항 부근에서 천왕산 대기봉(해발 355m)까지 오르는 관광모노레일이 개통됐다. 일주도로를 따라서 섬을 수평적으로 둘러봤다면 이제 8인승 모노레일을 타고 섬을 수직으로 오르내릴 수 있는 편안한 방법이 준비된 것이다. 모노레일의 길이는 2km이고 상단 역사까지는 16분이 소요된다. 시속 8km의 속도로 천천히 능선을 타고 오른다. 정상에 마련된 전망대에서는 한려해상에 흩뿌려진 섬들의 경관이 한눈에 들어온다. **통영욕지섬모노레일**(탑승장: 통영시 욕지면 욕지일주로

1467, ☎ 1544-3303)은 선착장에서 도보로 550m 거리에 위치하고 있다. 선착장의 트레킹 안내 표지를 따라 이동하면 된다. 도보로 약 15분 거리. 자전거나 자동차로 이동시 욕지도 일주도로를 따라서 이동한다. 하절기(4월~8월) 운행 시간은 10:00~17:00이고 하부 탑승은 16:00에 마감된다(매월 2·4주 월요일 휴무). 탑승 요금은 성인 왕복 15,000원이고 2,000원 짜리 욕지섬 지역사랑 쿠폰으로 돌려준다.

* 2025년 10월 현재 운행 중지 중이다.

욕지 할매 바리스타

욕지도에 가면 할매들이 내려주는 커피를 마실 수 있다. 자부랑개 거리 초입에는 욕지도 할매들이 운영하는 **욕지할매바리스타**(통영시 욕지면 욕지일주로155, ☎ 055-645-8121)가 위치한다. 카페는 2014년부터 마을 주민들의 주도로 시작된 사회적 협동 기업이다. 메뉴 중에서는 욕지도의 특산물인 고구마로 만든 고구마라떼(4,000원)가 단연 인기. 할매들이 만들어준 구수한 라떼 맛을 보기를 바란다. 영업시간은 평일 08:30~17:00이다.

통영에서 가장 아름다운 섬

경상남도 통영시 한산면 매죽리

작은 섬
여의도의
0.17배

0.5 km²
면적

0.5 km²
면적

152m
최고봉(망태봉)

53명
인구(마을 1곳)

일반선
저속 ··· 13.5노트

매물도구경 1호

122톤

정원 275명

탑재차량 0대

🤿 뭐 하고 놀까 | 걸어서 등대섬까지 다녀오기

✈ **17km/50분** 소요

거제도 저구항　　　　　　　대매물도 당금　대항　　　소매물도 선착장

🗺 **일반항로**
저구-매물 항로 81%
통영-매물 항로 96%

수역: 남해 동부/경남 서부 남해 앞바다

통영은 한려해상국립공원의 배꼽이다. 무인도를 포함, 모두 570개의 섬을 거느리기 때문이다. 그중에 사람이 살고 있는 유인도는 43개다. 앞서 소개한 섬을 비롯해 이름만 들어도 고개가 끄덕여지는 쟁쟁한 섬들이 즐비한 이곳에서, 필자에게 가장 아름다운 섬을 하나만 꼽으라고 한다면 '그건 바로 소매물도야'라고 말해주겠다. 정확하게는 소매물도의 남쪽에서 바라보이는 등대섬의 풍광이 아름다운 것이니, 통영에서 가장 아름다운 섬은 소매물도의 등대섬이라고 바꿔 말해야겠다.

소매물도와의 인연은 꽤나 오래 전으로 거슬러 올라간다. 한참 남해의 풍광에 빠져서 통영을 비롯한 해안 도시들을 돌아다닐 때였다. 바다를 좋아하던 선배가 이런 말을 했었다. "통영에 가면 적어도 이틀은 묵어야지. 하루는 주변을 돌아보고 다음 날은 섬에 들어갔다가 나오는 거야." 육지에서만 맴돌다가 통영에서 처음으로 찾아간 섬이 바로 소매물도였다. 때는 2월의 어느 날, 육지에서는 아직 겨울이 물러가지 않아 동장군이 심술을 부리고 있었지만 통영의 섬은 이미 봄처럼 포근했다. 바다는 한껏 짙푸르러졌고, 대기는 티끌 하나 없이 청명했다. 섬에서 바라보이던 등대섬의 풍광은 유리알처럼 투명하고 아름다웠다. 이상형의 여인을 마주하고 한눈에 반한 느낌이랄까? 두 눈이 번쩍 뜨이는 순간이었다. 돌아가는 배를 기다리던 선착장에서

해녀 할매가 손질해주는 굴과 섭은 어쩜 그리 실하고 달던지, 중앙시장에서 맛본 해산물과는 또 다른 풍미가 있었다. 이날 이후 소매물도는 다른 섬을 바라보는 미감美感과 미각味覺의 기준이 되었다.

선착장에서 등대섬으로 가는 길은 가파르다. 망태봉 능선까지는 불과 500m 거리지만 작은 섬에서 가파른 오르막을 오르는 것은 더욱 힘들게 느껴진다. 영화 〈인터스텔라〉 속 밀러 행성은 아인슈타인의 특수상대성이론에 따라 질량이 무거운 만큼 중력은 더 강해지고 시간이 느리게 갔는데, 섬에서는 정반대의 현상이 일어난다. 섬의 둘레길은 서측 해안을 둘러서 올라가라고 안내하지만 그쪽 길로는 한 번도 가본 적이 없다. 빨리 등대섬을 보고 싶은 마음이 앞설 뿐이다.

망태봉을 지나가면 드디어 등대섬의 전경이 보이기 시작한다. 우뚝 솟은 촛대바위와 녹색의 초지로 뒤덮인 섬 정상에 흰 등대의 자태가 우뚝하다. 그 풍경은 이 세상 것이 아닌 듯 초현실적이다. 시간이 지나 다시 찾았어도 주변의 풍광은 변함이 없다. 등대섬으로 들어가려면 열목개를 건너가야 한다. 약 100m 길이에 미끌거리는 둥글둥글한 자갈로 가득한 이곳은 하루에 2번 길을 열어서 사람들을 맞이한다. 여름 등대로 올라가는 길에는 주황색 참나리가 활짝 피어 있다. 등대만큼이나 흰색 절벽 위에 도착하면 등대를 배경으로 망망대해가 펼쳐진다. 통영의 끝, 아니 세상의 끝에 도달한 기분이다. 이곳 사람들은 10월 말 들국화가 피는 시절에 섬이 가장 아름답다고 한다. 겨울과 봄에 여길 와 보았으니, 다음 번 이곳을 찾는다면 아마도 가을이겠다.

배편

대매물도 편(p.342)을 참고한다.

일정

등대섬을 다녀오는 데는 빠른 길로 가도 왕복 3.6km 거리다. 등대섬으로 들어가려면 열목개가 열리는 간조 시간에 맞춰야 한다. 물때는 현지에 도착해서 주민들에게 물어봐도 되지만 미리 국립해양조사원 인터넷 홈페이지(www.khoa.go.kr)에서 확인할 수 있다. 물 빠진 열목개는 꽤나 미끌거린다. 제대로 된 등산화나 트레킹화를 신고 탐방에 나서는 것이 좋겠다. 거리는 짧지만 천천히 돌아보면 2시간 이상 소요된다. 저구에서 11:00 배로 들어와서 16:00 배로 나가면 섬에서 4시간 정도 시간이 생긴다. 식사 후 등대를 둘러보고 남는 시간은 다솔 카페에서 시원한 음료를 마시거나 선착장 해녀촌에서 한 잔 하면서 보내면 되겠다.

당일	11:00	11:50	12:30	12:30~15:00	16:10	16:15	16:35
	삼덕 출항	소매물도 도착	식사 마침	등대 트레킹	카페	소매물도 출항	당금 도착

섬에 대한 짧고 얕은 지식

등대섬 촛대바위에 얽힌 전설

이곳에는 글씽이굴로 불리는 해식 동굴이 있다. 동굴 안에는 '서불과차徐市過此'라는 암각 글자가 새겨져 있다고 한다. 이 글자와 관련된 전설은 다음과 같다. 때는 진시황이 진 나라를 세웠던 기원전으로 올라간다. 진시황의 시종 서불이 불로초를 찾기 위해서 남녀 3,000명을 데리고 우리나라까지 찾아왔고 본인이 다녀간 지역에 '서불이 다녀갔다'는 뜻의 한자를 새겨 넣었다는 것이다. 우리나라에 '서불과차' 표식이 존재하는 지역으로 알려진 곳은 제주 서귀포 정방폭포, 남해군 금산 두모마을, 거제도 갈곶리 우제봉 마애각, 그리고 글씽이굴까지 4곳으로 알려져 있다. 제주 정방폭포에는 암각화를 재현해 놓았고 금산의 두모마을에는 진시황릉 병마상의 모습을 본뜬 서불의 동상까지 세워 놓았다고 한다. 이동 경로를 보면 배를 타고 섬에서 섬으로 움직였던 것 같은데 이게 사실이라면 서불도 등대섬의 풍광이 예사롭게 보이지는 않았던 모양이다.

소매물도의 특별한 견공들

섬에는 개보다 고양이가 많이 산다. 생선이 많기 때문인지 모르겠다. 소매물도가 다른 섬과 달리 특이한 점은 섬에 개를 많이 키운다는 것이다. 특히 이 섬의 견공들은 TV프로그램 SBS 〈동물농장〉에 자주 출연했던 이력을 갖고 있다. 2011년 1월 30일 497회에 방영되었던 소매물도 안내견 '가을이'가 널리 알려졌는데, 사실 소매물도 안내견으로 먼저 출연한 것은 2003년 6월 8일 제110회, 111회, 112회에 걸쳐 방송에 소개된 말라뮤트 '마루'다. 샤모에드 '도도'와 '미르' 공주 '누리'도 함께 나왔다. 2004년도 163화, 2017년 800화에 손녀견 루비까지 출연했으니 이 정도면 섬에서 가장 유명한 견공 가족이라 부를 만하다. 소매물도에 사는 이들의 모습이 아름다웠던 탓일까? 이 견공들의 이야기는 어린이 창작동화 《섬과 개》(이지현 저, 문공사, 2004)로도 만들어졌다. **다솔 카페 펜션**(통영시 한산면 소매물도길 25, ☎ 055-642-2916)을 운영하는 부부가 이들의 견주였다. 세월이 흘러 개들은 모두 떠나가버렸다. 다시 정을 떼기 힘들었던 탓인지 이제 부부는 고양이 한 마리만을 키우고 있다. 카페 안에는 강아지들의 사진과 동화책이 장식되어 있다.

걷기

섬은 작은데 152m 높이의 망태봉이 버겁게 올라가 앉았다. 선착장 인근을 제외하면 섬 안에 평지는 거의 없다고 보면 된다. 선착장을 벗어나면 바로 오르막길이 시작된다. 200m 정도 올라가면 좌측으로 한려해상 바다백리길 6구간 소매물도 등대길 입구가 나온다. 섬의 서측을 돌아서 등대섬으로 가도록 안내되어 있지만 대부분 관광객들은 가파른 언덕으로 직진한다. 700m 정도 올라가면 망태봉 정상 언저리에 도착한다. 서쪽으로 되돌아갔던 둘레길도 이곳으로 되돌아온다. 한 편엔 휴게 데크가 설치되어 있고, 지금은 폐교한 소매물도 분교도 이곳에 자리 잡고 있다. 아래쪽에 학교가 들어설 평지가 없어 이 위쪽까지 올라온 모양이다. 쉼터를 지나 가면 삼거리 갈림길이 나오는데 우측은 망태봉 정상의 관세역사관을 들렀다가 다시 등대섬 길로 내려가는 길이다. 역시나 관광객들은 더 이상 오르막을 피하고자 좌측 길로 내려가는데 사실 이곳에서 정상까지 거리는 70m 정도에 불과하다. 공룡바위 전망대와 등대섬 전망대를 지나 하산하면 열목개에 도착한다. 이곳을 건너 데크 계단을 타고 오르면 소매물도 등대에 도착하게 된다.

허기를 달래려면

항구가 내려다보이는 야외 테이블은 물론, 반려견 입장도 허용되는 식당이 있다. **토박이 음식점**(통영시 한산면 소매물도길 39 12-3, ☎ 010-3515-0447)은 영양톳밥(18,000원)으로 잘 알려진 식당이다. 톳과 해조류가 듬뿍 들어간 톳밥은 갯내음을 한 가득 담고 있고 밑반찬으로 깔리는 해초류도 깔끔하다. 더운 날에는 물회(15,000원)를 한 그릇 먹어도 좋다. 대매물도에서 캠핑을 하기 위해서 큰 배낭을 짊어지고 왔다면 이곳에서 짐을 맡기고 등대섬을 다녀오면 된다. 선착장에서는 해녀 할매들이 좌판을 깔아놓고 영업을 한다. 소쿠리 안에는 멍게, 소라, 해삼, 성게, 굴, 뿔소라가 한 가득이다(모둠 한 접시 20,000원).

소매물도 지도

걷기

START 소매물도 선착장	① 둘레길 갈림길	② 소매물도 폐교/휴게정자	③ 공룡바위 전망대
	0:04	0:16	0:25

FINISH 소매물도 선착장	⑥ 소매물도 등대	⑤ 열목개	④ 등대섬 전망대
2:30	1:10	0:53	0:37

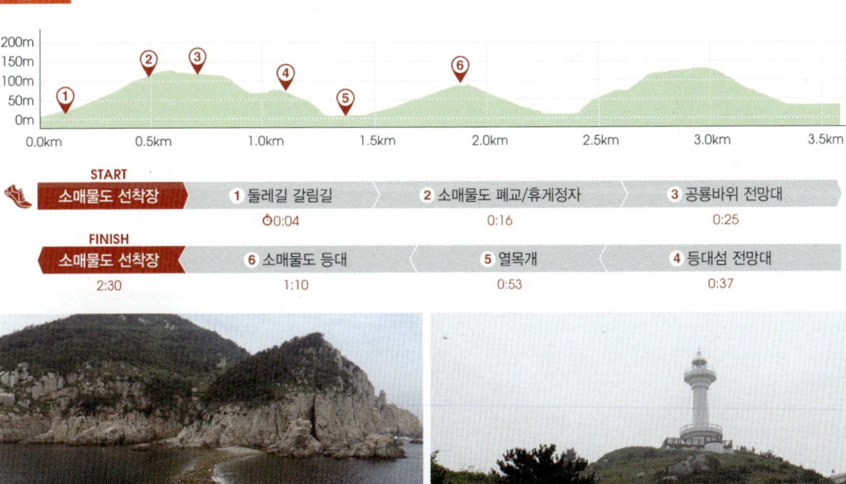

해 뜨고 지는 섬 학교에서의 하룻밤

캠핑하기 좋은 섬

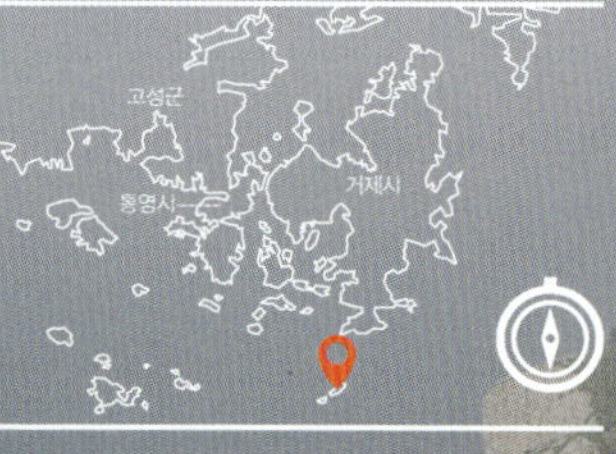

경상남도 통영시 한산면 매죽리

작은 섬
여의도의
0.48배

1.41 km²
면적

210m
최고봉(장군봉)

122명
인구(마을 2곳)

일반선
저속 ⋯ 13.5노트

매물도구경 1호

122톤

정원 275명

탑재차량 0대

대매물도

5

 뭐 하고 놀까 | 대매물도 분교에서 캠핑하기 · 일몰과 일출 보기 · 둘레길 걷기

일반항로
운항률 81%

🚩 **12km/30분 소요**　　🚩 **5km/20분 소요**

거제도 저구항　　　　　　　　대매물도 당금　대항　　　소매물도 선착장

수역: 남해 동부/경남 서부 남해 앞바다

　　매물도는 소매물도와 구별해서 대매물도라 불린다. 이름 앞에 '큰 대大' 자가 붙어 있지만 크기는커녕 여의도의 절반도 안 되는 작은 섬이다. 앞서 말한 것처럼 섬의 크기는 이렇듯 상대적이다. 대매물도는 소매물도를 갈 때 그냥 거쳐가는 섬이었다. 작고 아름다운 섬 소매물도, 그리고 그곳과 연결된 더 작고 예쁜 등대섬의 존재 때문에 정작 맏형 격인 대매물도의 존재감은 미미했다. 낚시꾼들만 간간이 들르던 이 섬을 캠핑족들도 찾아가야 할 이유가 생겼다. 섬 안에 폐교를 리모델링 한 캠핑장이 생겼기 때문이다. 대매물도와 소매물도는 섬 전역이 한려해상국립공원지역에 포함된다. 이런 탓에 섬 안에서의 비박은 꿈도 못 꿀 일이지만, 이곳에서는 눈치 볼 일 없이 당당하게 불 피우고 텐트를 펼칠 수 있다. 캠핑장은 섬 북쪽 당금마을의 옛 한산초등학교 매물도 분교장에 위치하고 있다. 선착장에서 불과 200m 거리다. 가까운 거리 탓에 백패킹을 하러 오는 선수들뿐만 아니라 오토캠핑 장비를 소위 핸드트럭이라 부르는 캠핑용 짐수레에 가득 담아오는 가족 단위의 오토캠핑 족들도 어렵지 않게 볼 수 있다.

참 절묘한 자리에 학교가 있었다. 매물도를 남북으로 가로지르는 능선이 시작되는 평평한 언덕바지. 동쪽과 서측이 탁 트여 있는 지형이라 동쪽으로는 탁 트인 망망대해가, 서쪽으로는 마을 너머 다도해가 바라보인다. 한자리에서 일몰과 일출을 동시에 조망할 수 있는 자리다. 학생들은 해가 동쪽 운동장에 떠오를 때 등교해서 건물 뒤 서쪽으로 넘어갈 때 귀가했을 테니 따로 시계가 필요 없었을 것 같다. 이

런 곳에서 공부한 아이들은 커서 어떤 사람이 되었을지 궁금하다. 바다를 떠나지 못해 어부가 되었거나 아름다움을 노래하는 시인이 되지 않았을까? 이런 터에 자리 잡은 학교를 한 곳 더 본 적이 있다. 홍도에 있는 흑산초등학교 홍도분교장이다. 남북으로 트인 언덕 위에 있어 일몰과 일출을 한곳에서 볼 수는 없지만 이곳과 비슷한 정취를 지닌 학교다.

이제 섬에는 더 이상 아이들이 보이지 않는다. 대신 강아지 한 마리가 선착장을 돌아다닌다. 데리고 간 우리 집 반려견 앙리가 반가운지 주위를 맴돌며 떨어질 줄을 모른다. "이름은 아름이랍니다. 마을에서 키우는 유일한 강아지인데 다른 강아지를 본 지 일년이 넘었을 거예요." 주민의 말마따나 외로웠던 것일까? 캠핑장까지 같은 일행이라도 된 양 졸졸 따라온다.

운동장은 온통 초록의 잔디밭이다. 빨간색, 노란색의 타프가 극명한 대비를 이루며 세워져 있고 맞은 편 감청색의 바다와 맞닿아 있다. 흰색 털 북숭이 몰티즈인 아름이와 앙리는 제 세상이라도 만난 듯 쉴 새 없이 운동장을 뛰어다닌다. 이런 풍광을 마주하는 곳에 자리를 잡으면 한없이 게을러진다. 의자를 돌려 앉으니 반대편으로는 태양이 붉은 궤적을 만들며 바다로 내려앉고 있다. 별 볼 일 없을 거라 단정 짓고 외면했던 매물도에는 이렇게 보석 같은 풍경들이 숨어 있었다. 섬은 이렇다. 두 발로 밟아보고 하룻밤을 지내봐야 비로소 진면목을 알 수 있다. 거제도에서 요트를 타고 들어와서 캠핑을 하고 가는 여행 상품도 있다고 한다. 다음에는 폼 나게 요트를 타고 들어와서 하룻밤을 묵어가고 싶다.

① 들어가기

소매물도로 들어가는 배가 통영연안여객터미널과 거제도 저구항에서 출발한다. 통영에서는 한솔해운(☎ 055-645-3717)의 일반선 한솔호가 운항하며 항로 거리는 39km이고 비진도-대매물도-소매물도 순으로 기항한다. 주말 3회(6:40, 10:50, 14:30) 운항하며 편도 17,100원이고 1시간 40분 소요된다. 거제 저구항에서는 하절기(3월 1일~11월 30일) 4회, 동절기 3회 배편이 있다. 운임은 편도 14,000원이고 인터넷 예매 시 10% 할인된다. 소매물도까지 50분 소요된다.

저구 출항	당금 도착	소매물도 도착	소매물도 출항	당금 도착	당금 출발	저구 도착
08:30	09:00	09:20	09:30	–	09:00	10:20
11:00	11:30	11:50	12:05	–	11:30	12:55
13:30	14:00	14:20	14:30	–	14:00	15:20
15:30	–	–	16:15	16:25	16:25	17:05

출발 저구항 매물도여객터미널
경남 거제시 남부면 저구해안길 60(주차 무료) | ☎ 055-633-0051
선사 ㈜매물도 해운 | 055-633-0051 | www.maemuldotour.com
예매 한국해운조합 여객선예매(홈페이지, 앱) 2일 이후 항차부터 예약 가능

1박 2일로 소매물도+대매물도 여행하는 법

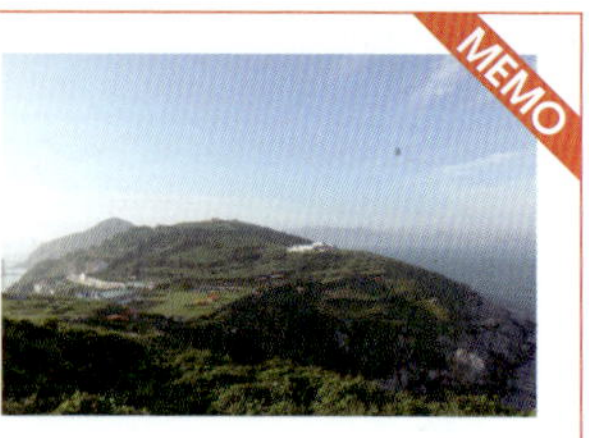

저구항에 출발하는 배편은 저구-당금(대매물도)-대항(대매물도)-소매물도-저구 순으로 운항한다. 단, 마지막 배는 저구-소매물도-대항(대매물도)-당금(대매물도)-저구 순으로 역방향으로 운항된다. 첫날 소매물도로 들어가서 마지막 배로 나오면 다시 대매물도로 들어갈 수 있다. 1박 후 당금에서 오전 배를 타면 다시 소매물도를 들렀다가 저구항으로 되돌아간다.

일정

소매물도를 들렀다가 마지막 배로 들어왔다면 첫날은 사이트 구축과 노을 감상
으로 캠핑장에서 시간을 보내고, 다음 날 오전에 매물도 둘레길을 걸은 뒤 점심
쯤 나오면 배 시간이 얼추 맞는다.

1일 차	16:35	18:00~		
	당금 도착	사이트 구축 식사		
2일 차	08:00	08:00~11:30	11:30	12:30
	식사 마침	매물도 트레킹	당금 출항	저구 도착

하루 묵어가려면

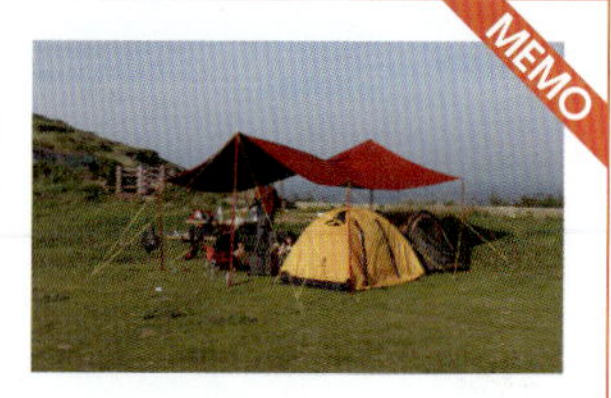

매물도 캠핑장(20,000원/1박)은 개수대, 샤워장, 분리수거장 등의 시설
을 갖췄다. 전기와 샤워장에서 온수 사용은 불가하다. 반려동물 동반 입장
은 가능하다. 폐교 건물(통영시 한산면 당금길 50-9)은 숙박시설로 이용
된다. 개수대는 건물 안쪽에 위치하고 있고 화장실과 샤워장은 별도 건물
에 위치한다. 사이트가 구분되어 있지 않은 노지 야영장이라 선착순으로
운영되고 별도의 예약을 받지는 않는다. 약 20동의 소형 텐트가 들어갈 수 있는 크기다. 해품길은 캠핑장 동측에 맞
붙어 있고 맞은 편 해변으로 내려가는 데크도 놓여 있다. 마을의 민가에서는 민박(1박 50,000원 선)을 받는다.

걷기

매물도 걷기길의 명칭은 한려해상 바다백리길 중 제5구간, 매물도 해품길이다. 산허리를 걸어가는 둘레길과 장군봉 정상을 찍고 내려오는 등산로가 결합되어 있는 코스다. 선착장에서 출발하면 마을로 들어가는 오르막을 따라서 약 400m를 걸어가면 섬 최북단에 위치한 전망대에 도착한다. 이곳에서 마을 발전소 쪽으로 내려와서 시계 방향으로 돌면 섬 동측의 해안선을 따라서 가게 된다. 전망대로부터 200m 거리의 캠핑장 운동장 앞을 지나면 매물도 해품길을 알리는 입구로 진입하게 된다. 이곳에서부터 본격적인 탐방로가 시작된다. 구불구불하게 이어진 해안 절벽을 바라보며 전진한다. 동백 터널을 통과하면 머지않아 홍도 전망대에 도착한다. '신안의 홍도가 왜 여기에서 보일까?' 하는 의문이 들겠지만 이곳에서 말하는 홍도는 동명이도同名異島, 한산면 매죽리의 홍도다. 이곳을 지나가면 삼거리에 도착한다. 우측으로는 능선을 넘어 대항마을로 넘어가고 좌측으로는 장군봉으로 오르는 등산길이 시작된다. 대항마을로 가는 길을 선택하면 섬을 반만 도는 셈이고 시간과 거리를 절반 이상 줄

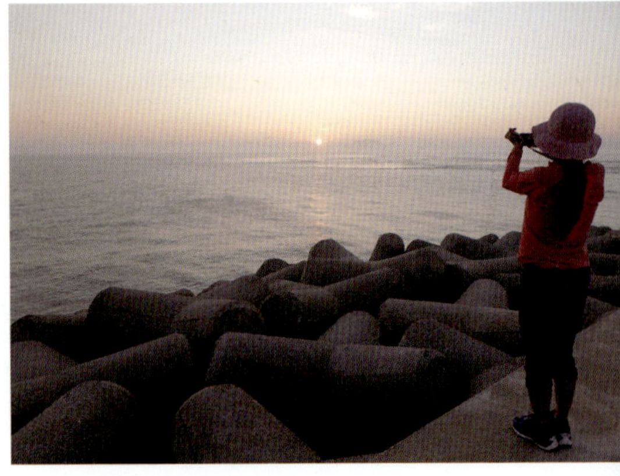

일 수 있다. 이곳에서 정상까지는 700m 거리다. 정상을 지나면 소매물도가 바라보이는 등대전망대와 대항마을 지나 출발지였던 당금마을로 돌아오게 된다.

허기를 달래려면

소매물도와 달리 선착장에서 해산물을 판매하는 좌판은 없다. 대신 마을에는 식당이 3곳 정도 보인다. 백반은 1식에 15,000원 선이고 식사 전에 미리 예약해야 한다. **어부밥집**(☎ 010-2066-9853), **은아 식당**(☎ 010-9965-7466). 선착장 앞에는 당금구판장이 있다. 라면, 식수, 주류 같은 간단한 생필품을 구입할 수 있다.

해금강 전망대
1
매물도항
마을 발전소
START·FINISH
2
매물도 캠핑장
당금 선착장
홍도 전망대
3
대항항
7
매항마을
삼거리
4
장군봉 전망대
5
등대섬 전망대
6

걷기

300m
5
150m
3
4
1 2
6
7
0m
0.0km   2.0km   4.0km   6.0km

START
당금 선착장   1 해금강 전망대   2 매물도 캠핑장   3 홍도 전망대   4 삼거리
0:12   0:15   0:25   1:00

FINISH
당금 선착장   7 대항마을   6 등대섬 전망대   5 장군봉 전망대
3:10   2:40   1:50   1:20

6

줄렁다리 건너 야생화 만발한 섬으로

마음을 어루만지다 | 만지도·연대도

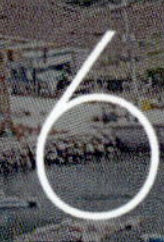

뭐 하고 놀까 | 걸어서 섬 한 바퀴 · 등산로의 야생화 관찰 · 전복 맛보기

작은 섬
여의도의 0.34배

 **0.23** km² 만지도 면적

99 m 최고봉(만지봉)

 **26** 명 인구(마을 1곳)

0.78 km² 연대도 면적

221 m 최고봉(연대봉)

83 명 인구(마을 1곳)

일반선
저속 ···› 10노트

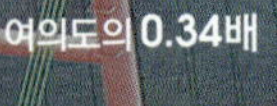 홍해량 5호

 28톤

 정원 90명

 탑재차량 0대

일반항로

 **4.5km** / 15분 소요

연명항 선착장 ···› 만지도 선착장

수역: 남해 동부/경남 서부 남해 앞바다

　　칠순의 어머님을 모시고 통영을 간 적이 있다. 이곳까지 왔으니 그래도 섬은 한 번 보여드리고 싶었다. 섬이되 반나절 걸어서 둘러보기에 부담 없는 크기여야 하고, 뱃길이 너무 멀어도 안 되며, 고도가 높아 계단이 많아도 안 될 일이었다. 이런저런 조건을 따지다 보니 마지막에 눈에 들어온 곳이 만지도와 연대도였다. 섬에서는 어머니가 좋아하시는 전복까지 많이 난다고 하니 바로 이곳이다 싶었다.

통영의 섬에는 몇 가지 공통점이 있다. 먼저 다도해가 흩뿌려져 있는 주변의 풍광이다. 어떤 섬을 가더라도 그곳에서 바라보이는 풍경은 외롭지 않다. 그건 멀리 떨어져 있는 욕지도나 매물도에서도 마찬가지다. 그다음으로는 때론 옥빛으로, 때론 에메랄드빛으로 바뀌는 평온한 바다다. 우리나라에서 이 지역은 파도가 가장 잔잔한 해역 중 한 곳이다. 여객선사의 90%가 넘는 운항률이 이를 증명한다. 한마디로 통영에서는 최소한 배가 끊어져서 일정에 차질을 줄 일은 거의 없는 셈이다. 겨울철에도 유난히 밝고 따뜻한 남국의 기후에, 눈요기하라고 출렁다리까지 곳곳에 만들어 놨으니, 이쯤이면 어떤 곳을 가더라도 '기본'은 보장받는 섬 여행의 프랜차이즈 상표라 해도 과언이 아니겠다.

만지도 선착장에 도착하면 '만지도를 먼저 둘러볼까? 연대도를 먼저 둘러볼까?'하는 갈등에 잠시 빠진다. 만지도에는 몬당길, 연대도에는

지게길이라는 둘레길이 있다. 고민과 달리 발걸음은 사람들을 좇아 자연스레 출렁다리가 있는 연대도 쪽을 향한다. 이곳의 출렁다리는 좀 독특하다. 봉우리와 봉우리, 이쪽 벼랑에서 저쪽 벼랑으로 놓인 다른 곳과 달리 좁고 흔들리지만 작은 섬과 더 작은 섬을 연결해주는 진짜 다리가 놓여 있다. 길이는 불과 100여m 남짓, 다리가 없던 시절에는 섬의 아이들도 어렵지 않게 헤엄쳐서 양쪽을 오고 갔을 것만 같은 거리다.

5월 연대도의 둘레길은 연둣빛 잎사귀들로 가득하다. 그 잎사귀 사이사이에는 만개한 야생화들이 이리저리 고개를 내밀고 있다. "어머 준휘야. 여기 꽃 핀 것 좀 봐" 같이 길을 걷던 어머니가 더 호들갑이다. 작고 앙증맞은 노오란 괭이밥에서부터 청사초롱 모양의 새하얀 병꽃나무, 너무 작아 보이지도 않을 것 같은 꽃 봉오리들이 모여 있는 분홍색 쥐오줌풀, 중간중간에 액센트를 주는 주황색의 개양귀비꽃, 호롱같이 매달려있는 노란 산괴불주머니까지. 섬 전체가 야생화로 가득한 천상의 화원이다. 육지에서는 태백 금대봉이나 인제 곰배령이나 가야 구경할 수 있는 꽃들이 지천에 널려 있다. 중간중간 전망대에서는 서쪽으로 오곡도가, 남동쪽으로는 바다 위에 떠 있는 연꽃인 연화도가 조망된다. 지게길은 그 끄트머리에서 사람들을 몽돌해변에 내려놓는다. '촤르륵 촤르륵' 파도에 몽돌이 씻겨 내려가는 소리가 더없이 평안하다. 이곳에 앉아 잠시 여정의 쉼표를 찍어간다. 돌아온 만지도에서는 더 짤막하고, 더 낮고, 더 편안한 길이 이어진다. 이곳의 둘레길은 몬당길이다. 몬당은 산을 넘어가는 고개를 일컫는 이 지역 사투리다. 정작 몬당길에서는 고개라고 할 만한 높은 산이 없다. 이 작은 섬의 길 이름이 고갯길이라니 작명가의 의도가 궁금해지는 순간이다.

배편

만지도로 가려면 연명항에서 출항하고, 연대도로 가려면 달아항(통영시 산양읍 미남리 822-12, ☎ 055-643-3633)에서 출항한다. 만지도와 연대도는 다리로 연결되어 있고, 거리는 걸어서 10분 정도이니 어느 곳에서 출발해도 좋다. 만약 통영 시내에서 연명항까지 이동하려거든, 서호시장에서 530번, 524번, 533번 버스를 탄다. 이때 항구까지는 약 45분 소요된다. 연명항에서는 '만지도연대도유람선'의 홍해랑호가 1일 7회(정기) 운항한다. 15분 소요되고 성인 편도 요금은 12,000원이다. 달아항에서는 '저림연곡도선운영회'의 16진영호(90인승 여객선)와 섬나들이호(33톤급 차도선)가 운항한다. 15분 소요되고 요금은 성인 왕복 12,000원이다. 2곳 모두 운항시간과 요금은 비슷하다. 20인 이상이면 별도 배편이 운항되기도 하고 주말에는 30분 간격으로 증편된다. 늦게 갈지언정 사람이 많아서 배를 못 타는 일은 발생하지 않는다.

오전 정기	연명 출항 시간	오후 정기	연명 출항 시간
	09:30		12:00
연명 → 만지도	10:00	연명 → 만지도	13:00
	10:30		14:00
	11:00/ 11:30		15:00

출발 연명항 매표소 | 통영시 산양읍 연명길30 | 주차 무료 | ☎ 055-643-3433
선사 만지도 연대도 유람선 | ☎ 055-643-3433 | http://manjidopang.com/
예매 선사 홈페이지, 현장 선착순 발권

일정

연대도를 둘러보는 데 2시간 정도 소요되고 만지도를 둘러보는 데는 1시간 정도면 족하다. 식사 시간까지 포함해서 4시간 정도면 섬을 천천히 돌아보는 데 무리가 없겠다. 배 타는 시간도 짧아서 통영 방문 시 부담 없는 한나절 여행지로 좋은 섬이다.

당일	10:30	10:45	10:50~13:30	14:00	14:00~15:00	15:15	15:30
	연명 출항	만지 도착	연대 트레킹	점심	만지 트레킹	만지 출항	연명 도착

섬의 맛

만지도 특산물은 전복이다. 17가구 26명 마을 주민 대다수가 전복 양식업에 종사할 정도다. 해물전복라면의 원조 격인 **이모전복해물라면 집**에서는 해물과 전복 1미를 넣은 라면(8,000원)을 선보인다. **어촌계 옆 외갓집밥상**에서는 전복해물물회(17,000원)를 판다. 전복과 멍게, 해삼이 제법 푸짐하다. 미륵도 산양읍에서 만드는 산양생막걸리(4,000원)와 꽤나 잘 어울린다. 연대도 선착장에는 부녀회에서 운영하는 **노천회 센터**가 있다. 참돔, 우럭, 도다리 등 횟감(30,000~50,000원)을 판매한다.

걷기

만지도 선착장에서 남쪽 연대도 방향으로 해안 데크가 만들어져 있다. 이 길을 따라가면 두 섬을 연결해주는 출렁다리에 도착한다. 이 주변은 멸종 위기의 풍란을 복원하기 위한 사업 구간이다. 풍란은 7~8월에 개화하며 짙게 퍼진 향기가 10리 밖에서도 맡을 수 있을 만큼 그윽하다. 이 시절에 섬을 방문한다면 주변을 잘 살피자. 연대도 선착장을 지나 동쪽으로 계속 들어가면 작은 해변에 도착한다. 연대해변이다. 이곳에는 연대도 에코아일랜드센터가 있다. 국내 최초로 2012년 지열과 태양광을 이용한 발전으로 에너지 자립을 위해 세워진 시설들이다. 이곳을 지나면 산길로 접어들어서 연대봉 산자락을 한 바퀴 돌게 된다. 중간 북바위 전망대를 지

나면 몽돌해변에 도착한다. 다리를 건너 만지도로 들어서면 마을 사잇길을 통해서 만지도 정상으로 오른다. 오르막은 약 300m에 불과하다. 서쪽 끝 욕지도 전망대를 돌아서 시계 방향으로 돌면 출발지였던 만지도 선착장으로 돌아오게 된다.

상승고도	362m(중)
최고고도	115m(하)
소요시간	4시간

섬을 여행하기 전 알아야 할 것들

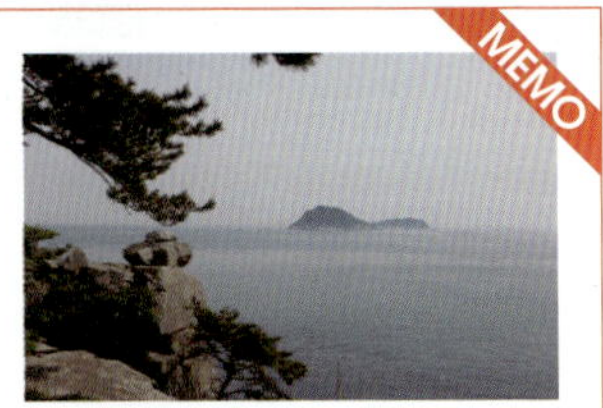

섬 안에 휴지통이 없다. 쓰레기는 다시 들고 되돌아 나와야 한다. 한적했던 섬이 알려지면서 주말이면 꽤나 찾는 사람들이 많아졌다. 선사에서는 정기 운항편 외에 20인 이상 단체 관광객들을 위한 전세 배편을 운항한다. 이것이 오해를 부르기도 한다. 배를 기다리느라 미리 줄을 서 있던 개별 관광객을 제치고 단체 관광객을 위한 배가 들어오면 먼저 기다렸던 사람들 사이에서 줄이 엉키고 실랑이가 벌어지는 일이 생긴다. 배 시간을 확인해 불필요한 오해를 막아야겠다.

START·FINISH
만지도 선착장
6 만지봉 정상
7 욕지도 전망대
출렁다리 1
연대도 선착장
2
3 연대해변
에코아일랜드 센터
5
몽돌해변
연대도해변
연대봉
4
북바위 전망대

걷기

150m
100m
50m
0m
-50m
0.0km 1.0km 2.0km 3.0km 4.0km 5.0km 6.0km 7.0km
1 2 3 4 5 6 7
START
만지도 선착장
1 출렁다리
0:22
2 연대도 선착장
0:31
3 연대해변
0:45
FINISH
만지도 선착장
7 욕지도 전망대
4:00
6 만지봉 정상
3:32
3:10
5 몽돌해변
2:02
4 북바위 전망대
1:36

한려해상국립공원의 베이스 캠프, 통영

한려해상국립공원의 '한'은 통영 한산도에서 따왔고 '려'는 여수에서 가져왔다. 이 책에서 소개하는 욕지도, 연화도, 사량도, 만지도, 매물도에 이르는 5개 섬의 출발지가 바로 통영이다(매물도는 거제에서 출발하는 배편을 소개했지만 통영에서도 출발한다). 경남 섬 여행의 베이스캠프인 셈이다. 통영은 북쪽의 신도심과 남쪽의 구도심으로 구분된다.

고속버스를 이용할 경우 신도심의 터미널에 도착하게 되는데 관광지와 숙소가 모여 있는 구도심까지 버스로 30분 정도 소요된다. 서호시장 맞은 편의 통영여

당신이
통영에 하루 먼저
도착했다면

객선터미널에서 섬으로 들어가는 대부분의 배편이 있고 섬에서 가까운 교외의
항구에서도 각 섬으로 들어가는 최단 항로의 배편이 뜬다.

목적지	최단 항로	통영 도심에서의 거리	통영여객터미널
사량도	가오치	19km	노선 없음(미수항)
연화도	삼덕항	8km	노선 있음
욕지도	삼덕항	8km	노선 있음
만지도	연명항	11.5km	노선 없음
매물도	저구항(거제)	44km	노선 있음

반나절 둘러 볼 만한 곳

통영의 구도심을 한 바퀴 둘러보는 코스를 소개한
다. 서호시장에서 시작해서 서피랑-충렬사-박경
리 생가-수군통제영-동피랑-중앙시장-강구안-
한산대첩광장 순으로 돌아오는 코스다. 거리는
6.5km에 3시간가량 소요된다.

피랑은 벼랑을 의미하는 방언이다. 서피랑은 서쪽
의 벼랑, 서산을 의미한다. 과거 통영성의 포루가
위치했던 곳이라 서포루西鋪樓라고도 부른다. 여기서
포루는 대포가 있던 자리가 아니고 군사들이 몸을
은신하는 망루를 의미한다. 벽화로 장식된 99계단
을 따라 올라가면 강구안을 둘러싸듯 자리 잡고 있
는 도심이 한눈에 조망된다.

충렬사는 이순신 장군의 위패를 모신 사당이다(관
람료 1,000원). 수군통제영(관람료 3,000원)은 삼
도수군의 지휘본부였다. 이순신 장군 시절 한산도
에 위치했으나 이후 이곳으로 이전하였다. 통제영
에서 가장 큰 건물인 세병관은 국보 제305호로 지

정되어 있고 경복궁 경회루, 여수 진남관과 함께 조
선시대 바닥 면적이 가장 넓은 건물 중 하나다.

어디서 잘까

저가형 숙소는 **충무비치호텔**(통영시 중앙로89, ☎ 055-642-8181, 35,000원/1박)을 추천한다. 서호시장 뒤편에 위치하고 있어 여객터미널, 시장으로의 접근성이 좋다. 주차도 가능하다. 객실은 오래되었지만 깔끔하게 유지되고 있다. 숙소에서 오랜 시간을 보내기보다 잠만 자고 아침부터 움직일 사람들에게 추천한다. 중가형 숙소인 **한산호텔**(☎ 055-642-3374, 통영시 통영해안로247)은 가족단위 여행객에게 추천한다. 콘도형 객실이 있어 널찍하고 통영항 바로 옆에 위치하고 있어 바다뷰가 나온다. 고가형 숙소로는 **통영한산마리나호텔**(통영시 산양읍 삼칭이해안길 820, ☎ 055-648-3332)를 추천한다. 미륵도에 위치하고 있어 자동차로 여행 시 묵어갈 만한 곳이다. 전

객실이 단층 독채형으로 구성되어 있고 리조트와 해안 산책로가 연결되어있다. 한적한 분위기를 즐기는 사람들이 좋아할 만한 곳이다. 최저가가 책정되어 있지만 비수기에는 추가로 할인이 된다. 리조트 안에 편의점과 레스토랑이 있다.

저녁 먹을 곳

아마도 통영은 전국에서 회를 가장 저렴하게 먹을 수 있는 지역 중 하나일 것이다. 수많은 횟집들이 있지만 관광객들이 주로 찾는 곳은 중앙시장 안에 위치한 **통영활어시장**(통영시 중앙시장4길2)이다. 아침 일찍부터 영업을 시작해서 해질 무렵에는 파장한다. 시장 할매들이 좌판을 깔아놓고 영업하는데 횟감은 계절별로 다양하다. 횟감을 선택하면 그 자리에서 바로 썰어준다. 별도 할복비는 없고 인근 초장집으로 안내해준다. 1인당 자릿값 3,000원, 매운탕 5,000원이다. 시장에서 회를 두툼하게 썰어내서 '막썰어회'로 부르기도 한다. 서호시장에서도 횟감을 구입해서 인근 식당에서 먹을 수 있다. 이곳은 관광객보다는 현지인들이 더 많이 찾는다. 통영의 가장 대표적인 해산물을 꼽으라면 굴을 빼놓을 수 없다. 겨울철 통영을 찾았다면 꼭 맛봐야 할 별미다. **대풍관**(통영시 해송정2길 29, ☎ 0507-1325-4446)은 굴 요리를 전문으로 하는 음식점이다. 한 상 거하게 받고 싶으면 세트요리(A코스 1인당 30,000원)를 시키면 석화찜, 생굴, 굴무침, 굴전, 굴튀김까지 다양하게 맛볼 수 있다.

아침 먹을 곳

첫 배를 타고 섬으로 들어간다면 여객터미널 맞은편 서호시장으로 가는 것이 좋다. 아침 일찍부터 문을 여는 식당들에서 해장하기 좋은 음식을 맛볼 수 있기 때문이다. 시락국은 서호시장을 대표하는 음식이라 할 만

하다. 시래기된장국이라고 보면 되는데 다른 지역과 달리 장어 뼈를 넣어서 국물을 우려냈다. **원조시락국**(통영시 새터길 12-10, ☎ 055-646-5973)은 시장의 토박이 격인 식당이다. 새벽 04:30부터 영업하는데 메뉴는 시락국(5,000원) 단 하나다. 바 같은 테이블에 자리를 잡고 앞쪽에 준비되어 있는 밑반찬을 스스로 접시에 담아서 먹는다. 전날 술자리로 인한 해장을 하고 싶다면 **만성복집**(통영시 새터길 12-13, 055-645-2140)으로 가야 한다. 새끼 복이 들어간 맑은 지리탕을 졸복국(13,000원)이라 부르는데 해장으로 으뜸이다. 멸치회 무침이 기본 반찬으로 나온다.

7

금단의 섬에 들어서다

대통령의 섬

저도

뭐 하고 놀까 | 걸어서 섬 반 바퀴

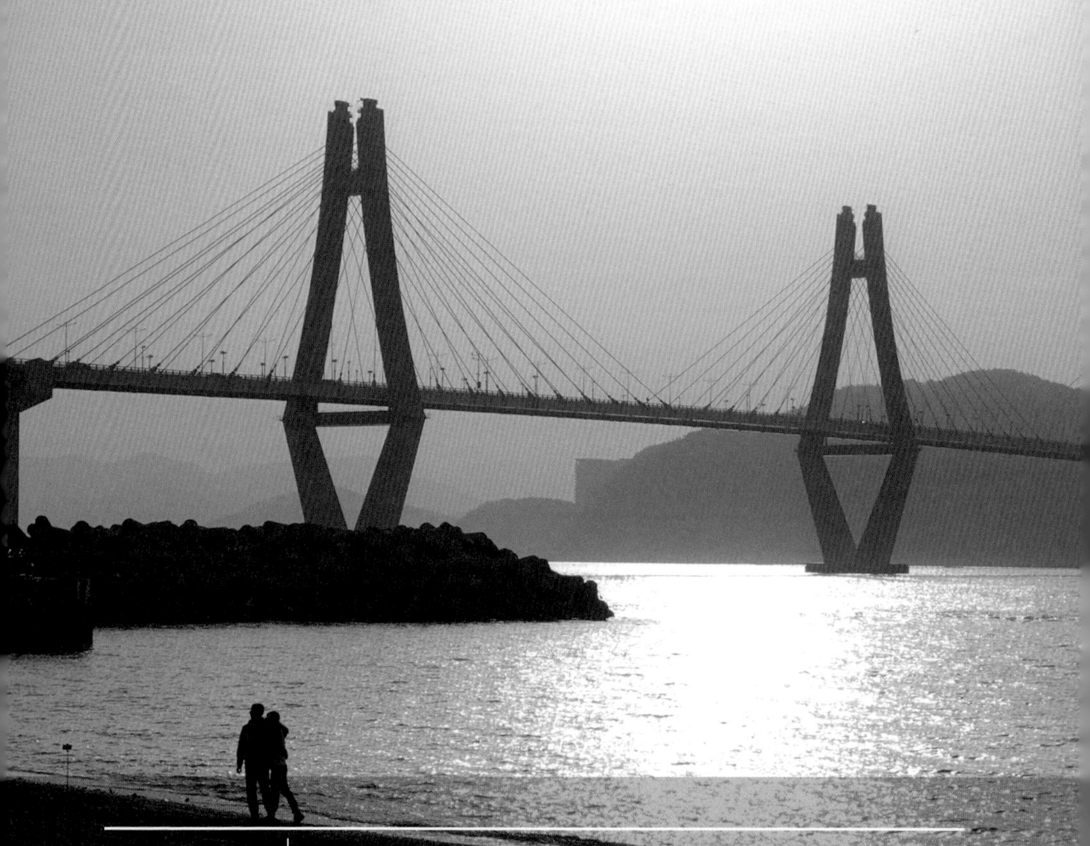

작은 섬
여의도의 0.15배

0.43 km² 면적

80 m 추정 최고봉

0 명 민간인 거주자 없음

일반선
저속 ⋯ 15노트

해피킹호

499톤

정원 506명

탑재차량 0대

일반항로

✈ 3.5km / 10분 소요

거제도 궁농항 ●⋯⋯⋯⋯⋯⋯⋯⋯⋯⋯➤● 저도 선착장

수역: 남해 동부/거제 동부 앞바다

　　청와대 앞길이 낮 시간 부분 개방 되었을 때 그 앞을 지나간 적이 있다. 효자동 쪽에서 걸어 들어가니 검문소의 경찰이 질문을 한다. '어디로 가십니까?' 청와대 구경 왔다고 말하기 머쓱했다. '북촌 쪽으로 가는 길입니다.' 더 이상 질문은 없었고 통행을 제지하지도 않았다. 효자동 삼거리의 분수대에 도착하니 청와대의 정문이 보인다. 단정하게 가지치기한 나무들과 고요한 주변의 분위기 속에서도 깃발을 앞세운 내외국인의 단체관광객들이 무리 지어 다니며 주변을 배경으로 사진을 찍고 있었다. '경복궁 뒤에 궁이 하나 더 있었구나' 싶었다. 앞길은 개방되었지만 분위기가 마냥 자유롭지는 않았다. 수십m 간격으로 배치된 경찰과 짧은 머리에 이어폰을 낀 경호원들이 돌아다니는 모습을 보니 왠지 여기서는 기웃거리거나 소란스럽게 하면 안 될 것 같았다. 이렇듯 최고 권력자가 머무는 공간은 예로부터 일반인들에게 두려움과 호기심의 대상이었다.

우리나라의 섬 중에는 최고 권력자들이 머물렀던 곳이 있다. 경남 거제시 장목면 유호리에 위치한 대통령의 섬, 저도다. 1954년 이승만 전 대통령이 여름 휴양지로 이곳을 방문하면서 역대 대통령들이 찾기 시작했다. 1972년 박정희 전 대통령 때는 대통령 별장, 청해대로 공식 지정되면서 일반인의 출입이 금지되었다. 별장 건물을 건설할 때 당시 현대건설에 재직 중이던 이명박 전 대통령이 이곳의 현장 감독을 맡았었다고 하니 이래저래 이 섬은 대통령들과의 인연이 깊은 모양이다. 대중에게 저도가 알려진 것은 35년 만에 이 섬을 다시 찾

은 박근혜 전 대통령을 통해서다. 당시 해변 모래사장 위에 나뭇가지로 '저도의 추억'이라 쓰는 그의 모습이 보도돼 꽤나 화제가 됐다. 2017년 당선된 문재인 대통령은 저도를 반환하고 일반에 개방하는 정책을 추진했다. 덕분에 민간의 입도가 금지된 지 46년 만인 2019년 9월 16일, 1년간의 시범 개방이 이루어지면서 이제 관광객들도 저도를 찾아볼 수 있게 되었다. 아무나 들어가 볼 수 없는 섬, 금단의 구역에 들어간다는 것은 꽤나 짜릿한 일이다. 그래선지 치열한 예약을 뚫고 배에 탑승한 관광객들의 표정에는 호기심과 설렘이 가득하다.

선착장에서 마주한 섬의 첫인상은 의외로 소담하다. 기암괴석이나 깎아지른 듯한 절벽은 보이지 않고 평평한 섬의 북쪽 선착장 주변에는 이제는 연리지 공원으로 이름이 바뀐 9홀 골프장이 마주 보인다. 동측으로는 유일하게 촬영이 허가된 건물이 한 동 보이는데 해군휴양소다. 시계 방향으로 도는 탐방로는 휴양소를 지나면 울창한 숲속으로 들어선다.

이 섬에서 가장 인상적인 것은 수십m 높이로 울창하게 자란 소나무들이다. 특히 탐방로 중간에는 수령 400년 이상, 높이 30m에 달하는 이 섬의 최고령 나무인 저도 곰솔이 우뚝 서 있다. 민간인의 출입이 없었기에 이 작은 섬의 숲이 이렇게 울창하게 가꿔졌을지도 모른다. 탐방로를 한 바퀴 돌아서 서측의 모래 해변에 도착한다. 이 모래사장은 섬진강변의 모래를 퍼다가 만든 인공 백사장이다. 관광객들은 대통령이 된 양 모래사장을 유유자적 누빈다.

말했다시피 섬은 현재 시범 개방 중이고, 아직 들어가 볼 수 있는 건물은 없다. 작은 기록관이라도 하나 만들어져서 이곳을 찾았던 권력자들의 모습을 한눈에 볼 수 있다면 흥미롭겠다. 나와 같이 입도한 관람객들도 같은 마음일 듯싶다.

배편

저도로 입도하는 유람선은 과거 거제 궁농항에서만 단독으로 출항했으나 2021년부터 거제칠천도유람선(거제시 하청면 어온4길24, ☎ 055-634-3390)과 거제장목유람선(거제시 장목면 장목리 686, ☎ 055-635-1111)이 추가되어 이제는 모두 3곳에서 배를 탈 수 있게 되었다. 선사 1곳당 하루 입도 가능 인원이 600명이니 이제는 일일 입도 인원이 1,800명으로 늘어난 셈이다. 선사 별로 하루 2회 운행하며 매주 수요일에는 운항하지 않는다. 1회 탑승 인원은 300명. 2시간 30분이 소요되며 저도에서 머무르는 시간은 1시간 30분이다. 거제저도유람선의 경우 되돌아 나올 때는 중죽/대죽도를 선상 관람하고 귀항하게 된다. 요금은 성인 기준 전화 예약 후 현장 발권 시 24,000원, 인터넷 예매 후 온라인 결재시 23,000원이다.

*여름 시즌은 저도의 해군군사시설 정비 기간이라 탐방이 불가능하다. 정비 기간은 매년 조금씩 변화가 있다. 2025년의 경우 1월·7월이 동계·하계 정비 기간으로 입도가 금지되었다.

출발 궁농항유선장 | 거제시 장목면 거제북로 2633-15(주차 무료) | ☎ 1688-2240
선사 ㈜거제저도유람선, 유선장 동일 | jeodo.co.kr
예매 선사홈페이지

궁농항 출항 시간	운항 코스	궁농항 입항 시간
10:20	궁농항 → 거가대교3주탑 → 저도 → 거가대교2주탑 → 중죽도, 대죽도 → 궁농항	12:50
14:20		16:50

저도 유람선 예약하는 법

저도는 섬 전체가 군사시설 보호구역으로 지정되어 있다. 현재는 승선 명부가 당일 제출로 변경되어 입도가 훨씬 수월해졌다. 온라인 예약은 1일 전까지 현장 예매는 출발 2~3시간 전까지 완료하면 된다. 선사 홈페이지에 접속하면 온라인 예약 → 약관 동의 → 예약일 선택 → 코스 및 시간 선택 순으로 진행한다. 코스 선택에는 두 가지가 있다. 저도 입도 코스와 섬 여행 코스다. 명칭이 헷갈리는데 저도로 들어가는 것이 저도 입도 코스고, 섬 여행 코스는 저도를 들어가지 않고 섬 주변을 도는 유람선 코스다. 헷갈리지 말자. 1일 입도 인원이 늘어나면서 예약은 훨씬 수월해졌다. 만약 원하는 날짜가 마감되어있다면 취소 물량을 노려보는 것이 좋다. 예매 결제 후 탑승 3일 전부터는 환불이 안 된다. 4일 전 취소 시 70% 환불되고 100% 환불은 5일 전까지다. 따라서 가고자 하는 예정일의 5일 전부터 취소 물량이 나올 가능성이 높다.

일정

출발해서 복귀까지 총 소요시간은 2시간 30분, 입도 후 도보 이동시간은 1시간 정도에 불과하다. 거제 여행 시 당일치기 일정으로 다녀올 만한 코스다.

당일	14:20	14:40	14:45~16:15	16:20	16:50
	궁농항 출항	저도 도착	저도 탐방	저도 출발	궁농항 도착

유람선 탑승 시 주의사항

유람선 출발 30분 전에는 도착해서 발권해야 한다. 신분증을 지참하는 것은 물론, 추가로 보안 서약서를 작성해서 제출해야 한다. 입도 후 개별 행동은 불가하고 진행 요원들을 따라서 함께 움직여야 한다. 진행 요원들이 친절하게 섬에 대한 해설도 해주고 요청하면 사진도 찍어준다. 섬 안에는 군사시설들이 있다. 촬영과 SNS 게재는 불가하다. 해군휴양소 건물을 제외하고 별장을 포함한 나머지 건물들의 촬영도 금지된다.

걷기

저도는 분명 거가대교와 연결되어 있다. 섬은 교량의 2주탑과 3주탑 사이에 위치한다. 다리는 섬 동쪽 일부분을 터널로 뚫고 지나간다. 다리로는 연결되어 있지만 섬으로 진입도로가 없어 배로만 갈 수밖에 없는 섬이 되었다. 섬 북측 선착장에 도착하면 시계 방향으로 돌기 시작한다. 해군휴양소를 지나면 오르막길이 시작된다. 길이는 약 200m. 탐방로에서 가장 가파른 구간이다. 야자 매트가 깔린 길을 따라 황톳길과 푸조나무를 지나가면 제2전망대에 도착한다. 맞은 편으로는 거가대교의 거대한 메인 주탑이 시야에 들어온다. 전망대에는 1920년에 만들어진 일본군의 포진지가 있다. 이 당시 섬에는 통신소와 탄약고가 있었다고 한다. 6·25전쟁 시에도 유엔군의 군사시설이 설치되었고 지금도 이곳은 군 시설이 설치되어 있다. 지도를 자세히 보면 저도는 해군기지가 있는 진해로 들어가는 길목에 자리 잡고 있다. 저도가 대통령의 별장으로 사용된 것은 남해의 수려한 풍광 탓도 있었겠지만 이미 군사지역이라 외부의 접근을 차단할 수 있어 경호가 용이했기 때문일 것이다. 산책로를 따라가면 저도 곰솔과 연리지 나무를 지나서 섬 서측의 모래 해변에 도착한다. 2019년까지는 섬의 서쪽 부분만 공개됐는데, 2020년부터는 동쪽 끝에 위치한 제1전망대까지 다녀올 수 있게 관람 범위가 넓어졌다.

START·FINISH
저도 선착장
⑤ 저도해변
모래사장
연리지 정원
(구)골프장
황톳길 ①
② 제2전망대, 일본군포진지
휴양소
④ 연리지
추가 개방구간
저도터널
③ 저도 곰솔
제1전망대

걷기

150m
100m
50m
0m
-50m
0.0km 0.2km 0.4km 0.6km 0.8km 1.0km 1.2km 1.4km 1.6km 1.8km 2.0km 2.2km
① ② ③ ④ ⑤
START
저도 선착장   ① 황톳길   ② 제2전망대, 일본군포진지   ③ 저도 곰솔   ④ 연리지   ⑤ 저도해변   FINISH 저도 선착장
0:15   0:20   0:34   0:41   0:54   1:10

경상남도 거제시 일운면 와현리

8 외도가 반한 섬 내도

동백과 수선화에 홀리다

뭐 하고 놀까 | 걸어서 섬 한 바퀴 · 공곶이 탐방

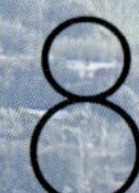

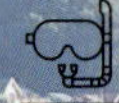

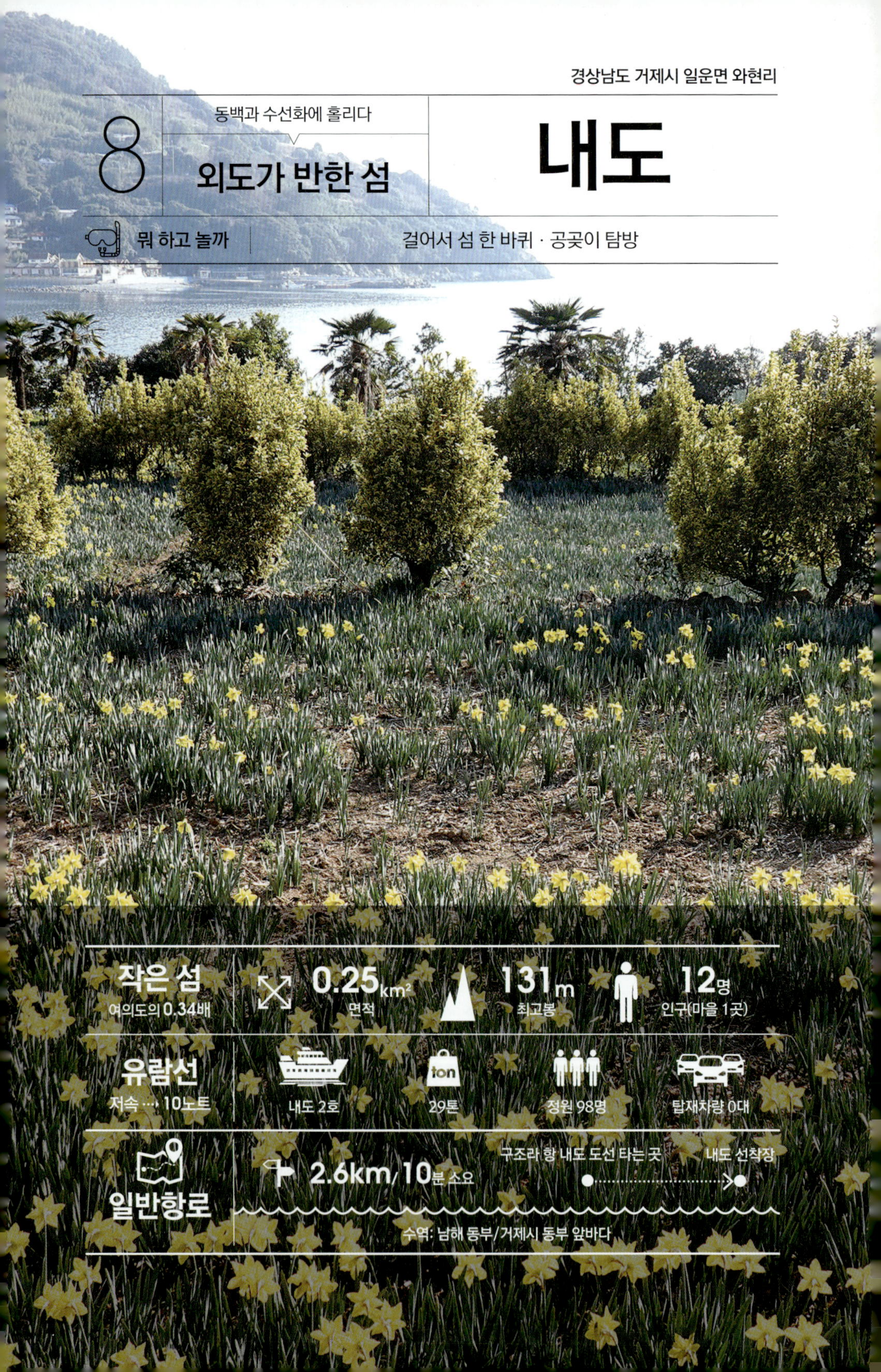

작은 섬 여의도의 0.34배	0.25km² 면적	131m 최고봉	12명 인구(마을 1곳)
유람선 저속 ··· 10노트	내도 2호	29톤	정원 98명 · 탑재차량 0대

일반항로 2.6km/10분 소요 — 구조라 항 내도 도선 타는 곳 → 내도 선착장

수역: 남해 동부/거제시 동부 앞바다

거제도에서 갈 만한 섬이 외도만 있는 건 아니다. 해금강을 유람하고 외도보타니아를 둘러보는 유람 코스가 관광객들에게 널리 알려져 있지만 바깥 섬 외도外島를 가는 길이라면 안쪽 섬 내도內島도 지나간다. 내도는 거제도 공곶이해변에서 불과 400m 떨어져 있는 작은 섬이다. 이곳은 2011년 국립공원 명품마을로 지정되면서 비로소 외지인들에게 알려지기 시작했다. 마라도의 유명세에 가려져 있던 가파도와 비슷한 처지였달까. 외도는 남자 섬, 내도는 여자 섬이라 불리기도 하는데 그 연유는 이렇다. 본래 외도는 대마도 인근에 떠 있던 섬이었으나 내도에 반해서 거제도로 떠내려온 섬이 멈추어 현재 위치에 자리 잡았다는 이야기. 아이러니하게도 외도는 사람의 손길을 거쳐서 아름다운 정원으로 가꿔졌지만 내도는 원시의 모습을 그대로 간직하고 있다. 외도가 반한 섬이라니 타고난 본판은 내도가 더 아름답지 않았을까? 이미 섬 전역이 한려해상국립공원으로 지정되어 있긴 하지만.

내도의 가장 큰 매력은 잘 보존되어 있는 울창한 숲길이다. 곳곳에 자라고 있는 동백나무는 물론이고 곰솔과 참식나무, 후박나무, 팽나무들이 빼곡하게 뒤엉켜 난대혼합림을 이루고 있다. 선착장에 도착해서 섬을 일주하는 탐방로에 접어들면 제일 먼저 아름드리 편백나무가 탐방객들을 맞아준다. 절로 깊은 호흡을 들이마시며 쌉싸래한

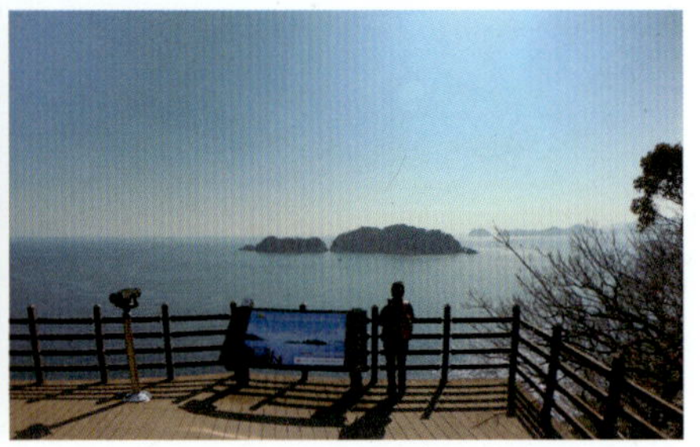

숲 내음을 맡게 되는 것이다. 편백군락지를 지나면 이번에는 대나무 숲과 만나게 된다. 해풍을 맞으며 찰랑찰랑 소리를 내는 죽림 속에 서 있으면 청량한 공기가 마음을 씻어낸다. 동백나무 터널에 접어들면 기름이 뚝뚝 떨어질 듯 반질거리는 초록의 동백잎과 붉은색 꽃망울이 가지에 매달리고 때론 바닥에 뒹굴면서 봄이 다가왔음을 알려준다. 남쪽 끝자락에 접어들면 연인길이 시작된다. 여자 나무와 남자 나무가 두 그루 자라고 있어 붙여진 이름이다. 이 주변의 나무들은 서로 다닥다닥 붙어서 자란다. 후박나무와 소나무가 연리지같이 붙어 있고 참식나무와 소나무는 뿌리를 맞대고 자란다. 수종 간의 치열한 생존경쟁이지만 우리에 눈에는 떨어질 수 없는 연인의 모습으로 보인다.

탐방로를 둘러보고 내도에서 되돌아 나왔다고 해서 섬 여행이 끝나는 것이 아니다. 이번에는 공곶이에서 바라보이는 내도의 원경을 구경하러 간다. 도선의 발착지인 구조라 항에서 차량으로 10분 정도 이동하면 예구마을에 도착한다. 마을 언덕을 넘어가면 내도가 마주 보이는 공곶이로 갈 수 있다. 차량으로 진입할 수 없어 거제의 숨겨진 비경으로 알려져 있다. 공곶이에는 노부부가 50년을 가꾼 수목원이 자리 잡고 있다. 언덕에서 수목원으로 내려가는 길은 온통 동백터널이다. 부부가 손으로 일구어 쌓은 333개의 돌계단을 따라 내려가면 수선화와 동백나무가 가득한 수목원에 도착한다. 3월 꽃망울을 터트

리기 시작한 수선화 밭을 배경으로 잠시 전에 다녀왔던 내도가 바라보인다. 이곳에서 바라보이는 내도는 가운데가 볼록한 모자를 닮아 있다. 거제 8경으로 꼽히는 풍광이다. 내도의 붉은 동백으로 시작되었던 섬 여행은 공곶이에서 노란 수선화로 마무리된다.

배편

내도로 입도하는 배편은 거제도 구조라항에서 출발한다. 구조라 유람선터미널은 외도, 해금강으로 운항하는 배가 출발하는 곳이다. 헷갈리지 말자. 지도 앱에서 '내도도선 타는 곳'으로 검색하면 위치가 표시된다. 유람선 터미널에서 북쪽으로 약 100m 떨어진 곳에 따로 위치한다. 성인 왕복 요금은 18,000원이고 섬까지 10분 소요된다.

구조라 출발	09:00	11:00	13:00	15:00	17:00
내도 출발	09:15	11:15	13:15	15:15	17:10

출발 내도매표소 | 경남 거제시 일운면 구조라로 21 | ☎ 055-681-1624 | 주차 무료
선사 내도도선 | geojenaedo.com
예매 www.naedopang.com ☎ 055-634-0060

일정

배는 09:00부터 2시간 간격으로 출발한다. 섬을 둘러보는 산책로는 2.6km로 1시간 30분이면 충분하게 돌아볼 수 있어 방문객들은 대부분 다음 배로 되돌아 나온다. 인근 공곶이를 둘러보는 데도 1시간 30분이면 충분하다. 거제 여행 시 반나절 일정으로 두 곳 모두 돌아볼 수 있는 코스다. 참고로 섬 안에 식당과 매점은 없고 선착장 맞은 편에 위치한 탐방안내센터에서 커피와 파전, 막걸리 같은 간단한 식 음료를 판매한다. 예구마을을 벗어나면 공곶이에도 식사를 해결할 만한 곳은 없다. 대신 동백터널 중간에 커피와 돌복숭아차를 판매하는 작은 간이 카페가 영업한다.

당일	13:00	13:10~15:10	15:15	15:25	15:40	15:40~17:00
	구조라 출항	내도 탐방	내도 출항	구조라 도착	예구마을 도착	공곶이 탐방

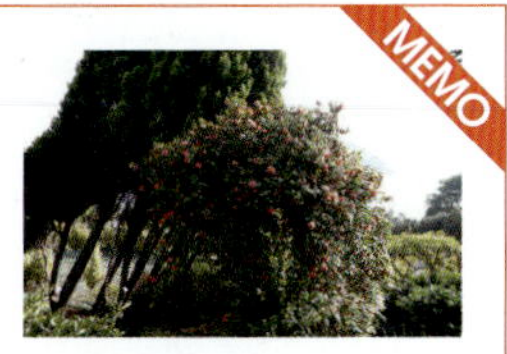

동백꽃을 보려면 언제 가야 할까

동백의 개화 시기는 이르면 11월부터 시작된다. 겨우내 계속해서 피고 지기를 반복하기 때문에 벚꽃이나 매화같이 만개하는 시기를 맞춘다는 것은 쉽지 않다. 낙화한 동백을 보려면 3월이 좋다고 이야기하지만 요즘같이 계절이 들쑥날쑥한 시기에는 이마저도 정확하지 않다. 공곶이의 동백터널은 2월 말이 좋다고 한다. 수선화는 3월 초부터 개화를 시작하니 3월에 찾아가야 수선화와 낙화하는 동백을 둘 다 볼 수 있을 것 같다.

걷기

내도

선착장에 도착하면 시계 방향으로 걷기 시작한다. 선착장 주변에 유일한 공용화장실이 있다. 시작과 동시에 편백나무 군락지에 도착하는데 오르막길이 약 300m가량 이어진다. 대숲 길을 지나면 첫 번째 전망대인 세심전망대에 도착한다. 이곳에서는 거제 서이말등대와 멀리 대마도까지 보인다. 400m 더 걸어가면 연인삼거리에 도착한다. 섬 남단에 위치한 신선전망대로 300m 거리를 들어갔다가 되돌아 나와야 한다. 신선전망대에서는 외도 보타니아가 보인다. 외도는 동도와 서도, 2개 섬으로 이뤄져 있다. 정원으로 가꿔진 곳은 서도다. 외도 뒤편에는 유람선이 오가는 해금강도 조망된다. 삼거리로 돌아 나오면 섬 서쪽의 희망전망대를 지나, 출발지였던 선착장으로 향하게 된다. 국립공원이라 탐

방로가 잘 정비돼 있고, 초보자도 어렵지 않게 돌아볼 수 있다.

공곶이

공곶이를 탐방하려면 구조라 선착장에서 4km 떨어져 있는 예구마을로 가야 한다. 자가용으로 왔다면 마을 선착장 주변에 주차해놓고 도보로 이동해야 한다. 마을 길을 따라서 마을 뒤편의 언덕 정상까지 올라간다. 차량으로 올라올 수 있는 길이지만 마을 사람만 이용 가능하다. 정상에서 산길을 따라가면 공곶이와 돌고래전망대 가는 갈림길에 도착한다. 이곳에서 공곶이 방향으로 따라가면 해안으로 내려가는 돌계단이 나온다. 동백터널로 이루어진 333계단이다. 동백의 낙화 시기를 맞추면 동백꽃 몽우리로 뒤덮여 있는 꽃길을 걸을 수 있다. 중간에는 수선화 꽃다발과 구근을 판매하는 무인판매대가 있다. 모두들 꽃다발을 하나씩 들고서 사진을 찍는 데 여념이 없다. 수선화 다발과 구근은 1,000원이고 화분은 3,000원에 판매한다. 해안가에 도착하면 비로소 바다 건너 내도를 배경 삼아 펼쳐진 수선화 밭을 만날 수 있다. 공곶이의 해변은 바윗돌로 이루어진 몽돌해변이다. 왔던 길로 되돌

아올 필요는 없다. 몽돌해변을 따라서 서쪽으로 이동하면 해안선을 따라서 출발지로 되돌아가는 해안 산책로가 나온다. 남파랑길 구간이다. 이 길을 1km 정도 따라가면 출발지였던 예구마을 초입에 도착한다.

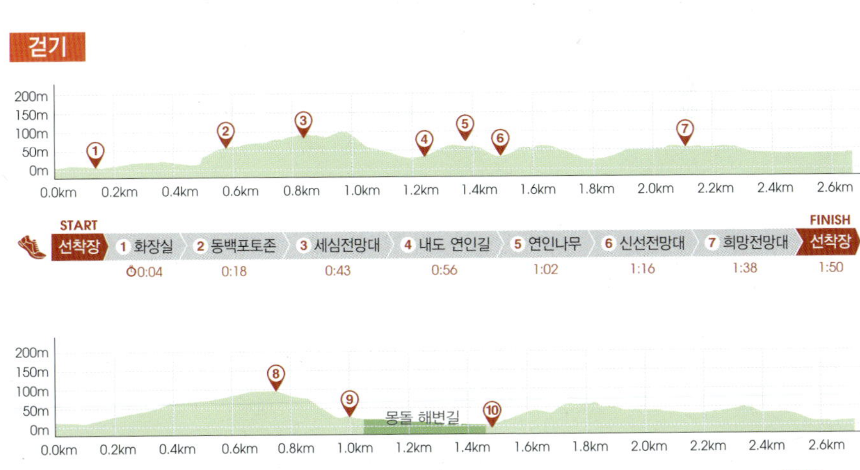
예구 선착장
공곶이 START·FINISH
예구마을
망산
동백터널 계단
남파랑길 연결시점
화장실
공곶이 수선화 밭
내도 START·FINISH
선착장
화장실
동백포토존
세심전망대
희망전망대
내도 연인길
연인나무
신선전망대
걷기
200m
150m
100m
50m
0m
0.0km 0.2km 0.4km 0.6km 0.8km 1.0km 1.2km 1.4km 1.6km 1.8km 2.0km 2.2km 2.4km 2.6km
START
선착장 화장실 동백포토존 세심전망대 내도 연인길 연인나무 신선전망대 희망전망대 FINISH 선착장
0:04 0:18 0:43 0:56 1:02 1:16 1:38 1:50
200m
150m
100m
50m
0m
0.0km 0.2km 0.4km 0.6km 0.8km 1.0km 1.2km 1.4km 1.6km 1.8km 2.0km 2.2km 2.4km 2.6km
몽돌 해변길
2일차 START
예구마을 동백터널 계단 공곶이 수선화 밭 남파랑길 연결시점 FINISH 예구마을
0:21 0:39 0:53 1:20

진짜 동백섬

경상남도 거제시 일운면 옥림리

작은 섬
여의도의
0.11배

 0.33km² 면적

87m 최고봉

 39명 인구(마을 1곳)

유람선
저속 ⋯ 10노트

 동백섬호

 29톤

 정원 98명

 탑재차량 0대

지심도

뮈 하고 놀까 | 걸어서 섬 한 바퀴 · 활주로에서 그네 타기

우리나라에서 동백꽃으로 유명한 섬은 여러 곳이 있다. 부산 해운대의 동백섬, 여수의 오동도, 그리고 거제의 지심도가 대표적이다. 동백섬과 오동도는 육지와 다리로 연결되어 있으니 온전히 동백섬으로 남아 있는 곳은 지심도가 아닐까 한다. 사실 남도의 섬 여행에서 가장 흔하게 볼 수 있는 수종은 동백이다. 그럼에도 지심도를 동백의 섬으로 부르는 이유는 묘목의 수와 수령이 다른 곳에 비해 압도적이기 때문이다. 섬에 있는 나무 중에서 동백이 차지하는 비중은 과거 70%에 이를 정도였다. 수령도 300년을 훌쩍 넘기는 아름드리 나무들이 도처에 자리 잡고 있다.

동백꽃은 11월부터 피고 지기를 반복해서 4월까지 길게 이어지는 개화 시기 덕에 겨울을 대표하는 꽃으로 여겨진다. 수분을 해줄 벌이나 나비가 없는 시기에 꽃을 피우기 때문에 동박새가 가루받이를 담당하는 조매화로 불리기도 한다. 동백 시즌에 섬의 산책로를 따라 걸으면 딱히 어느 곳이 동백군락이랄 것 없이 곳곳에 동백꽃들이 피어 있는 모습을 볼 수 있다. 동백은 나무에 한 번, 바닥에 떨궈지며 한 번, 두 번 꽃을 피운다. 꽃이 질 때 벚꽃같이 꽃잎을 날리며 사그라드는 것이 아니라 만개한 상태로 봉우리째 뚝 떨어져버린다. 그렇다 보니

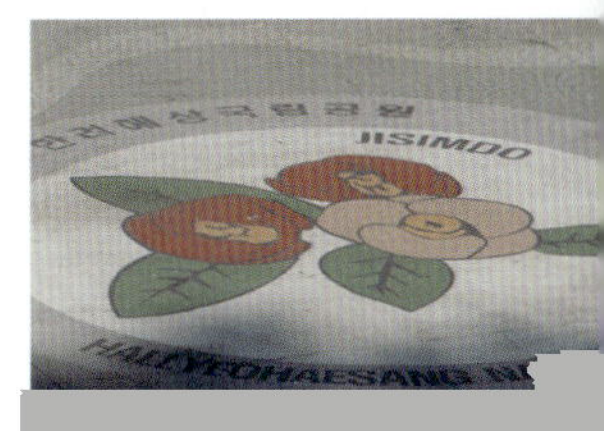

누가 일부러 장식이라도 한 듯 곳곳에 바닥에 핀 동백꽃 길이 만들어진다. 누군가는 동백꽃을 사뿐히 즈려밟고 걷는다고도 하던데, 아직 생기가 살아 있는 꽃봉오리는 진달래꽃같이 즈려밟을 수가 없다. 살살 피해서 걸어야 뒤에 오는 사람들도 이 꽃길을 온전히 보고 즐길 수 있을 것이다.

지심도를 처음 찾은 관광객들은 섬 안에 있는 의외의 시설에 놀란다. 일제강점기에 만들어진 군사시설들과 해군이 사용했던 국방과학연구소의 존재가 그것이다. 지심도는 거제도의 동쪽 끝단에 자리 잡고 있다. 대마도를 마주 보고 있어 대한해협의 길목에 해당하는 전략적 요충지인 셈이다. 일제는 1936년도에 섬 주민들을 강제로 이주시키고 포대와 탄약고를 만들었다. 포대에는 150mm 캐논포 4문이 설치되었다. 포의 사정거리가 20km였으니 대한해협의 절반을 커버한다. 맞은 편 대마도에도 같은 포대가 설치되었을 터이니 남쪽에서 올라오는 연합군의 함대에 십자포화를 퍼부으려 했을 것이다. 광복 이후에는 섬의 소유권이 국방부로 이관되었고 1995년에 섬의 정상 부근에 국방과학연구소 해상시험소가 들어섰다. 연구소는 지심도가 거제도에 반환되는 2011년까지 운영되었다. 이런 연유로 섬 정상의 능선에는 활주로가 존재한다. 지심도는 동백의 섬 이전에 첩보영화에서나 볼 법한 산 속 비행장이었던 것이다.

지금은 해맞이 전망대가 위치한 곳으로, 능선을 평탄하게 다져서 잔디밭으로 꾸며놨다. 덕분에 이곳은 다른 섬에서는 볼 수 없는 독특한 풍경이 펼쳐진다. 동서로 탁 트여 거제 본섬과 대한해협을 사이에 놓고 대마도를 조망할 수 있는데, 그 모습이 잘 꾸며진 공원처럼 단정하다. 동백이 만개할 3월이면 따뜻한 남도의 햇살을 받으며 한껏 여유를 부리고 싶은 장소다.

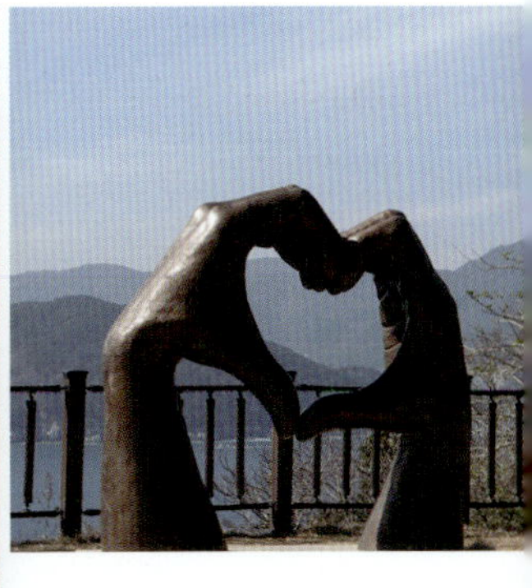

배편

지심도로 입도하는 유람선은 거제도 장승포항에서 출항한다. 평일 08:30부터 2시간 간격으로 운항한다. 주말 및 동백꽃이 개화하는 3·4월 성수기에는 1시간 간격으로 증편된다. 성인 왕복 요금은 20,000원이고 지심도까지 20분 소요된다. 가까운 섬이지만 내해에 있는 내도와 달리 섬이 거제 동쪽 끝에 위치하고 있어 풍랑주의보가 발효되면 배가 못 뜨는 경우가 있다.

장승포 출항	08:30	10:30	12:30	14:30	16:30
지심도 출항	08:50	10:50	12:50	14:50	16:50

출발 장승포항 지심도동백섬 선착장
　　　 거제시 장승포동 702-3(주차 무료) | ☎ 055-681-6007
선사 지심도 도선협회 | ☎ 유선장 동일
예매 선사홈페이지(jisimdoro.com)

일정

섬을 둘러보는 탐방로는 약 5km 정도 거리다. 2시간 정도 둘러보고 바로 다음 배로 나갈 수도 있지만 그러기에는 시간이 좀 빡빡하다. 동백 관광지로 유명한 섬이라 곳곳에 식당들도 영업하고 있고 해안 절벽인 마끝이나 활주로였던 해맞이전망대 등 섬 곳곳에 쉬어갈 수 있는 자리가 마련되어 있다. 4시간 일정으로 여유롭게 섬을 둘러보는 것을 추천한다.

당일	10:30	10:50	10:50~13:30	14:30	14:50	15:10
	장승포 출항	지심도 도착	섬 탐방	식사 마침	지심도 출발	장승포 도착

식사는 거제도에서

이 책에서 소개한 저도, 내도, 지심도는 작은 섬들이라 식사할 만한 곳을 찾기가 어렵다. 대부분의 숙식을 거제도에서 해결해야 되는데 장승포항 인근의 갈 만한 식당들은 다음과 같다. **배말칼국수 김밥**(거제시 장승포로2, ☎ 055-682-6067). 배말은 삿갓 모양의 조개 따개비를 뜻한다. 따개비가 들어간 배말칼국수(10,000원)와 톳이 들어간 배말톳김밥(5,000원)은 간단하게 아침 식사를 해결하기에 좋다. **할매함흥냉면**(거제시 신부로1길2-1, ☎

055-681-2226)에 가면 '흥남 철수작전이 낳은 거제의 별미집'이라는 옛 신문기사가 붙어 있다. 1·4 후퇴 당시 흥남 부두에서 1,400명의 피란민을 태우고 탈출한 빅토리아호가 도착한 곳이 바로 거제 장승포항이었다. 그 당시 함흥 출신의 주인 할머니가 자리를 잡고 3대에 걸쳐서 냉면을 만들어서 파는 식당이다. 비빔냉면(12,000원)은 서울의 여느 냉면집과 견주어도 뒤지지 않는 맛을 낸다. 꾸덕꾸덕한 가오리회무침도 좋다. **바다친구**(거제시 옥포로4길 32, ☎ 055-687-0044)는 광어물회(17,000원)으로 유명한 식당이다. 물회를 시키면 매운탕도 같이 나온다.

걷기

선착장에 도착하면 바로 지그재그로 난 길을 따라서 지심도 마을 길로 올라가게 된다. 동백하우스가 있는 갈림길에 도착하는데 대부분 관광객들은 안내 지도를 따라서 시계 반대 방향으로 답사를 진행한다. 제일 먼저 찾아가게 되는 곳은 지심도 남쪽 끝자락 해안 절벽에 자리 잡은 마끝전망대. 해송이 우뚝 서 있는 전망 데크가 만들어져 있다. 섬 남측의 해안 절벽이 조망된다. 웅장한 풍경은 아니지만 절벽을 때리는 파도의 기세가 제법 거칠다. 다시 민가 쪽으로 되돌아 나와서 이번에는 포진지와 탄약고를 찾아간다. 일본군이 만들었던 시설들이다. 동백나무 사이에 엄폐되어 있는 포진지는 100여 년 전에 만든 것이라고 보기 힘들 정도로 원형 그대로의 모습을 지니고 있다. 이곳에서 되돌아 나오면 능선 위에 조성된 개활지에 도착한다. 활주로란 설명이 붙어 있는 곳이지만 주민들은 이곳에서 비행기가 내린 적은 없었다고 한다. 대신 헬기가 오

고 갔으니 정상의 헬리포트라 부르는 것이 더 맞는 표현이겠다. 바다 쪽으로는 흔들거리는 그네 의자가 놓여 있다. 춘삼월의 따스한 햇살을 맞으며 그네를 타고 있으니 시간 가는 줄을 모른다. 섬의 이름 지심只心과 같이

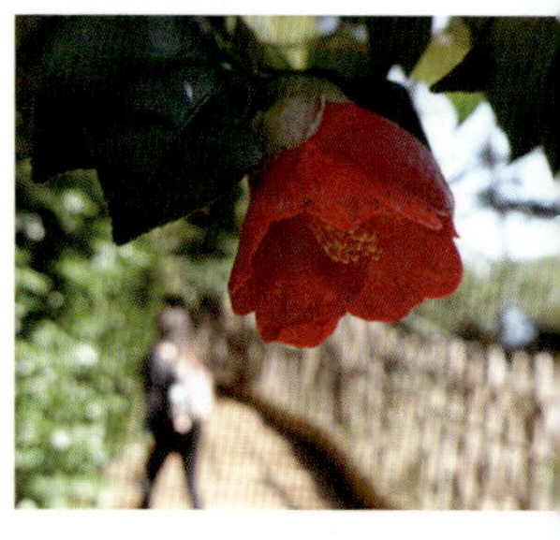

머물고 싶은 마음 하나뿐이다. 섬의 북쪽 끝에 도착하면 '그대 발길 돌리는 곳'이라는 전망대에 도착한다. 돌아오는 길은 섬의 서쪽에 나 있다. 바다 건너 지세포가 바라보인다. 동백하우스를 지나면 출발지였던 선착장으로 되돌아 나온다.

상승고도	238m(중)
최고지점	40m(하)
소요시간	3시간 50분

허기를 달래려면

이곳은 15가구가 살고 있는 작은 섬이지만 성수기에는 하루 수천 명이 찾아오는 거제의 관광 명소 중 한 곳이다. 때문에 대부분의 주민들은 민박이나 식당을 운영한다. 메뉴는 대부분 비슷한데 파전(10,000원)과 막걸리(5,000원)나 해삼멍게(20,000원) 같은 간단한 안주를 판매한다. 섬의 서북쪽 탐방로에 위치한 **지심도 여행민박**은 지세포를 바라보며 느긋하게 막걸리 한 잔 하기에 좋은 곳이다. 부산 동래파전같이 촉촉하게 부쳐 나오는 해물파전도 맛있다. 섬에는 어선이 정박할 만한 방파제가 없기 때문에 대부분의 해산물들은 인근 통영과 부산 자갈치 시장에서 공수되는 것들이다.

지심도 지도

⑤ 전망대
방향지시석/화장실 ④
몽돌해수욕장
화장실 ③ (구)활주로/해맞이전망대
동백하우스
START·FINISH ⑥
지심도 선착장
② 포진지
국방과학 탄약고
연구소
마끝전망대 ①

걷기

100m
50m
0m
-50m
① ② ③ ④ ⑤ 식사 ⑥
0.0km 0.5km 1.0km 1.5km 2.0km 2.5km 3.0km 3.5km 4.0km 4.5km

START
지심도 선착장
① 마끝전망대
0:16
② 탄약고
1:00
③ (구)활주로/해맞이전망대
1:35

FINISH
지심도 선착장
3:50
⑥ 동백하우스
3:40
⑤ 전망대
1:55
④ 방향지시석/화장실
1:50

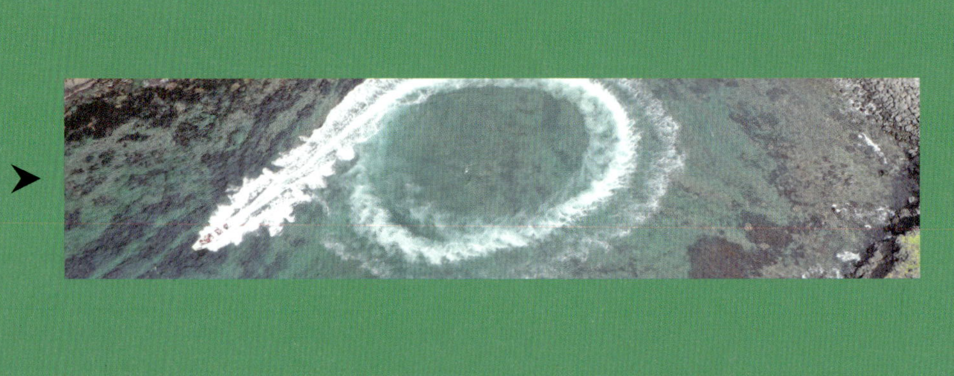

7 제주의 섬 여행

점입가경, 섬 너머 섬 기행

제주에서 처음 해 뜨는 곳

제주특별자치도 제주시 우도면 연평리

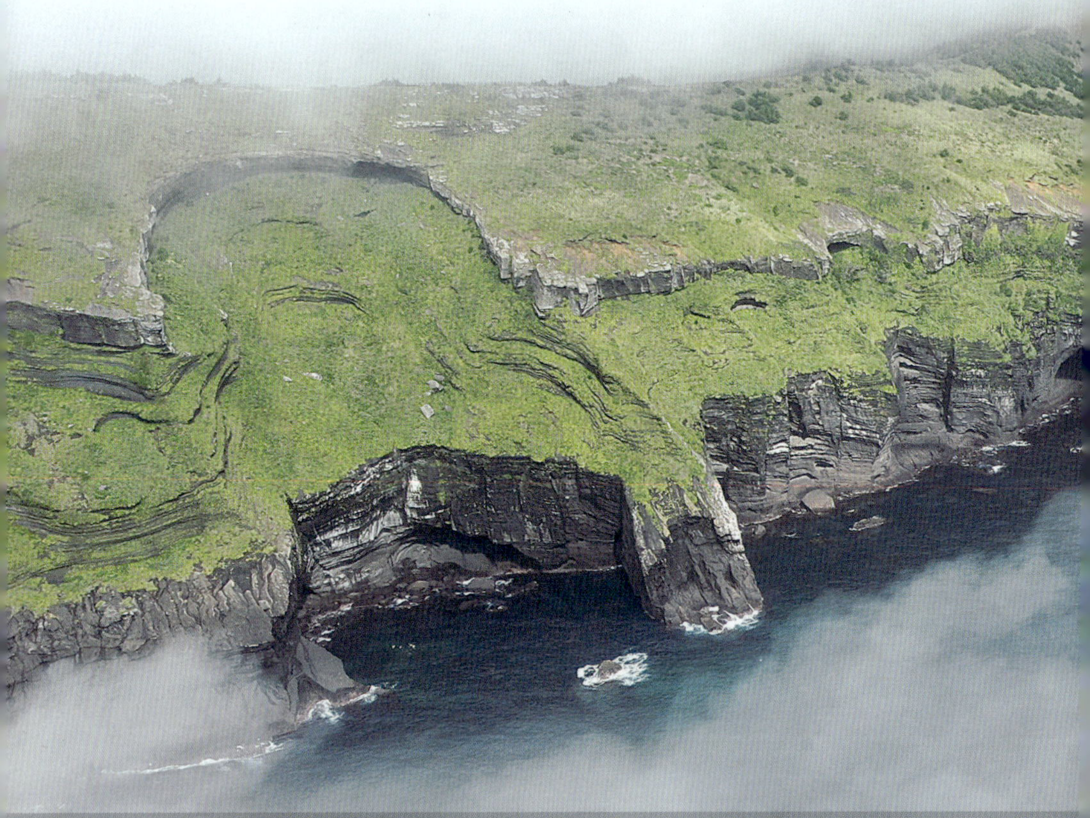

작은 섬
여의도의
2.13배

6.18km²
우도 면적

132m
최고봉(우도봉)

1,892명
인구(마을 5곳)

차도선
저속 ··· 13노트

우도랜드 2호

292톤

정원 **437**명

탑재차량 **23**대

우도 & 비양도(東)

뭐 하고 놀까 | 캠핑하기 · 하수고동해변에서 해수욕하기 · 둘레길 걷기 · 자전거 타고 섬 한 바퀴

일반항로

✈ **3km**/**10**분 소요

성산항 ········· 우도 천진항 >●

수역: 제주도 앞바다/제주 동부 앞바다

제주도에는 비양도가 둘이다. 한림읍과 우도읍에 각기 다른 비양도가 있다. 구분 짓기 위해 우도 비양도는 동비양도, 한림 비양도는 서비양도라고도 부른다. 동명이도同名異島인 셈인데 우도의 비양도는 날아갈 양飛 대신 볕 양陽 자를 쓴다. 제주에서 가장 동쪽에 위치하고 있어 해가 가장 먼저 떠오르기 때문에 붙여진 이름이다. 옛 제주도 사람들은 섬이 세상의 중심이라고 믿었다. 동서 양쪽에 위치한 비양도가 균형추가 되어 섬의 중심을 잡아준다고 생각했다.

비양도는 우도와 다리로 연결되어 있다. 학교 운동장만 한 아주 작은 크기의 섬이다. 섬 안에 건물은 딱 3동이 들어서 있다. 펜션 한 채, 공용화장실 한 채 그리고 해녀 작업장이 섬 안에 있는 유일한 건물이다. 우도를 찾은 관광객들이 가끔 들어와서 둘러보고 가는 곳이지만 백패킹을 하는 캠퍼들 사이에서 이곳은 꽤 널리 알려진 장소다. 굴업도와 더불어서 '백패킹의 성지'로 꼽히는 섬이기 때문이다. 소위 '성지'로 꼽히는 장소들은 몇 가지 특징이 있다. 일단 평탄한 지형에 위치하고 시야를 가로막는 나무가 없는 초지가 대부분이다. 우리 국토의 대부분이 산악지대라 겹겹이 둘러싸인 빼곡한 산들에 싫증이라도 난 걸까. 비양도는 온통 초록의 초지로 덮여 있다. 평탄하고 낮은 섬의 전경은 마치 가파도의 미니어처를 보는 것 같다.

섬 속의 섬, 그리고 다시 다리로 연결된 섬으로 들어온 셈이지만 역설적으로 차량을 이용한 접근성이 가장 좋다. 여느 성지들이 배낭을 둘러메고 한두 시간 정도 도보로 이동해야 숙영지에 도착하는 것과 달리 이곳은 차량 진입이 가능하다. 우도와 다리로 연결된 까닭에 조금만 걸어나가면 편의점을 이용할 수도 있다. 오지의 느낌을 물씬 풍기면서도 이웃 우도의 편의 시설을 이용할 수 있는 절묘한 장소에 자리 잡은 것이다.

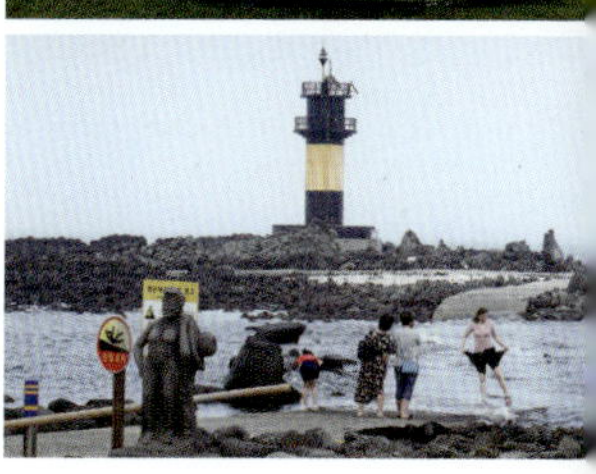

야영장은 섬의 북쪽에 위치한다. 융단같이 폭신폭신한 잔디밭으로 들어서면 노랑, 파랑, 빨강의 텐트들이 바닷가를 바라보는 방향으로 자리 잡고 있다. 바로 옆에서는 방목되어 사육되는 조랑말들이 여유롭게 풀을 뜯고 있다. '아 진짜 제주에 들어왔구나'를 실감하는 순간이다. 언뜻 보면 불규칙하게 자리 잡은 것 같은 텐트들도 자세히 살펴보면 다 이유가 있다. 작은 돌무더기를 쌓아서 낮은 담장이 만들어진 곳부터 자리가 채워지기 시작한다. 쉴 새 없이 불어오는 제주의 바닷바람을 조금이라도 피해보고 싶은 본능적인 움직임이다.

텐트 설치가 완료되면 주변 풍광이 자세하게 눈에 들어오기 시작한다. 처음에 바다를 바라봤던 시선은 점점 올라가서 나중에는 하늘을 쳐다보게 된다. '이곳의 하늘은 하루도 같은 적이 없어. 시시각각 변하는 하늘을 하루 종일 바라보고만 있어도 시간가는 줄을 몰라.' 비양도 유일의 거주자인 펜션 주인장의 말마따나 비양도에서 바라보이는 하늘은 변화무쌍하다. 붉은 궤적을 구름에 남기며 해는 서쪽으로 넘어가고, 이내 불쑥 솟아오른 달은 이곳을 찾은 외지인을 빤히 쳐다보는 것 같다. 밤이 깊어가면 바람은 더욱 거세진다. 이너텐트와 플라이 사이를 무섭게 두드리는 바람 소리를 듣고 있노라면, 섬과 태양이 날아다닌다는 이곳의 전설이 허투루 들리지만은 않는다.

배편

우도로 들어가는 배가 종달항과 성산항 2곳에서 출항한다. 종달항에서는 우도 도항선 대합실(제주시 구좌읍 해맞이해안로 2281, ☎ 064-782-7719)에서 매표, 발권한다. 성인 왕복 요금은 10,000원이고 우도 하우목동항으로 배가 들어간다. 동절기(10~3월)에는 하루 4회, 하절기에는 7회 운항한다. 성산항에 서는 07:30 첫 배를 시작으로 30분 간격으로 천진항과 하우목동항으로 번갈 아가며 운항한다. 기상 악화가 아닌 이상 배가 없어서 섬에 못 들어갈 일은 거 의 없다. 요금은 왕복 10,500원이고 15분 소요된다. 섬으로 들어가는 마지막 배는 시즌에 따라 시간이 달라진다.

차량을 반입하고자 한다면, 입도 시 하루 묵어야 한다. 2017년부터 우도에 차 량 반입이 제한됐는데, 우도에서 1박을 하는 경우에는 예외적으로 허용된다. 늦은 시간 배로 입도하면 차량 운행 허가증을 발급해준다. 자동차 전면 유리창 안쪽이 잘 보이도록 놓고 운행하면 된다. 이 외에도 6세 미만 미취학 아동과 동 행하거나 65세 이상 경로자 또는 장애인과 임신부의 경우에는 1박을 하지 않 더라도 당일 차량 반입이 가능하다. 성산항에서 우도까지 중소형 승용차의 왕 복 요금은 26,000원이다.

시즌	1~2월, 11~12월	3월, 10월	4월, 9월	5~8월
성산발 마지막 배	17:00	17:30	18:00	18:30

출발 성산포항 종합여객터미널 | 서귀포시 성산읍 성산등용로 130-21
(주차 8,000원/1일) | ☎ 064-782-5671
선사 ㈜우도해운 | ☎ 064-782-8425 | udoship.com
예매 선착순 현장 발권

우도 선착장에서 비양도까지 이동하기

비양도는 천진항에서 3.5km, 하우목동항에서는 3km 떨어져 있다. 백팩 메고 걷기에는 부담스러운 거리다. 차량을 갖고 입도하지 않았다면 우도 해안도로 순환버스를 이용하면 된다. 버스는 20분 간격으로 운행하고 하우목동항과 천진항에 매표소 겸 정류장이 위치한다. 홀수 날에는 하우목동항에서 출발해서 시계 반대 방향으로 돌고 짝수 날에는 천진항(동천항)에서 출발해서 시계 방향으로 돈다. 섬을 한 바퀴 도는 데 45분 소요되고 성인 5,000원짜리 티켓을 끊으면 하루 동안 정류장에서 내렸다가 탔다가 하면서 섬을 한 바퀴 돌 수 있다. 선착장에서 비양도로 직행할 거라면 이 티켓을 끊지 말고 일반 요금(교통카드 가능, 현금 1,000원)을 지불하면 된다. 막차는 동절기에는 16:00 정각, 하절기에는 17:30에 출발한다. 노선과 운행 시간표는 운수사업자인 우도사랑협동조합(☎ 064-782-2626, udoebus.modoo.at)에서 확인하면 된다.

일정

우도는 관광객들로 상당히 복잡하다. 섬을 찾는 관광객들은 당일치기로 방문하는 경우가 대부분이다. 복잡했던 섬도 배가 끊어지면 아이들 물장구로 혼탁해졌던 시냇물이 다시 맑아지듯이 고요하게 가라앉는다. 한적한 분위기를 좋아한다면 늦은 오후에 들어가서 오전에 나오는 것이 좋다.

1일 차	16:00	16:15	~17:15	~18:30	~20:00
	성산항 출항	천진항 도착	캠핑장 이동 사이트 구축	해수욕	저녁식사
2일 차	08:00~10:00		10:00	10:30	10:45
	아침식사/사이트 정리		선착장 이동	천진항 출항	성산항 도착

혼잡한 도로, 탈것을 조심하라

우도는 현재 렌터카 입도 제한이 실시되고 있지만 성수기에는 여전히 관광객들로 혼잡하다. 차량을 제외하고도 전기차, 오토바이, 자전거 등을 타고 섬을 돌아보는 관광객들이 많다. 특히 초보자들이 많이 몰고 다니고 주변 경관에 정신이 팔려 있기 때문에 부주의로 인한 충돌사고가 종종 발생한다.

걷기

우도에는 제주 올레길 1-1 우도 코스가 조성되어 있다. 총 길이 11.3km이고 4시간 정도 소요된다. 자전거 코스가 해안도로를 따라 일주하는 것과 달리 올레길은 해안도로뿐만 아니라 섬의 안쪽도 둘러보도록 설계되어 있다. 올레길 코스를 따라서 정주행해도 되고 코스와 상관없이 해안도로를 따라서 섬을 한 바퀴 돌아봐도 된다. 우도봉 등대로 올라가는 구간을 제외하면 자전거 코스와 마찬가지로 대부분 평지 길이다. 천진항에서 출발해서 섬을 시계 방향을 따라 걷는다. 올레길은 천진항-홍조단괴해변-하우목동-산물통 입구-파평윤씨공원-하수고동해변-연자마-우도봉 순으로 돌게 된다.

자전거

우도를 둘러보는 가장 좋은 방법은 자전거를 타는 것이다. 일주도로를 따라가면 되는데, 섬 남쪽의 우도봉을 제외하면 거의 평지 코스와 다름없기 때문에 초보자도 어렵지 않게 자전거를 탈수 있다. 자전거를 갖고 섬으로 들어갈 경우 왕복 운임에 1,000원을 더 내면 된다. 선착장 주변에는 일반 자전거, 전기자전거, 2인승 전기차를 대여해주는 업체들이 모여 있다. 1인용 자전거는 3시간에 5,000원, 2인용 자전거는 10,000원 선이고 전기자전거는 2시간에 15,000원 선이다. 섬을 자전거로 도는 데는 1시간이면 충분하다. 물론 관광지에서 구경하면서 이동하면 시간은 배로 늘어난다. 하우목동항에서 출발하면 시계 반대 방향으로 진행한다. 해안도로를 따라서 서빈백사해변을 지나서 천진항에 도착한다. 하우목동에서 천진항까지는 3km 거리다. 천진항 로터리에서는 해안도로에서 벗어나서 내륙(우도파출소) 쪽으로 들어가야 한다. 1km 정도 직진하면 검멀레와 영일동포구로 갈라지는 삼거리에 도착한다. 이곳에서 검멀레 방향으로 우회전한다. 다시 해안도로로 진입해서 영일동 포구와 비양도 입구를 지나 하고수동해변에 도착한다. 작은 섬이지만 제주를 바라보는 서측과, 먼바다와 맞닿아 있는 동측의 분위기는 확연히 다르다. 북단에 있는 답다니탑망대를 지나서 출발지였던 하우목동항으로 되돌아오게 된다. 이곳 해안도로에는 바닥에서 빛이 올라오게 조명이 되어 있다. 당일치기 관광객이 빠져나간 뒤 해질 무렵 섬을 자전거로 돌아보는 것도 운치 있다.

우도&비양도 지도

걷기

자전거

우도에서 해수욕 즐기는 법

비양도 안에는 해수욕을 할 만한 장소가 없다. 우도의 해수욕장을 이용해야 한다. 우도 주변 해역은 연중 수온이 18도 정도로 따뜻해서 봄에서 가을까지 물놀이를 즐긴다. 비양도에서 가장 가까운 해변은 하고수동해변이다. 낮은 수심과 고운 모래사장이 인상적인 한적한 분위기의 해변이다. 야영장에서 1.6km 거리라 도보로 이동이 가능하다. 반려견도 동반 가능하다. 문제는 샤워인데 해수욕장 개장 시기에는 해변의 샤워장을 이용하면 된다. 18:00까지 오픈하고 온수 사용은 불가하며 이용요금은 3,000원이다. 공영샤워장과 별도로 주변 펜션의 샤워장을 이용할 수 있다. **썬 비치펜션**(제주시 우도면 우도해안길 810, ☎ 010-

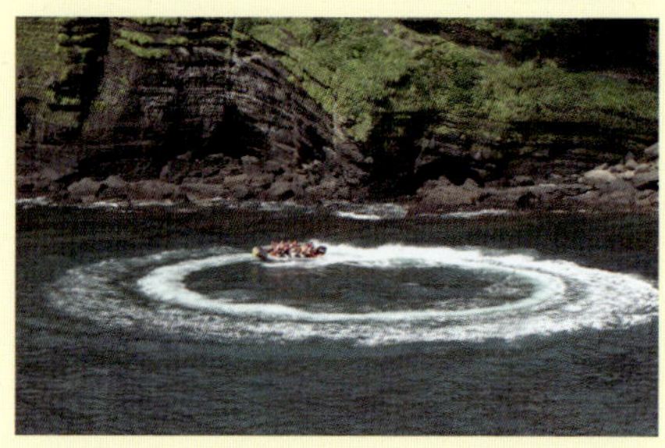

8522-7456, 샤워 이용 3,000원/1인)도 그중의 한 곳이다. 온수가 나오는 샤워장을 이용할 수 있고 수건도 제공해준다.

우도에서 보급 받는 법

우도 중심에는 **구좌농협 하나로마트 우도점**(제주시 우도면 우도로143, ☎ 064-783-0008)이 있다. 비양도에서 2km 거리고 07:30에서 19:00까지 영업한다. 우도에서 가장 큰 마트다. 비양도로 들어가는 다리 맞은 편에 **세븐일레븐 제주우도비양도점**(제주시 우도면 우도해안길 920)이 있다. 21:00까지 영업한다. **등머울펜션카페**(☎ 064-784-3878)는 비양도의 유일한 상업시설이다. 1층 카페, 2층 펜션으로 운영되고 있으며 2인 기준 1박에 60,000원이다. 카페에서는 아메리카노(4,000원)를 비롯해서 와플 같은 가벼운 브런치를 판매한다.

서빈백사

우도 8경으로 치는 섬에서 가장 유명한 해변이다. 서빈백사西濱白沙, 그러니까 서쪽 해변의 흰색 모래사장이라는 뜻인데 '우도 산호해변'으로 부르기도 한다. 산호가 부서진 퇴적물들이 쌓여 있다고 해서 붙여진 이름이다. 이 해변의 퇴적물 중에는 산호도 섞여 있지만 바다 조류인 퇴적물이 주를 이룬다고 해서 홍조단괴해변이라 부르기도 한다. 우리나라 해변 중 홍조단괴로 이루어진 유일한 해변으로 천연기념물 438호로 지정되어 있다. 남쪽으로는 성산일출봉이 바라보이고 맑은 날에는 새하얀 해변과 에메랄드빛 바다가 조화를 이룬다. 해변은 길이 300m, 폭 30m 정도로 의외로 수심이 가파르다. 최근 홍조단괴의 유실이 일어나고 있어 해변의 면적이 줄어들고 있다.

동비양도에서 캠핑하려면

동비양도 캠핑장의 공식 명칭은 '비양도 연평리 야영지'다. 구역 구분이 없는 노지 형태의 야영장이고 이용 요금은 없다. 야영장 시설로는 해녀의 집 인근 주차장이 있으며 역시 주차요금은 받지 않는다. 공용화장실과 쓰레기 분리수거장이 주차장 입구에 마련되어 있다. 온수와 전기는 사용 불가하고, 섬 안에 샤워장은 존재하지 않는다. 섬의 북쪽에 자유롭게 자리를 잡으면 된다. 주차장에서 야영장까지 거리가 약 100m에 불과하기 때문에 오토캠핑 모드도 가능하다. 단 야영장에는 그늘이 전혀 없다. 바람이 워낙 강하게 불어오는 지역이라. 타프 설치도 거의 불가능하다. 대부분 알파인 텐트를 설치한다. 전고가 높은 오토캠핑용 텐트는 설치도 어렵고 바람에 무너질 수 있다. 여름철에 이곳을 찾는다면 낮 시간은 피하는 것이 좋다. 관리인이 없는 야영장이라 반려견 입장에 제한은 없다. 단 저녁 시간이면 이곳에서 캠핑하는 사람들에게 먹이를 얻어먹으러 주변 개와 고양이들이 들락거린다.

영화와 드라마 그리고 책에 소개된 섬

배우 전도연의 해녀 연기가 인상적이었던 영화 〈인어공주〉(2004)와 배우 전지현과 이정재가 시공을 초월한 연인으로 등장한 영화 〈시월애〉(2000)가 모두 우도를 배경으로 촬영됐다. 〈인어공주〉의 경우 전체 촬영 분량의 80% 정도를 이 섬에서 찍었다. 〈시월애〉의 경우 극중 여주인공(전지현)은 산호가 부서져 하얀 모래가 된 곳에 집을 짓고 살고 싶다고 말한다. 그리고 남녀 주인공이 만나기로 했던 산호 해변이 바로 서빈백사다. 2002년 방영된 KBS 드라마 〈러빙유〉와 2002년 방영된 KBS2 드라마 〈여름향기〉에서도 우도의 서빈백사와 우도봉이 드라마 배경으로 등장한다.

한반도에서 가장 젊은 섬

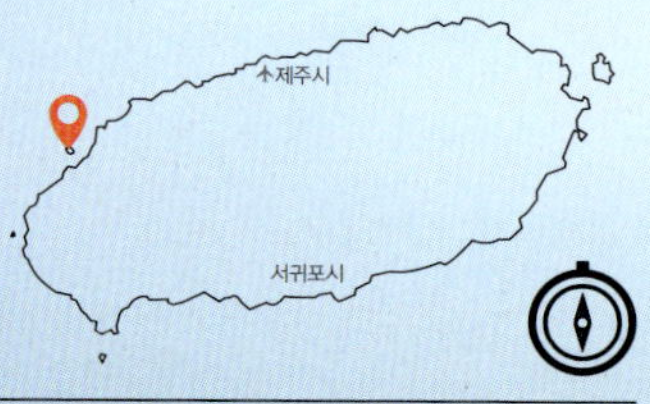

제주특별자치도 제주시 한림읍 협재리

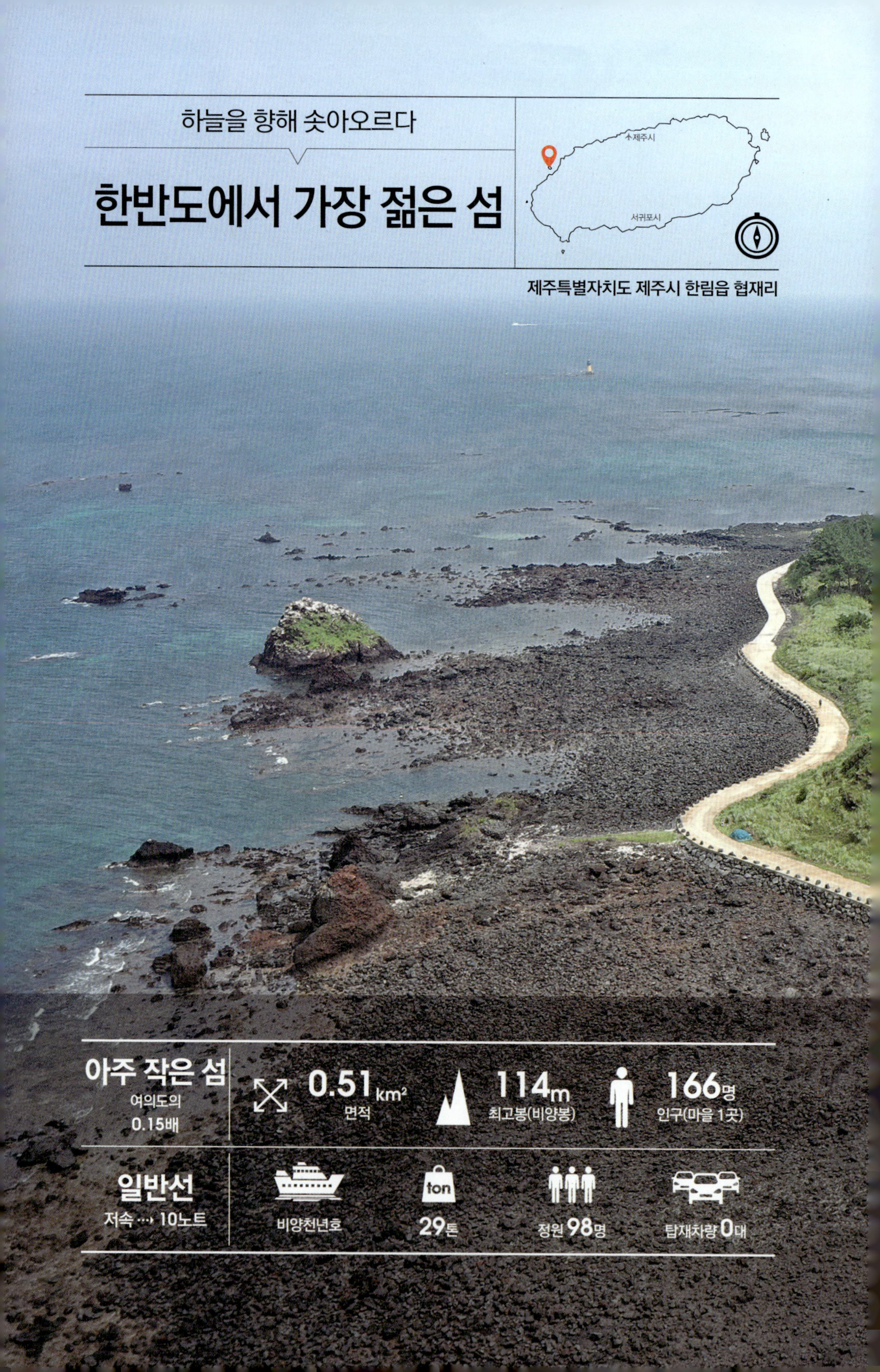

아주 작은 섬
여의도의
0.15배

0.51 km² 면적	114m 최고봉(비양봉)	166명 인구(마을 1곳)

일반선
저속 ⋯→ 10노트

비양천년호

29톤

정원 98명

탑재차량 0대

비양도(西) 2

뭐 하고 놀까 | 걸어서 섬 한 바퀴 · 비양봉 오르기

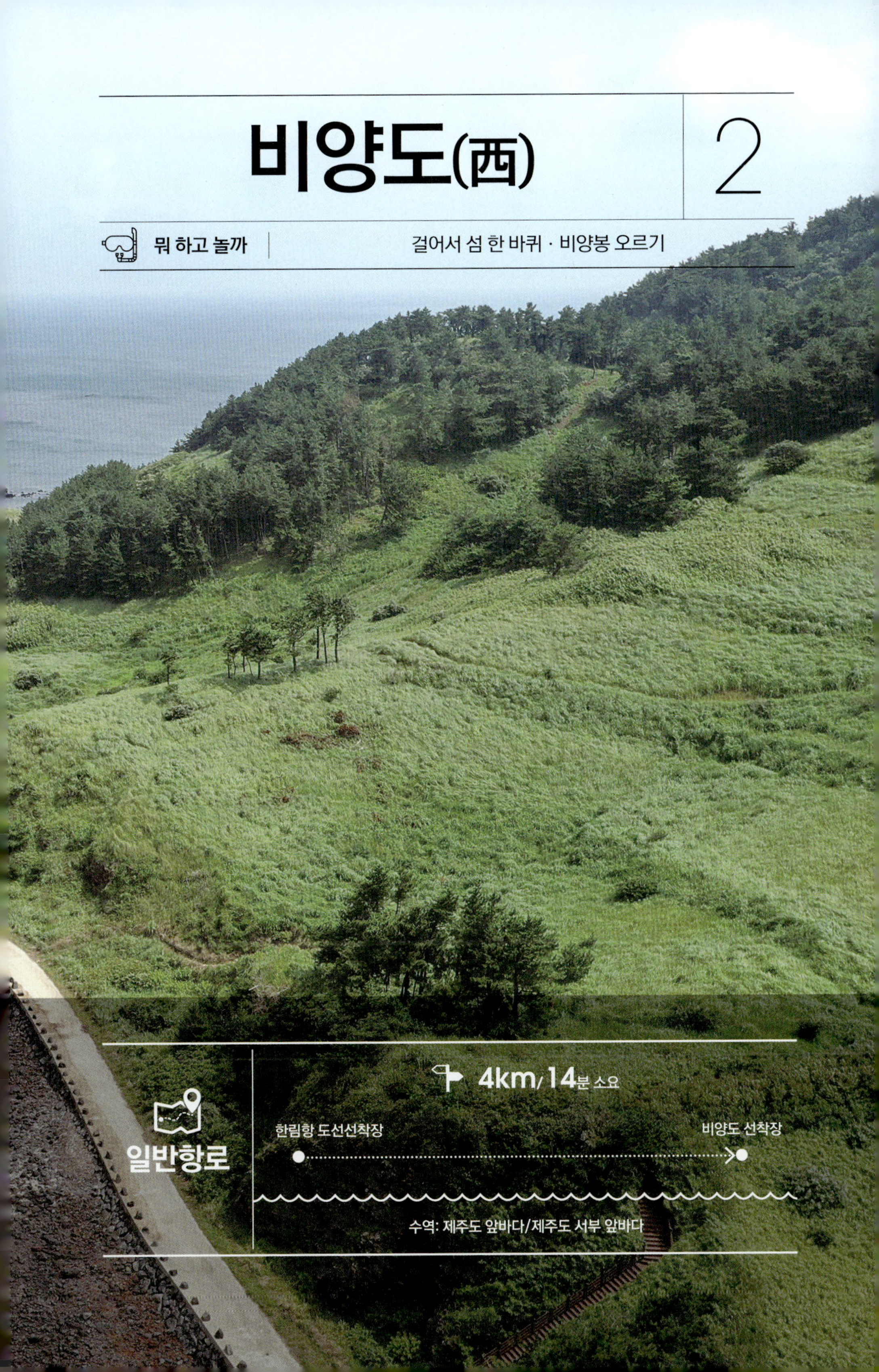

일반항로

4km/14분 소요

한림항 도선선착장 → 비양도 선착장

수역: 제주도 앞바다/제주도 서부 앞바다

몇 년 전 뉴스 하나를 떠올린다. 일본 오가사와라제도, 니시노시마 남동쪽 500m 지점에 직경 200m 정도의 새로운 섬이 생겼다는 내용이었다. 해저 화산 분화로 태어난 섬은 계속 커져서 최초 발견 시보다 3.7배로 확대되었다고 한다. 이 소식을 전하던 일본의 아나운서는 '우리나라 땅이 늘어났네요'라고 웃으면서 뉴스를 마무리했다. 우리나라에서 국토를 넓히는 방법은 간척 사업밖에 없는데 이웃 나라에서는 저절로 섬이 태어나서 자란다니 부러운 일이었다. 새로운 섬. 지금 한국에서는 상상도 할 수 없는 일이지만 이와 비슷한 일이 1,000년 전 제주도에서도 마지막으로 일어났다면, 믿을 수 있겠는가?

제주의 해안도로를 따라 달리다 보면 바다 건너 바라보이는 부속 섬들이 있다. 차귀도, 가파도, 형제섬, 범섬, 문섬, 섶섬, 그리고 지귀도에서 우도까지. 이들은 제주의 바다를 아름답게 장식해주는 보석 같은 존재다. 그중에서 본섬에서 바라봤을 때 가장 아름다운 섬은 바로 비양도다. 협재해변에서 바라보이는 섬의 풍광은 아름답다는 표현을 넘어서 비현실적이기까지 하다. 순백의 모래사장과 맞닿은 에메랄드빛 바다는 섬 주변에 이르러서는 짙은 감청색을 띤다. 누군가는 이곳을 '제주와 가장 많이 닮은 섬'이라고도 표현했다.

비양도는 우리 영해의 섬 중 가장 나중에 태어났다. 《동국여지승람》에 의하면 고려시대였던 1002년 6월 산이 바다 한가운데서 솟아 나왔다고 기록되어 있다. 그렇다면 섬의 나이는 2025년 기준으로 1,023살이 된다. 25억 년 전의 최고령 암석이 발견된 대이작도와 비교하면 비양도는 이제 막 태어난 갓난아기 정도인 셈이다. 그래설까,

그 이름 또한 '날아온 섬飛揚島'이라는 뜻이다. 중국에서 산 하나가 날아왔는데, 협재 앞바다에 멈춰서 섬이 됐다는 전설이 담겨 있는 작명이다. 화산 활동에 대한 지식이 전혀 없던 그 시대 사람들이 보기에 며칠 사이에 섬이 생겨났으니 솟아올랐다기보다는 날아왔다고 생각하는 게 자연스러웠을지도 모른다. 섬의 생김새는 기생화산 오름을 빼다 박았다. 아니 오름 하나가 바다에 떠 있다는 게 맞는 표현이겠다. 중앙에 우뚝 솟은 비양봉은 정상이 한라산의 백록담같이 밥공기 모양으로 오목하게 파여 있다. 비양봉 정상에 오르면 맞은 편 협재해수욕장이 바라보인다. 서로 바라보던 위치가 바뀐 셈인데, 이곳에서 바라보이는 제주 본섬보다 협재에서 바라보이는 비양도의 풍경의 아름다움이 한 수 위다.

이 섬의 둘레길은 정말 사랑스럽다. 오르막 하나 없이 편안하게 이어진 길은 해안선을 따라서 동그랗게 섬을 한 바퀴 감싸 안는다. 온통 초록색의 섬과 현무암이 깔려 있는 검은색 바다의 경계를 따라간다. 끊임없이 불어오는 바람에 초지의 풀들은 물결을 일으키고 기묘한 모습의 화산탄과 현무암이 곳곳에 널려 있다. 그중에는 아이를 업은 모양의 돌도 있고 코끼리 모양의 바위도 있다. 중간중간 피어 있는 새하얀 문주란이 검은 바다와 극명한 대비를 이룬다.

이곳에만 있는 독특한 지형이 하나 있다. 펄렁못이라 불리는 염습지다. 동쪽이 바다로 열려 있어 밀물 때는 바닷물이 들어오고 썰물 때는 다시 민물로 바뀌는 독특한 지형이다. 갓난아이의 머리에 천문이 열려 있듯, 비양도의 천문도 아직 닫히지 않은 모양이다.

배편

비양도로 들어가는 배편은 한림항 도선선착장에서 출발한다. 발권 창구는 한림해양파출소 옆 건물 한림항도선 대합실에 위치한다. 하루 4회 운항하며 비양도까지 15분 소요된다. 성인 왕복 요금은 12,000원이다. 단체관광객을 위한 부정기편이 정기 운항 시간과 별도로 운항되기 때문에 선사에 미리 문의해보는 것이 좋다.

한림항 출항시간	비양도 출항시간
09:00	09:16
12:00	12:16
14:00	14:16
15:30	15:46

출발 한림항도선선착장 | 제주시 한림읍 한림해안로192(주차 무료), ☎ 064-796-7522
선사 ㈜비양도 천년랜드 | SMS문의 ☎ 010-2218-7522 biyangdo1000.com
예매 선착순 현장 발권, 전화로 20인 이상 단체예약 가능

입도 시 주의사항

육지에서 뻔히 바라다보이는 가까운 섬이지만 의외로 배가 자주 끊어진다. 맑은 날에도 마찬가지다. 파도와 바람이 일으키는 풍랑이 운항을 결정하기 때문이다. 방문 전에 미리 선사로 문의해봐야 헛걸음을 안 한다.

일정

섬을 한 바퀴 돌고 비양봉까지 올라갔다 와도 2시간 정도면 충분하다. 제주도 여행 시 반나절 일정으로 둘러보기 좋은 섬이다.

당일	10:15	10:30	10:30~12:40	13:50	14:16	14:30
	한림 출항	비양 도착	섬 트레킹	점심 마침	비양 출발	한림 도착

영화와 드라마 그리고 책에 소개된 섬

2005년도에 방영한 SBS의 드라마 〈봄날〉에 촬영지로 등장하였다. 주연 고현정의 10년 만의 드라마 복귀작이었다. 극중 지진희가 근무했던 보건소가 현 한림초등학교 분교장이다. 현재 이 학교에는 선생님 1명과 2명의 섬 아이들이 공부하고 있다. 《신증동국여지승람》 제3권에 기록되어 있는 비양도 탄생의 모습은 다음과 같다. '고려 목종 5년 6월에 산이 바다 한가운데서 솟아나는데 산꼭대기에 4개의 구멍이 뚫리어 붉은 물이 솟다가 닷새 만에 그쳤으며 그 물이 엉겨 모두 기왓골이 되었다.'

걷기

비양도에는 2개의 탐방 코스가 있다. 해안도로를 따라서 섬을 한 바퀴 도는 3.5km의 해안 코스와 비양봉 등산로를 따라 올라가서 비양봉의 분화구를 한 바퀴 도는 정상 코스다. 먼저 시계 방향으로 해안선을 따라서 걷기 시작한다. 한적한 해변 도로는 걷기에도 좋지만 자전거로 돌기에도 좋다. 선착장 주변 카페에서는 자전거를 빌려준다. 이곳을 걸을 때는 해변의 용암 지형을 자세히 살펴보는 것이 좋다. 가장 먼저 섬 남쪽 용암지대 위에 서 있는 등대를 지나간다. 용암이 흘러가며 주름 같은 무늬를 만들어놓은 파호이호이, 용암이 천천히 흐르며 볼록하게 튀어나오며 굳은 아아용암을 지나가면 코끼리바위에 도착한다. 화산탄이 널려 있는 해변에 초록색 코끼리 한 마리가 바다를 바라보고 앉아 있다. 독특한 모양의 화산암들이 수석같이 전시되어 있는 암석공원을 지나면 아기를 업은 모양의 돌이 보인다. 용암이 물과 만나 솟구치면서 만들어진 용

암굴뚝 구조라고 한다. 동쪽으로 돌아나오면 펄렁못이 보이기 시작한다. 동해안 석호와 비슷한 풍경이다. 나무에는 백로와 왜가리들이 모여 들어 휴식을 취하고 있다. 해안도로 완주가 끝나면 등산로를 따라서 비양봉으로 오른다. 분화구까지는 약 500m 정도 오르막길을 타야 한다. 능선 위에 올라서면 이번에는 분화구를 따라서 시계 방향으로 한 바퀴 돈다. 이곳에서만 자란다는 비양나무 군락지를 지나면 정상에 설치되어 있는 비양도 등대에 도착한다. 주산 정상에 세워진 등대를 본 적이 있는가? 이곳에서는 협재해변을 비롯해서 맞은 제주 본섬이 내려다보인다. 대기가 청명할 때는 한라산의 풍경이 펼쳐진다.

걷기길 난이도 **50**점 이동거리 **5.1** Km(하)	상승고도	155m(하)
	최고봉 (비양봉)	114m(하)
	소요시간	2시간 10분

섬의 맛

비양도를 대표하는 맛은 보말죽이라고 해야겠다. 섬에 식당이 서너 곳 정도 있는데 다들 대표 메뉴가 보말죽이다. **호돌이식당2호점**(제주시 한림읍 비양도길4-1, ☎ 0507-1384-8475)이 섬 안에서 특히 눈에 띄는 식당이다. 고소한 풍미가 가득한 보말죽(15,000원)도 맛있고 여름철에는 시원한 물회(15,000원)도 좋다. 야외테이블도 있다.

걷기

애기업은돌

코끼리바위

낮아서 더 매력적인 곳

가오리를 닮은 초록 섬

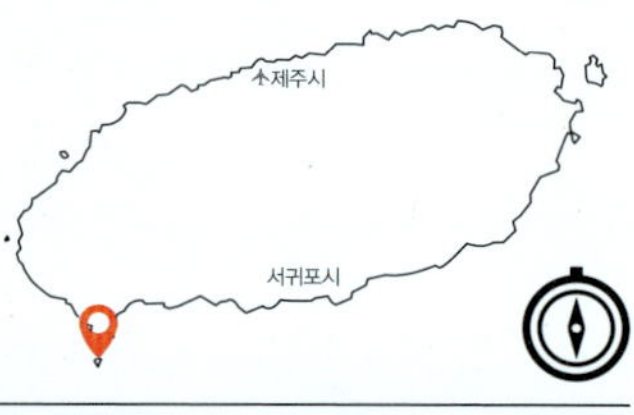

제주특별자치도 서귀포시 대정읍 가파리

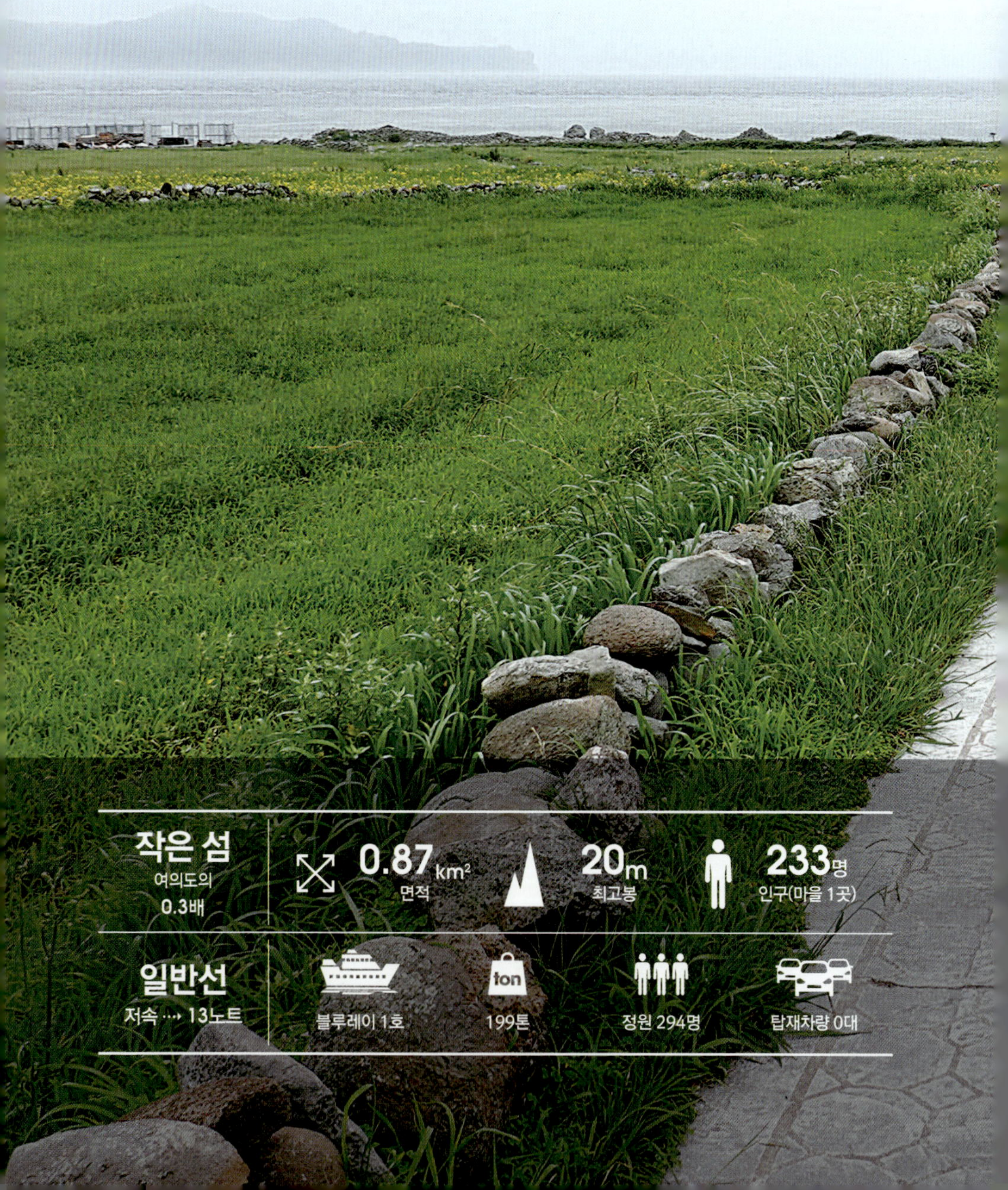

작은 섬 여의도의 0.3배	0.87km² 면적	20m 최고봉	233명 인구(마을 1곳)	
일반선 저속 ··· 13노트	블루레이 1호	199톤	정원 294명	탑재차량 0대

가파도

3

뭐 하고 놀까 | 걷거나 자전거 타고 섬 한 바퀴 · 가파도하우스에서 하룻밤 · 보리맥주/막걸리 맛보기

일반항로
운항률 76%

5.5km/10분 소요

모슬포 남항(운진항)

가파도 선착장

수역: 제주도 앞바다/제주도 남부 앞바다

우리나라 섬에서 가장 높은 곳과 낮은 곳은 모두 제주도에 있다. 섬 산 중에 최고봉은 해발 1,947m의 한라산이고 가장 낮은 섬은 가파도다. 가파도에서 가장 높은 곳은 해발 20m의 소망전망대다. 가파도의 풍경은 여느 섬과는 확연하게 다르다. 주산이라고 부를 만한 산이 전혀 보이지 않는다. 어느 곳을 둘러봐도 평평한 초지만 펼쳐질 뿐이다. 수직선이 없어지고 수평선만 존재하는 공간감이 사라진 2차원의 세계에 들어온 느낌이다. 이런 풍광은 나무 한 그루 보이지 않는 이웃 마라도와 비슷하다. 마라도는 가파도의 1/3 크기 밖에 되지 않는 더 작은 섬이지만 해발 고도는 39m로 가파도보다 2배 정도 높은 셈이다. 사실 가파도는 국토 최남단 마라도의 존재감에 가려져 있던 섬이다. 배를 타고 지나칠 때도 섬이 워낙 낮아서 보이는 것이 없으니 사람들의 호기심도 자극하지 못했다. 이렇게 있는 듯 없는 듯 존재감이 미미했던 가파도는 둘레길이 생기고 청보리 축제가 알려지기 시작하면서 찾는 사람들이 늘어나기 시작했다.

매년 4월이 되면 가파도의 18만 평이나 되는 청보리밭에는 푸른 물결이 펼쳐진다. 이때가 가파도가 가장 아름답게 빛을 발하는 시기이자 가장 많은 사람이 섬을 방문하는 때이다. 가파도 청보리는 다른 지역보다 2배 이상 자라는 제주의 향토 품종이다. 우리나라에서 가장 남쪽에 위치해서 가장 먼저 자라나기에 봄을 알리는 전령으로 대

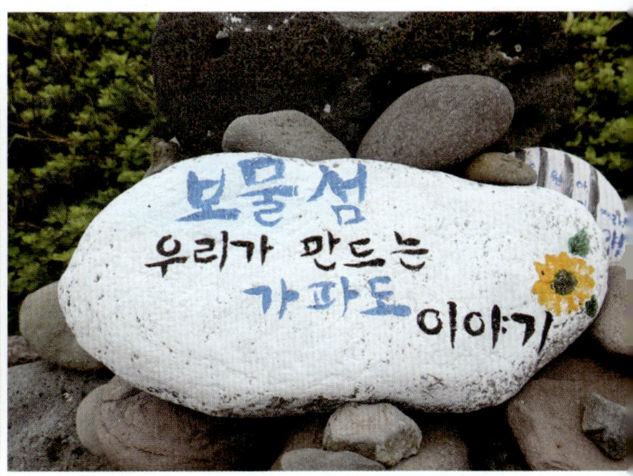

접받는다. 특이한 점은 이 청보리들은 다른 곳의 품종보다 훨씬 높게 자란다는 것이다. 가장 낮은 섬에서 자라는 청보리들의 키가 가장 큰 셈이다. 이때는 청보리밭 걷기, 소라 보물찾기, 소망 연날리기 등의 각종 행사가 열리며 섬 전체가 축제 분위기 속으로 흠뻑 빠져든다. 이 시기만 피한다면 섬은 한갓진 시절로 되돌아간다.

섬 안에는 드문드문 근사한 감각의 건물들이 설치되어있다. 과거 한 카드사와 제주도가 공동으로 진행했던 가파도 프로젝트의 산물들이다. 여객터미널은 다른 섬에서는 볼 수 없는 근사한 건물로 탈바꿈하였고, 예술가들의 작업 공간인 아티스트 인 레지던스(artist in residence)가 섬 남쪽에 자리 잡았다. 한적한 섬, 마을 돌담 속에 숨어 있는 이런 의외의 조합은 여행객들에게는 예술의 섬에 들어온 듯한 감흥을 선사하기에 충분하다. 특히 하동포구 선착장에 길쭉하게 자리 잡은 카페는 외국 관광지의 워터프런트를 옮겨놓은 듯한 분위기다. 둘레길을 걷는 동안에도 편안한 느낌이다. 어느 곳에서 바라봐도 섬 전체가 조망되기 때문에 내 위치와 목적지를 가늠하는 데 어려움이 없다. 지도로 길을 찾고 난이도를 일일이 확인할 필요 없이 그냥 걷는 것에만 집중하면 된다. 청보리 축제가 끝난 여름에도 가파도는 온통 초록빛으로 물들어 있다. 가파도의 들판에는 봄 청보리, 여름 수국, 가을 해바라기와 코스모스, 그리고 겨울 유채꽃까지 일년 내내 꽃들이 피어난다. 낮아서 잘 안 보이던 가파도는 이제 낮아서 더 매력적인 섬으로 변하고 있다.

 **들어가기**

가파도로 들어가려면 모슬포남항(운진항), 마라도가파도 정기여객선 대합실에서 발권하고 승선할 수 있다. 하루 5회 여객선이 운항한다. 운임은 뱃삯에 해상공원 입장료가 포함되어 성인 기준 왕복 15,500원이다. 가파도 청보리축제기간에는 17편까지 증편되어 40분 간격으로 출발한다.

운진항 출항 시간	가파도 출항 시간
09:00	09:20
10:00	10:20
11:00	11:20
12:00	12:20
14:00	14:20
15:00(편도 당일 왕복 불가)	15:20
15:50(편도 당일 왕복 불가)	16:10

출발 마라도가파도 정기여객선대합실
서귀포시 대정읍 최남단해안로 120
☎ 064-794-5490 | 주차 무료
선사 ㈜아름다운섬나라 | ☎ 064-794-5490
wonderfulis.co.kr
예매 한국해운조합 여객선예매(홈페이지, 앱) 당일
왕복만 예매 가능. 1박 이상은 현장 발권

바람 많은 항로, 배편 미리 확인하기

제주 남쪽 바다는 조류와 바람이 강한 해역이다. 《하멜표류기》로 알려진 네덜란드의 하멜도 일본으로 가던 중 가파도 인근 해역에서 난파하였다. 제주 본섬에서 불과 5km 남짓 떨어져 있는 섬이지만 운항률은 76%에 불과하다. 출발 전 선사에 미리 운항 여부를 확인해보는 것이 좋다. 작고 낮은 섬이라 반려견과 함께 산책하기에 좋다. 단 선사의 애견 반입 규정이 상당히 까다롭다. 느슨한 분위기의 다른 섬과 달리 반드시 케이지에 담아서 운반해야 하며 머리나 신체 일부가 케이지 밖으로 노출되는 것도 허용하지 않는다.

일정

작은 섬이라 걸어서 둘러보는 데에는 2시간이면 충분하다. 당일치기로 가능한 섬이지만 여유롭게 1박으로 쉬어가기 좋은 섬이다. 가파도 프로젝트의 일환으로 빈 집을 리모델링 해서 숙소로 활용했던 가파도 하우스는 더 이상 운영하지 않는다. **가파도 하우스J민박**(서귀포시 대정읍 가파로61, ☎ 0507-1319-7059)는 독채 펜션을 운영하고 있다. 1일 1팀만 받는다. 1박에 130,000원.

1일 차	16:00	16:20	~18:20	~19:30
	운진항 출항	가파도 도착	주변 산책	식사 마침
2일 차	09:30~10:00	~11:00	11:20	
	둘레길 걷기	식사 마침	가파도 출발	

걷기

무장애 탐방로라 휠체어를 타고 이동 가능하다. 가파도에는 포구가 2곳 있다. 여객선이 도착하는 북측의 상동 포구와 남측의 하동 포구다. 올레길은 독특하게 경로를 안내한다. 섬을 한 바퀴 돌아가는 일주도로가 있음에도 불구하고 중간에 섬을 횡단해서 다시 반대쪽 해안도로를 따라가는 S자 모양이다. 상동 선착장에서 시계 반대 방향으로 진행한다. 스낵 코너를 지나면 보름바위로 불리는 큰 왕돌이 해변에 놓여져 있다. 바위 위로 올라가거나 걸터앉으면 태풍이나 강풍이 불어온다고 해서 신성시하

는 돌이다. 이곳을 지나가면 도로 옆으로 앉아 있는 고양이를 닮았다는 고냉이돌에 도착한다. 해안도로는 계속 이어져 있지만 둘레길은 방향을 틀어서 섬 안쪽으로 안내한다. 초지 사이로 난 길을 따라서 300m 정도 이동하면 드디어 가파도의 최고봉 소망 전망대에 도착한다. 다시 섬의 동쪽으로 이동한다. 마을 제단과 아티스트 인 레지던스를 지나면 남쪽 하동 포구에 도착한다.

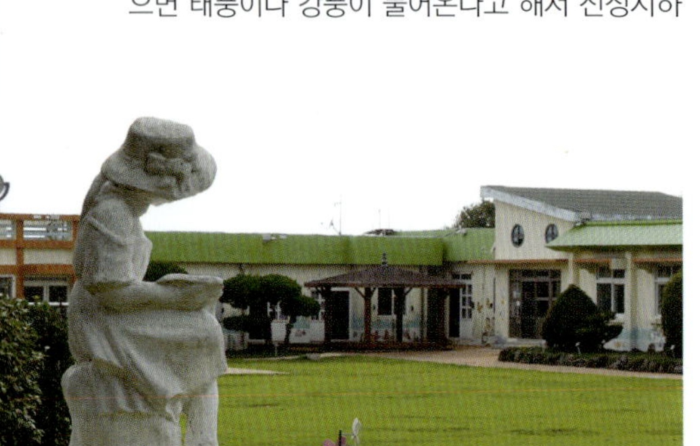

걷기길 난이도 **20**점 / 이동거리 **4.8**Km(하)		
상승고도	27m(하)	
최고지점	20m(하)	
소요시간	1시간 20분	

섬의 맛

가파도 일대는 제주 남부 먼바다로 멸치, 조기, 자리돔을 비롯해 예로부터 해산물이 풍부한 지역이다. **용궁식당**(서귀포시 대정읍 가파로67번길7, ☎ 064-794-7089)은 용궁정식(17,000원)으로 유명하다. 옥돔구이, 톳무침, 해초무침, 게튀김, 삿갓조개, 뿔소라장 등으로 한 상 푸짐하게 나온다. 스낵 바에서는 뿔소라버터구이(5,000원)가 유명한 메뉴다. 단 제주 어느 곳에서나 맛볼 수 있는 뿔소라는 여름철엔 산란기로 수확이 금지되어 이 시기에는 판매되지 않는다. 식당들은 대부분 마지막 배편이 끊어지는 16:00 이후에는 영업을 종료한다. 민박집에 묵으면 별도로 식사를 부탁해야 한다. 호스트가 식사를 제공해주거나 다른 식당을 연결해준다. 섬에서만 맛볼 수 있는 막걸리와 맥주도 있다. '보리쌀로 빚은 막걸리'는 가파도에서 재배한 보리로 만들었는데, 남원에 있는 양조장에서 위탁 생산한다. 맥파이 브루어리에서 양조한 '봄마실'은 가파도 보리와 제주 메밀로 만든 세종 *saison* 계열의 수제 맥주다.

가파도 지도

걷기

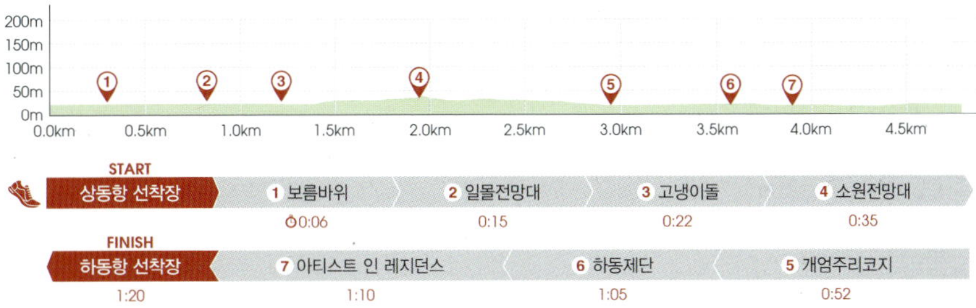

가파도에서 자전거 타기

평지 지형에 도로도 잘 만들어져 있어 자전거 타기 좋은 섬이다. 선착장에는 마을에서 운영하는 자전거 대여소가 있다. 1인용 5,000원, 2인용 10,000원의 요금을 받는다. 시간 제한은 없고 신분증을 맡길 필요도 없다. 하긴 이 작은 섬에서 자전거 타고 어디로 달아나겠는가?

대한민국 섬 여행 가이드 색인

지역	섬	주소	추천 활동	찾아보기
인천	굴업도	옹진군 덕적면 굴업리	캠핑, 트레킹	54p
	대이작도	옹진군 자월면 이작리	풀등 탐방, 등산, 캠핑	36p
	대청도	옹진군 대청면 대청리	트레킹, 등산	89p
	무의도·소무의도	중구 무의동	등산, 트레킹	62p
	백령도	옹진군 백령면	자전거, 유람선	80p
	사승봉도	옹진군 자월면 승봉리	캠핑, 해루질	68p
	승봉도	옹진군 자월면 승봉리	트레킹	74p
	신도·시도·모도	옹진군 북도면	자전거	96p
	자월도	옹진군 자월면 자월리	해루질, 자전거, 캠핑	46p
충남	가의도	태안군 근흥면 가의도리	트레킹, 낚시	128p
	삽시도	보령시 오천면 삽시도리	트레킹, 해루질	114p
	외연도	보령시 오천면 외연도리	트레킹, 등산	120p
	장고도	보령시 오천면 삽시도리	트레킹	106p
전북	관리도	군산시 옥도면 관리도리	캠핑, 트레킹	138p
	어청도	군산시 옥도면 어청도리	트레킹, 탐조	158p
	위도	부안군 위도면	등산, 자전거	144p
전남	가거도	신안군 흑산면 가거도리	등산, 트레킹	246p
	개도	여수시 화정면 개도리	트레킹, 등산	182p
	거문도·백도	여수시 삼산면 거문도리	트레킹, 유람선	188p
	관매도	진도군 조도면 관매도리	트레킹, 자전거	288p
	금오도·안도	여수시 남면	카누, 자전거, 캠핑, 트레킹	172p
	반월도·박지도	신안군 안좌면	트레킹, 자전거	274p
	사도·추도	여수시 화정면 사도리	트레킹	204p
	소악도·기점도	신안군 증도읍 병풍리	트레킹	256p
	쑥섬(애도)	고흥군 봉래면 사양리	트레킹	216p

지역	섬	주소	추천 활동	찾아보기
전남	연홍도	고흥군 금산면 신전리	트레킹	223p
	임자도	신안군 임자면	자전거	230p
	하의도·신의도	신안군 하의면·신의면	자전거	264p
	하화도	여수시 화정면 하화리	트레킹	198p
	홍도	신안군 흑산면 홍도리	등산, 유람선	238p
경남	내도	거제시 일운면 와현리	트레킹	362p
	대매물도	통영시 한산면 매죽리	캠핑, 트레킹	338p
	만지도·연대도	통영시 산양읍 저림리, 연곡리	트레킹	346p
	사량도	통영시 사량면	등산, 자전거	312p
	소매물도	통영시 한산면 매죽리	트레킹	330p
	연화도	통영시 욕지면 연화리	트레킹	304p
	욕지도	통영시 욕지면	자전거	322p
	저도	거제시 장목면 유호리	트레킹	356p
	지심도	거제시 일운면 옥림리	트레킹	368p
제주	가파도	서귀포시 대정읍 가파리	트레킹, 자전거	396p
	비양도(西)	제주시 한림읍 협재리	등산, 트레킹	388p
	우도·비양도(東)	제주시 우도면 연평리	캠핑, 자전거, 트레킹	378p

주요 경유지

지역	경유지	목적지	찾아보기
전남	여수	금오도·안도, 개도, 거문도·백도, 하화도, 사도·추도	212p
	목포	가거도, 홍도, 소악도·기점도	284p
	진도	관매도	298p
경남	통영	연화도, 사량도, 욕지도, 소매물도, 대매물도, 만지도·연대도	352p

대한민국 연안 여객선 항로도

한국해운조합 제공

일상에서 벗어나 가볍게 떠나는 섬 여행
편안한 휴식과 특별한 즐거움이 있는
설렘 가득한 섬으로
바다가 당신을 초대합니다.
Smart App
모바일에서도 편리하게
가깝게 즐기는 섬 여행만의 특별함
바다가 초대하는
대한민국 섬여행
한 승선예매 가보고싶은 섬 Island.haewoon.co.kr
선 이용정보 1544-1114
서울특별시 강서구 공항대로 379
TEL 02-6096-2000   FAX 02-6096-2059
www.haewoon.or.kr

HAEWOON
한국해운조합
KOREA SHIPPING ASSOCIATION

대한민국
섬 여행 가이드

초판 1쇄 2020년 8월 8일
개정1판 1쇄 2021년 10월 4일
개정2판 1쇄 2025년 11월 3일

지은이 | 이준휘

발행인 | 박장희
대표이사 · 제작총괄 | 신용호
본부장 | 이정아
편집장 | 문주미
기획위원 | 박정호
마케팅 | 김주희, 한륜아, 이현지, 이나경
디자인 | ALL designgroup, 변바희, 김미연, 양재연
지도 디자인 | 양재연
취재 협조 | 한국해운조합

발행처 | 중앙일보에스(주)
주소 | (03909) 서울시 마포구 상암산로 48-6
등록 | 2008년 1월 25일 제2014-000178호
문의 | jbooks@joongang.co.kr
홈페이지 | jbooks.joins.com
인스타그램 | @j__books

©이준휘, 2025

ISBN 978-89-278-8125-4 14980
ISBN 978-89-278-8123-0 14980(세트)